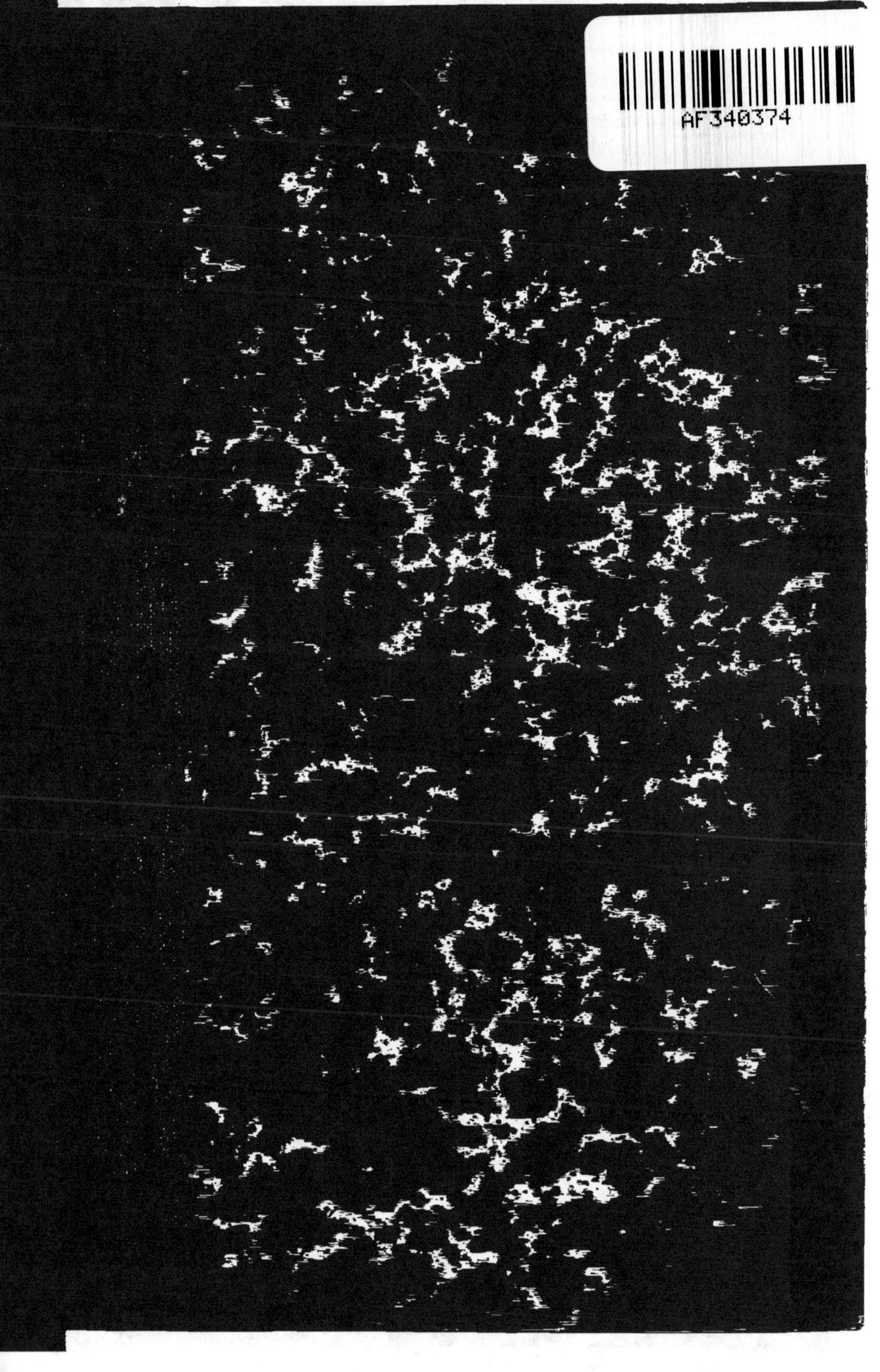

SOCIÉTÉ RÉGIONALE DE VITICULTURE DE LYON

CONGRÈS INTERNATIONAL

DE

DÉFENSE CONTRE LA GRÊLE

ET DE

L'HYBRIDATION DE LA VIGNE

Tenu à Lyon, les 15, 16 et 17 Novembre 1901

COMPTE RENDU

Publié avec les Encouragements du Ministère de l'Agriculture

TOME PREMIER

Congrès de Défense contre la Grêle

LYON

IMPRIMERIE Paul LEGENDRE & Cie

14, rue Bellecordière, 14

1902

TROISIÈME

CONGRÈS INTERNATIONAL
De Défense contre la Grêle

ET

CONGRÈS de L'HYBRIDATION de la VIGNE

TOME PREMIER

*Compte-rendu sténographique du Congrès de Défense
contre la Grêle*

TROISIÈME
CONGRÈS INTERNATIONAL

DE

Défense contre la Grêle

ET

CONGRÈS de L'HYBRIDATION de la VIGNE

Tenus à Lyon, les 15, 16 et 17 Novembre 1901

COMPTE RENDU STÉNOGRAPHIQUE

TOME PREMIER
Congrès de Défense contre la Grêle

PUBLIÉ AVEC LES ENCOURAGEMENTS DU MINISTÈRE DE L'AGRICULTURE

LYON

IMPRIMERIE Paul LEGENDRE et Cie

Ancienne Maison A. WALTENER

14, rue Belle-Cordière, 14

1902

BUREAU DU COMITÉ D'ORGANISATION

DU CONGRÈS

PRÉSIDENT D'HONNEUR :

M. le Ministre de l'Agriculture.

VICE-PRÉSIDENTS D'HONNEUR :

M. le Préfet du Rhône.
M. le Président du Conseil général.
M. le Maire de Lyon.

Président effectif : **M. E. Burelle,** président de la Société régionale de Viticulture de Lyon.

Vice-Présidents : **M. G. Battanchon,** vice-président de la Société régionale de Viticulture de Lyon, et **M. A. Condeminal,** vice-président de la Société régionale de Viticulture de Lyon.

Secrétaire général : **M. C. Silvestre,** secrétaire général de la Société régionale de Viticulture de Lyon.

Trésorier : **M. Mille,** trésorier de la Société régionale de Viticulture de Lyon.

RÈGLEMENT DU CONGRÈS

———

§ 1. — En exécution de la décision du Congrès de Padoue, le troisième Congrès international de défense contre la grêle, aura lieu à Lyon.

En même temps se tiendra un Congrès spécial de l'Hybridation de la Vigne.

§ 2. — Ces Congrès seront préparés, organisés, dirigés par la Société régionale de Viticulture de Lyon.

§ 3. — Ils auront lieu dans le courant de novembre.

§ 4. — Seront membres des Congrès, les personnes qui auront adressé leur adhésion au Secrétaire général avant l'ouverture des séances ou qui se seront fait inscrire pendant la durée de celles-ci.

La cotisation est de 5 francs; elle donne droit à toutes les publications émanant des deux Congrès, au compte rendu officiel des travaux et aux réductions de 50 % consenties pour le transport des congressistes par les compagnies de chemins de fer.

Les délégués des administrations publiques françaises et étrangères, les membres de l'enseignement agricole, recevront, sur leur demande, une carte d'entrée aux Congrès.

§ 5. — Les Sociétés d'agriculture, de viticulture, d'horticulture, les Comices, Syndicats et, généralement, toutes sociétés ayant un caractère agricole, peuvent faire partie des Congrès et ont droit à un délégué. La cotisation est due pour chaque société.

§ 6. — Sur le paiement de leur cotisation les membres des Congrès recevront une carte permanente et personnelle qui leur servira de carte d'identité pendant toute la durée des réunions.

§ 7. — Le bureau de la Société régionale de viticulture de Lyon sera le bureau des deux Congrès, mais il pourra déléguer ses pouvoirs à un Bureau spécial pour diriger le Congrès de l'Hybridation de la Vigne.

§ 8. — Toutes les questions inscrites au programme seront, préalablement à toute discussion, exposées par le rapporteur désigné à cet effet par le Comité d'organisation. En cas d'empêchement, le rapporteur titulaire pourra être remplacé par un suppléant.

§ 9. — Aucun travail ne peut être présenté en séance des Congrès ou servir de base à une discussion si, avant le 1er octobre, l'auteur ne l'a communiqué au Bureau du Congrès.

§ 10. — Les orateurs ne pourront occuper la tribune plus de 15 minutes, à moins que l'Assemblée consultée n'en décide autrement.

§ 11. — Tous les scrutins auront lieu à mains levées et à la majorité des membres présents, sauf décision contraire de l'Assemblée.

§ 12. — La langue française sera adoptée pour les travaux et les publications du Congrès.

§ 13. — Le Bureau du Congrès statue, en dernier ressort, sur tout incident non prévu au règlement.

RÈGLEMENT DE L'EXPOSITION

A l'occasion du *troisième Congrès International de défense contre la grêle*, la Société régionale de Viticulture de Lyon organise une Exposition Internationale à laquelle elle convie tous ceux qui, en France et à l'étranger, peuvent apporter leur concours à l'organisation de la lutte.

Cette Exposition se tiendra à Lyon, au Parc de la Tête-d'Or.

Elle sera soumise au règlement suivant :

ARTICLE PREMIER. — L'Exposition sera internationale ; elle aura la durée du Congrès lui-même.

ART. 2. — Elle sera divisée en quatre classes distinctes :

1re Catégorie. — Canons et autres appareils pouvant être utilisés dans le tir contre la grêle ;

2e Catégorie. — Matériel explosif, bombes, fusées et généralement tous les produits ou accessoires directement utilisés pour le tir.

3e Catégorie. — Instruments de physique et de météorologie pouvant faciliter la prévision du temps et la prévision de la marche des orages.

4e Catégorie. — Mémoires et travaux scientifiques ou pratiques se rapportant à la défense contre la grêle. Relations d'expériences. Statuts d'association de défense. Plans d'installations des stations de tir et plus généralement tous travaux ayant trait aux sujets traités par le Congrès.

ART. 3. — L'Exposition des première et deuxième catégories sera, si possible, installée en plein air, pour permettre les expériences pratiques ; l'Exposition des troisième et quatrième catégories sera, au contraire, installée dans une salle voisine de celle du Congrès.

ART. 4. — Un jury spécial, nommé par le bureau du Congrès, sera chargé d'étudier tous les appareils, instruments, accessoires, travaux et mémoires présentés. Il se divisera en quatre classes correspondant aux quatre catégories, chaque section élira un président et un secrétaire-rapporteur.

Les délibérations auront lieu dans chaque section, et les décisions prises par chacune d'elles seront ensuite soumises au jury qui statuera en réunion plénière.

ART. 5. — L'examen par le jury des première et deuxième catégories sera non seulement technique et scientifique, il sera encore expérimental et les exposants devront prendre les mesures nécessaires pour procéder à toutes les expériences qui leur seront demandées.

ART. 6. — Le jury n'examinera que les expositions qui lui seront présentées par l'exposant lui-même, ou son délégué régulièrement accrédité.

ART. 7. — La Société de Viticulture de Lyon et le Bureau du Congrès laisseront, à chaque exposant, la responsabilité pleine et entière des expériences et des accidents ou incidents qui pourraient se produire à leur occasion.

ART. 8. — Des médailles et diplômes seront mis à la disposition du jury, qui reste seul juge de décider dans quel cas il y aura lieu de les distribuer et d'établir un classement entre les concurrents.

ART. 9. — Les frais de transport, par chemins de fer ou par voitures, ainsi que les frais de garde restent à la charge seule des exposants. Le Comité d'organisation décline de ce chef toute responsabilité.

ART. 10. — Pour prendre part à l'Exposition, les exposants devront en faire la demande écrite au Secrétaire général du Congrès. M. Cl. Silvestre, au Bois-d'Oingt (Rhône), avant le 1er octobre, dernier délai.

PROGRAMME DU CONGRÈS

Historique de la défense contre la Grêle. — Rapporteurs : M. BATTANCHON, vice-président de la Société de Viticulture de Lyon, professeur départemental d'agriculture de Saône-et-Loire, et M. DURAND, directeur de l'Ecole d'agriculture d'Ecully, vice-président de la Société d'agriculture de Lyon.

Résultats obtenus en 1901 par le Tir contre la Grêle. — En France : Rapporteur : M. GUINAND, vice-président de l'Union du Sud-Est des Syndicats agricoles.

En Autriche : Rapporteurs : M. SUSCHNIG, de Graz, et M. Albert STIGER.

En Italie : Rapporteurs : Piémont : M. OTTAVI, député au Parlement italien, président du Comité d'organisation des Congrès de Casale et de Padoue. — Lombardie : M. ALPE, professeur à l'Ecole royale supérieure d'agriculture de Milan. — Emilie : M. MARESCALCHI, professeur et rédacteur en chef du *Coltivatore*. — Vénétie : M. MARCONI, directeur de la chaire d'Agriculture de Vicence. — Centre et Midi : M. BORDIGA, professeur à l'Ecole supérieure d'agriculture de Portici.

En Hongrie : Rapporteur : M. STANISLAS von KONKOLY, directeur de l'Institut royal de météorologie de Budapest.

En Suisse : Rapporteur : M. le docteur Jean DUFOUR, directeur de la Station viticole de Lausanne.

En Espagne : Rapporteurs : M. AGUILO Y CORTES, chef du Service agronomique de la province de Barcelone et M. GARCIA DE LOS SALMONES, à Pampelune.

En Russie : Rapporteur : M. Gogol Yanowsky, directeur des apanages du Tzar, à Tiflis.

Etude technique du Matériel de Tir. — Rapporteurs : M. Canard, capitaine d'artillerie, à Lyon, et M. Pistoi, major attaché à l'inspectorat de l'artillerie de campagne au Ministère de la Guerre, à Rome.

Résumé de la discussion des rapports précédents dans le but d'en dégager les faits constants dans le domaine de la science et de la pratique et d'en déduire les conséquences. — Rapporteurs : M. Roberto, proviseur des études à Alexandrie (Italie), et M. Plumandon, météorologiste à l'Observatoire du Puy-de-Dôme.

La prévision du temps appliquée à la Défense contre la Grêle. — Rapporteurs : M. André, directeur de l'Observatoire du Rhône, et M. Porro, professeur d'astronomie à l'Université royale de Gênes.

Qualités à demander aux Poudres employées dans le Tir contre la Grêle. — Rapporteur : M. Lucien Picard.

Sur le projectile gazeux « ou tore » et sur sa possibilité d'action dans le Tir contre la Grêle. — Rapporteur : M. Gastine, délégué au service phylloxérique par le Ministère de l'Agriculture, vice-président de la Société départementale d'Agriculture des Bouches-du-Rhône.

Statistique des Orages de grêle dans le Rhône. — Rapporteur : M. Deville, professeur départemental d'agriculture du Rhône.

Emploi des Fusées contre la grêle. Résultats obtenus. — Rapporteur : M. le docteur Vidal, membre correspondant de la Société nationale d'agriculture, à Hyères.

Les Tirs contre la Grêle dans leurs rapports avec les Compagnies d'assurances. — Rapporteur : M. Louis Chardiny, avocat à la Cour d'appel de Lyon.

Organisation des Associations de défense contre la grêle. — Discipline du tir. — Mesures à prendre pour garantir les artilleurs contre les accidents. — Rapporteurs : M. CHATILLON. président du Syndicat agricole de Villefranche et Anse, et M. BLANC, président de l'Association de Défense contre la Grêle, de Denicé.

Utilisation des Canons grêlifuges contre les Gelées de printemps. Rapporteur : M. MARANGONI, professeur à Florence.

Opportunité de dispositions législatives spéciales réglant la matière des Tirs contre la Grêle et la constitution des Associations de défense. — Rapporteur : M. Emile CHEVALIER, député de l'Oise.

DÉLÉGUÉS OFFICIELS
DES GOUVERNEMENTS ÉTRANGERS

Autriche-Hongrie.

Docteur **Gy de Istvanffi**, professeur de l'Université, directeur de l'Institut central Ampélologique Roy. Hong. Membre de l'Académie des Sciences hongroises, à Budapest (Hongrie).

Docteur Nicolas Thège **de Konkoly**, directeur de l'Institut royal, membre de la chambre des députés, conseiller ministériel, membre d'honneur de l'Académie des Sciences, à Budapest (Hongrie).

Belgique.

Julien Van der **Vaeren**, ingénieur agricole à la Hulpe (Belgique).

Bulgarie.

Petko **Ditcheff**, inspecteur des assurances d'Etat contre la grêle, à Sofia (Bulgarie).

Espagne.

Isidoro **Aguilo y Cortès**, chef du service agronomique de la province de Barcelone (Espagne).

Cayetano Fontrodona, avocat, à Barcelone (Espagne).

José **Cameo**, ingénieur à Carinena.

Etats-Unis.

John **E. Covert**, consul des Etats-Unis à Lyon.

Italie.

Edoardo **Ottavi**, député au Parlement, président du Comité d'organisation des Congrès de Casale et de Padoue, à Casale-Montferrat (Italie).

Portugal.

Don Louis **de Castro**, député, professeur à l'Institut d'agronomie, Officier de la Légion d'honneur, à Lisbonne (Portugal).

Roumanie.

G. **Nicoleanu**, directeur de l'Agriculture, chef du service viticole au Ministère de l'Agriculture, à Bucarest (Roumanie).

Russie.

Gogol Yanowsky, directeur des Apanages impériaux, à Tiflis (Caucase, Russie).

République Argentine.

Don Francisco **Molina Salas**, consul à Marseille.

Serbie.

Milan **Nédelkovitch**, professeur à la Faculté philosophique, directeur de l'Observatoire à Belgrade (Serbie).

Suisse.

Ch. **de Preux**, conseiller d'Etat, délégué du département de l'Intérieur du canton du Valais, à Sion (Suisse).

Jacques **de Riedmatten**, délégué du département de l'Intérieur du canton du Valais, à Sion (Suisse).

A. **Foujallaz**, député, délégué officiel du district de Lavaux, à Cully (Suisse).

LISTE DES MEMBRES DU CONGRÈS

A

Accornero, Rag, Carlo à Casale-Montferrat (Italie).

Adenot Jean, à Chalon-sur-Saône (Saône-et-Loire).

Agron J., à Chalon-sur Saône (Saône-et-Loire).

Aguilo y Cortès, délégué officiel espagnol, chef du service agronomique de la province de Barcelone (Espagne).

Alaguillaume E., président du syndicat viticole à Saint-Pierre-le-Moutier (Nièvre).

Alapetite, préfet du département du Rhône, à Lyon.

Albert J., docteur, à Lyon.

Albon (marquis d'), château d'Avauges, à Saint-Romain-de-Popey (Rhône).

Alexandry (baron Humbert d'), château de Chiron, par Chambéry (Savoie).

Aliora Avv. Giovanni, à Casale-Montferrat (Italie).

Allais, docteur, propriétaire à Mesterrieux (Gironde).

Allamel, à Messia-les-Chilly (Jura).

Allard, professeur d'agriculture, secrétaire général de la Société d'encouragement à l'agriculture de la Haute-Saône, à Vesoul (Haute-Saône).

Allard Emile, à Cabannes (Bouches-du-Rhône).

Allard (Pierre d'), ingénieur agronome, à Bourgoin (Isère).

Allard (Raoul d'), à Avignon (Vaucluse).

Allex Léon, à Lagnieu (Ain).

Alliod André, à Jujurieux (Ain).

Alliod Jules, à Jujurieux (Ain).

Alpe, professeur à l'école royale supérieure d'agriculture de Milan, président du Congrès de Padoue, à Milan (Italie).

Ambiveri Giovanni, à Bergame (Italie).

Amiot Gaston, château du Creux, par Vallon-en-Sully (Allier).

André, directeur de l'Observatoire du Rhône, à Saint-Genis-Laval (Rhône).

André Ernest, avocat, président du syndicat agricole, Pont-St-Esprit (Gard).

Andrieu, à Piolenc (Vaucluse).

Angéniol, propriétaire à Saint-Marcel, par Vienne (Isère).

Annuyon.

Anselmi, Cav. Avv. Agostino, Consul général des Etats-Unis du Vénézuela, à Livourne (Italie).

Appel, Dr. Otto, Nw. 23. Reichsgesundheutrant, à Berlin (Allemagne).

Arlempde (Victor d'), à Salornay-d'Hurigny, par Mâcon (Saône-et-Loire).

Arloing, correspondant de l'Institut, directeur de l'Ecole Nationale Vétérinaire, à Lyon.

Arnaud Emile, propriétaire à Anse (Rhône).

Arnould Ernest, à Saint-Hilaire-au-Temple (Marne).

Arquillière, à Montmelas (Rhône).

Artoni, prof. ing. Alessandro, à Turin (Italie).

Astier, président de la Société d'encouragement à l'agriculture de l'Hérault, à Montpellier (Hérault).

Astre François, président du syndicat agricole, à Villepinte (Aude).

Astre Henri, à Villepinte (Aude).

Astre Paul, à Villepinte (Aude).

Aubin, délégué de la Chambre syndicale des cultivateurs de la Seine, à Romainville (Seine).

Aubonnet Antoine, à Grandris (Rhône).

Augagneur (Dr Victor), Maire de la ville de Lyon, à Lyon.

Auguet, à Lyon.

Aumiot père, à Lachassagne, par Anse (Rhône).

Aumoine (maire), à Jarnioux (Rhône).

Aureggio, vétérinaire principal de 1re classe, à Lyon.

Aurion, à Theizé (Rhône).

Averly Georges, ingénieur-constructeur, à Lyon.

Avond Louis, fils, à Beauvallon, par Etoile (Drôme).

Ayet Henri, vice-président du Comice agricole, à Saint-Symphorien-de-Lay (Loire).

Aymes, président du Syndicat agricole et maire, à Istres (Bouches-du-Rhône).

Aynard, vice-président dela Chambre des députés, député du Rhône, à Lyon.

Ayzac à Montélimar (Drôme).

Azaïs (général), président de l'association syndicale de défense contre la grêle, à Hurigny (Saône-et-Loire).

B

Babet Alphonse, délégué du syndicat des agriculteurs de Lons-le-Saunier, à Montagna par Saint-Amour (Jura).

Baboin Auguste, à Lyon.

Baborier à Chanas (Drôme).

Bacchella Ing. Cesare, Zème Lomellina (Italie).

Bachevillier Claude, à Limas (Rhône).

Badet Pierre, à Tournus (Saône-et-Loire).

Bail à Chasselay (Rhône).

Bail de la Catonnière, à Chasselay (Rhône).

Bail Jean, à Chasselay (Rhône).

Bail Jean-Claude, à Dardilly (Rhône).

Balaceanu Pierre, président de la Société d'agriculture, membre de la Commission internationale de viticulture, inspecteur général domanial, à Ploesti (Roumanie).

Balbi, comte Emilio, à Asti (Italie).

Balland, secrétaire général pour l'administration à la Préfecture du Rhône, à Lyon.

Balleydier Xavier, à Marcigny (Saône-et-Loire).

Ballot Arthur, à Chancey, par Montagney (Haute-Saône).

Balourdet Paul, à Ambonnay (Marne).

Baqué Pierre, à Saint-Pierre-de-Buzet, par Buzet (Lot-et-Garonne).

Baratier A., conseiller général, à Monestier, par Chantelle (Allier).

Barathon Ch., à Bouillé, par Le Montet (Allier).

Barbaro, ancien professeur, à Ferrare (Italie).

Barbentane (marquis de), président de la section de viticulture de la Société des Agriculteurs de France, à Saint-Jean-le-Priche, par Mâcon (Saône-et-Loire).

Barbier, délégué de la société d'horticulture parisienne, horticulteur à Chelles (Seine-et-Marne).

Bard Georges, viticulteur à Bonneville (Haute-Savoie).

Bardin, conducteur des Ponts-et-Chaussées en retraite, à Riom (Puy-de-Dôme).

Baret, pépiniériste, à Ecully (Rhône).

Bargel, secrétaire général du syndicat agricole, à Meulan-Hardricourt (Seine-et-Oise).

Barjon, à Saint-Galmier (Loire).

Barrat, délégué de la Société d'agriculture, inspecteur primaire, à Poligny (Jura).

Bary Ernest, à Carcassonne (Aude).

Barzilai, Dr Bruno, à Padoue (Italie).

Basseti, Romeo, à Varese (Milan, Italie).

Basso, professeur Luigi, secrétaire du comice agricole, à Padoue (Italie).

Bassoli, directeur de la Société d'assurance la « Suzaresse », à Suzzara, Mantoue (Italie).

Basson Charles, viticulteur, à Neuville-sur-Saône (Rhône).

Bastergue, à Lyon.

Bataille, propriétaire, à Theizé (Rhône).

Batia, propriétaire, à Ampuis (Rhône).

Battanchon, professeur départemental d'agriculture, à Mâcon (Saône-et-Loire).

Baudouin-Perrin, propriétaire, à Villeneuve-sur-Yonne (Yonne).

Baudrant, conseiller général du Rhône, maire de Givors (Rhône).

Bauguil Th., professeur départemental d'agriculture, à Philippeville (Algérie).

Bauzil Paul, délégué du syndicat agricole, à Villepinte (Aude).

Bazin, à Chenove, par Marsannay-la-Côte (Côte-d'Or).

Bazzi Giov.-Battista, constructeur mécanicien, à Casale-Montferrat (Italie).

Beaud E. président du Comice agricole de Saint-Amour, à Nanc (Jura).

Beaud J.-Louis, fils, à Nanc (Jura).

Beaufort-Paillard, viticulteur, à Bouzy (Marne).

Beaujolin, conseiller général du Rhône, maire de Saint-Symphorien-sur-Coise (Rhône).

Beauregard, avocat, à Charentay, par Belleville (Rhône).

Beauvisage, adjoint à la mairie centrale de Lyon.

Béchetoille Camille, président du syndicat agricole, à Annonay (Ardèche).

Béchetoille Léopold, à Annonay (Ardèche).

Bedenne, délégué de la Chambre syndicale des cultivateurs de la Seine, à Montreuil (Seine).

Bedin Abel, notaire à Liergues (Rhône).

Bedin Anatole, conseiller général du Rhône, à Ville-sur-Jarnioux (Rhône).

Bedin Julien, à Saint-Just-d'Avray (Rhône).

Bedin Paul, président du Comice agricole, à Tarare (Rhône).

Bélicard Paul, régisseur, à Corcelles (Rhône).

Belle, professeur départemental d'agriculture, délégué du conseil général des Alpes-Maritimes, à Nice (Alpes-Maritimes).

Bellenot A. H. T., ingénieur-constructeur à Vevey (Suisse).

Belliard Séverin, président du syndicat agricole, à Terraube (Gers).

Bellissen, à Lyon.

Beltjens F., propriétaire à Tournus.

Belz fils et Cie, ingénieurs-constructeurs à Genève (Suisse).

Bender Emile, avocat à Lyon.

Benegas Pedro, à Mendoza (République Argentine).

Bénézech Pierre, viticulteur à Gignac (Hérault).

Béranger (marquis de), industriel, château de la Bottheleraye, à Pipriac (Ille-et-Vilaine).

Béranger François, à Plottes (Saône-et-Loire).

Béraud J., viticulteur à Vérizieux, par Serrières-de-Briord (Ain).

Berger, à Liergues (Rhône).

Berger Antoine, propriétaire à St-Etienne-des-Oullières (Rhône).

Berger Henri, à Vernaison (Rhône).

Berjon adjoint, aux Chères (Rhône).

Berjon Jean-Marie, aux Chères (Rhône).

Berlier Antoine, propriétaire à Longes (Rhône).

Bernard, professeur d'agriculture à St-Marcellin (Isère).

Bernard Ferdinand, à Grenoble (Isère).

Bernard Joseph, à Lyon.

Bernard Philippe, caissier de la Caisse d'épargne de Villefranche-sur-Saône (Rhône).

Bernardy (vicomte de), à Carpentras (Vaucluse).

Bernon (de), président du Syndicat Agricole, à St-Sorlin-en-Valloire (Drôme).

Bersch (professeur Dr J.), délégué de la Société protectrice de la viticulture autrichienne, à Vienne (Autriche).

Bert Adrien, propriétaire, à Tournon (Ardèche).

Bertana, Ing. Enrico, président de l'école pratique d'agriculture « Via Luparia » à Casale-Montferrat (Italie).

Bertaut, délégué de la Chambre syndicale des cultivateurs de la Seine à Rosny-sous-Bois (Seine).

Berthaud Jean, à Pouilly-lès-Feurs (Loire).

Berthelier, à Chasselay (Rhône).

Berthet Hte, viticulteur, à St-Cassien, par Voiron (Isère).

Berthet Nicolas, propriétaire-viticulteur, Le Breuil (Rhône).

Berthier Antoine, à Cogny (Rhône).

Berthier Eugène, propriétaire à Lacenas (Rhône).

Berthier-Favrichon, maire à Ville-sur-Jarnioux (Rhône).

Bertoni Dr. Francesco, à Ferrare (Italie).

Besson, pépiniériste, à Pont-de-Vivaux, Marseille (Bouches-du-Rhône).

Besson Louis, propriétaire, au Verdellet, Mornant (Rhône).

Béthune (prince de), à Mâcon (Saône-et-Loire).

Bicharette J., maison G. Pépin fils aîné, à Bordeaux (Gironde).

Bidon, à Seyssel (Haute-Savoie).

Bidot César, vice-président du syndicat de Lons-le-Saunier, à Revigny (Jura).

Bidot Jean-Baptiste, délégué du syndicat de Lons-le-Saunier, à Paisia par Beaufort (Jura).

Billard L., viticulteur à Blacé (Rhône).

Binazet Jean, viticulteur à Beynost (Ain).

Bine Joanny, à Lozanne (Rhône).

Biolay François, à Jarnioux (Rhône).

Biolay Joseph, à Moiré (Rhône).

Birot Emile, propriétaire, à Lyon.

Biternay Jean-Claude, à Marcilly-d'Azergues (Rhône).

Bizet Jean, secrétaire de la Société Pomologique de France, à Ecully (Rhône).

Blain Joseph, maire à Dardilly (Rhône).

Blanc Alphonse, viticulteur, à Saint-Hippolyte-du-Fort (Gard).

Blanc Antoine, propriétaire à Bully-sur-l'Arbresle (Rhône).

Blanc Benoît, au Carra, Montmelas (Rhône).

Blanc Edouard, à Lyon.

Blanchet, régisseur, à Briare (Loiret).

Blanchet Jean, à Dardilly (Rhône).

Blavot Victor, à Saint-André-le-Bouchoux (Ain).

Blondeau Claude, château de Montchauvier, par Passenans (Jura).

Blondel à Anse (Rhône).

Bocca, comm. avv. Giovanni, Syndic à Asti (Italie).

Bocchio Avv. G., à Brescia (Italie).

Boclon Edmond, à Roanne (Loire).

Bocquet Léon, château du Clos de Vougeot, à Savigny-lès-Beaune (Côte-d'Or).

Bœuf, propriétaire, à Villié-Morgon (Rhône).

Boiret, professeur départemental d'agriculture, à Annecy (Haute-Savoie).

Boisson Charles, régisseur à Lyon

Boisson Claude, à Chazay-d'Azergues (Rhône).

Bolland A., à Chimilin par Aoste (Isère).

Bombicci, comm. professeur, à Bologne (Italie).

Bondet G., vice-président de la Société de viticulture de l'Ain, à Verjon (Ain).

Bonhomme Pierre, fils, à Sain-Bel (Rhône).

Bonjour, propriétaire, à Salins (Jura).

Bonnaviat Adrien, viticulteur, à Curtin, par Morestel (Isère).

Bonnard, propriétaire, à Chânes, par Crêches (Saône-et-Loire).

Bonnard, député du Rhône, à Lyon.

Bonnebouche, à Tarare (Rhône).

Bonnefond Jacques, à Ampuis (Rhône).

Bonnefoy, régisseur, à Gilly, par Albertville (Savoie).

Bonnepart Jean-Jacques, maire, à Brullioles (Rhône).

Bonnet, viticulteur, à Mâcon (Saône-et-Loire).

Bonnet, à Chasselay (Rhône).

Bonnet, aîné, fondeur, à Villefranche-sur-Saône (Rhône).

Bonnet J., professeur spécial d'agriculture, à Nolay (Côte-d'Or).

Bonnet Louis, à Limonest (Rhône).

Bord Georges, secrétaire général de l'Union du Sud-Ouest des Syndicats agricoles, Loupiac, par Cadillac (Gironde).

Borde (de) château de Borde, par Cluny (Saône-et-Loire).

Bordelot P., château de la Rouvière, par Sauve (Gard).

Bordiga, professeur à l'Ecole supérieure d'Agriculture, à Portici (Italie).

Bori Alfonso, à Barcelone (Espagne).

Borin Fournet, à Lyon.

Borssat (C. de) à Le Chameau, près Bourbonne-les-Bains (Haute-Marne).

Bosio D. Giovanni, à Alpignano (Italie).

Bosio Francesco, à Brescia (Italie).

Bossy, adjoint à la mairie centrale de Lyon.

Bosson Jacques, pharmacien à Cercié (Rhône).

Bost André, propriétaire, à Sainte-Consorce (Rhône).

Bothier Antoine, à Jarnioux (Rhône).

Botton Jean-Claude, à Villefranche-sur-Saône (Rhône).

Boucaumont Etienne, à Chantelle-le-Château (Allier).

Bouchacourt Gabriel, à Chevigny-Lournand, par Cluny (Saône-et-Loire)

Bouchard fils aîné, à Chasselay (Rhône).

Bouchard A. délégué départemental, à Angers (Maine-et-Loire).

Bouchard Charles, à Beaune (Côte-d'Or).

Bouchaud de Bussy (comte de), à Bouchaud près Arles (Bouches-du-Rhône).

Bouchon Henri, à Bollène (Vaucluse).

Boudet, délégué de la Société d'agriculture de la Charente, à Angoulême (Charente).

Boudier V.-J., président de la Société vigneronne du canton de Nuits-Saint-Georges, à Corgoloin (Côte-d'Or).

Bouffard, professeur d'œnologie, à l'Ecole Nationale d'Agriculture de Montpellier (Hérault).

Bouffier, sénateur du Rhône, à Lyon.

Bougain, à la Pacaudière (Loire).

Bouhey-Allex, viticulteur à Villers-la-Faye, par Corgoloin (Côte-d'Or).

Bouilloud, conseiller général à Viré (Saône-et-Loire).

Boulard Emile, propriétaire, à Saint-Clément-sur-Valsonne (Rhône).

Boullud, chef de cabinet de M. le Maire de Lyon.

Bouquet Louis, à Irigny (Rhône).

Bourgeois Emile, à Lozanne (Rhône).

Bourgeois Léon, à Lyon.

Bouricand, maire, à Lozanne (Rhône).

Bourjaillat Joseph, à Lyon.

Bourrat, délégué du syndicat agricole, à Régny (Loire).

Boussand, à Lyon.

Bouthier Henri, à Lyon.

Boutreux, vice président de la Société d'horticulture de Montreuil (Seine).

Bozzini A., manufacturier, à Tournon (Ardèche).

Braillon Etienne, propriétaire à Salles (Rhône).

Bréheret, professeur départemental d'Agriculture, à Valence (Drôme).

Breil, professeur départemental d'agriculture, délégué du département des Basses-Pyrénées, à Pau (Basses-Pyrénées).

Brézenaud (L. F. de), inspecteur d'agriculture à Quintenas (Ardèche).

Bressanin, président de la société de tir contre la grêle, à Borgorico (Padoue) Italie.

Brian, à Lyon.

Bridard J., propriétaire-viticulteur, à Buxy (Saône-et-Loire).

Bringuier, président du syndicat agricole, délégué du comice d'Yssingeaux, à Yssingeaux (Haute-Loire).

Brissot Victor, propriétaire-viticulteur, à Chaumot, par Villeneuve-sur-Yonne (Yonne).

Brochu Paul, à Arles (Bouches-du-Rhône).

Brodet.

Brosses (le comte de), à Griselles, par Ferrières-en-Gâtinais (Loiret).

Brossette Antoine, maire à St-Jean-des-Vignes (Rhône).

Brossette-Yvernay, maire à Theizé (Rhône).

Brown Thomas-Nicolle, vice-consul des Etats-Unis, à Lyon.

Brugière, jardinier à St-Cyr-au-Mont-d'Or (Rhône).

Brun Claude, directeur du *Réveil Agricole*, à Marseille (Bouches-du-Rhône).

Brun Jean-Antoine, propriétaire, à Ste-Consorce (Rhône).

Brun Marius, aux Thorins, par Romanèche (Saône-et-Loire).

Brunet, à Lyon.

Brunet J., vice-président de la Caisse d'Epargne de Lyon, à Lyon.

Brunhes Bernard, directeur de l'Observatoire du Puy-de-Dôme, professeur de physique à l'Université de Clermont-Ferrand (Puy-de-Dôme).

Bruno et fils, constructeurs à Mâcon (Saône-et-Loire).

Buchet-Desforges, au Chalet, près Cosne (Nièvre).

Buisson Gustave, à la Bastide-d'Anjou (Aude).

Buhl F., délégué de la Société internationale de viticulture allemande, à Diedesheim (Allemagne).

Burel André, propriétaire-viticulteur, à Trèves (Rhône).

Burelle Emile, président de la Société régionale de viticulture de Lyon, ingénieur à Lyon.

Burnat Jean, viticulteur à Etrembières, par Annemasse (Haute-Savoie).

Burnier Gaspard, propriétaire, à St-Laurent-d'Oingt (Rhône).

Burnier Joanny, propriétaire à Chasselay (Rhône).

Burny, à Limonest (Rhône).

Businelli, ing. Guido, à St-Pierre Incariano, Vérone (Italie).

Bussière (Louis de la), à Bissy-sous-Uxelles, par St-Gengoux-le-National (Saône-et-Loire).

Buy Joseph, propriétaire à St-Didier-au-Mont-d'Or (Rhône).

C

Cabella Eugenio, à Asti (Italie).

Cabut, à Belleville-sur-Saône (Rhône).

Caccaud, chef de cabinet de M. le Préfet du Rhône, à Lyon.

Cadoret, professeur départemental d'agriculture à Gap (Hautes-Alpes).

Caille L., professeur d'agriculture à Vienne (Isère).

Cailleaud Jean, à St-Georges-de-Reneins (Rhône).

Calamani, Prof Dr Eugenio, Directeur de la Chaire ambulante d'agriculture, à Belluno (Italie).

Calderara Cav. Carlo, secrétaire du comice agricole, à Asti (Italie).

Calvi Goffredo, secrétaire du congrès italien, à Casale-Montferrat (Italie).

Cambon Victor, président de la Société d'agriculture, à Lyon.

Cameo José, à Carinena, Aragon (Espagne).

Chambre de Commerce de la province d'Alexandrie (Italie).

Camerini Paolo (comte), à Padoue (Italie).

Campa Pio, à Castelfranco di Sopra (Italie).

Canard, capitaine d'artillerie du XIVe corps d'armée, à Lyon.

Canciani, cav. avv., Giovanni, syndic de Parenzo, Istria (Italie).

Cancianini Marco Pacifica, président de la Société de tir contre la grêle à Corna di Rosazza (Italie).

Candolle (L. de), président du comité de la Station viticole de Ruth, à Evordes Genève (Suisse).

Cantegril, château de Crocq, à St-Estèphe (Gironde).

Cantin, directeur de la Cie du Lysol, Paris.

Capus, professeur spécial d'agriculture, à Cadillac (Gironde).

Carcel Joseph, pépiniériste à Montseveroux (Isère).

Carillon, professeur spécial d'agriculture, à Chalon-s.-Saône (Saône-et-Loire).

Carle, chef de culture à la pépinière départementale, à Chambéry (Savoie).

Carllet François, régisseur au château de Dommartin, par Lozanne (Rhône).

Carra Jean-Antoine, à Ville-sur-Jarnioux (Rhône).

Carra Jean-Pierre, à Ville-sur-Jarnioux (Rhône).

Carret, conseiller général du Rhône, juge de paix à Neuville-sur-Saône (Rhône).

Carret-Guerpillon, à Chessy-les-Mines (Rhône).

Carriat B., horticulteur, à Antibes (Alpes-Maritimes).

Carrié, à Chasselay (Rhône).

Carrier-Dabos, à Sillans (Isère).

Carrière Louis, Porte de France, à Grenoble (Isère).

Carriez, conseiller général du Rhône, maire de Liergues (Rhône).

Carriez Jean-Claude, maire à Pommiers (Rhône).

Carron Paul, propriétaire, à Oingt (Rhône).

Carvalho (Joas Marquès de), régisseur adjoint à la Commission ampélo-graphique du Portugal, propriétaire à Valle de Cavallos à Chamusca (Portugal).

Carry Jean, à Villefranche-sur-Saône (Rhône).

Casali Conte Giuseppe, à Rodigo, Mantoue (Italie).

Casati-Brochier, à Lyon.

Cassier Jean, propriétaire, à Quincié (Rhône).

Cassin Avv. Marco, à Cuneo (Italie).

Castel P., ancien président de la Société centrale d'agriculture de l'Aude, à Carcassonne (Aude).

Castelli J.-B., à Marseille (Bouches-du-Rhône).

Castro (Don Louis de), député, professeur à l'Institut d'agronomie, à Lisbonne (Portugal).

Catenod Joseph, à Montluel (Ain).

Caubet, éleveur, à Villeurbanne (Rhône).

Causse, conseiller général du Rhône, à Lyon.

Causse Pierre, délégué de la Société des viticulteurs de France, domaine de Bony, par Saint-Laurent-d'Aigouze (Gard).

Cavaillez Armand, à Castelnau-d'Aude (Aude).

Cavalieri Riccardo, professeur ingénieur, à Ferrare (Italie).

Cavalleri Avv.-Giovanni, à Erbusco (Brescia) (Italie).

Cavalleri Cav. Paolo, à Erbusco (Brescia) (Italie).

Cavazza Domizio, à Bologne (Italie).

Caviola Carolina Ned. Padoa, Padoue (Italie).

Cayetano Fontrodona, avocat, à Barcelone (Espagne).

Dr Cazeneuve, président du Conseil général du Rhône, professeur à l'Université, à Lyon.

Célerier, délégué de la Société agricole et scientifique. Le Puy (Haute-Loire).

Cerrina Giovanni, à Casale-Montferrat (Italie).

Cerrina Giuseppe, à Casale-Montferrat (Italie).

Ceuzin Jacob, à Chalon-sur-Saône (Saône-et-Loire).

Chabannes (Comte de), château de la Tourette, Eveux (Rhône).

Chabannes (Comte Jean de). à Montmelas par Denicé (Rhône).

Chabaud A., à la Combe, par Annonay (Ardèche).

Chabert H., à Riviers, par Montbonnot (Isère).

Chaboissier Victor, président de la Société syndicale coopérative et du Syndicat des agriculteurs du Puy-de-Dôme, à Clermont-Ferrand (Puy-de-Dôme).

Chaboud, maire à Vertrieux, par La Balme (Isère).

Chabrier, curé à Sathonay (Ain).

Chaigne, procureur de la République, à Cahors (Lot).

Chaize Charles, secrétaire du Syndicat agricole, à Villerest (Loire).

Chalamel Etienne, Craponne (Rhône).

Chambaud de la Bruyère, conseiller général du Rhône, à Lentilly (Rhône).

Chambert, à Moingt, par Montbrison (Loire).

Chambeyron, trésorier de la Chambre de Commerce, à Lyon.

Chambisseur, aux Burchères, par Pusignan (Isère).

Chambon (l'abbé), vicaire à Laurac (Ardèche).

Chambon, régisseur, à Jenzat (Allier).

Chambre syndicale du Commerce en gros des vins et spiritueux de l'arrondissement de Beaune, à Beaune (Côte-d'Or).

Chambry Prosper, propriétaire, à Craponne (Rhône).

Chamerois, inspecteur de la Compagnie « L'Abeille » à Bar-sur-Aube (Aube).

Champin Joseph, propriétaire, à Pierre-Bénite (Rhône).

Chanard Antoine, propriétaire, à Ternand (Rhône).

Chanay François, à Lucenay, par Anse (Rhône).

Chandon de Briailles (le comte), vice-président délégué de la Société des Viticulteurs de France, à Epernay (Marne).

Chanel, docteur, à Tarare (Rhône).

Chanteret (l'abbé), à Renaison (Loire).

Chanrion Antoine, viticulteur, à Charnay (Rhône).

Chantour, ingénieur, au Chambon-Feugerolles (Loire).

Chantre (Georges), propriétaire, à Rontalon (Rhône).

Chanut (le docteur), président du comice du canton de Nuits, délégué du Comité central d'études viticoles de la Côte-d'Or, à Vosne-Romanée (Côte-d'Or).

Chapelle, professeur départemental d'agriculture, à Toulon (Var).

Chapelle (baron de la), château de la Place, à Jarnioux (Rhône).

Chaponay (marquis Pierre de), président du syndicat agricole du Bois-d'Oingt, château de La Flachère, à Saint-Vérand (Rhône).

Chappaz, professeur départemental d'agriculture, à Auxerre (Yonne).

Chappuis, propriétaire, à Civrieux-d'Azergues (Rhône).

Chapuis Jean-Baptiste, à Anse (Rhône).

Chapuis Jean-Claude, propriétaire, à Grézieu-la-Varenne (Rhône).

Chapuy Emile, propriétaire, à Baillargues (Hérault).

Charbon, à Lozanne (Rhône).

Chardiny Louis, avocat, conseiller d'arrondissement, à Lyon.

Chardon, adjoint, à Ternand (Rhône).

Chardonnet Ch., expert-géomètre, à Beaurepaire (Isère).

Charlet François, régisseur, château de Saint-Trys, par Anse (Rhône).

Charmet, à Paris.

Charmont Benoît, à Chasselay (Rhône).

Charmont Joseph fils, horticulteur, à St-Clément-lès-Mâcon (Saône-et-Loire).

Charmont Jules, horticulteur à Saint-Clément-lès-Mâcon (Saône-et-Loire).

Charnay Claude, propriétaire, à Oingt (Rhône).

Charvériat Paul, à Lyon.

Charvériat Pierre, ingénieur-agronome, à Lyon.

Chassagne, propriétaire, à Liergues (Rhône).

Chassy, propriétaire, au Bois-d'Oingt (Rhône).

Chatal Antoine, propriétaire, à Ternand (Rhône).

Chatanay Antoine, à Fontaines-Saint-Martin (Rhône).

Châtelard Philippe, à Brussieu (Rhône).

Châtelus, à Lyon.

Châtillon Joseph, président du syndicat agricole de Villefranche-sur-Saône, à Limas (Rhône).

Châtillon Pierre, à Lachassagne (Rhône).

Chavanis Amédée, à Lissieu, par Chasselay (Rhône).

Chavanis J., notaire à Thizy (Rhône).

Chavant Alfred, à Lyon.

Chave Placide, conseiller général, viticulteur à Sablet (Vaucluse).

Chaverondier, à Valvert-Chandon, par Charlieu (Loire).

Chemier, propriétaire, Le Côteau (Loire).

Chevenier L., constructeur à Saint-Symphorien-de-Lay (Loire).

Chenevière Joseph, à Bessenay (Rhône).

Chenivesse Claudius, à Bourg-Saint-Andéol (Ardèche).

Cheptal-Lamure (R. de), à Les Charbonniers, par Alixan (Drôme).

Cherpin Benoît, propriétaire, Les Olmes (Rhône).

Chevallier, entrepreneur à La Boisse, par Montluel (Ain).

Chevallier Augustin, délégué de la Chambre Syndicale des cultivateurs de la Seine, à Bagnolet (Seine).

Chevallier Emile, député de l'Oise, à Paris.

Chevreau Arthur, délégué de la Chambre Syndicale des cultivateurs de la Seine, à Montreuil (Seine).

Chevreau Louis, délégué de la Chambre Syndicale des cultivateurs de la Seine, à Montreuil (Seine).

Cheysson, membre de l'Institut, inspecteur général des Ponts et Chaussées, à Paris.

Chipon, à Fontaines-sur-Saône (Rhône).

Chippier, à Soucieu-en-Jarret (Rhône).

Chollet, président de la Société d'agriculture et de viticulture de la Loire, à Montbrison (Loire).

Chopin Eugène, Mérignat par Cerdon (Ain).

Christophle fils, Loire (Rhône).

Chuzeville Antoine, St-Romain-au-Mont-d'Or (Rhône).

Ciny, Belligny, Villefranche (Rhône).

Ciny, Jassans (Ain).

Citadella di Vigodarzere Conte Antonio, directeur de la Société météorologique italienne, Padoue (Italie).

Clairet Joseph, Limas (Rhône).

Claitte Antoine, viticulteur, Marchampt (Rhône).

Clavel, adjoint à la Mairie centrale de Lyon.

Clavel E., Joncquière (Vaucluse).

Clavier François, propriétaire, Sain-Bel (Rhône).

Clavière (Raoul de), Jarnioux (Rhône).

Clémençon, chez MM. Gauthié et Miribel, Vienne (Isère).

Clément, docteur, Lyon.

Clément, propriétaire aux Chères, par Chasselay (Rhône).

Clément fils, propriétaire, Salins (Jura).

Clerc, viticulteur, Mantry par Sellières (Jura).

Clinet Claude, Jarnioux (Rhône).

Cluizel Antoine, Chevinay (Rhône).

Cluzel (James du Plan), ingénieur-viticulteur, Nîmes (Gard).

Cochu Alfred, délégué de la Chambre Syndicale des cultivateurs de la Seine, Noisy-le-Sec (Seine).

Coignet, vice-président de la Chambre de Commerce, Lyon

Coignet Philippe, viticulteur, Chagnon (Loire).

Coletti Celso, président de la société de tir contre la grêle, Méduna de Livenza (Italie).

Colin J., Villeneuve-sur-Yonne (Yonne).

Colliard, député du Rhône, Lyon.

Colliard Joseph, propriétaire, Limas (Rhône).

Collier, St-Georges-de-Reneins (Rhône).

Collon Jean-Louis, propriétaire, Ecully (Rhône).

Colomb F., maire, Fontaines-St-Martin (Rhône).

Colomb Gaston, Lyon.

Colomb Pierre, St-Genis-Laval (Rhône).

Colombo Pietro, Spresiana (Trévise, Italie).

Colon Jean, Ecully (Rhône).

Combemale Eugène, secrétaire général de la Société d'encouragement à l'agriculture, Montpellier (Hérault).

Comello Conte, prof. Antonio, Chioggia (Italie).

Comice Agricole de Gevrey-Chambertin (Côte-d'Or).

Comice Agricole d'Orléans (Loiret).

Comice agricole, Padoue (Italie).

Commarmond Jean-Marie, Brussieu (Rhône).

Commerçon-Faure, propriétaire-viticulteur, Mâcon.

Compayré, recteur de l'Académie, Lyon.

Comte Jean-Antoine, Fleurieu-sur-Saône (Rhône).

Comte Jean-François, propriétaire, Cogny (Rhône).

Conatti Nob. Cav. Francesco, Gargagnago di Valpolicella, Vérone (Italie).

Condeminal Alfred, La Chapelle-de-Guinchay (Saône-et-Loire).

Consorzio anti-phylloxérique, à Brescia (Italie).

Consorzio contre la grêle, San-Giacomo-delle-Segnate, Mantoue (Italie).

Constantin, Lyon.

Contremaître de la « Fabrique bresciane d'armes », Brescia (Italie).

Coquard Etienne, maire, Savigny (Rhône).

Coquard Joseph, propriétaire, Dareizé (Rhône).

Coquard Louis, Létra (Rhône).

Coras docteur, Lons-le-Saunier (Jura).

Corbière père, vice-président du Syndicat viticole du canton de Lussac, Lussac-de-Libourne (Gironde).

Cordier, directeur des Usines de Saint-Gobain, Saint-Fons (Rhône).

Cordier, secrétaire général de la Mairie Centrale de Lyon.
Corinaldi Conte Edoardo, président de la société de tir contre la grêle, Padoue (Italie)
Cornaglia Achille, Turin (Italie).
Cornet Denis, propriétaire-viticulteur, Vogué (Ardèche).
Cornudet Léon, château de Jully, par Buxy (Saône-et-Loire).
Coste, professeur spécial d'agriculture, La Mure (Isère).
Coste, ingénieur, Tournus (Saône-et-Loire).
Coste-Labaume, conseiller général du Rhône, Lyon.
Cottin, Lyon.
Cottin Cyrille, Lyon.
Cottin Paul, Lyon.
Couanon G., inspecteur général de la viticulture, Paris.
Couderc Georges, viticulteur, Aubenas (Ardèche).
Coudereau Victor, délégué de la Société vigneronne de l'arrondissement d'Issoudun, Issoudun (Indre).
Couffon (A. de) de Kerdellech, château de la Cossonnière, Le Pellerin (Loire-Inférieure).
Couprie Rambert, Villefranche-sur-Saône (Rhône).
Coutagne Georges, Lyon.
Couvreur-Perin, Rilly-la-Montagne (Marne).
Cowert John, consul des Etats-Unis, Lyon.
Cret Michel, propriétaire, Caluire (Rhône).
Crétin Antoine, propriétaire, Beaujeu (Rhône).
Cristal, château de Parnay, par Saumur (Maine-et-Loire).
Crolas (D^r), professeur à la Faculté de médecine, Lyon.
Crotte, château de Pizay, par Belleville (Rhône).
Crotte Jean-Claude, propriétaire, Chiroubles (Rhône).
Crouzat Etienne, Castelnau-d'Aude (Aude).
Crouzat Léon, Carcassonne (Aude).
Crozier, Montbrison (Loire).
Curtat André, Saint-Rambert-l'Ile-Barbe (Rhône).
Cuzzi Antonio, constructeur mécanicien, Padoue (Italie).

D

D. Ayala-Valva Marchese Francesco, à Tarente (Italie).
Dabat, sous-directeur au Ministère de l'Agriculture, à Paris.
Dabos, à Vauvert (Gard).
Dall. Armi Cav. Leandro, à Montebelluno (Italie).
Dall. Armi Fausto, à Montebelluno (Italie).

Damez Pierre, à Saint Didier-au-Mont-d'Or (Rhône).

Damiron F., à Arnas, par Villefranche (Rhône).

Damont Isaac, Chasselay (Rhône).

Damour, Chasselay (Rhône).

Danguin, Lyon.

Danguin Etienne, Theizé (Rhône).

Danguy, directeur de l'Ecole d'Agriculture et de Viticulture de la Charente, château de l'Oisellerie, par la Couronne (Charente).

.Danguy Louis, professeur départemental d'agriculture, délégué du Conseil général de la Loire-Inférieure, Nantes.

Daniel, docteur ès-sciences, professeur au lycée de Rennes (Ille-et-Vilaine).

Danjoux, pépiniériste, Neuville-sur-Saône (Rhône).

Dargaud, conseiller général du Rhône, maire de Belleville-sur-Saône (Rhône).

Darieu E., ingénieur-agronome, Arsague, par Amou (Landes).

Darmancier Jacques, la Plaine, par Ampuis (Rhône).

David C., Fontaines-Saint-Martin (Rhône).

David Louis, Fontaines-Saint-Martin (Rhône).

De Alessi Cav., professeur, Directeur de la Chaire ambulante d'Agriculture, Evasio, Novare (Italie).

Déal François, propriétaire, Cogny (Rhône).

De Appellauer Carlo, Gelsa (Italie).

De Benedetti, prof. Abram, syndic et président de la Société de tir contre la grêle, Oliva Gessi, Pavie (Italie).

Debilly Claude, Lentilly (Rhône).

De Castello, Ditta Olian Fannio, Padoue (Italie).

Déchelette, Roanne (Loire).

Decker-David, député, membre du Conseil supérieur de l'Agriculture, délégué de la Société d'Encouragement à l'agriculture du Gers, Auch (Gers).

Decléris, adjoint à la mairie centrale de Lyon.

Decloître, Tarare (Rhône).

Décombe Claude, Lachassagne (Rhône).

Decoppet Emmanuel, directeur de l'Ecole pratique d'Agriculture et de viticulture de Valabre, par Gardanne (Bouches-du-Rhône).

Décrand, Chasselay (Rhône).

Décrand François, Albigny (Rhône).

Décurel François, Chessy-les-Mines (Rhône).

Décurel Pierre, Bagnols (Rhône).

Definod, conseiller général, Belmont (Ain).

Degoutte Jean, viticulteur, Charnay (Rhône).

Degrully L,, directeur du *Progrès agricole et viticole*, Montpellier (Hérault).

Delacollonge Claudius, propriétaire, Theizé (Rhône)

Delafond Maurice, Belleville-sur-Saône (Rhône).

Delaire Eugène, secrétaire général de la Société d'Horticulture d'Orléans et du Loiret, Orléans (Loiret).

Delaye Claude, viticulteur, Saint-Rambert-l'Ile-Barbe (Rhône).

Déléaz, de la maison Cauvin-Yvose, Lyon.

Delhopital Etienne, Charly (Rhône).

Deloncle, chef du Cabinet de M. le Ministre de l'Agriculture, à Paris.

Delorme Antoine, propriétaire, Poleymieux (Rhône).

Delorme Francisque, Saint-Romain-de-Popey (Rhône).

Delorme Frédéric, Creuzier-le-Vieux, par Cusset (Allier)

Delorme J.-B., viticulteur, Mornant (Rhône).

Demolonbe, propriétaire-viticulteur, Le Moutherot (Doubs).

Demoures G., secrétaire général de la Société d'Encouragement à l'agriculture de la Dordogne, château de Pompis, St-Front-d'Alemps (Dordogne).

Demours Louis, Saint-Germain-sur-l'Arbresle (Rhône).

Demours Pierre, Saint-Germain-sur-l'Arbresle (Rhône).

Denis Joseph, propriétaire, Romanèche-Thorins (Saône-et-Loire).

Denoyel Jean-Pierre, Sourcieux-les-Mines (Rhône).

Denoyel-Gillet, propriétaire, aux Rousses, Gleizé (Rhône).

Depardon, propriétaire, Chiroubles (Rhône).

Depardon Hyacinthe, Lyon.

Depassio, au Grand-Champ, Messimy (Rhône).

Deperrières-Gilles, la Grange, par la Possonnière (Maine-et-Loire).

Depierre fils, jardinier, Belligny, Villefranche-sur-Saône (Rhône).

Depuiset Paul, professeur d'agriculture, Epernay (Marne).

Derex, à Lyon.

De Riva, Nob. Cav. Col. Carlo, à Castelgoffredo, Mantoue (Italie).

Derobert Claude, ingénieur, à Lyon.

De Rosmini, Ing. Henrico, à Flaibano Friuli (Italie).

Deroz Marius, château de Bel-Air, à Albigny (Rhône).

Dervin (abbé Gustave), curé de Pourcy, par Ville-en-Tardenois (Marne).

De Salvo Salvatore e figlio, à Riposto, Sicile (Italie).

Deschamps Jean-Marie, propriétaire au Quenel, Rivolet (Rhône).

Deschet, propriétaire à la Roche, Châtillon-d'Azergues (Rhône).

Deschet-Papillon, propriétaire, à St-Laurent-d'Oingt (Rhône).

Descombes Jean, propriétaire à Jullié (Rhône).

Descombes Jean, propriétaire à Quincié (Rhône).

Descomte J., à Fontaines-St-Martin (Rhône).

Descours, maire, à Légny (Rhône).

Desderi Mario, à Asti (Italie).

Desforges, à St-Léger-sur-Dheune (Saône-et-Loire).

Desgranges Barthélemy, à Curis (Rhône).

Désigaud Gaspard, propriétaire à Salles (Rhône).

Desjoyaux Joseph, conseiller général de la Loire, maire de St-Galmier (Loire).

Desjuzeur, ingénieur de l'Association lyonnaise des propriétaires d'appareils à vapeur, à Lyon.

Desmeurs Antoine, propriétaire, à Theizé (Rhône).

Desmoulins, professeur d'agriculture, à St-Vallier (Drôme).

Despetis (docteur), délégué du comice agricole de Béziers, à Les Yeuzes par Méze (Hérault).

Dessaigne Pétrus, propriétaire aux Grandes-Maisons, Gleizé (Rhône).

Dessaintjean, propriétaire à Frontenas (Rhône).

Dessirier Charles-Eugène, ingénieur, à Lyon.

Desvignes Albert, à la Chapelle-de-Guinchay (Saône-et-Loire).

Desvignes, maréchal, à Chiroubles (Rhône).

Desvignes Jean, propriétaire, à Chiroubles (Rhône).

Desvoyod A., à Meillonnas (Ain).

De Tartaglia Nob. Michele, secrétaire de l'Association vinicole, à Spalato, Dalmatie (Italie).

De Toffoli, Ing. Domenico, à Soligo, Trévise (Italie).

Devaux Benoît, propriétaire, à Fleurieux-sur-l'Arbresle (Rhône).

Devic (docteur), conseiller général du Rhône, à Lyon.

Deville, professeur départemental d'agriculture, à Ecully (Rhône).

Devoucoux F., notaire à Chalon-sur-Saône (Saône-et-Loire).

Deyme Lucien, à Lyon.

Di Montezemolo Marchese Carlo, à Trinità, Cuneo (Italie).

Di Montezemolo Marchese Umberto, à Mondovi, Cuneo (Italie).

Diot Jean, à Villefranche-sur-Saône (Rhône).

Directeur du journal **La Vigna américana**, à Palerme (Sicile).

Ditcheff Petko, délégué officiel de la principauté de Bulgarie, inspecteur des assurances d'Etat contre la grêle, à Sofia (Bulgarie).

Dodille-Clerc, vice-président de l'Union agricole de Chalon-sur-Saône, viticulteur, à Mellecey (Saône-et-Loire).

Dœuvre Michel, propriétaire à Fleurieux-sur-Saône (Rhône).

Dominget, propriétaire, à Chaponost (Rhône).

Donat, à Solaize, par Feyzin (Isère).

D'Oncieu de la Bâtie (comte), château de la Bâtie, par Leysse (Savoie).

Dorieux Antoine, propriétaire, à Theizé (Rhône).

Dormy (vicomte de), château de Vinzelles, par Mâcon (Saône-et-Loire).
Dorry Jean, à Bussières par St-Sorlin (Saône-et-Loire).
Dory, à Chasselay (Rhône).
Dory Augustin, délégué de la Chambre Syndicale des cultivateurs de la Seine, à Bondy (Seine).
Douare Romain, avoué à Grenoble (Isère).
Douillet Louis, propriétaire, à Nivolas-Vermelle, par Bourgoin (Isère).
Doumenc, chef d'escadron d'artillerie en retraite, à Tullins (Isère).
Drevet, délégué du comice agricole de l'arrondissement d'Yssingeaux, à Tence (Haute-Loire).
Dreyfus, délégué de la Société agricole et scientifique, Le Puy (Haute-Loire).
Drivon Antoine, propriétaire à Limonest (Rhône).
Dubessy Alfred, maire à St-Forgeux (Rhône).
Dubief, propriétaire à La Chapelle-des-Bois par Fleurie (Rhône).
Dubois Charles, propriétaire-viticulteur à Chagny (Saône-et-Loire).
Dubois Louis, Dr du *Tourangeau*, Puteaux-sur-Seine (Seine).
Dubost, ferme du château de La Bussière, près Tarare (Rhône).
Dubost Auguste, propriétaire, Lacenas (Rhône).
Dubost Benoît, propriétaire, Fleurieax-s -l'Arbresle (Rhône).
Dubost Benoît, propriétaire à Mosouvre, Lentilly (Rhône).
Dubost Jean, propriétaire, Limas (Rhône).
Dubost Joseph, propriétaire, Le Bois-d'Oingt (Rhône).
Duchaine Pierre, St-Georges-de-Reneins (Rhône).
Duchampt, maire, Lissieu (Rhône).
Duchampt, propriétaire-viticulteur, Jullié (Rhône).
Duchampt Claude, à St-Julien, par Blacé (Rhône).
Duchampt Etienne, Les Chères (Rhône).
Duchampt J.-B., St-Jean-des-Vignes, par Lozanne (Rhône).
Duchampt Jean-Marie, Lissieu (Rhône).
Ducloud fils, St-Didier-de-Formans, par Trévoux (Ain).
Ducloux A., professeur départemental d'agriculture, Lille (Nord).
Ducoté Lambert, Mâcon (Saône-et-Loire).
Ducruet, Lyon.
Duffet Gabriel, Ronno (Rhône).
Dufier, Lyon.
Dufour, Dijon (Côte-d'Or).
Dufour (docteur Jean), directeur de la station viticole de Lausanne (Suisse).
Dugelay André, Chazay-d'Azergues (Rhône).
Dugelay Antoine, Ville-sur-Jarnioux (Rhône).
Dugelay Benoît, Ville-sur-Jarnioux (Rhône).

Du Grès, professeur spécial d'agriculture, Aix (Bouches-du-Rhône).

Dugué, délégué du département d'Indre-et-Loire, professeur départemental d'agriculture, Tours (Indre-et-Loire).

Duguet Ferdinand, Vaugneray (Rhône).

Dujardin Jules, conseiller de la Société des viticulteurs de France, Paris.

Dumarchais Gaston, château d'Insèches, près Cosne (Nièvre).

Dumas, Loire (Rhône).

Dumas Jean-Antoine, Ronno (Rhône).

Dumas Marius, viticulteur, St-Jean-de-Serres, par Lédignan (Gard).

Dumontillet, Chasselay (Rhône).

Dumora Germain, Caluire (Rhône).

Dumortier Jean-Pierre, maire, Pollionay (Rhône).

Dumoulin jeune, Lyon.

Dunand Jacques, propriétaire, Irigny (Rhône).

Dupin Jules, notaire, St-Rambert-s.-Loire (Loire).

Duplessis, délégué du département du Loiret, professeur départemental d'agriculture, Orléans (Loiret).

Dupoizat Antoine, propriétaire, Moiré (Rhône).

Dupoizat-Mainjeon, Châtillon-d'Azergues (Rhône).

Dupont, professeur départemental d'agriculture, Le Puy (Haute-Loire).

Duport Emile, président de l'Union du Sud-Est des Syndicats agricoles, Lyon.

Dupuis, curé, Montmelas (Rhône).

Dupuy Jean, Ministre de l'Agriculture, à Paris.

Durand, Dr de l'Ecole d'agriculture d'Ecully (Rhône).

Durand, propriétaire, Pradines, par Régny (Loire).

Durand-Bourdon, propriétaire, Crèches (Saône-et-Loire).

Durand-Gillet, Lyon (Rhône).

Durand Théophile, propriétaire, Richelieu (Indre-et-Loire).

Duranthet, viticulteur, La Pacaudière (Loire).

Duranthon A., Toulouse (Haute-Garonne).

Durazzo Marchese Marcello, Occimiano, Alexandrie (Italie).

Durdilly Antoine, maire, Sainte-Paule (Rhône).

Durdilly Benoît, propriétaire, Sainte-Paule (Rhône).

Duret, Condrieu (Rhône).

Durieu Stéphane, château du Carra, St-Etienne-la-Varenne (Rhône).

Durillon, château de la Gonthière, par Anse (Rhône).

Durozat G., la Courbatière, par Treffort (Ain).

Duterque, professeur d'agriculture, Le Puy (Haute-Loire).

Duvergey-Taboureau, Meursault (Côte-d'Or).

Duvergier de Hauranne, président du syndicat agricole, Herry (Cher).

Duvillard, délégué du Conseil général de la Seine, Arcueil-Cachan (Seine).

E

Ecole pratique d'agriculture du Rhône, Ecully (Rhône).
Edel, Lyon.
Eduardo Velloso d'Araujo, Oporto (Portugal).
Enfantin, professeur d'agriculture, Gex (Ain).
Eon, professeur à l'Ecole nationale d'agriculture de Montpellier (Hérault).
Etablissements de l'Horme, Lyon.

F

Fabre Jules, notaire, Lyon.
Fabrique bresciane d'Armes, Brescia (Italie).
Faesch Henri, président de la classe d'agriculture de la Société des Arts de Genève (Suisse).
Faivre père et fils, Gray (Haute-Saône).
Faizan Louis, viticulteur, Courzieux (Rhône).
Falcot, chemin de Saint-Rambert, Lyon-Vaise.
Farcy, professeur d'agriculture à Draguignan (Var).
Fargeat Jean-Marie, Liergues (Rhône).
Fargeot, Liergues (Rhône).
Farges, conseiller général du Rhône, Ronno (Rhône).
Fauchery Victor, Quincieux (Rhône).
Faugier Marcel, Piolenc (Vaucluse).
Faurax, conseiller général du Rhône, Lyon.
Favier, Lyon.
Fayard P., vice-président du Comice de Givors, Grigny (Rhône).
Fayolle François, Tassin-la-Demi-Lune (Rhône).
Fellot Stéphane, Rivolet (Rhône).
Fenebœuf Lucien, Dôle (Jura).
Fenouil Emile, château de la Plane, Carpentras (Vaucluse).
Fenouil fils aîné, château de la Plane, Carpentras (Vaucluse).
Ferlay Antoine, Craponne (Rhône).
Fernand de Fournas, château de la Seignoure, par Bram (Aude).
Ferouillat, directeur de l'Ecole nationale d'agriculture, Montpellier (Hérault).
Ferre.
Ferret Etienne, Gleizé (Rhône).
Feuillu Charles, Vermenton (Yonne).
Fichet Joseph, Lyon.

Fillieux, Civrieux-d'Azergues (Rhône).

Fleury G., Clermont-Ferrand (Puy-de-Dôme).

Florent, député du Rhône, Lyon.

Foëx, inspecteur général de l'agriculture, Colas-Montélimar (Drôme)

Foillard-Méras, Belleville-sur-Saône (Rhône).

Fojadelli Agr. Luigi, Ozzano (Alexandrie) (Italie).

Fonbonne Joannès, Theizé (Rhône).

Fonbonne Léon, Theizé (Rhône).

Fontaine, Chasselay (Rhône).

Fontgalland (de), président du syndicat agricole à Die (Drôme).

Fontvieille Benoit, président du Syndicat agricole, La Fouillouse (Loire).

Foray Louis, au Mas-Rillier, Miribel (Ain).

Forest, sénateur de la Savoie, Paris.

Formiggini Cav. Anselmo, Borgorrico, Padova (Italie).

Forrer, vice-président de la Société d'agriculture, maire, Dizimieu (Isère).

Fouilloux, conseiller général de l'Ain, juge de paix, Anse (Rhône).

Foujallaz A., député, délégué officiel du groupe 1 (district de Lavaux), syndic à Cully (Suisse).

Foureur Jules, Ambonnay.

Fournel Jules, Sourcieux-sur-l'Arbresle (Rhône).

Fournier, conseiller général du Rhône, Saint-Didier-au-Mont-d'Or (Rhône).

Fourrier, délégué de la Chambre syndicale des cultivateurs de la Seine, Aubervillers (Seine).

Franc, professeur départemental d'agriculture, Bourges (Cher).

Frattini Cav. cap. Agostino, Asti (Italie).

Frattini, Conte Federico, Meduna de Livenza (Italie).

Fréty C., Dompierre-sur-Besbre (Allier).

Frère Berthinien, Limonest (Rhône).

Frère Sabien Marcel, Laurac (Ardèche).

Frère Paul Onésime, Limonest (Rhône).

Friant, président de la Société d'Agriculture, Poligny (Jura).

Froissard (Marquis de), Bersaillin (Jura).

Froment (Claude), Argentine par Aiguebelle (Savoie).

G

Gabet Joseph, viticulteur, Névy-sur-Seille (Jura).

Gachet Jean, viticulteur, Saint-Rambert-d'Albon (Drôme).

Gacou, Les Rouillets, par Le Pin (Allier).

Gadioll Mario, Quistello, Mantoue (Italie).

Gagnaire J., à Veyrier-sous-Salève (Suisse).

Gagnieur Philibert, Durette (Rhône).

Gaignault Alphonse, délégué de la Société vigneronne de l'arrondissement d'Issoudun (Indre).

Gaillard Ferdinand, pépiniériste, Brignais (Rhône).

Gaillard Jean-Baptiste, Pacca, Vinay (Isère).

Galbert (comte de), délégué du Conseil départemental d'agriculture de l'Isère château de la Buisse, par Voiron (Isère).

Galland Vidal, délégué de la Société agricole et scientifique, Le Puy (H^{te}-Loire).

Gantillon Jean-Antoine, Saint-Didier-au-Mont-d'Or (Rhône).

Gapiand Joannès, Saint-Rambert-sur-Loire (Loire).

Garcia de Los Salmones, Pampelune (Espagne).

Garcin, La Tour de Salvagny (Rhône).

Garcin Cyprien, Charentay (Rhône).

Gardenat Joseph, Tournus (Saône-et-Loire).

Garilhe (de), Givray, par Le Péage (Isère).

Garin Jules, Chaponost (Rhône).

Gario Avv. Oreste « Président de la société de tir contre la grêle, Vialarda », Casale-Montferrat (Italie).

Garnier Claude-Marie, viticulteur, Bron (Rhône).

Garolla Argia, Limena, Padoue (Italie).

Garolla Cav. Giuseppe, Limena, Padoue (Italie).

Garon Ferdinand, aux Charmilles, par Vienne (Isère).

Garraud, avocat, Lyon.

Gaspard, viticulteur, Lyon.

Gasser, délégué du département de la Haute-Saône, Mantoche (Haute-Saône).

Gastine, délégué au service phylloxérique par le Ministère de l'Agriculture, Marseille (Bouches-du-Rhône).

Gattini Francesco, Castello Sopra Leceo (Italie).

Gaucherand Louis, Lyon.

Gaudemaris (marquis de) domaine de Massillan, par Orange (Vaucluse).

Gaudemaris (Pierre de), Lyon.

Gaudet Claude, Villié-Morgon (Rhône).

Gaudet Francisque, Lyon.

Gaudin, Lyon.

Gaudin Henri, propriétaire, Saint-Cyr-au-Mont-d'Or (Rhône).

Gaussen, viticulteur, Saint-Hippolyte-du-Fort (Gard).

Gauthié et Miribel, Vienne (Isère).

Gauthier Charles, ex-avoué, Lons-le-Saulnier (Jura).

Gauthier Gaston, Narbonne (Aude).

Gauthier Louis-Etienne, propriétaire, Chasselay (Rhône).

Gautier Armand, membre de l'Institut, Paris.

Gavoty Raymond, délégué de la Société des Viticulteurs de France, château de la Viguière, Brignoles (Var).

Gay Charles, délégué du Syndicat des Agriculteurs de Lons-le-Saulnier (Jura)

Gay Claude, Saint-Forgeux (Rhône).

Gaymard, président du Syndicat agricole de Saint-Martin-la-Cluze (Isère)

Gaynon, Marcy-l'Etoile (Rhône).

Gayet Benoît, viticulteur, Pontanevaux (Saône-et-Loire).

Gélibert, propriétaire, Jujurieux (Ain).

Genairon L., Lyon.

Geneste, architecte, Lyon.

Genet, député du Rhône, conseiller général, Condrieu (Rhône).

Genevay, Collonges (Rhône).

Genevey Victor, Lyon.

Genin, régisseur au château de Faverges, par La-Tour-du-Pin (Isère).

Genin E., secrétaire général des Hospices de Lyon, Condrieu (Rhône).

Genin Joseph, aux Prairies, par Bourgoin (Isère).

Genoux François, Rillieux (Ain).

Geoffray Jean-Baptiste, Létra (Rhône).

Georges, propriétaire, Chiroubles (Rhône).

Gérard, directeur du Parc de la Tête-d'Or, Lyon.

Gérard, instituteur, Le Bois-d'Oingt (Rhône).

Gerin, Monplaisir, Lyon.

Gerin Eugène, Lyon.

Germain Joseph, maire, Belmont (Ain).

German Eugenio, viticulteur, Cardedeu.Barcelone (Espagne).

Gervais Prosper, secrétaire général et délégué de la Société des viticulteurs de France, aux Causses près Lattes (Hérault).

Ghellini Dr Gelio, Conegliano, Trévise (Italie).

Ghislanzoni Luigi, Bergame (Italie).

Giacomoni (Jacques de), propriétaire, Sainte-Lucie de Tallano (Corse).

Gibellini-Tornielli-Boniperti, conte avv. Francesco, Novare (Italie).

Giet François, Franclens par Challonges (Haute-Savoie).

Gillet, propriétaire, Saint-Julien-sur-Bibost (Rhône).

Gillet J. Lyon.

Gillibert aîné, propriétaire, Le Thor (Vaucluse).

Ginot, Soulages, par Izieux (Loire).

Girard-Col, professeur départemental d'agriculture, Clermont-Ferrand (Puy-de-Dôme).

Girard Félix, viticulteur, Bron (Rhône).

Girard Henri, Lyon.

Girard (G. de), Mèze (Hérault).

Girardier (J. de), président du syndicat agricole de Villerest (Loire).

Giraud, Saint-Hilaire de Brens (Isère).

Giraud A., président du Syndicat agricole, Romans (Drôme).

Giraud Louis, avocat et maire de Mascara (Algérie).

Girod (docteur), président de la société d'Agriculture de Rumilly (Haute-Savoie).

Girodon Alfred, secrétaire de la section de viticulture de la société des Agriculteurs de France, château de Suduiraut, par Preignac (Gironde).

Giroud J., propriétaire, Niévroz (Ain).

Girsberger Kultur ingénieur beim Volkswirtschaft, Zurich (Suisse).

Giulietti Dr Giuliano, Casteggio, Pavie (Italie).

Glas Joseph, directeur de la Coopérative agricole du Sud-Est, Lyon.

Glatoud François, Collonges au-Mont-d'Or (Rhône).

Gloppe Joseph, Limonest (Rhône).

Godard A., directeur du *Cultivateur progressiste*, Lyon.

Godinot L., Lyon.

Gogol Yanowsky Georges, délégué officiel du gouvernement russe, directeur des apanages du Tsar, Tiflis, Caucase (Russie).

Gomot Xavier, Ampuis (Rhône).

Gonnard Pierre, Fontaines-sur-Saône (Rhône).

Gonnay.

Gorraud, directeur de la Société des ateliers Michallon-Pailleret, Saint-Etienne (Loire).

Goujat Philippe, Lyon.

Goujon Joanny, conseiller d'arrondissement, maire au Bois-d'Oingt (Rhône).

Goujon (l'abbé), curé à Bazolles, par Aunay (Nièvre).

Goujon Oswold, Laruscade, par Cavignac (Gironde).

Gourd Alphonse, député du Rhône, conseiller général, Lyon.

Gourd J. D., secrétaire général de l'Union agricole du Mont-d'Or, Les Chères, par Chasselay (Rhône).

Gourd Charles-Antoine, Les Chères (Rhône).

Gourdin Albert, Saint-Hippolyte-du-Fort (Gard).

Gourju, sénateur, conseiller général du Rhône, Lyon.

Goutard fils, Chasselay (Rhône).

Goutay Edouard, avocat, Joze (Puy-de-Dôme).

Goyat, régisseur, à Davayé (Saône-et-Loire).

Goy Jean-Claude, Echalas (Rhône).

Grabias Bagnéris, délégué de l'Association syndicale des propriétaires et viticulteurs, Auch (Gers).

Grachet Albert (de Lary), Paris.

Graille, Marcilly-d'Azergues (Rhône).

Grand, professeur spécial d'agriculture, La Tour-du-Pin (Isère).

Grand Pierre, viticulteur, Saint-Romain-en-Gal (Rhône).

Grandclément (Docteur), place Bellecour, Lyon.

Grandin fils, château de Ménardeau, par Ingrandes (Maine-et-Loire).

Grandjean, professeur d'agriculture, Dôle (Jura).

Grandvoinnet, professeur départemental d'agriculture, Bourg (Ain).

Grangé Joannès, château de la Dixmerie, Jonzac (Charente-Inférieure).

Grange-Margnat, président du Syndicat viticole, Thiers (Puy-de-Dôme).

Granger Gabriel, Chasselay (Rhône).

Granjon François, Lyon.

Gras Claude, viticulteur, Sainte-Consorce (Rhône).

Grataloup Antoine, Quincieux (Rhône).

Grataloup Jules, Montbrison (Loire).

Graziani Ettore, Padoue (Italie).

Gréa Jules, délégué du Syndicat des agriculteurs de Lons-le-Saulnier, Graye par Gigny (Jura).

Grechi, professeur, Vicence (Italie).

Grégoire, Villefranche-sur-Saône (Rhône).

Greppo Gaspard, adjoint, Belmont (Rhône).

Greppo Gaspard, propriétaire, Saint-Jean-des-Vignes (Rhône).

Grivet et **Balay**, directeurs de la Compagnie « Océan-Accidents », Lyon.

Griffet, président de la Société d'agriculture, notaire, Jarcieu (Isère).

Grimaldi Dr. Clemente, Modica, Sicile (Italie).

Griveaux-Mathey, vice-président du Syndicat agricole de Saint-Gengoux-le National (Saône-et-Loire).

Gros, Lozanne (Rhône).

Gros Arthur, Lyon.

Gros Jean-Guillaume, viticulteur, Chazay-d'Azergues (Rhône).

Gros Sébastien, viticulteur, Chazay-d'Azergues (Rhône).

Grosbon Jules, Belleville-sur-Saône (Rhône).

Gruet-Masson, Chambéry (Savoie).

Guénébeau, Montbellet par Vérizet (Saône-et-Loire).

Guérin, régisseur, Chénas (Rhône).

Guérin Philibert fils, Chénas (Rhône).

Guerrapain A., professeur départemental d'agriculture, Laon (Aisne).

Guerrier François, propriétaire, Limas (Rhône).

Guette, viticulteur, Belligny, Villefranche-sur-Saône (Rhône).

Gugliermina Antoine, propriétaire, Chervinges-Gleizé (Rhône).

Gulbert propriétaire, Ampuis (Rhône).

Guicherd Jean, professeur départemental d'agriculture, Dijon (Côte-d'Or).

Guiffray-Lavigne, Saint-Germain-d'Ambérieu-en-Bugey (Ain).

Guillard, Tarare (Rhône).

Guillard Jean-Pierre, Oingt (Rhône).

Guillard Joannès, Chazay-d'Azergues (Rhône).

Guillard Pierre, Anse (Rhône).

Guillemard Adolphe, délégué de la Société vigneronne de Beaune, Boucourt-le-Bois, par Nuits-Saint-Georges (Côte-d'Or).

Guillemot, président du Syndicat agricole, Malans par Pesmes (Hte-Saône).

Guillermain, Lyon (Rhône).

Guillermin E., docteur, Buxy (Saône-et-Loire).

Guillet Charles, Tournus (Saône-et-Loire).

Guillin Antoine (de), Limas (Rhône).

Guillin Jean-Claude, Cercié (Rhône).

Guillon J.-M., directeur de la station viticole de Cognac (Charente).

Guillon P., Chalon-sur-Saône (Saône-et-Loire).

Guillot, propriétaire, La Chassagne (Rhône).

Guillot, Antonin, Collonges-au-Mont-d'Or (Rhône).

Guilloux, propriétaire, Cogny (Rhône).

Guinand Antonin, vice-président de l'Union du Sud-Est des Syndicats agricoles, Sainte-Foy-lès-Lyon (Rhône).

Guisti Conte Giulio, Padoue (Italie).

Gurrieri Cesare, Castel S. Pietro, Bologne (Italie).

Guy François, propriétaire, Caluire (Rhône).

Guyonnet-Chaland, vice-président du comice agricole de Tarare, Joux (Rhône).

Guyot, sénateur du Rhône, Lyon.

H

Haccault, Montreuil-Bellay (Maine-et-Loire).

Halphen, conseiller général de la Gironde, château Batailley, par Pauillac (Gironde).

Hany, constructeur, Meilen, Zurich (Suisse).

Hauterive (G. d'), Hauterive, par Issoire (Puy-de-Dôme).

Hélie Ernest, château de la Croix, par Lormont (Gironde).

Hénon Augustin, délégué de la classe d'agriculture de la société des Arts de Genève, Genève (Suisse).

Hérard, Lyon,

Herbet, Dʳ de l'Ecole pratique d'agriculture de la Réole (Gironde).

Hérisson, inspecteur général d'agriculture, Nîmes (Gard).

Hoffmann Auguste, Belleville-sur-Saône (Rhône).

Hommell, délégué du conseil général et de la société d'agriculture du Puy-de-Dôme, professeur d'agriculture, Riom (Puy-de-Dôme).

Honnet Georges, délégué de la société horticole et vigneronne de l'Aube, Chamoy, par St-Phal (Aube).

Honoré Henri, Dijon (Côte-d'Or).

Houdaille, professeur à l'Ecole Nationale de viticulture de Montpellier (Hérault).

Hours, Lyon.

Huaux Claude, viticulteur, St-Lager (Rhône).

Humbert Alphonse, Maynal, par Beaufort (Jura).

Humbert Théodore, délégué du syndicat des agriculteurs de Lons-le-Saunier, Maynal, par Beaufort (Jura).

Huot J., Lyon.

Hybord Marcellin, Cevins (Savoie).

I

Inselvini Lorenzo, Pozzolenge, Brescia (Italie).

Institut National Genevois (section d'agriculture), Genève (Suisse).

Isaac, président de la chambre de commerce de Lyon.

Iseux P., château de Vens, par Seyssel (Haute-Savoie).

Isle (Prosper de l'), président du Syndicat agricole de Chalon, Givry (Saône-et-Loire).

Istvanffi (Gy de) délégué officiel du Ministre d'agriculture Roy. Hongrois, Professeur de l'Université, Directeur de l'Institut central ampélologique Roy. Hongr. Membre de l'Académie des Sciences hongroises, Budapest (Hongrie).

J

Jacob J., maire à Jallieu (Isère).

Jacometti, Dr Giovanni, à Novare (Italie).

Jacquemin, chimiste, à Malzéville, près Nancy (Meurthe-et-Moselle).

Jacquier fils, à Monplaisir, Lyon.

Jacquier de Vacheron, château de la Garde, à St-Vérand (Rhône).

Jaillard, à Lyon.

Jambon Jean, à Limonest (Rhône).

Janot, courtier des Syndicats agricoles, à Villefranche-sur-Saône (Rhône).

Jantet, maire à Cerdon (Ain).

Jard J., ferme de la Pérollière, par Sain-Bel (Rhône).

Jard Jean, adjoint, à St-Pierre-la-Palud (Rhône).

Jaubert (Docteur A)., à Paris.

Jaudan, à St-Gengoux-le-National (Saône-et-Loire).

Jay Georges, château de Pélissière, par Vif (Isère).

Jeannet Antoine, à Toulon-sur-Arroux (Saône-et-Loire).

Jeannin neveu, à Chalon-sur-Saône (Saône-et-Loire).

Jenot, secrétaire du comice agricole, instituteur à St-Amour (Jura).

Jerphanion, viticulteur, à Lozanne (Rhône).

Jerphanion (Baron de), président du Syndicat agricole de Sury-le-Comtal, à Veauchette (Loire).

Jeudy Emile, viticulteur, à Rizaucourt (Haute-Marne).

Jeunet Henry, à Rully (Saône-et-Loire).

Joannard Albert, président du Comice agricole de Lyon, conseiller d'arrondissement, à Lyon.

Joatton, constructeur, à Lyon.

Jobard-Jobard, délégué de la Société vigneronne de Beaune, à Meursault (Côte-d'Or).

Joliet Philippe, à Perrigny-lès-Dijon (Côte-d'Or).

Jolivet, agent-voyer, Le Bois-d'Oingt (Rhône).

Jonchay (Théodule du), à la Mulatière (Rhône).

Josserand Jacques, propriétaire, Les Olmes (Rhône).

Jossinet J., à Lyon.

Jouandeau, professeur d'agriculture à Châtillon-sur-Chalaronne (Ain).

Joubert à Chonas, par Vienne (Isère).

Joubert Alphonse, à Villié-Morgon (Rhône).

Jouffrey (comte Gustave de), à Chasselay (Rhône).

Jouffroy G . professeur départemental d'agriculture, à Moulins (Allier).

Jouffroy Léon, viticulteur, à Orbagna, par Beaufort (Jura).

Jouhant frères, négociants, à Salins-les-Bains (Jura).

Jourdan Henri, à Lyon.

Jourjon Jean jeune, propriétaire, à La Fouillouse (Loire).

Jousselme P.-M., à Sourcieux-les-Mines (Rhône).

Jouteur, à Fontaines-sur-Saône (Rhône).

Jouvet, professeur départemental d'agriculture, à Lons-le-Saulnier (Jura).

Joyet, propriétaire, à Tassin-la-Demi-Lune (Rhône)

Julien Philibert, à Vosne-Romanée (Côte-d'Or).

Jullien, délégué de la Société d'agriculture des Bouches-du-Rhône, avoué à Marseille (Bouches-du-Rhône).

Jullien Gabriel, à Bellevue, la Mulatière (Rhône).

Jullien Jean-Pierre, à Grézieu-la-Varenne (Rhône).
Jurie, à Millery (Rhône).
Jusseaud, horticulteur, à Ste-Foy-lès-Lyon (Rhône).
Jutier, viticulteur, à Espinasse-Vozelle (Allier).

K

Kantz.
Kayser Louis, Limonest (Rhône).
Kohler, professeur départemental d'agriculture à Besançon (Doubs).
Konkoly (docteur Nicolas Thège de), Directeur de l'Institut royal, membre de la Chambre des Députés, conseiller ministériel, membre d'honneur de l'Académie des Sciences, Budapest (Hongrie).
Krauss, député du Rhône, Lyon.

L

Labergerie, Verrières (Vienne).
Labize Philibert, Salles (Rhône).
Labretoigne du Mazel (de), Pontanevaux (Saône-et-Loire).
Labrosse, maire, Fontaines-sur-Saône (Rhône).
Labrosse Etienne, Beaujeu (Rhône).
Laclaverie Albert, Bordeaux (Gironde).
Lacôte Louis, Salles (Rhône).
Lacroix, St-Etienne-les-Oullières (Rhône).
Lacroix-Laval (de), Charbonnières (Rhône).
Ladislas de Bohus, membre de la Chambre haute du Parlement hongrois, Vilagos, comitat d'Arad (Hongrie).
Lafarge-Vincent, aux Perrières, par Tournus (Saône-et-Loire).
Laforest François, propriétaire, Limas (Rhône).
Lagardette, régisseur, Odenas (Rhône).
Lagrange, conseiller général du Rhône, Fontaines-St-Martin (Rhône).
Lagrange E., propriétaire, Lantignié (Rhône).
Lajeunie, délégué de la Société d'agriculture de la Charente, St-Quentin-de-Chalais (Charente).
Lajonie, délégué de la Société d'agriculture de la Charente, La Couronne (Charente).

Laléchère, Irigny (Rhône).

Lalouette Victor, trésorier du Comice agricole de Lyon.

Lamarque Bernard, secrétaire général de la Société viticole et horticole de la Gironde, Bordeaux (Gironde).

Lambert (S. de), propriétaire, Massilly, par Cluny (Saône-et-Loire).

Lamblin René, viticulteur, Daix (Côte-d'Or).

Lamolie Pierre, propriétaire, Mugron (Landes).

Lamouroux A., viticulteur, Générargues (Gard).

Lamure Jean Pierre, Chevinay (Rhône).

Lanara Avv. Giovanni, Casale-Montferrat (Italie).

Lance, Dôle (Jura).

Lancelin, Marcy-l'Etoile (Rhône).

Lanessan (de), Ministre de la Marine, député du Rhône, Paris.

Laneyrie François, La Croix, par Gassin (Var).

Laneyrie Louis, Vaux (Rhône).

Lanlaud, chef de cabinet de M. le Préfet du Rhône, Lyon.

Lapierre Benoît, propriétaire, Arnas (Rhône).

Lapoire Rémy, Perreux (Loire).

Laposse Antoine, Pouilly-le-Monial (Rhône).

Lapparent (de), inspecteur général de l'agriculture, Paris.

Lapresle fils aîné, pépiniériste, Chasselay (Rhône).

Laprugne, professeur spécial d'agriculture, Semur (Côte-d'Or).

Lardet J., maire, Quincié (Rhône).

Lardieu Jean, Lachassagne (Rhône).

Large Antoine, Fleurie (Rhône).

Large-Chavy, Briante, par St-Lager (Rhône).

Larmande Théodore, Bourg-St-Andéol (Ardèche).

Laroque (de), délégué de la Société d'encouragement à l'agriculture de l'Hérault, Montpellier (Hérault).

Larrat, propriétaire, Ternand (Rhône).

Larre A., Mauléon (Basses-Pyrénées).

Larvaron, professeur départemental d'agriculture, Poitiers (Vienne).

La Selve, propriétaire, Liergues (Rhône).

Lassalle (Dr), conseiller général du Rhône, Villefranche-sur-Saône (Rhône).

Lassalle Pierre, propriétaire, Morancé (Rhône).

Lassausaie, Chasselay (Rhône).

Latour fils, Beaune (Côte-d'Or).

Latour Louis, Beaune (Côte-d'Or).

Lau Félix, Caussiniojouls (Hérault).

Laurent, président d'honneur de la Société d'encouragement à l'agriculture de l'Hérault, Montpellier.

Laurent, professeur spécial d'agriculture, Voiron (Isère).

Laurens-Castelet (marquis de), château de Castelet, près Puginier (Aude).

Laurès, avocat, Béziers (Hérault).

Lavalette (de), président du syndicat agricole, St-Bonnet le-Château (Loire).

Laverrière Jean-Marie, Theizé (Rhône).

Lavigne, adjoint à la Mairie centrale de Lyon.

Lebeault-Desjours, Nolay (Côte-d'Or).

Lebrun (général), commandant le département du Rhône.

Lechère Gaston, Lyon.

L'Ecluse (de), prof. départemental d'agriculture, Agen (Lot-et-Garonne).

Ledoux, délégué de la Chambre syndicale des Cultivateurs de la Seine, Fontenay-sous-Bois (Seine).

Legeas, Lancié (Rhône).

Legendre, imprimeur, Lyon.

Lelarge, Luché (Sarthe).

Leenhardt-Pomier, vice-président de la Société centrale d'Agriculture de l'Hérault, Montpellier.

Léon Louis, ingénieur agronome, Orléans (Loiret).

Lepin, propriétaire, Saint-Julien-sur-Ribost (Rhône).

Lepin François, propriétaire, Bibost (Rhône).

Lepin Jean, propriétaire, Bibost (Rhône).

Lepin Marius, propriétaire, Le Bois-d'Oingt (Rhône).

Lescure, délégué de la Société d'Agriculture de la Charente, château de Claix, par Roullet (Charente).

Lespinasse Jean, La Demi-Lune (Rhône).

Leydier Auguste, délégué du Syndicat des agriculteurs, Vaison (Vaucluse).

Leymain, Ampuis (Rhône).

Liaudet, Chasselay (Rhône).

Lichtemberg, conseiller du gouvernement, Strasbourg (Alsace).

Liégeard Gaston, château de Gevrey-Chambertin (Côte-d'Or).

Lièvre Félix, Jarnioux (Rhône).

Liger-Bélair Félix, Nuits-Saint-Georges (Côte-d'Or).

Ligier, Salins (Jura).

Ligue agricole de la Marne, Condé-sur-Marne (Marne).

Locard Pierre, château de Salvizinet, par Feurs (Loire).

Loiseau Léon, président et délégué de la Société d'Horticulture, Montreuil (Seine).

Lombard de Buffières (baron), Charnay, près Mâcon (Saône-et-Loire).

Longchamps (de), château des Mouilles, Gleizé (Rhône).
Longefay Claude, au Perréon (Rhône).
Longepierre J., Mâcon (Saône-et-Loire).
Longevialle (Louis de), Lyon.
Lopez Guardiola E., Valence (Espagne).
Lorne Claude, Villeneuve-aux-Chemins (Aube).
Lorrin Claudius, Seyssuel, par Vienne (Isère).
Louée, La Charité (Haute Saône).
Louvot, secrétaire général de l'Union des Syndicats agricoles, Gray (Haute-
Saône).
Loyet Louis, propriétaire, Barsac (Gironde).
Loyette-Cousin, Saint-Hilaire-le-Grand (Marne).
Lozeron, directeur de l'Ecole de Viticulture d'Auvernier (Suisse).
Luizet Gabriel, Ecully (Rhône).
Luzzi Giuseppe, Milan (Italie).

M

Madignier, propriétaire, Lyon.
Magand, agriculteur, Saint-Etienne (Loire).
Magat Pétrus, Chazay-d'Azergues (Rhône).
Maget Albert, Xambes (Charente).
Maggiora et **Graziani**, constructeurs, Padoue (Italie).
Magnan Francisque, ingénieur-chimiste, Nîmes (Gard).
Magnien, inspecteur de l'agriculture, Dijon (Côte-d'Or).
Magnien Gabriel, Plottes (Saône-et-Loire).
Magnin (capitaine), adjoint à la Direction de l'artillerie de Lyon.
Magnin, Tarare (Rhône).
Magnin Pierre, Tupin-Semons (Rhône).
Magniny G., Chasselay (Rhône).
Mahent Camille, délégué de la Société d'Horticulture de Montreuil, Noisy-le-
Sec (Seine).
Maillot-Mutin, président du Syndicat agricole, Fleurey-sur-Ouche (Côte-d'Or).
Mainguet Edouard, Saint-Jean-d'Ardières, par Belleville (Rhône).
Mainguet Henri, délégué de la Société d'Horticulture de Vincennes, Fontenay-
sous-Bois (Seine).
Maître, propriétaire, Chervinges, par Villefranche (Rhône).
Malafosse (de), secrétaire général du Syndicat de la Haute-Garonne, château
des Varennes, par Labastide-Beauvoir (Haute-Garonne).
Malcour, maire, Saint-Romain-en-Gal (Rhône).

Maldant Louis, délégué du Comité central d'études viticoles de la Côte-d'Or, Savigny-lès-Beaune (Côte-d'Or).

Malègue, Pézilla-de-la-Rivière (Pyrénées-Orientales).

Malinverni Cav. avv. Alessandro, Vercelli (Italie).

Mallen J.-B., propriétaire, Jullié (Rhône).

Malric Henri avocat, Carcassonne (Aude).

Manacorda Cav. Uff. avv. Luigi, syndic, Casale-Montferrat (Italie).

Manacorda Murlati Attilia, Casale-Montferrat (Italie).

Manetti Cap. Cecilio, Limena (Italie).

Manetti cav. Adolfo, Trebaseleghe (Italie).

Mangini Marc, propriétaire, Saint-Pierre-la-Palud (Rhône).

Manin Pierre, Fleurie (Rhône).

Manuel fils, pépiniériste, Montseveroux (Isère).

Maradeix, Aubière (Puy-de-Dôme).

Marangoni, professeur, Cav. Carlo, Florence (Italie).

Marangoni Giulio, Casteggio, Pavie (Italie).

Marcel, Chasselay (Rhône).

Marcel fils, propriétaire, Saint-Didier-au-Mont-d'Or (Rhône).

Marcillac (marquis de) délégué de la Société syndicale agricole libre du Périgord, Périgueux (Dordogne).

Marconi, directeur de la Chaire d'Agriculture de Vicence (Italie).

Marduel-Devay, propriétaire, Pouilly-le-Monial (Rhône).

Marescalchi, professeur et rédacteur en chef du journal *Il Coltivatore*, Casale-Montferrat (Italie).

Margara Avv. Tullio, Casale-Montferrat (Italie).

Margolet François, La Tour de Salvagny (Rhône).

Marie, délégué du syndicat agricole du Puy, Le Puy (Haute-Loire).

Mariette, Tournus (Saône-et-Loire).

Marietton, conseiller général du Rhône, Lyon.

Marle P., ingénieur, Tournus (Saône-et-Loire).

Marmonnier, constructeur, Lyon-Villeurbanne.

Marnas J. A., Thurins (Rhône).

Maroger Alfred, à la Cassagne, par Saint-Gilles (Gard).

Marrel Jacques, viticulteur, Malleval (Loire).

Mars (de), Annonay (Ardèche).

Martel Claude, propriétaire, Serrières-de-Briord (Ain).

Martin, président du Conseil de préfecture du Rhône, Lyon.

Martin, président du syndicat des agriculteurs de la Côte-d'Or, Saint-Apollinaire, près Dijon (Côte-d'Or).

Martin (Louis de) docteur, président du comice agricole de Narbonne (Aude).

Martin (l'abbé Louis), curé à Villargondran (Savoie).

Martinotti Cav. dr. Federico, Asti (Italie).

Marty, secrétaire général pour la police, Lyon.

Marty J., président du comice agricole de Pamiers (Ariège).

Mas Jules, maire, Bron (Rhône).

Masot Joseph, vice-président du Syndicat agricole de Tournon, Tournon-sur-Rhône (Ardèche).

Masse Jules, propriétaire, Serrières-en-Chautagne (Savoie).

Massiac (baron de), Dijon (Côte-d'Or).

Masson E., Albigny (Rhône).

Massu Chasselay (Rhône).

Mathieu, directeur de la station œnologique de Beaune (Côte-d'Or).

Mathieu-Botton, Gleizé (Rhône).

Mathieu Charles, propriétaire, Curel (Haute-Marne).

Mathieu-Laverrière, propriétaire, Ville-sur-Jarnioux (Rhône).

Mattiazzo Arturo, Campodarsego, Padoue (Italie).

Maubert Félix, délégué de la Société de viticulture de Salins, Salins (Jura).

Mauguin, Mâcon (Saône-et-Loire).

Maulouin Victor, viticulteur, Machecoul (Loire-Inférieure).

Maupied Paul, régisseur, Prissey, par Nuits-Saint-Georges (Côte-d'Or).

Mauriat, Lyon.

Maureau aîné, pépiniériste, Salon (Bouches-du-Rhône).

Maurice Joseph, viticulteur, Blacé (Rhône).

Maurin Georges, vice-président de l'Union des Syndicats agricoles des Alpes et de Provence, Nîmes (Gard).

Maussion Jules, propriétaire, Corné (Maine-et-Loire).

Maxwell James, président de la Société d'Agriculture de la Gironde, Sauternes (Gironde).

Mayet, L'Huis (Ain).

Mazade, Epernay (Marne).

Mazard Jean-Marie, Brullioles (Rhône).

Mazenod (Comte de), Saint-Marcellin (Isère).

Mazoyer Louis, secrétaire de la Société d'encouragement à l'agriculture de l'Hérault, Montpellier.

Mazuir Philibert, viticulteur, Polliat (Ain).

Meignien, viticulteur à Sourdun, par Provins (Seine-et-Marne).

Melin, professeur d'agriculture, Belley (Ain).

Mélinaut, régisseur, Emeringes par Jullié (Rhône).

Mellet Claude, maire, Grandris (Rhône).

Melleton Pierre, propriétaire, Cogny (Rhône).

Ménard (de), viticulteur, propriétaire, château de Canonges, près Villasavary (Aude).

Menut Jules, propriétaire, Blacé (Rhône).

Méras-Delafond, Belleville-sur-Saône (Rhône).

Mercier Benoît, Gleizé (Rhône).

Mercier Gaspard, Saint-Genis-Laval (Rhône).

Merlin Jean, propriétaire, Châtillon-d'Azergues (Rhône).

Merlin Jean-Marie, maire, Le Breuil (Rhône).

Mestre, chimiste œnologue, Bordeaux (Gironde).

Meunier Antoine, Saint-Didier-au-Mont-d'Or (Rhône).

Meunier Benoît, viticulteur, Neuville-sur-Saône (Rhône).

Meunier J.-B., ingénieur-constructeur, Lyon.

Michalon J., Sury-le-Comtal (Loire).

Michaud, maire, Lancié (Rhône).

Michaud, instituteur en retraite, Sain-Bel (Rhône).

Michaud Camille, chimiste, Villefranche-sur-Saône (Rhône).

Michaud Pierre, maire, Le Perréon, par Vaux (Rhône).

Michel Joseph, Sainte-Catherine (Rhône).

Micheli Marc, correspondant de la Société nationale d'agriculture de France, Genève (Suisse).

Michon, docteur, président de la Commission d'enquête sur les producteurs directs de la Société des Agriculteurs de France, Paris.

Michon L., professeur spécial d'agriculture, Brioude (Haute-Loire).

Micollier Louis, Saint-Julien, par Blacé (Rhône).

Miédan C., Chalon-sur-Saône (Saône-et-Loire).

Millardet, correspondant de l'Institut, professeur à la Faculté des Sciences, Bordeaux (Gironde).

Millaud, sénateur du Rhône, Lyon.

Mille Auguste, Lyon.

Mille Georges, Saint-Fons (Rhône).

Millet Joseph, délégué du Syndicat des agriculteurs de Lons-le-Saunier, Doucier (Jura).

Millot, régisseur, Eveux (Rhône).

Millot-Graille, viticulteur, Saint-Désert (Saône-et-Loire).

Millou, Francheville (Rhône).

Mir Eugène, sénateur de l'Aude, Paris.

Miraillet Joseph, pépiniériste, Cheigneu-Labalme, par Rossillon (Ain).

Mirc Joseph, Saint-Michel, par Fronsac (Gironde).

Missol Adrien, Lyon.

Mital, propriétaire, Lantignié, par Beaujeu (Rhône).

Molin Auguste, Lyon.

Molina Salas (Don Francisco), délégué officiel de la République-Argentine, consul, Marseille (Bouches-du-Rhône).

Molinatti Cav. Uff. Col. Francesco, Asti (Italie).

Mollard, à La Grive, par Saint-Alban-de-Roche (Isère).

Mollard Camille, Lyon.

Mollard Jean-Marie, propriétaire, Miribel (Ain).

Molleron, Saint-Germain-au-Mont-d'Or (Rhône).

Moncorgé, conseiller général du Rhône, maire, Thizy (Rhône).

Monfray Guillaume, propriétaire, Oingt (Rhône).

Mongini, ing. Ugo, Cologna Ferrarese (Italie).

Mongoin Pierre, Létra (Rhône).

Monicault (L. de), Versailleux (Ain).

Monicault (Pierre de), Versailleux (Ain).

Monin René, Couzon (Rhône).

Monnier, professeur départemental d'agriculture, Privas (Ardèche).

Montauzan (Henri-Germain de), Charentay (Rhône).

Monternier, Cercié (Rhône).

Montessuit Antoine, propriétaire, Ternand (Rhône).

Montessuit Joseph, propriétaire, à Oingt (Rhône).

Mongolfier (A. de), ingénieur en chef de la Compagnie des Aciéries de la marine, à St-Chamond (Loire).

Monthelie (de), délégué du comité d'agriculture de Beaune, et de viticulture de la Côte-d'Or, château de Melun, par Meursault (Côte-d'Or).

Montmoreau Emile, à Rosny-sous-Bois (Seine).

Montoy A. père, vice-président du comité d'agriculture de Beaune et de viticulture de la Côte-d'Or, Beaune (Côte-d'Or).

Montoy fils, négociant en vins, Beaune (Côte-d'Or).

Morand, secrétaire de la Chambre de Commerce, Lyon.

Morateur Jean-Antoine, à St-Didier-au-Mont-d'Or (Rhône).

Morateur Jean-Claude, à St-Didier-au-Mont-d'Or (Rhône).

Moreau, délégué de la Société d'horticulture de Montreuil, Fontenay-sous-Bois (Seine).

Morel, notaire à Anse (Rhône).

Morel Antoine, St-Romain-au-Mont-d'Or (Rhône).

Morel Benoît, à Lyon.

Morel-Berthier, à Pommiers par Villefranche (Rhône).

Morel Claude, St-Julien, par Blacé (Rhône).

Morel Jean-Marie, Pommiers, par Villefranche (Rhône).

Morel Louis, météorologiste à l'Observatoire de Lyon.

Morellon Jean-Joseph, Vaugneray (Rhône).

Moretti Augusto, directeur de la Société antiphylloxérique bresciane, Brescia (Italie).

Morillon Etienne, Belleville-sur-Saône (Rhône).

Moschini, cav. Ing. Vittorio, syndic, Padoue (Italie).

Mossel (docteur), Mâcon (Saône-et-Loire).

Mouillard Alphonse, délégué du Syndicat des agriculteurs de Lons-le-Saunier Pannessières, par Lons-le-Saunier (Jura).

Moulin Antoine, St-Didier-au-Mont-d'Or (Rhône).

Mouly J., à Lyon.

Mourral E., Chevallon-Voreppe (Isère).

Mourral A., Voreppe (Isère).

Moussillac, président de l'Union du Sud-Ouest, Le Luc, près La Réole (Gironde).

Moussy, Cormoranche, par Pont-de-Veyle (Ain).

Mouton Pierre, à Durette (Rhône).

Mouvement agricole à Milan (Italie).

Moyat Louis, Lyon.

Moynet fils, délégué du Syndicat Horticole de la région parisienne, Paris.

N

Naigeon Gustave, président de la Société vigneronne de Beaune (Côte-d'Or).

Napoly, maire, Pontcharra (Rhône).

Nascimbene Antonio, syndic à Corvino S. Quirico, Pavie (Italie).

Nedelkovitch Milan, professeur à la Faculté philosophique, directeur de l'Observatoire, Belgrade (Serbie)

Néel Jean-Claude, maire à Ste-Catherine (Rhône).

Negretto Angelo, Lovadina, Trevise (Italie).

Néron-Bancel, Emile, député, Monistrol-sur-Loire (Haute-Loire).

Nérard, chimiste, Pierre-Bénite (Rhône).

Nétien, l'Arbresle (Rhône).

Nevers, viticulteur, Belligny, Villefranche-sur-Saône (Rhône).

Neyra Emile, viticulteur, au Colombier, par Anse (Rhône).

Neyret, Lyon.

Nicolas, St-Pierre-la-Palud (Rhône).

Nicolas E., Boisset-St-Priest (Loire).

Nicolas Louis, Libourne (Gironde).

Nicoleanu G., directeur de l'agriculture, chef du Service viticole au Ministère de l'agriculture, Bucarest (Roumanie).

Normand, conseiller général du Rhône, maire à Oullins (Rhône).
Nougnier Jules, président du Syndicat des agriculteurs, Bollène (Vaucluse).
Nové Claude-Marie, Darcizé (Rhône).
Novellone-Berruti Antonio, Asti (Italie).

O

Oberger, Chasselay (Rhône).
Oberlin, directeur de l'Institut viticole de Colmar (Allemagne).
Occella, Ing. prof. Federico, Casale-Montferrat (Italie).
Odet Joseph, Lyon.
Œuvre des jardins d'ouvriers, Sceaux (Seine).
Office provincial pour l'Agriculture, à Bologne (Italie).
Olian Fannio, constructeur, Padoue (Italie).
Ombras Martial, propriétaire, Montbazin (Hérault).
Orbion (général), commandant l'artillerie, Lyon.
Otin fils, délégué de la Société d'agriculture et d'industrie de la Loire, St-Etienne
(Loire).
Ottavi Edouard, député au Parlement italien, président du comité d'organisa-
tion des Congrès de Casale et de Padoue, Casale-Montferrat (Italie).

P

Page, à Lyon.
Pagnon Jean-Claude, Morancé (Rhône).
Paillard Ulysse, régisseur, Bouzy (Marne).
Paillasson, docteur, conseiller général du Rhône, Lyon.
Paire, maire, Frontenas (Rhône).
Palabot, professeur de viticulture au collège de Tournus (Saône-et-Loire).
Palais, maire, Corcelles (Rhône).
Palazy, avocat, vice-président de la société départementale d'agriculture,
Béziers (Hérault).
Palix, député du Rhône, Lyon.
Palluy Jean-Claude, Trèves (Rhône).
Papillon Pierre, St-Laurent-d'Oingt (Rhône).
Pancera Georges, Crucilieu, par St-Chef (Isère).
Pâquet Claude, Ville-sur-Jarnioux (Rhône).
Paquien Henri, viticulteur, St-Vallier (Drôme).
Paquier-Desvignes, St-Lager (Rhône).
Paratico Nob. Donato, Capriolo, Brescia (Italie).
Parent Auguste, directeur de la pépinière départementale de la Savoie,
Chambéry (Savoie).

Parisot de la Boisse, président du syndicat des agriculteurs, Etoile (Drôme).
Passemart, président du syndicat agricole de St-Emilion (Gironde).
Passeron Antoine. Savigny (Rhône).
Patin Jean, Albigny (Rhône).
Paturel, directeur de la station agronomique de Cluny (Saône-et-Loire).
Pautard Eugène, Moissac (Tarn-et-Garonne).
Pavoncelli, député au Parlement National, Cerignola (Italie).
Péchet Antoine, Limas, par Villefranche (Rhône).
Pédebidou, sénateur des Hautes-Pyrénées, Paris.
Peglion, Dʳ prof. Vittorio, directeur de la chaire ambulante d'Agriculture, Ferrare (Italie).
Péju, château de Tournon, Montalieu-Vercieu (Isère).
Pélissier, délégué de la société agricole et scientifique, professeur d'agriculture Le Puy (Haute-Loire).
Pelletier, fondeur, Villefranche-sur-Saône (Rhône).
Pellien-Mathieu, Ville-sur-Jarnioux (Rhône).
Pelmoine Félix, délégué de la Société vigneronne de l'Yonne, Auxerre (Yonne).
Pelocieux Louis, Pommiers, par Villefranche-sur-Saône (Rhône).
Penet, Poleymieux (Rhône).
Penet Jean-Claude, Collonges-au-Mont-d'Or (Rhône).
Pensa, à Chenôves (Saône-et-Loire).
Périgny Jean, Vernaison (Rhône).
Péronnet, président de la société d'agriculture, Ste-Egrève (Jura).
Pernon, Tournus (Saône-et-Loire).
Perras, St-Gengoux-le-National (Saône-et-Loire).
Perraud, professeur de viticulture, Villefranche-s.-Saône).
Perraud Pierre, Limas (Rhône).
Perreaud Pierre, Céron, par Marcigny (Saône-et-Loire).
Perret, conseiller général du Rhône, Vaugneray (Rhône).
Perret Jules, Villefranche-s.-Saône (Rhône).
Perret François, viticulteur, Belleville-s.-Saône (Rhône).
Perret, Jarnioux (Rhône).
Perret Pierre, propriétaire, St-Laurent-d'Agny (Rhône).
Perretière Antoine, Lyon.
Perrier, pépiniériste, Sennecey-le-Grand (Saône-et-Loire).
Perrière (de la), Fleurie (Rhône).
Perrin, président de la Caisse d'Epargne de Lyon.
Perrin, St-Clément-sous-Valsonne (Rhône).
Perrin André, St-Germain-au-Mont-d'Or (Rhône).

Perrin E., Curis (Rhône).
Perrin François, propriétaire, Ternand (Rhône).
Perrin Louis, Charbonnières (Rhône).
Perron (docteur), Sennecey-le-Grand (Saône-et-Loire).
Perronnet, Lyon.
Perroud Jean-François, propriétaire, Arnas (Rhône).
Perroux François, horticulteur, St-Just-Lyon.
Persi (Dr. Girolamo), Asti (Italie).
Persoud-Favre, Lachassagne (Rhône).
Peter, château des Tours, St-Etienne-la-Varenne (Rhône).
Petin Charles, président du syndicat agricole, château de Vourey, par
  Moirans (Isère).
Petiot Abel, à Chamirey, par Bourgneuf-Val-d'Or (Saône-et-Loire).
Petiot Emile, château de Chamirey, par Le Bourgneuf (Saône-et-Loire).
Petit Jules, ingénieur en chef du département, Lyon.
Peylaboud Antoine, Bibost (Rhône).
Peyre, Lyon.
Peyret Antoine, maire, Longes (Rhône).
Peyrot Auguste, Francheville-le-Haut (Rhône).
Peytel Claude, propriétaire, Saint-Didier-au-Mont-d'Or (Rhône).
Peytel Joseph, propriétaire, Couzon-au-Mont-d'Or (Rhône).
Philippon, Igé, par Azé (Saône-et-Loire).
Philippon-Chalus, notaire, Theizé (Rhône).
Picard Lucien, industriel, Saint-Fons (Rhône).
Picard Pierre, propriétaire, Cogny (Rhône).
Picard Henri, industriel, Givors (Rhône).
Picaud A., professeur suppléant à l'Ecole de Médecine de Grenoble (Isère)
Picecco Cav. Giovanni, Padoue (Italie).
Pichet Jules, Saint-Albain, par Vérizet (Saône-et-Loire).
Pilain, constructeur, Mâcon (Saône-et-Loire).
Pin Benoît, maire, Les Chères (Rhône).
Pinelli-Gentille, Marchese Giuseppe, syndic de Tagliolo (Italie).
Pinet, docteur, Cogny (Rhône).
Pinet Stéphane, Cogny (Rhône).
Pinolini, Dr. Domenico, Macerato (Italie).
Pinson-Lamarre, Chablis (Yonne).
Pipier Nicolas, propriétaire, Caluire (Rhône).
Piroscope Gustave, maire, Sommeval (Aube).
Pistoï, major attaché à l'inspectorat de l'artillerie de campagne, Rome (Italie).
Pivot Louis, propriétaire, Le Bois-d'Oingt (Rhône).

Platel, directeur de l'École cantonale de viticulture de Châtelaine, Genève (Suisse).

Platet, inspecteur principal de l'exploitation de la Compagnie P.-L.-M., Lyon.

Platet Paul, fondé de pouvoirs au Crédit Lyonnais, Lyon.

Plattard Jean, propriétaire, Saint-Georges-de-Reneins (Rhône).

Plebani Cav. Carlo, syndic, Erbusco, Brescia (Italie).

Plissonnier fils, constructeur, Lyon.

Plumandon, directeur de l'Observatoire du Puy-de-Dôme, Clermont-Ferrand (Puy-de-Dôme).

Poggio, Cav. Ing. Candido, Casale-Montferrat (Italie).

Poidebard, avocat, Lyon.

Pointel.

Poirier, négociant, Buxy (Saône-et-Loire).

Poirier-Charollais, pépiniériste, Chagny (Saône-et-Loire).

Poisard Benoît, régisseur, Charnay-lès-Mâcon (Saône-et-Loire).

Poisard Jean, viticulteur, Anse (Rhône).

Poitrasson Fleury, propriétaire, Légny (Rhône).

Poitrasson Jean-Claude, Charnay (Rhône).

Poitou J., correspondant de la Société nationale d'Agriculture, Libourne (Gironde).

Poizard, Lyon.

Poizat, horticulteur, Neuville-sur-Saône (Rhône).

Polloce Claudius, propriétaire, Salles (Rhône).

Pommerol, conseiller général du Rhône, maire, Saint-Fons (Rhône).

Pommier Pierre, maire, Oingt (Rhône).

Poncet Pierre, propriétaire, Savigny (Rhône).

Pondevaux, avoué, Lyon.

Pontbichet Philippe, avocat, Villefranche-sur-Saône (Rhône).

Ponthus, pépiniériste, Ecully (Rhône).

Ponz Enrique, Carinena (Espagne).

Porro, professeur d'astronomie et de géodésie à l'Université royale de Gênes, salita S. Francesco da Paola, 22, villa Raggio, à Gênes (Italie).

Portier Léon, conseiller général de la Loire, avocat, Saint-Etienne (Loire).

Port-Roux (du), Lyon.

Posescu Jean, viticulteur, Pitesti (Roumanie).

Poulaillon Michel, Albigny (Rhône).

Pourras, Nuelles (Rhône).

Pradel Jean, Dardilly (Rhône).

Praty, ex-instituteur, Ambierle (Loire).

Pravar Joseph, Albertville (Savoie).

Prelle, propriétaire, Morancé, par Anse (Rhône).

Prenat Edouard, maître de forges, Vernaison (Rhône).

Prenat-Bethenod et Cie, constructeurs, Saint-Chamond (Loire).

Preux Ch. de, conseiller d'Etat, délégué du département de l'Intérieur du Valais (Suisse).

Preyssat Antoine, conducteur des ponts et chaussées, Montbrison (Loire).

Prichard Louis, Saint-Julien, par Blacé (Rhône).

Prioton, délégué de la Société d'agriculture de la Charente, professeur départemental d'agriculture, Angoulême (Charente).

Prost J.-A.-L., propriétaire, Dommartin (Rhône).

Protat G., imprimeur, Mâcon (Saône-et-Loire).

Prothière, président de la Société des Sciences naturelles et d'enseignement populaire de Tarare (Rhône).

Pugnalin-Valsecchi, Raffaele, à Saint-Giorgio della Pertiche (Padoue).

Pulliat Paul, Tempéré, Chiroubles, par Villié-Morgon (Rhône).

Pupier Jean-Pierre, propriétaire, Limonest (Rhône).

Putinier Michel, secrétaire du comice agricole de Lyon, aux Chères (Rhône).

Puvis de Chavannes, à la Croix-d'Arrignat, par Cuiseaux (Saône-et-Loire).

Q

Quaglia Giacomo, Antignano d'Asti (Italie).

Quarteri Ing. Ferdinando, Milan (Italie).

Quercy, professeur départemental d'agriculture, Cahors (Lot).

Quirielle Maurice, de Ruffieux (Savoie).

R

Radici Avv. Elia, Trescore Balneario, Bergame (Italie).

Raffaeli, prof. D. Gior. Carlo, directeur de l'Observatoire astronomique, Bargone, Sestri-Levante (Italie).

Ragot-Girond, viticulteur, Courzieux (Rhône).

Ragot, Eveux (Rhône).

Rambuteau (Comte de), Paris.

Rameau fils, horticulteur à Larue, près Bourg-la-Reine (Seine).

Rampon Philibert, Salles (Rhône).

Rapetti Cav. Avv. Prof. Luigi, Casale-Montferrat (Italie).

Raquillet-Dard, Chamirey (Saône-et-Loire).

Raulin J., avocat, Mayenne (Mayenne).

Raulin Jean, secrétaire-adjoint de l'Union du Sud-Est des Syndicats agricoles, Lyon.

Ravarin Fleury, député du Rhône, Lyon.

Ravarin Joannès, Lyon.

Ravaz, professeur de viticulture à l'Ecole nationale d'agriculture de Montpellier (Hérault).

Ravier Benoît, Poleymieux (Rhône).

Ravier Jean-Marie, propriétaire, Jullié (Rhône).

Ray Julien, Lyon.

Raymond, chef de division à la Préfecture du Rhône, Lyon.

Raymond Hyacinthe, pépiniériste, Carpentras (Vaucluse).

Raymond Jean, viticulteur, Mornant (Rhône).

Raynaud Jules, directeur de l'Ecole d'Agriculture, de Fontaines (Saône-et-Loire).

Raynon, Ternay, par Saint-Symphorien d'Ozon (Isère).

Re, Cav. avv. Ernesto, Asti (Italie).

Rebora Giuseppe, Cav., Novi-Ligure (Italie).

Recorbet Paul, la Chaux, Boën-sur-Lignon (Loire).

Regad Charles, propriétaire, Fleurie (Rhône).

Regnaud, conseiller général, délégué du département de la H^{te}-Saône, à Lyon.

Regny Antonin, ingénieur-chimiste, Tassin La Demi-Lune (Rhône).

Remondino, professeur, directeur de la Chaire ambulante d'agriculture. Cuneo (Italie).

Renaud Adrien, Lyon.

Renoud Joseph, régisseur, Denicé (Rhône).

Repiquet Léon, sénateur du Rhône, Lyon.

Réveil, docteur, Lyon.

Revol J., chimiste, Lyon.

Rey Jacques, Sainte-Marie-de-Cuines, par la Chambre (Savoie).

Reynaud Louis, propriétaire au Pailleron, Chevinay (Rhône).

Reynouard J.-Paul, viticulteur, Rosières, par Joyeuse (Ardèche).

Ribairon Benoît, Albigny (Rhône).

Ribairon François, Albigny (Rhône).

Riboud Léon, vice-président de l'Union du Sud-Est des Syndicats agricoles, Lyon.

Riboud Léon-Etienne, élève à l'Ecole d'Agriculture de Grignon (Seine-et-Oise).

Riboulet Louis, maire, Bully-sur-l'Arbresle (Rhône).

Ricard, président de la Société d'agriculture et d'horticulture de Vaucluse, Avignon (Vaucluse).

Ricard Franck, président du Comice agricole de Givors, St-Genis-Laval (Rhône).

Riccardi Ing. Pietro, Castenedola, Brescia (Italie).

Riccardo Ing. prof. Cavalieri, Ferrare (Italie).
Richard, maire à Albigny (Rhône).
Richard Claudius, propriétaire, Saint-Alban-de-Roche (Isère).
Richard Ernest, Lyon.
Richard Henri fils, Grigny (Rhône).
Richard J. Albigny (Rhône).
Richerd Marc, viticulteur, Liergues (Rhône).
Richter F., viticulteur, Montpellier (Hérault).
Ricoud, architecte, Grenoble (Isère).
Riedmatten, délégué du département de l'Intérieur du canton de Valais.
    Sion (Suisse).
Rigaud, président de la Société de Viticulture de l'Ain, Montluel (Ain).
Rignier Jean-Claude, Belleville-sur-Saône (Rhône).
Rigoni Comm. Pietro, Padoue (Italie).
Rinaldi Nob Luciano, Montebelluno (Italie).
Ripert (baron), président du Syndicat des Côtes-du-Rhône, Laudun (Gard).
Risso Avv. Giacomo, Asti (Italie).
Rivet, ingénieur des Ponts et Chaussées, Lyon.
Rivier Auguste, Monplaisir, Lyon.
Rivière, maire, l'Arbresle (Rhône).
Rivoire Etienne, propriétaire, Rontalon (Rhône).
Rivoire Jean, propriétaire, La Fouillouse (Loire).
Rivori Jean-Claude, Tupin-Semons (Rhône).
Rizzo, prof. Giov. Batt., Perugia (Italie).
Robecchi Giovanni, Zème Lomellina (Italie).
Robert, instituteur, Theizé (Rhône).
Robert Gabriel, Lyon.
Roberto, prof. Cav. Giuseppe, proviseur des études de la province d'Alexan-
    drie (Italie).
Roberto Lorenzo, professeur, Albe (Italie).
Robin, conseiller général du Rhône, Lyon.
Robin-Blondeau, Burnand (Saône-et-Loire).
Robin F., adjoint à la Mairie centrale de Lyon.
Robin J. E. à Lapeyrouze-Mornay par Epinouze (Drôme).
Robin Perrier, pépiniériste à Sennecey-le-Grand (Saône-et-Loire).
Robinet Amédée, délégué de la Société vigneron. de l'Yonne, à Chablis (Yonne).
Roblin Henri, élève à l'Ecole d'Agriculture de Montpellier (Hérault).
Roche Adolphe, Lyon.
Roche-Alix, à Villefranche-sur-Saône (Rhône).
Roche Antoine, Lyon.

Roche-Forgues, château de Géry, par Montélimar (Drôme).
Rochefort Etienne, Chaponost (Rhône).
Rocheterie (Maxime de la), président du Comice agricole et de la Société d'horticulture d'Orléans et du Loiret, Le Bouchet par Cléry (Loiret).
Rolland, ingénieur agricole, Luzinay (Isère).
Rolland Claude-Joseph, Echalas (Rhône)
Rolland F., expert du syndicat agricole, Rivoli, Oran (Algérie).
Rolland Jean-Marie, Vaulx-en-Velin (Rhône).
Rollet A., fondeur, Villefranche-sur-Saône (Rhône).
Rollet Pierre, St-Cyr-au-Mont-d'Or (Rhône).
Romanet. J.-C., St-Etienne-la-Varenne (Rhône).
Romier, Bagnols (Rhône).
Ronot Georges, Dijon (Côte-d'Or).
Rony Louis, avocat, Montbrison (Loire).
Ronzière, adjoint, Caluire (Rhône).
Roos Lucien, directeur de la Station œnologique de l'Hérault, Montpellier.
Roquefeuil (comte de), vice-président de la Société d'agriculture et du syndicat des agriculteurs du Puy-de-Dôme, château de Croptes, par Lezoux (Puy-de-Dôme).
Rosemberg (baron M. de), capitaine de l'artillerie de la Garde Impériale russe, St-Pétersbourg (Russie).
Rossier Charles, Lyon.
Rossignol Jean-Pierre, Pollionay (Rhône).
Rota Carlo di Giovanni, Bergame (Italie).
Rouault, professeur départemental d'agriculture, Grenoble (Isère).
Rouget A., délégué de la Société de viticulture de Salins (Jura).
Rouget Louis, secrétaire de la Société de viticulture de Salins (Jura).
Rougier, professeur départemental d'agriculture, Montbrison (Loire).
Rousselot Paul, agronome, Chessy-les-Mines (Rhône).
Rousset J.-M., régisseur, St-Vérand, par Leynes (Saône-et-Loire).
Roussey Frédéric, propriétaire, St-Laurent-d'Agny (Rhône).
Rouveirollis Louis, viticulteur, St-Hippolyte-du-Fort (Gard).
Roux, viticulteur, Belligny, Villefranche-sur-Saône (Rhône).
Roux Antoine, La Fouillouse (Loire).
Roux Stéphane, Neuville-sur-Saône (Rhône).
Roy Alexandre, Précy, par Livry (Nièvre).
Roy-Chevrier, Chalon-sur-Saône (Saône-et-Loire).
Roy Cyprien, Neuvy-Sautour (Yonne).
Rubini, Dr. Domenico, Udine (Italie).
Ruet Alexandre, Marcilly-d'Azergues (Rhône).

Ruffier, conseiller général du Rhône, Lyon.
Rustichelli Géom. Giuseppe, Asti (Italie).
Ruzan, directeur du Crédit Foncier, Lyon.

S

Sabarly, maire, Limonest (Rhône).
Sabouraud (colonel), Auzay, par Fontenay-le-Comte (Vendée).
Sabran F., directeur de la Caisse d'épargne de Lyon.
Sagnier Henri, rédacteur en chef du *Journal de l'Agriculture*, Paris.
Sagourin, professeur départemental d'agriculture, Troyes (Aube).
Saigné Léopold, expert agricole, Montpellier (Hérault).
Saint-Charles (Fleury de), maire, St-Etienne-la-Varenne (Rhône).
Saint-Olive G., Faverges, par La-Tour-du-Pin (Isère).
Saint-Trivier (baron Samuel de), Reyrieux, par Trévoux (Ain).
Saitel Claudius, viticulteur, Givors (Rhône).
Salomon Etienne, viticulteur, Thomery (Seine-et-Marne).
Sampigny (de), Aisey (Haute-Saône).
Sandri Angelina, Brescia (Italie).
Sandri Cav., Prof. Giovanni, directeur de l'École agricole, Brescia (Italie).
Sandrin André, propriétaire, Rivolet (Rhône).
Sandrin Ernest, St-Etienne-les-Oullières (Rhône).
Sandrin Laurent, Blacé (Rhône).
Saulaville, propriétaire, Arnas (Rhône).
Saulaville Jean-Etienne, St-Georges-de-Reneins (Rhône).
Sapin Antoine, Lyon.
Sapin Benoît, Chasselay (Rhône).
Sapin Pierre, Arnas (Rhône).
Sargnon Antoine, docteur, Lyon.
Sargnon Louis, avoué, Lyon.
Sassier Jules, Chalon-sur-Saône (Saône-et-Loire).
Sautier-Thyrion, Lyon.
Sauzet Anatole, Lyon.
Sauzet Jehan, Lyon.
Savastano, prof. Luigi, Portici (Italie).
Savigny Claudius, Cogny (Rhône).
Savigny-Couturier, Limas, Villefranche (Rhône).
Savigny Nicolas, négociant. Villefranche (Rhône).
Savot, président du Syndicat viticole de la Côte Dijonnaise, Dijon (Côte-d'Or).
Savoy Antoine, Curis (Rhône).

Schulthess (docteur O.), St-Fons (Rhône).

Scoraille (marquis de), Aubiet (Gers).

Scuola pratica d'agricoltura « V. Luparia », S. Martino-de-Rosignano, Alexandrie (Italie).

Séguier Pierre fils, viticulteur, Bram (Aude).

Seibel, viticulteur, Bellande-sur-Aubenas (Ardèche).

Seltensperger, professeur d'agriculture, Charolles (Saône-et-Loire).

Senaux Jean, auditeur à l'Ecole nationale d'agriculture de Montpellier (Hérault).

Senn, Lyon.

Servant Jean, château de Dommartin, par Lozanne (Rhône).

Servant Joseph, château de Dommartin, par Lozanne (Rhône).

Serve-Coste, viticulteur, Annonay (Ardèche).

Servin E., professeur départemental d'agriculture, Digne (Basses-Alpes).

Seyve-Bertille, propriétaire, Bougé-Chambalud (Isère).

Sicard H., président de la société départementale d'agriculture, Béziers, (Hérault).

Sicard Léon, secrétaire de l'Association amicale des anciens élèves de l'Ecole d'agriculture de Montpellier (Hérault).

Silvestre Claude, secrétaire général de la Société régionale de Viticulture de Lyon, Le Bois-d'Oingt (Rhône).

Silvestre M., Montmirail (Drôme).

Simian Justin, viticulteur, Cras, par Tullins (Isère).

Simon, Marcilly-d'Azergues (Rhône).

Simon, propriétaire, Tassin-la-Demi-Lune (Rhône).

Simorre Claude, La Chapelle-de-Guinchay (Saône-et-Loire).

Simpée T., viticulteur, Coulanges-la-Vineuse (Yonne).

Société d'agriculture Italienne, Rome (Italie).

Société agraria Roveretana, Rovereto (Italie).

Société agraria Triestina, Trieste (Italie).

Société d'agriculture des Bouches-du-Rhône, Marseille (Bouches-du-Rhône).

Société d'agriculture, d'horticulture et d'acclimatation du Var, Toulon (Var).

Société d'agriculture, industrie, sciences, arts et belles-lettres de la Loire, St-Etienne (Loire).

Société des agriculteurs de Neuville-sur-Saône (Rhône).

Société horticole et viticole de Tarare (Rhône).

Société vigneronne de Vertus (Marne).

Société de viticulture de l'arrondissement de St-Etienne, Rive-de-Gier (Loire).

Sollier Abraham, St-Germain-au-Mont-d'Or (Rhône).
Sollier Benoît, Poleymieux (Rhône).
Sonnery Antoine, Ternand (Rhône).
Sonnier Joseph, St-Vallier (Drôme).
Soras (Régis de), ingénieur, Lyon.
Sordet Etienne, château de St-Romain, par Meursault (Côte-d'Or).
Sornay Jean, Villié-Morgon (Rhône).
Sornay J.-B,, conseiller général du Rhône, Villié-Morgon (Rhône).
Sottier Claude, St-Julien, par Blacé (Rhône).
Souppat Denis, Marcy-l'Etoile (Rhône).
Sparre (comte de), St-Georges-de-Reneins (Rhône).
Spinoglio Géom. Giuseppe, Casteggio, Pavie (Italie).
Spisani Ing. Sinesio, Ferrare (Italie).
Sprega Annibale, directeur de la Revue agricole et industrielle, Rome (Italie).
Stabilini Ing. Giuseppe, Milan (Italie).
Stevano Vincenzo, Savigliano, Cuneo (Italie).
Stikelberger, fabrique bresciane d'armes, Brescia (Italie).
Stiger Albert, Windisch-Feistritz (Styrie) (Autriche).
Suard, président du comice agricole, Chinon (Indre-et-Loire).
Suffisant Louis, vice-président de la Société de viticulture de Salins (Jura).
Supier Jacques, Saint-Fons (Rhône).
Suschnig Gustave, procureur de la Société Carl Greinitz-Neffen de Gratz, Directeur des Usines de Sainte-Catherine sur la Lamming, Gratz (Autriche).
Sylvent Irénée, régisseur, Lachassagne (Rhône).
Sylvestre Germain, maire, Nuelles (Rhône).
Syndicat Agricole de Clermont-Ferrand (Puy-de-Dôme).
Syndicat Agricole de Mâcon (Saône-et-Loire).
Syndicat Agricole de la Haute-Savoie, Annecy (Haute-Savoie).
Syndicat Agricole de Selles-sur-Cher (Loir-et-Cher).
Syndicat Agricole et Viticole d'Epernay (Marne).
Syndicat Agricole de l'arrondissement de Gien (Loiret).
Syndicat central des Agriculteurs de France, Paris.
Syndicat des Agriculteurs du Mont-d'Or (Rhône).
Syndicat des Agriculteurs de Sathonay (Ain).
Syndicat des Jardiniers de Dijon (Côte-d'Or).
Syndicat des Maraîchers de la région parisienne, Malakoff (Seine).
Syndicat des Primeuristes Français, Paris.
Syndicat de défense contre la grêle, de Tournus (Saône-et-Loire).
Syndicat des petits vignerons tonnerrois, Tonnerre (Yonne).

T

Taïroff Basile, consultant au Ministère de l'Agriculture et des Domaines, Odessa (Russie).

Talpo Cav. Roberto, à Tribano, Padoue (Italie).

Tarabon Pierre, Couzon-au-Mont-d'Or (Rhône).

Tavernier René, Lyon.

Teil (Baron du) du Havelt, Charnay-lès-Mâcon (Saône-et-Loire).

Terras Marcien, viticulteur, Pierrefeu (Var).

Terzi Marchese Giulio, Bergame (Italie).

Tessier Arthur, délégué du Syndicat des viticulteurs de Thomery, Veneux-Nadon, par Moret (Seine-et-Marne).

Tézier Auguste, administrateur de la succursale de la Banque de France, Valence (Drôme).

Thérond E., à l'Eglise, par Boucoiran (Gard).

Thévenet, conseiller général du Rhône, à Monsols (Rhône).

Thévenin Agricole, Jujurieux (Ain).

Thévenin Claude, Jujurieux (Ain).

Thévenin Gaspard, Jujurieux (Ain).

Thévenot, Saint-Gengoux-le-National (Saône-et-Loire).

Thévenot Louis, président du Syndicat viticole de Semur (Côte-d'Or).

Thibaudier-Cozona, Charly (Rhône).

Thibaudier Tony, Charly (Rhône).

Thiébaud V., Koutaïs, Caucase (Russie).

Thillier Charles, président du Syndicat agricole, Saint-André d'Apchon (Loire).

Thion Claude, viticulteur, Saint-Lager (Rhône).

Thoisy (baron de), château de Joudes, par Cuiseaux (Saône-et-Loire).

Tholin Charles, propriétaire, Chamelet (Rhône).

Tholly Etienne, Caluire (Rhône).

Tholly J., maire, Sourcieux-sur-l'Arbresle (Rhône).

Thomas Auguste, maire, Létra (Rhône).

Thomas Claude, Liergues (Rhône).

Thomas Henri, docteur, Saint-Laurent-d'Oingt (Rhône).

Thomas J., Saint-Cyr-au-Mont-d'Or (Rhône).

Thomasset, Couzon-au-Mont-d'Or (Rhône).

Thuisy (Gaston de), Paris.

Tisserand, directeur honoraire de l'agriculture, délégué et président de la Société des Viticulteurs de France, Paris.

Tissot Joseph, viticulteur, Névy-sur-Seille (Jura).

Tissut Ennemond, propriétaire, Fleurieu-sur-Saône (Rhône).
Tondu Benoît, Saint-Georges-de-Reneins (Rhône).
Torcy (de), délégué du comité d'agriculture de Beaune et de viticulture de la Côte-d'Or, Santenay (Côte-d'Or).
Toselli Cav. Uff. Giovanni, Cuneo (Italie).
Tours (Frédéric de), Tours (Savoie).
Tramoy Arthur, Lyon.
Treille, Saint-Alban (Loire).
Treyve, pépiniériste, Trévoux (Ain).
Tribollet Jean, Lyon.
Triboulet Eugène, propriétaire, Le Perréon (Rhône).
Trichard J., Régnié, par Beaujeu (Rhône).
Triviot Auguste, Jallieu (Isère).
Troubat Antonin, maire, Plombières (Côte-d'Or).
Truchot, directeur du Syndicat agricole et viticole de Chalon sur-Saône (Saône-et-Loire).
Truchot Henri, Gleizé (Rhône).
Tua Cav. Col., Turin (Italie).
Turin, viticulteur, Lancié (Rhône).
Turrel Adolphe, président d'honneur de la Société des Viticulteurs de France, Montseret (Aude).
Tuzelet Emile, Taizé, par Oiran (Deux-Sèvres).

U

Uchlinger.
Union agricole du Mont-d'Or (Rhône).
Union des Alpes et de Provence, Marseille (Bouches-du-Rhône).
Urtin Marc, maire, Bourg-lès-Valence (Drôme).

V

Vaffier, docteur, Chânes, par Crêches (Saône-et-Loire).
Vaffier-Pollet, les Correaux, par Leynes (Saône-et-Loire).
Valbert Clément, délégué du Syndicat des agriculteurs de Lons-le-Saulnier, Conliège (Jura).
Valence (F. de), château de Domenay, par Buxy (Saône-et-Loire).
Valence (Olivier de), secrétaire général de la Société d'agriculture de Chalon-sur-Saône, château de la Tour Baudin, par Buxy (Saône-et-Loire).
Valet Albert, à Mareuil-sur-Ay (Marne).

Vallas Simon. propriétaire, Loire (Rhône).

Vallegia Piero, Turin (Italie).

Van der Vaeren, délégué officiel du gouvernement belge, ingénieur agricole, La Hulpe (Belgique).

Vandoni, Ing, Giulio, Casteggio, Pavie (Italie).

Vanel, Givry-près-l'Orbize (Saône-et-Loire).

Vanzella Matteo, S. Maria di Falleto di Conegliano (Italie).

Vanzo Eugenio, Este, Padoue (Italie).

Varichon, industriel, Lyon.

Vasconcellos (A. de), Alpiarça (Portugal).

Vassillière, directeur de l'agriculture au Ministère de l'agriculture, Paris.

Vassillière, professeur départemental d'agriculture, Bordeaux (Gironde).

Vassont, délégué de la Chambre syndicale des cultivateurs de la Seine, Montreuil (Seine).

Vaulle Clément, Ste-Colombe-lès-Vienne (Rhône).

Vauris P., curé, Collonges, par St-Germain-Lembron (Puy-de-Dôme).

Vauthier Théodore, Lyon.

Vavasseur, secrétaire de l'Union vinicole des propriétaires d'Indre-et-Loire, Vouvray (Indre-et-Loire).

Vecchi, Géom. Ugo, Quistello, Mantoue (Italie).

Vedovati Domenico, Venise (Italie).

Venezian Vitale, Ferrare (Italie).

Venot (le colonel), Cercot-Moroges, par Buxy (Saône-et-Loire).

Venturoli Ludovico. Ponte S. Marco, Brescia (Italie).

Verchère Michel, Villié-Morgon (Rhône).

Vergelas, Lyon.

Vermorel Antoine, propriétaire, Oingt (Rhône).

Vermorel Benoît, propriétaire, Lachassagne (Rhône).

Vermorel Clément, propriétaire, Oingt (Rhône).

Vermorel François, propriétaire. Ste-Paule (Rhône).

Vermorel Jules, propriétaire, Ville-sur-Jarnioux (Rhône).

Vermorel Victor, constructeur, Villefranche-sur-Saône (Rhône).

Vernet aîné, St-Pardon, par Langon (Gironde).

Vernière Antoine, président du Syndicat agricole, Longat (Puy-de-Dôme).

Verniette Benoît, Lyon.

Verret Emile, maire, Salles (Rhône).

Verret Tony, Le Bois-d'Oingt (Rhône).

Verrone Giuseppe, Casteggio, Pavie (Italie).

Veyle (René de), Lyon.

Veyrard Pierre, Montbrison (Loire).

Veyret L., professeur spécial d'agriculture, Ambert (Puy-de-Dôme).

Veyssière (R. de), maire à Ecully (Rhône).

Vialette, vice-président de la Société d'encouragement à l'agriculture de l'Hérault, Montpellier (Hérault).

Viala P., inspecteur général de la viticulture, Paris.

Viallon Philippe, régisseur, St-Lager (Rhône).

Vibert François, Lyon.

Vicard, chef de bureau à la Préfecture du Rhône.

Vicents Plantada y Fonolleda, Mollet-del-Vallès, par Barcelone (Espagne).

Vicenzini Angelo, Gaiarine, Trévise (Italie).

Vicinanza Giovanni, Padoue (Italie).

Victoire, photographe, Lyon.

Vidal (le docteur), membre correspondant de la Société nationale d'agriculture, Hyères (Var).

Vidal Joseph fils, délégué du Syndicat des producteurs de la région d'Hyères (Var).

Viel Louis, président du Syndicat agricole de Puygiron-Rochefort (Drôme).

Vigna Annibale, député au Parlement national, Asti (Italie).

Vignancourt Jean, ingénieur, La Bajasse, par Brioude (Haute-Loire).

Villard, Laveyron, par St-Vallier (Drôme).

Villebois-Mareuil (baron de), château du Lys, St-Georges, par Neuvy-St-Sépulcre (Indre).

Villeneuve (comte Regard de), château de Villeneuve, par Chambéry (Savoie).

Villoutreys (comte de), président du syndicat agricole, St-Paul-en-Jarret (Loire).

Vincendon-Dumoulin, Chevrières, par St-Marcellin (Isère).

Vincent J.-C.-L., Pommiers (Rhône).

Vindry, secrétaire de la Chambre de commerce de Lyon.

Virey Jacques, château de Ruffey, par Sennecey-le-Grand (Saône-et-Loire).

Virieu (marquis de), président du syndicat agricole de Châbons, Virieu-sur-Bourbre (Isère).

Vissière J. aîné, artificier, La Réole (Gironde).

Vital.

Vitalis Alexandre, vice-président de la société départementale d'encouragement à l'agriculture de l'Hérault, Lodève (Hérault).

Viton Henri, président de la société d'horticulture et de viticulture, Dôle (Jura).

Vitry Désiré, délégué de la Chambre syndicale des cultivateurs de la Seine, Montreuil (Seine).

Viviand C., Chambéry (Savoie).

Vivier P. F., notaire, St-Trivier-de-Courtes (Ain).
Vogüé (marquis de), membre de l'Académie française, président de la
    Société des agriculteurs de France, Paris.
Voiron G., négociant, Chambéry (Savoie).
Volay Antoine, Ecully (Rhône).
Voute Raphaël, St-Rambert-sur-Loire (Loire).
Vrégille (Albert de), château de Reyrieux, par Trévoux (Ain).
Vuarin Jules, Vaulx-en-Velin (Rhône).
Vuarin Louis, délégué de la classe d'agriculture de la société des arts de
    Genève (Suisse).
Vuilletet A., Névy-sur-Seille, par Voiteur (Jura).
Vuy, avocat, Lyon.

W

Wavre, avocat, Neuchâtel (Suisse).

Z

Zancanaro Luigi, Padoue (Italie).
Zanotti Cav. Avv. Giovanni, Bologne (Italie).
Zédé (général), gouverneur militaire de la place de Lyon.
Zeimet et fils, Champvoisy, par Dormans (Marne).
Zilio Grandi Gaetano, président de la Société de tir contre la grêle, Barbarano,
    Vicence (Italie).

SÉANCE SOLENNELLE D'OUVERTURE

Tenue le 15 novembre 1901, dans la grande Salle des Fêtes
de l'Hôtel-de-Ville de Lyon

SOUS LA PRÉSIDENCE DE

M. le docteur Victor AUGAGNEUR

MAIRE DE LYON

et de M. BURELLE

PRÉSIDENT DE LA SOCIÉTÉ RÉGIONALE DE VITICULTURE DE LYON

———

*La séance est ouverte, à 9 h. 1/4, par M. le docteur **V. Augagneur**, maire de Lyon.*

*Prennent place au bureau : MM. **Dabat**, délégué officiel du
Gouvernement français et du Ministre de l'Agriculture ;
Burelle, président ; **Battanchon** et **Condeminal**, vice-prési-
dents ; **Silvestre**, secrétaire général du Congrès.*

Après l'exécution de la Marseillaise *par l'Harmonie municipale, M. le Maire de Lyon ouvre le Congrès par le discours
suivant :*

M. le Maire. — Messieurs, je suis heureux de saluer, au
nom de la ville de Lyon, le IIIe Congrès international de
défense contre la grêle, et je me félicite que le premier
congrès de ce genre réuni en France ait choisi Lyon pour
le lieu de sa réunion.

Notre cité, Messieurs, s'intéresse d'une façon toute particulière aux choses de la viticulture, non pas qu'elle soit

elle-même productrice, mais parce qu'elle est un grand consommateur de vin. Sa consommation annuelle dépasse, en effet, 730.000 hectolitres ; c'est vous dire combien elle souhaite que la production soit régulière et constante, l'intérêt de ses habitants devant se ressentir favorablement de toutes les améliorations qui peuvent être réalisées sur le terrain vinicole.

Mais, même en laissant de côté cette question de la régularité de la production, nous pouvons dire que le Conseil municipal de Lyon s'est toujours montré le protecteur de la viticulture. La ville de Lyon est la première en France qui ait complètement supprimé ses octrois, et le résultat de cette mesure a déterminé — ceux qui se trouvent ici le savent mieux que personne — une augmentation de la consommation du vin dans notre ville, c'est-à-dire l'amélioration des conditions de la viticulture dans les régions voisines.

Indépendamment de ces considérations, nous sommes encore intéressés à votre œuvre par la solidarité qui nous unit aux populations qui nous entourent. Le Beaujolais est pour ainsi dire une banlieue lyonnaise, et grand nombre de nos concitoyens sont propriétaires dans cette région, ou y ont des intérêts de famille.

Pendant plusieurs siècles, le Rhône et la Saône ont été les routes naturelles qui amenaient vers le centre lyonnais les vins des côtes du Rhône et ceux de la Bourgogne ; d'autres routes créées ensuite, les chemins de fer, ont suivi la trace des fleuves et fait de Lyon un des principaux débouchés des centres producteurs.

Puis, Messieurs, nous nous intéressons surtout à votre œuvre parce qu'elle a une portée morale très haute. Lorsqu'une population est frappée par ce qu'on est convenu d'appeler un désastre financier, par quelque krach qui entraîne la faillite de plusieurs maisons de banque, on s'apitoie d'une façon extraordinaire sur les ruines qui en résultent. Cependant, en considérant les choses de près, les malheurs de ce genre ne sont qu'individuels, le capital de la collectivité n'en est pas amoindri, car l'argent ne se perd jamais. Ces krachs n'aboutissent qu'à des déplacements de la fortune, qu'à des changements dans la répartition de la richesse publique, qui, elle, ne peut disparaître.

Au contraire, certains désastres sont très graves pour l'ensemble de l'humanité. Quand une guerre fauche des existences qui ne peuvent être remplacées, quand une épidémie fait disparaître des milliers d'hommes, fait couler des larmes et provoque les regrets de tout un monde, quand l'incendie ou l'inondation détruisent les habitations, quand enfin la grêle vient anéantir le travail d'une année et l'espoir des cultivateurs, nous sommes en face de malheurs vraiment irréparables, et autrement graves qu'un krach qui n'atteint que quelques fortunes, car ce sont les richesses elles-mêmes qui sont détruites, et l'on ne peut les remplacer. — *(Applaudissements.)*

C'est surtout pour cela que votre œuvre nous intéresse, car en luttant contre la grêle, vous luttez contre un de ces éléments aveugles qui déterminent les misères les plus douloureuses de l'humanité ! — *(Applaudissements.)*

Vous avez pu voir, Messieurs, que notre ville est depuis longtemps une ville scientifique ; que, sur la rive gauche du Rhône, se sont élevés des quartiers universitaires ; nos Facultés, et surtout la Faculté de Médecine, sont les plus fréquentées de l'Europe, après celles de Paris. Si les municipalités qui se sont succédées n'ont pas ménagé les sacrifices pour augmenter l'importance de ces établissements, ce n'est pas seulement pour donner à nos jeunes générations la science théorique ; l'esprit utilitaire de notre cité a su réunir les efforts des industriels à ceux des savants, et nous nous intéressons à ce que vous faites parce que nous voyons dans vos tentatives l'application de la science aux choses pratiques de la viticulture. La viticulture se tient, d'ailleurs, au point de vue intellectuel, à la tête de l'agriculture ; tandis que dans la production des céréales et des légumineuses, une routine aveugle continue trop souvent à triompher, dans la viticulture on a compris la nécessité d'appliquer les doctrines nouvelles. Le congrès de l'hybridation de la vigne, que vous avez organisé parallèlement au congrès de la défense contre la grêle, en est une preuve ; les efforts des viticulteurs pour constituer des cépages qui résistent au phylloxéra, l'étude de la pathologie de la vigne, sont autant de faits qui placent les viticulteurs à l'avant-garde de l'agriculture française, et les désignent comme les représentants de l'élément scientifique. — *(Applaudissements.)*

Déjà, vers la fin du XVIIIe siècle, la science a essayé de servir aux choses pratiques de la vie ; déjà elle a cherché dans les notions scientifiques, le moyen de résister aux désastres causés par la nature, et le premier procès que plaida Robespierre avait pour but de défendre un de ses concitoyens qui avait osé dresser contre le ciel la pointe d'une épée ! Aujourd'hui, ce ne sont plus des armes blanches que vous dressez contre le ciel, ce sont des armes à feu ! — *(Applaudissements.)*

Pour d'autres raisons encore, nous nous sommes fait, Messieurs, un plaisir et un honneur de vous offrir l'hospitalité. La Municipalité lyonnaise, qui a des idées très avancées, voit avec la plus grande satisfaction cette réunion internationale des viticulteurs de tous les pays. Nous sommes de ceux qui croient que jamais les hommes des différentes nations ne se rapprocheront assez. Vous avez franchi les frontières pour venir étudier une question d'intérêt commun, je vous remercie, Messieurs, de vous être réunis à Lyon ; je remercie d'abord les Suisses, nos voisins si immédiats qu'on passe souvent leur frontière sans s'en apercevoir ; je remercie les Italiens, les Espagnols, les Autrichiens, les Russes, les représentants de la République Argentine et ceux des pays britanniques, et pour n'oublier personne, je remercie tous ceux qui sont ici !

Je suis convaincu, Messieurs, que des réunions comme la vôtre font plus pour la paix universelle que toutes les réunions politiques ou diplomatiques, dans lesquelles se dissimulent mal de profonds antagonismes. Vos vues et vos idées sont communes, c'est là une raison pour qu'elles soient fécondes. Je suis convaincu qu'au point de vue économique, vos réunions seront plus fructueuses que toutes les tentatives faites par les conférences élaborant des traités de commerce. Quand des congrès comme le vôtre auront fixé les conditions du travail et de la production, quand ils auront fait disparaître les antagonismes et l'ignorance, peut-être arrivera-t-on à faire tomber les barrières économiques qui séparent vos pays. — (*Applaudissements*.)

Je suis persuadé, Messieurs, que vous traitez une question plus considérable qu'on se l'imagine au premier abord. Quand vous aurez réussi à supprimer les fléaux et le déchaînement des forces inconscientes de la nature, vous vous demanderez si les efforts de l'homme ne peuvent s'attaquer aussi aux désastres qui résultent des mauvaises passions des hommes eux-mêmes ; vous vous demanderez si vous ne devez pas lutter aussi contre la guerre et contre ces divisions qui sont le résultat de forces aussi aveugles que celles que vous combattez aujourd'hui ! — (*Applaudissements prolongés*.)

Messieurs, je vous remercie une fois de plus d'avoir accepté notre hospitalité, et je félicite la ville de Lyon de vous l'avoir offerte.

Livrez-vous maintenant à vos travaux, et faites-en sortir des conclusions utiles pour le but que vous poursuivez

Je souhaite que vos réunions se multiplient ; je souhaite que tous les hommes s'unissent pour le bien de l'humanité, et je suis persuadé que si, quelque jour, les canons encore homicides ne se tournent plus que contre la grêle, vous aurez été les précurseurs de cette œuvre grandiose. Et, une fois de plus, l'humanité pourra entonner quelque hymne à la gloire de cette liqueur vermeille, ou pourpre, qui semble contenir un peu des rayons du soleil, et qui donne au cœur et au génie de l'homme une part de la chaleur et de la lumière qu'elle renferme elle-même ! — (*Salve d'applaudissements.*)

La parole est à M. *Dabat*, délégué officiel du Ministre de l'Agriculture :

M. Dabat.— Messieurs, je dois tout d'abord vous présenter les excuses de M. le Ministre de l'Agriculture, qui se trouve dans l'impossibilité absolue de venir assister aux séances du troisième congrès international de défense contre la grêle. Il m'a chargé de vous en exprimer ses plus vifs regrets et, désireux de vous donner un témoignage de l'intérêt qu'il porte à vos travaux, il a tenu à ce qu'un représentant de son administration vienne suivre toutes vos séances et lui rende un compte détaillé du résultat des études faites tant en France qu'à l'étranger, sur la question du tir contre la grêle.

J'ai eu l'honneur d'être choisi par M. le Ministre en raison de ce que j'ai eu à m'occuper, au ministère de l'agriculture, de l'importante question que vous traitez. J'ai, en effet, été désigné pour suivre les travaux de la commission des substances explosives, commission qui dépend de ce ministère, et qui a été chargée, au point de vue technique, de tout ce qui a rapport au tir contre la grêle. Cette commission a des attributions de la plus haute importance, et nous sommes certains que, grâce à la compétence de ses membres, elle fournira les indications les plus utiles pour le but que vous poursuivez. Elle est d'ailleurs composée de techniciens éminents, d'officiers d'artillerie, d'ingénieurs des mines, d'ingénieurs du

service des poudres et salpêtres, et surtout de savants. Un
autre renseignement achèvera de vous fixer sur sa composition : son président est l'illustre savant, M. Ber-
thelot.

Messieurs, au nom de M. le Ministre de l'Agriculture,
je souhaite la bienvenue en France aux congressistes
étrangers, aux hôtes de la ville de Lyon, et leur adresse
mes remerciements pour avoir bien voulu venir apporter
leur précieux concours dans cette ville, dont M. le Maire
vient de vous parler avec tant d'éloquence. Messieurs les
délégués étrangers peuvent être assurés de toute notre
sympathie, ainsi que de l'accueil le plus empressé de la
part des organisateurs de ce congrès.

Je remercie aussi, Messieurs, les congressistes français
d'être venus en si grand nombre, et, en particulier, MM. les
membres de la Société de Viticulture du Rhône. En présence d'une telle affluence d'auditeurs, je ne puis manquer d'adresser mes plus sincères félicitations à ceux
qui ont su organiser d'une façon aussi remarquable un
congrès d'une telle importance, qui va porter sur deux
questions très intéressantes : le tir contre la grêle et
l'hybridation de la vigne.

Messieurs, je crois aussi de mon devoir de remercier
la Municipalité lyonnaise, qui a bien voulu mettre à la
disposition de ce congrès, le magnifique palais où elle
tient ses réunions. Enfin, je remercie tout particulièrement, M. le maire de Lyon, M. le Dr Augagneur, d'avoir
bien voulu nous faire l'honneur de venir ouvrir lui-même
cette première séance, et je le remercie surtout d'avoir
bien voulu donner un appui si puissant à la Société
régionale de Viticulture, pour l'organisation de ce congrès. (*Applaudissements.*)

M. le Président. — La parole est à M. *Burelle*, président
du Congrès :

M. Burelle. — Messieurs, ma première pensée s'adresse à M. le Maire de Lyon et à la Municipalité lyonnaise qui ont si honorablement donné l'hospitalité au troisième congrès international de défense contre la grêle et au congrès d'hybridation de la vigne, dans ce vieux palais communal, témoin, depuis plusieurs siècles, des principaux événements historiques de la cité.

Hôtes de Lyon, nous adressons à son Maire et à ses représentants notre premier salut.

Nous remercions le Gouvernement de la République de l'intérêt qu'il a bien voulu accorder aux études de ce congrès et de la subvention qu'il lui a attribuée. Nous remercions M. le Ministre de l'agriculture, président d'honneur du troisième congrès international de défense contre la grêle, que nous avons le regret de voir retenu à Paris, cette première journée, par la défense des intérêts agricoles devant le Parlement.

Nous remercions M. le Préfet du Rhône, qui a pris une si grande part à nos travaux d'organisation, nous a soutenus de sa grande autorité, et auprès duquel nous avons toujours entendu des paroles encourageantes pour mener à bien l'œuvre parfois si lourde que nous avions entreprise.

Nos remerciements s'adressent aussi à MM. les Présidents du Conseil général, MM. Cazeneuve et Lagrange, et à tous leurs collègues du Conseil général, qui nous ont habitués à les voir toujours encourager et seconder toutes les initiatives paraissant avoir pour objet une amélioration de la situation des agriculteurs et un progrès agricole; à la Chambre de Commerce de Lyon, dont les actes démontrent, chaque jour, qu'elle considère le développement et la prospérité des industries et du commerce de notre ville comme une conséquence de l'accroissement de la richesse en général, et plus particulièrement de la richesse agricole.

A d'aussi hauts et aussi bienveillants patronages, aussi

bien qu'à la nouveauté et à l'intérêt des questions qui seront traitées dans ce congrès, nous attribuons la grande attraction qu'il a provoquée tant en France qu'à l'étranger.

Mais, nous serions ingrats si nous ne rappelions ici l'enthousiasme provoqué par les paroles de notre vice-président, M. le professeur Battanchon, lorsqu'au deuxième congrès international tenu l'année dernière à Padoue, il a présenté l'invitation de la Société régionale de Viticulture de Lyon, de tenir dans notre ville le troisième congrès international de défense contre la grêle.

Les acclamations de nos amis d'Italie ont fait vibrer le cœur de leurs frères latins, et, de ce côté des Alpes, nous avons retenu avec joie leur promesse de venir ici nous apporter les résultats de leurs travaux et de leurs expériences, pour édifier en commun les premiers éléments d'une science nouvelle qui nous permet d'espérer voir le jour où l'agriculture, instruite sur les circonstances de la formation de la grêle et son mode de propagation, pourra lutter avec confiance et succès contre le plus terrible et le plus foudroyant fléau des récoltes.

Car on peut considérer que c'est une science nouvelle, cette recherche de la défense contre la grêle, pour laquelle l'homme, toujours vaincu, a fait en tous temps de si nombreux et si variés efforts toujours infructueux et vains, jusqu'à ces dernières années, où il a pu concevoir des espérances soutenues après la mémorable expérience de M. Albert Stiger et de ses continuateurs.

Comme toutes les sciences à leurs débuts, elle est encore à la période des hypothèses, auxquelles on cherche à rapporter les très nombreuses observations apportées dans les deux congrès qui se sont tenus à Casale-Montferrat en 1899, et à Padoue en 1900.

Mais ceux qui lui en font un reproche, et manifestent leur impatience des résultats positifs, nous paraissent oublier que toute œuvre humaine est le fruit d'un long travail, que toute science est contingente des autres sciences, et que les connaissances si incomplètes et si rudimentaires acquises jusqu'à ce jour sur la composition et les mouvements de l'atmosphère, sur la formation des météores et surtout de la grêle, sont le plus grand obstacle au développement rapide de l'étude de la défense contre la grêle.

Elle a cependant su, dès le début, s'imposer à l'attention de ceux-là mêmes qui ne lui accordent aucun crédit et ont prédit la stérilité de ses efforts, par l'enthousiasme des agriculteurs, le grand nombre des organisations de tir créées pendant le cours des trois dernières années, dans tous les pays d'Europe ; et aussi, par l'intérêt qu'ont bien voulu lui accorder, à la suite des premières études scientifiques des savants Autrichiens, Italiens et Français, la plupart des observatoires météorologiques d'Europe, dont nous voyons ici les principaux représentants.

Nous voudrions les désigner tous, et les indiquer à la reconnaissance et à la vénération des viticulteurs et des agriculteurs de tous les pays, les noms de ces hommes de dévouement et de science qui, dès le début, se sont consacrés à cette œuvre si généreuse de la préservation de la fortune des travailleurs des champs contre le fléau le plus terrible dans ses effets, le plus imprévu et le plus brutal dans sa venue, et tellement désespérant, qu'à voir l'agriculteur reprendre son labeur après la grêle, on est saisi d'admiration, et on peut penser que le désespoir n'entrera jamais dans son cœur.

Mais notre entreprise serait vaine, et le nombre de ces hommes de bien est tellement considérable, qu'il nous serait impossible de n'en pas oublier parmi les plus méritants.

Nous devrons donc, à regret, nous borner à rappeler quelques noms parmi les plus populaires.

En votre nom, je salue et je mets les travaux de ce congrès sous le patronage de M. Albert Stiger, bourg-

mestre de Windisch-Feistritz, l'inventeur du canon conique pour le tir contre la grêle.

Je salue M. le professeur Bombicci, président du premier congrès international tenu à Casale-Montferrat
en 1899 et tous les rapporteurs de ce congrès.

Je salue M. le professeur Alpe, président du deuxième
congrès international tenu l'année dernière à Padoue, et
tous les rapporteurs de ce brillant congrès.

Je salue M. Ottavi, membre du parlement italien, président de la commission d'organisation des congrès
internationaux de Casale-Montferrat et de Padoue, et je le
remercie du dévouement et du concours bienveillant qu'il
a bien voulu apporter à l'organisation de notre troisième
congrès.

Je salue M. Suschnig, collaborateur de M. Stiger et de
MM. Perntner et Trabert.

J'envoie notre salut à notre compatriote Houdaille,
qui eut l'honneur de représenter M. le Ministre de
l'Agriculture de France au Congrès de Padoue, et dont
l'absence imposée par une longue maladie est si vivement
regrettée par nous tous.

Je salue M. le professeur Roberto qui, le premier, a
cherché, par ses travaux sur l'origine des orages de grêle,
à donner une base scientifique à la défense contre la grêle.

Je salue M. le docteur Perntner, directeur de l'Institut
central météorologique de Vienne, qui, avec son collaborateur, M. Trabert, a entrepris les premiers travaux
scientifiques sur le projectile gazeux des canons coniques.

Je salue tous nos collègues étrangers que leur science
et leur dévouement aux intérêts agricoles ont désignés
à l'attention et à la bienveillance de leur gouvernement
pour les déléguer à cette réunion ; au nom de mes
compatriotes, je les prie de transmettre à leur gouvernement l'expression de notre très respectueuse reconnaissance pour l'honneur qu'ils ont fait à notre pays,
à notre ville et à la viticulture française.

Je salue tous nos rapporteurs étrangers et français qui ont bien voulu préparer les travaux de ce congrès, et lui apporter le concours de leur science, de leur dévouement et de leurs études.

Enfin, je vous salue, vous tous, membres du congrès, qui de l'étranger ou des départements les plus éloignés, êtes accourus ici au nombre de 1.900, malgré la longueur et les fatigues du voyage, pour connaître les résultats acquis jusqu'à ce jour, suivre les travaux de nos dévoués rapporteurs, participer à leurs discussions et collaborer à leurs conclusions.

Nous avons fait, en traçant le programme de ce congrès, tout ce qui nous a paru possible pour qu'il soit la continuation des travaux des deux congrès si brillants qui l'ont précédé.

Dès qu'elles furent connues, les expériences du tir contre la grêle au moyen des canons coniques provoquèrent en Styrie, en Autriche et dans la haute Italie, un rapide enthousiasme qu'on comprendrait difficilement, si l'on ne savait que ces régions sont ravagées presque chaque année par de nombreux orages, dont la fréquence et la périodicité avaient déjà provoqué les travaux de Volta sur la formation de la grêle.

De nombreux consortium de tir contre la grêle furent organisés dans l'espace de quelques mois, et la foi dans le nouveau moyen de défense, inspirée bien plus par l'espoir aveugle de combattre le fléau que par la justification de son efficacité était alors si grande et si peu discutée, que les constructeurs de canons, ne pouvant satisfaire toutes les demandes, on vit les agriculteurs se servir de canons ayant des formes très rudimentaires, même de cônes en bois, dans lesquels on plaçait des charges irrégulières, souvent même non dosées, sans aucune méthode, sans prudence, au mépris des précautions les plus élémentaires pour sauvegarder la vie des artilleurs chargés de leur manœuvre.

C'est alors que des hommes dévoués, à la tête desquels nous trouvons M. Ottavi, comprirent la nécessité de réunir et de coordonner les résultats acquis et d'en dégager quelques indications pour guider les organisateurs de consortium, et établir quelques règles utiles, soit sur l'étendue de la zone protégée par un canon, soit sur la construction et la charge qu'il convenait d'adopter, soit enfin, sur les instructions à donner aux artilleurs, pour les préserver des dangers auxquels ils s'exposaient imprudemment.

Ainsi fut décidé et organisé le Congrès tenu à Casale-Montferrat, en 1899.

Le résultat fut l'affirmation énergique de tous les participants dans l'efficacité du tir.

Un an après, les décisions du congrès de Casale s'étant rapidement répandues, les consortium en bien plus grand nombre étaient réunis de nouveau, toujours par l'initiative de notre éminent rapporteur, M. le député Ottavi, dans la ville de Padoue.

A cette deuxième réunion, le nombre des congressistes était de 1.600; les travaux de ce congrès eurent un grand retentissement dans le monde entier, et les conclusions, affirmant de nouveau la confiance des agriculteurs dans le tir des canons, furent encore adoptées avec enthousiasme.

C'est dans ce congrès que paraissent avoir été soumis à la discussion publique les premiers travaux scientifiques sur le tir des canons coniques, ainsi que les premières hypothèses pour justifier leur action sur les orages grêlifères.

On avait admis, jusqu'alors, en s'appuyant sur l'espace parcouru par le son pendant une seconde, que l'énergie produite par la détonation de la poudre dans les canons coniques atteignait les couches de l'atmosphère placées à deux, trois et même quatre mille mètres au-dessus du sol; et, comme les météorologistes avaient, jusqu'à cette époque, admis qu'à ces hauteurs se trouvent les nuages dans lesquels se forme la grêle avant de tomber sur la terre, la préservation attribuée aux détonations des canons coniques s'expliquait, tout simplement, par l'action mécanique portant le trouble dans ces nuages, au moment où s'élaborait la formation des grêlons.

Mais les travaux de MM. Perntner et Trabert, vérifiés et confirmés par les expériences de nos compatriotes Vermorel et Gastine, à la station de recherches de Villefranche, vinrent démontrer que le projectile gazeux en forme de tore produit par les détonations, et auquel on attribuait jusqu'ici le trouble porté dans les nuages producteurs de grêle, ne paraît pas s'élever au-delà de 400 mètres.

Si donc l'hypothèse admise jusqu'ici de la formation de la grêle dans les cumulus situés à 4.000 mètres était exacte, les tirs contre la grêle devaient être reconnus inefficaces et sans effet.

M. le professeur Roberto a alors apporté une hypothèse nouvelle sur la formation de la grêle, et a montré qu'elle peut être engendrée par des tourbillons à axes horizontaux, dont la trajectoire peut évoluer à des hauteurs accessibles au projectile gazeux, c'est-à-dire à moins de 400 mètres.

La conclusion de cette très intéressante discussion permettait donc de conserver l'espoir que les tirs au canon pouvaient avoir une action sur certains nuages grêlifères, et c'est ce qui explique que les 1.600 participants du Congrès de Padoue aient affirmé, avec non moins d'énergie qu'à Casale-Montferrat, leur confiance dans le tir des canons.

Ces premières discussions scientifiques paraissent avoir eu pour effet de susciter de nouvelles recherches dans le monde savant, et c'est l'occasion, je crois, de signaler les observations et les hypothèses publiées par M. Rosensthiel, il y a quelques semaines, pour justifier une seconde fois, et par un ensemble de considérations différentes de celles fournies par M. le professeur Roberto, l'opinion que la grêle peut être formée dans les espaces accessibles au tir des canons.

A côté de ces opinions scientifiques dont le but est d'expliquer la confiance jusqu'ici inébranlable des agriculteurs dans le tir des canons, il convient de noter l'importance attribuée à une plus grande méthode dans les tirs, et une observation plus exacte des faits de la part des praticiens qui se sont dévoués à l'organisation des sociétés de tirs et des artilleurs agricoles, leurs collaborateurs.

C'est ce que l'un de nos rapporteurs, M. Plumandon, le savant directeur de l'Observatoire du Puy-de-Dôme, qui a bien voulu accepter la mission de M. Houdaille dans ce congrès, avait eu l'occasion de signaler dans son beau livre sur les *orages et la grêle* publié cette année, lorsqu'il cite les conclusions du rapport de nos compatriotes Châtillon et Blanc.

C'est aussi ce qu'on peut lire dans les conclusions du congrès national Italien, tenu à Novare le 24 octobre dernier, et que je crois devoir reproduire *in extenso*, comme préface à ce Congrès.

« *Le congrès, après avoir entendu les rapports des tirs* « *contre la grêle pendant la campagne de 1901, retient et* « *confirme les bons résultats obtenus en 1899 et 1900,* « *partout où les consortium ont fonctionné régulièrement* « *et ont été organisés rationnellement, et quand les orages* « *n'ont pas été d'une exceptionnelle gravité.*»

Pour suivre ces travaux, nous avons tracé le programme que vous connaissez tous, et dont il me reste à vous présenter les rapporteurs.

La recherche des tentatives faites pour défendre les récoltes contre la grêle antérieurement à l'application des canons coniques nous a paru présenter un intérêt suffisant pour être placée au début de ce congrès dans le but de montrer la nouveauté du tir actuel.

MM. les professeurs Battanchon et Durand ont bien voulu rechercher les documents qui conservent le souvenir de ces efforts accueillis le plus souvent avec un grand enthousiasme, et que leur impuissance a fait abandonner plus ou moins rapidement.

Vient ensuite la série des rapports les plus intéressants dans l'état actuel de nos connaissances : ce sont ceux qui relatent les faits observés pendant la campagne de 1901, dans tous les pays où la défense contre la grêle a été organisée.

M. Guinand, le promoteur de l'idée en France, s'est chargé de provoquer, réunir, coordonner, discuter et apprécier les observations qui ont été faites dans toutes les sociétés de tir organisées, la plupart, par son initiative dévouée, dans notre pays, et de vous en apporter les résultats.

MM. Albert Stiger et Suschnig ont rapporté les résultats obtenus dans les diverses provinces de l'Autriche, où nous trouvons les consortium les plus anciens, établis depuis trois ans, et ayant des organisations variées.

En Italie, M. Ottavi a bien voulu réunir les renseignements relatifs aux résultats donnés par les tirs des consortium organisés dans le Piémont.

M. Alpe, nous apportera les résultats des tirs dans la Lombardie.

Dans l'Emilie, c'est M. Marescalchi qui a recueilli les résultats, et nous les donnera par son rapport.

Pour la Vénétie, M. Marconi, s'est chargé de réunir les documents.

Enfin, M. Bordiga, professeur à l'Ecole supérieure d'Agriculture de Portici, nous fera connaître les résultats obtenus dans le centre et le midi de l'Italie.

La Suisse, l'Espagne, la Russie et la Hongrie ont organisé depuis quelques années un nombre suffisant de tirs pour autoriser leur intervention dans l'étude la défense contre la grêle.

M. Jean Dufour nous fera connaître les résultats obtenus dans la Suisse.

M. Garcia de los Salmones a bien voulu recueillir les résultats connus en Espagne.

M. Gogol Yanowsky nous tiendra au courant du développement des tirs en Russie.

Enfin M. Stanislas Von Konkoly, directeur de l'institut royal de météorologie de Budapest, a bien voulu se charger du rapport relatif à la Hongrie.

A ces rapports, il convient de joindre celui de M. le docteur Vidal, sur l'emploi des fusées dans la défense contre la grêle.

Deux savants météorologues ont bien voulu accepter la mission laborieuse et difficile d'analyser les faits consignés dans ces divers rapports, les discuter et chercher à en dégager les faits constants dans le domaine de la science et de la pratique, et d'en déduire les conséquences ; ce sont MM. Plumandon, directeur de l'observatoire météorologique du Puy-de-Dôme, et M. Roberto, proviseur des études de la province d'Alexandrie.

D'autres rapports indiqueront aux agriculteurs qui se proposent d'organiser des tirs contre la grêle, les conditions reconnues les plus parfaites par la pratique de quelques années ; ce sont tout d'abord ceux de MM. Châtillon et Blanc, les dévoués président et vice-président des Sociétés de tir du Beaujolais, qui nous donneront les résultats de leur expérience sur l'organisation des associations de défense contre la grêle, la discipline du tir, et les mesures à prendre pour garantir les artilleurs contre les accidents.

M. Chardiny, docteur en droit, complètera cette étude par son travail sur les tirs contre la grêle dans leurs rapports avec les Compagnies d'assurances.

Dans la dernière série des rapports, nous abordons les questions scientifiques.

MM. les officiers d'artillerie Canard et Pistoï ont bien voulu se charger de l'étude des canons coniques employés actuellement dans les tirs contre la grêle.

M. Lucien Picard s'est chargé de discuter la composition et le prix des poudres.

M. Deville a fait la statistique des orages de grêle dans notre département qui, d'après les travaux de notre compatriote M. Turquan, cité par M. Plumandon, jouit du triste privilège d'être, de tous les départements de France, le plus souvent ravagé.

M. André, directeur de l'Observatoire du Rhône et M. Porro, professeur d'astronomie à l'Université royale de Gênes, nous feront connaître leurs travaux sur la prévision du temps appliquée à la défense contre la grêle.

Avec M. Gastine, collaborateur de M. Vermorel, nous reprendrons l'étude du projectile gazeux ou tore, et nous examinerons sa possibilité d'action sur les nuages gréli-fères.

On s'est beaucoup occupé, dans les congrès italiens, des dispositions législatives spéciales réglant la matière des tirs contre la grêle, et la constitution des associations de défense.

Ce thème sera traité par M. Emile Chevalier, député de l'Oise, qui s'est fait dans le Parlement une spécialité de ces questions, mais qui, malheureusement retenu à Paris par la maladie, ne pourra comme nous l'avions espéré, venir défendre les conclusions de son intéressant rapport.

Nous avons aussi à déplorer l'absence de M. Viala, inspecteur général de la viticulture en France, qui, frappé par un deuil récent, et retenu par le souci de la santé des siens, ne peut à son grand regret, présider le congrès d'hybridation de la vigne dont il s'est occupé avec le zèle et le dévouement qu'il apporte à tout ce qui touche la viticulture, et qu'il nous soit permis d'ajouter, avec la bienveillance dont il a toujours honoré la Société régionale de Viticulture de Lyon.

Je suis certain d'être votre interprète en lui adressant, en votre nom, nos vifs regrets de le voir éloigné des admirateurs de ses travaux, de ses amis si nombreux dans cette enceinte, qui étaient venus ici dans l'espoir de le voir présider avec l'autorité de sa science et de son amour des progrès en viticulture, les discussions si intéressantes et si savantes du congrès de l'hybridation de la vigne.

Cette absence, si regrettable pour tous, l'est encore bien plus pour votre président, parce qu'elle lui laisse le périlleux devoir de saluer les savants rapporteurs réunis dans notre ville, à l'occasion du congrès de défense contre la grêle, pour l'étude de l'hybridation de la vigne qui a déjà donné des résultats si féconds dans la production des porte-greffes imposés à la viticulture européenne par l'invasion du phylloxéra, et qui, par les premiers résultats acquis dans la recherche des producteurs directs, permet d'espérer l'obtention et le classement définitif de quelques cépages résistant à la plupart des maladies cryptogamiques et produisant un vin de consommation, de conservation et de vente satisfaisantes.

Et maintenant, Messieurs, avant de donner la parole à notre dévoué et distingué secrétaire général, M. Silvestre, pour qui nous voyons, dans la réunion d'un si nombreux et si brillant concours de savants et de viticulteurs la récompense qu'il estime la plus précieuse de ses nombreuses veilles consacrées à l'organisation de ces congrès; je vous invite à unir toutes vos pensées et tous vos cœurs pour placer nos travaux sous le patronage de notre président d'honneur, M. Jean Dupuy, ministre de l'Agriculture, et, avant de les commencer, de prier M. le Préfet du Rhône d'adresser l'hommage du respectueux dévouement de tous les membres du congrès, Français et Étrangers, à l'éminent citoyen qui représente si dignement la France, à M. Emile Loubet, Président de la République *(Applaudissements prolongés).*

M. le Président. — Votre bureau a reçu un très grand nombre de lettres d'excuses, d'encouragement et de sympathie pour lesquelles il adresse à leurs auteurs, et en votre nom, l'expression de sa vive gratitude.

Dans l'impossibilité où il se trouve de vous en donner lecture, en raison de notre temps très limité, je me bornerais, Messieurs, à vous communiquer la dépêche que je viens de recevoir de M. Albert Stiger, l'un de nos présidents d'honneur :

« *Empêché d'accepter l'honorable invitation, je salue les* « *très honorés Membres du Congrès et souhaite que le* « *résultat de la réunion soit un vrai succès pour le bien* « *de l'économie agricole.* »   Albert STIGER.

M. le Président. — Je donne la parole à M. *Silvestre,* secrétaire général de la Société de viticulture et du comité d'organisation pour lire les propositions du comité.

M. Silvestre. — Au nom du Comité d'organisation, j'ai l'honneur de proposer au Congrès de constituer son bureau d'honneur de la manière suivante :

PRÉSIDENTS D'HONNEUR.

M. **Dabat**, délégué de M. le ministre de l'Agriculture.

M. le Dr Victor **Augagneur**, maire de la Ville de Lyon.

M. **Alapetite**, préfet du Rhône.

M. le général **Zédé**, gouverneur militaire de la place de Lyon.

M. le Dr **Cazeneuve**, président du conseil général du Rhône.

M. **Tisserand**, président de la Société des Viticulteurs de France, directeur honoraire de l'Agriculture.

M. le marquis **de Vogüé**, président de la Société des Agriculteurs de France.

M. E. **Caze**, président de la Société Nationale d'encouragement à l'Agriculture.

M. Albert **Stiger**, syndic de Windisch-Feistritz (Styrie) (Autriche).

M. **Ottavi**, député au Parlement italien, président du comité d'organisation des congrès de Casale et de Padoue (Italie).

M. **Lichtenberg**, conseiller du Gouvernement, à Strasbourg (Alsace).

M. **Aguilo y Cortès**, délégué officiel du gouvernement espagnol, chef du service agronomique de la province de Barcelone (Espagne).

M. **Don Luis de Castro**, député, professeur à l'Institut d'agronomie, officier de la Légion d'honneur, délégué officiel du gouvernement Portugais.

M. **E. John Covert**, consul des Etats-Unis à Lyon, délégué officiel du gouvernement des Etats-Unis.

M. **Van der Vaeren**, délégué officiel du gouvernement belge.

M. **Don Francisco Molina Salas**, délégué officiel de la République Argentine.

M. **Gogol Yanowsky**, Georges, directeur de la cave centrale des apanages impériaux, délégué officiel du gouvernement russe.

M. **Nicoleanu**, directeur de l'agriculture, chef du service viticole au Ministère de l'Agriculture (Roumanie).

M. **Bombicci**, président du premier congrès de défense contre la grêle de Casale (Italie).

M. **Alpe**, professeur à l'Ecole royale supérieure d'Agriculture de Milan, président du deuxième congrès de défense contre la grêle, de Padoue (Italie).

VICE-PRÉSIDENTS D'HONNEUR

M. le comte **Chandon de Briailles**, vice-président de la Société des Viticulteurs de France.

M. **Gervais** Prosper, secrétaire général de la Société des Viticulteurs de France.

M. le marquis **de Barbentane**, président de la section de viticulture de la Société des Agriculteurs de France.

M. **de Lagorsse**, secrétaire général de la Société nationale d'encouragement à l'agriculture.

M. **Suschnig** Gustave, procureur de la maison Carl Greinitz, directeur des usines Ste-Catherine sur la Lamming, à Gratz (Autriche).

M. **Roberto**, proviseur des études de la province d'Alexandrie (Italie).

M. **de Candolle**, président de la station viticole de Ruth (Suisse)..

M. **Taïroff** Basile, ingénieur agronome au Ministère de l'Agriculture (Russie).

M. **Garcia de los Salmones**, à Pampelune (Espagne).

SECRÉTAIRE D'HONNEUR

M. **Goffredo Calvi**, secrétaire du Comité d'organisation du congrès en Italie.

M. Silvestre. — Messieurs, le comité d'organisation vous propose, comme membres du bureau d'honneur du Congrès de l'hybridation de la vigne :

PRÉSIDENTS D'HONNEUR

M. **Millardet**, correspondant de l'Institut, professeur à la Faculté des sciences de Bordeaux (Gironde).

M. **Couderc** Georges, viticulteur, à Aubenas (Ardèche).

M. **Ganzin**, viticulteur, au Pradet (Var).

M. **Viala**, inspecteur général de la viticulture.

M. **Foëx**, inspecteur général de l'agriculture.

M. **Couanon** G., inspecteur général de la viticulture.

M. **Magnien**, inspecteur de l'agriculture.

M. **de Brézenaud**, inspecteur de l'agriculture.

PRÉSIDENT EFFECTIF

M. le Dr **Michon**, président de la Commission d'enquête
sur les producteurs directs, de la Société des Agriculteurs de France, à Paris.

M. Silvestre. — Le comité vous propose comme membres
du Jury de l'exposition des canons :

M. **Condeminal**, Alfred, vice-président de la Société
régionale de viticulture de Lyon.

M. **Beauregard**, vice-président du Syndicat agricole de
Belleville-s.-Saône.

M. **Picard** Lucien, industriel.

M. le capitaine d'artillerie **Canard**, à Lyon.

M. le capitaine d'artillerie **Magnin,** à Lyon.

M. **Berthier**, maire et président de la Société de tir
contre la grêle de Ville-sur-Jarnioux.

M. **Savot**, président du Syndicat viticole de la Côte
dijonnaise (Côte-d'Or).

M. **Coste**, ingénieur des arts et manufactures (Saône-
et-Loire).

M. **Laverrière-Loyat**, président de la Société de défense
contre la grêle de Theizé (Rhône).

M. **Gérard**, professeur à l'Université de Lyon, directeur
du parc de la Tête-d'Or, à Lyon.

M. le Dr **Beauvisage**, professeur à la Faculté de médecine, adjoint à la Mairie centrale de Lyon.

M. **Casati-Brochier**, président de la Société de défense
contre la grêle de Gleizé.

M. **Faurax**, conseiller général du Rhône.

M. **Joannard** Albert, président du Comice agricole de
Lyon.

M. le comte **Chandon de Briailles**, délégué de la
Société des Viticulteurs de France.

M. **Blanc**, vice-président du Syndicat agricole de Villefranche et Anse, président de la Société de défense contre la grêle de Denicé.

M. **Halphen**, conseiller général de la Gironde.

M. **de Labretoigne du Mazel**, secrétaire de la Société de défense contre la grêle de La Chapelle-de-Guinchay.

M. **Ricard**, président du comice agricole de Givors, et délégué de la Chambre de Commerce de Lyon.

M. le colonel **Locard**, ancien directeur de l'arsenal de Bourges.

M. le comte **Liger-Belair**, délégué de la Société vigneronne de Nuits.

M. **Lamblin**, René, vice-président du Syndicat viticole de la Côte dijonnaise.

M. le Dr **Chanut**, président du comice du canton de Nuits, délégué du comité central d'études viticoles de la Côte-d'Or.

M. le marquis **de Montezemolo**, Umberto (Italie).

M. **Calvi Goffredo**, secrétaire du Congrès pour l'Italie.

M. le comte **Corinaldi** (Italie).

M. **Suschnig**, Gustave (Autriche).

M. le comte **Camerini** Paolo, à Padoue (Italie).

M. **Cameo** José, à Carinena (Espagne).

M. **Foujallaz**, député, délégué officiel du groupe I (district de Lavaux), syndic à Cully (Suisse).

— Enfin, Messieurs, le comité vous propose de désigner, pour le bureau effectif du congrès, le bureau du comité d'organisation.

M. le Président. — Vous venez d'entendre, Messieurs, les propositions du comité d'organisation. Je vous prie de vouloir bien manifester par un vote, votre avis sur ces propositions.

(Les propositions du Comité d'organisation sont adoptées à l'unanimité.)

M. le Président. — Avant de commencer nos travaux, je crois devoir, Messieurs, vous donner les quelques indications suivantes sur notre ordre du jour :

Les séances du congrès de défense contre la grêle auront lieu ici même, dans la Salle des Fêtes de l'Hôtel de Ville. Par conséquent, les personnes qui désirent suivre les travaux de ce congrès devront revenir dans cette salle ce soir, demain et après-demain.

Les personnes qui ont l'intention d'assister au congrès de l'hybridation de la vigne devront se rendre dans le salon spécialement réservé à leur intention.

Les séances des deux congrès auront lieu le matin à 9 h., et le soir, à 2 h. Nous vous prions de vouloir bien être très exacts, car, notre ordre du jour étant très chargé, nous serons obligés de commencer exactement aux heures indiquées.

En raison de la grande affluence des congressistes, il serait utile que les personnes qui désirent prendre la parole veuillent bien en aviser le bureau, en faisant passer leur carte au président par les huissiers de service ; c'est là une précaution indispensable pour maintenir le bon ordre des discussions.

M. le docteur Vidal me prie de vous informer que l'examen et l'étude des fusées paragrêles se feront à l'Exposition du parc de la Tête-d'Or, et que ces fusées seront examinées par le jury des canons.

Ceci dit, Messieurs, nous allons commencer la lecture des rapports.

Je donne la parole à M. *Battanchon* pour la lecture du rapport qu'il a rédigé, en collaboration avec M. *Durand*.

GRÊLE. — 4

HISTORIQUE DE LA DÉFENSE CONTRE LA GRÊLE

Rapporteurs : MM. Battanchon et Durand

I

LES PRATIQUES PRIMITIVES

Messieurs,

Si haut que l'on remonte dans l'antiquité et chez presque tous les peuples, on voit l'homme chercher à lutter contre les orages et contre les manifestations dont ils sont accompagnés.

Et lorsqu'on songe à l'appareil formidable et terrifiant dont s'entourent les tempêtes, surtout en certaines régions, on conçoit qu'il n'en ait pu être autrement. Forcément et si écrasante que paraisse la disproportion de l'homme avec les grands phénomènes atmosphériques, il a voulu leur résister. Attribuant à des divinités terribles ou à des génies malfaisants les éclairs et le tonnerre, les vents et la grêle, il a entrepris la lutte, ici en s'efforçant de vaincre les divinités hostiles au moyen des armes dont il était accoutumé à se servir, là en tentant d'apaiser leur courroux par ses supplications, ses sacrifices et ses dons.

C'est ainsi que les anciens Scythes lançaient des flèches contre les nuées ; ainsi encore, probablement, que nos ancêtres de l'âge de pierre devaient menacer le ciel de leurs armes de silex. Car, autrement, comment expliquer cette tradition, transmise à travers les âges et qui subsiste encore en certaines de nos campagnes, consistant à affirmer que celui qui possède une hache en pierre polie (Donnerax) est à l'abri de la foudre et peut en préserver sa maison en y suspendant cette hache, que l'on prétend avoir été lancée par la foudre elle-même ? (1).

Et c'est probablement encore, par une transformation de cette même pratique, que, dans certaines de nos provinces, en Auvergne et dans les Pyrénées notamment, lors de l'approche des orages, on dispose sur les murs de clôture, dans les cours, etc. des haches le tranchant

---

(1) Note de M. Aug. Gasser, directeur de la *Revue d'Alsace*, à Mantoche (Haute-Saône).

en l'air, des socs ou des coutres de charrue la pointe tournée en haut, en vue de protéger les bâtiments (1).

Les coutumes auxquelles une naïve confiance attribuait le pouvoir de détourner les orages et leurs effets, étaient et sont encore nombreuses ; la plupart, sortes de rites religieux plus ou moins déformés, remontent certainement très haut. Nous ne les énumérerons pas.

C'est ainsi encore que, pendant tout le moyen âge et jusqu'à nos jours, la croyance populaire attribuait aux *meneurs de nuées* toutes sortes de maléfices, et cela à ce point que les Capitulaires de Charlemagne reconnaissent qu'il existe un art de diriger les orages et donnent à ceux qui l'exercent le nom de *Tempestaires*.

De même, l'empereur Constantin approuve dans ses ordonnances ceux qui éloignent les orages de leur contrée et préservent leurs terres des dévastations de la grêle et de la pluie (*Codex Theodo-sian.*, lib. IX, tit. 16) (2).

Mais, dans toute la chrétienté, ce sont les sonneries de cloches, et souvent de certaines cloches, qui, depuis l'invention de celles-ci peut-être, jouent, en matière d'orages, le rôle le plus important. Sur ce point, les documents sont nombreux.

Est-ce grâce à un effet réellement produit par l'ébranlement de l'air, ou est-ce simplement par l'idée religieuse attachée à ces sonne-ries, qu'il faut expliquer la persistance de cette coutume ? Par les deux motifs peut-être. Quoi qu'il en soit, l'habitude de sonner les cloches à l'approche des orages s'est continuée jusque tout près de nous, malgré les accidents assez fréquents qui semblent en être résultés pour ceux qui les sonnaient (3).

Les cloches, d'ailleurs, étaient bel et bien fondues non seulement en vue d'appeler les fidèles aux offices et de célébrer les événements

---

(1) Notes de MM. Franc et Boué, professeurs départementaux d'agricul-ture ; Carassus, instituteur à St-Pé (Hautes-Pyrénées), etc.

(2) Notes de M. Bourgne, prof. dép. d'agric.

(3) Voici ce que dit Arago à ce sujet :

« Dans l'état actuel de la science, il n'est pas prouvé que le son des cloches rende les coups de tonnerre plus imminents, plus dangereux, il n'est pas prouvé qu'un grand bruit ait jamais fait tomber la foudre sur des bâtiments que, sans cela, elle n'aurait point frappés.

« Toutefois, il faut recommander fortement de ne pas mettre les cloches en branle dans l'intérêt des sonneurs. Le danger qu'ils courent est, propor-tion gardée, celui des imprudents qui, en temps d'orage, se réfugient sous de grands arbres. La foudre frappe les objets élevés et surtout les sommets des clochers : la corde de chanvre attachée à la cloche, et ordinairement tristes ou heureux, mais encore dans le but précis de dissiper les orages par leurs vibrations.

Ainsi en témoigne l'inscription suivante portée par une cloche de Soultz (Hte-Alsace) et datée de 1585 :

« *Sabada pango, excito lentos, dissipo ventos, paco cruentos, funera plango, fulgura frango.* » (1).

Ou celle-ci encore que l'on trouve souvent :

   « *Dominus Salvator Christus*
   Fugat fulminis et grandinis ictus. » (2)

Sonner les cloches à l'approche des orages faisait d'ailleurs expressément partie des fonctions des bedeaux ou des instituteurs d'autrefois. Cela était stipulé dans leur contrat, et leur valait une rétribution, le plus souvent payée en nature par les habitants de la paroisse qu'ils étaient censés protéger.

Et la confiance en l'efficacité des sonneries était telle que, dans les communes dépourvues de cloches ou n'en possédant que de peu puissantes, de véritables animosités se créaient à l'égard des villages plus favorisés qui, prétendait-on, non seulement se mettaient à l'abri des chutes de grêle, mais encore les détournaient sur leurs voisins (3). Ce sont exactement les mêmes reproches que nous voyons adresser aujourd'hui même à certaines associations de défense par le tir des canons.

Si l'on songe à la foi dans le pouvoir des cloches dont étaient pénétrées les populations rurales, on n'est pas surpris que certains esprits avancés, se refusant à croire à une intervention divine pro-

---

imbibée d'humidité, conduit la décharge jusqu'à la main du sonneur ; de là tant d'accidents déplorables, qu'il est bon de citer pour guérir les sonneurs de cloches de leur manie.

« Un savant allemand a montré, en 1783, que, dans l'espace de 33 ans, la foudre était tombée sur 386 clochers, et y avait tué 121 sonneurs. Le 11 juin 1785, le tonnerre étant tombé sur le clocher d'Aubigny, y tua du même coup trois hommes qui sonnaient les cloches, et quatre enfants réfugiés sous la tour de ce même clocher. — Le 31 mars 1768, la foudre est tombée sur le clocher de Chabeuil, près de Valence, en Dauphiné, y tua deux jeunes gens qui s'y trouvaient réunis pour sonner les cloches, et en blessa grièvement neuf. »

   (Note de M. Poivre, instituteur à Neuvillette, Aisne)

(1) M. Aug. Gasser.

(2) M. Boué.

(3) MM. Allard et Cassez, prof. départementaux d'agric. ; Marchand, inst. à Francalmont (Hte-Saône), etc.

voquée par leurs appels, aient admis l'hypothèse que, dans l'ébranlement de l'air traversé par les ondes sonores, résidait peut-être l'explication de l'action qu'on leur attribuait. Et cela, malgré cette objection, encore de mise avec nos canons d'aujourd'hui, qu'entre l'agitation de l'air due aux vibrations des cloches et celle causée par les vents et le fracas du tonnerre, il y a une déconcertante disproportion.

De là à songer à utiliser les détonations des armes à feu, il n'y avait qu'un pas, et c'est pourquoi, dès 1527, nous voyons Benvenuto Cellini se vanter d'avoir préservé Rome de la grêle au moyen de pièces d'artillerie réparties intelligemment... (1), ce qui, de la part du célèbre, mais quelque peu fantaisiste orfèvre, ne signifie pas forcément qu'il l'ait fait véritablement.

L'idée, cependant, était dans l'air, à cette époque, en Italie ; car, trois ans après, en 1530, Leonardo da Porto suggérait de protéger contre la grêle la province de Vicence, à l'aide de quelques bombardes, disposées sur certaines hauteurs du côté desquelles les orages arrivaient d'habitude, affirmant que, par leurs détonations, les nuages seraient désagrégés et dispersés. Mais cette proposition, paraît-il, fut, sans plus d'examen, tournée en plaisanterie et laissée de côté (2).

Et, de fait, à part l'habitude de tirer des coups de fusil contre les orages, habitude qui s'est perpétuée jusqu'à nos jours dans certains districts reculés de France, d'Italie et peut-être d'ailleurs, il ne semble pas que l'idée de s'opposer aux ravages de la grêle par le tir des canons ait été remise en question avant la fin du XVIIIe siècle, et en France principalement.

Mais, avant d'en arriver à l'emploi actuel des détonations, comme moyen de dissiper les orages, il est indispensable que nous disions quelques mots d'autres procédés, inspirés par le rôle que joue l'électricité dans les grandes perturbations de l'atmosphère, et qui ont provoqué un réel enthousiasme pendant assez longtemps.

---

(1) Voir « La grêle » par de Saporta ; *Revue des D. M.*, 15 mai 1901.
(2) Lettre de M. G. Maooa, *Vigne américaine*, janvier 1901.

II

LES PARAGRÊLES

La confiance dans l'action des pointes dirigées vers le ciel semble être fort ancienne, bien que l'application n'en ait réellement été faite qu'au XIXᵉ siècle.

Nous trouvons dans le mémoire d'Arago que, au temps de Charlemagne, on élevait de longues perches dans les champs pour écarter la grêle et les orages ; mais ce n'était qu'une pratique superstitieuse, car ces prétendus paragrêles n'agissaient utilement que s'ils portaient à leur sommet des signes ou des caractères magiques. Charlemagne, par un capitulaire de 789, qualifia cette pratique de superstitieuse et en interdit l'usage (1).

Le mont Pendactyle dans l'île de Chypre aurait porté, sur ses cinq sommets, des colonnes de cuivre qui y sont restées jusqu'en 1480, époque à laquelle Jacques le Bâtard, dernier roi de la famille de Lusignan, en fit battre monnaie. D'après une ancienne tradition ces colonnes attiraient la foudre et la grêle et en préservaient le pays plat (2).

Mais ces faits sont du domaine de la légende ; il nous faut arriver jusqu'à la fin du XVIIᵉ siècle pour voir naître les véritables paragrêles appuyés sur la découverte de Franklin.

D'après MM. St-Martin et Lacoste, ce serait Gueneau de Montbéliard qui, le premier, aurait songé à utiliser le pouvoir des pointes ; son mémoire aurait été présenté à l'Académie de Dijon, en 1776 (3). Mais les recherches que nous avons faites nous ont montré l'absence de ce mémoire à la date indiquée. Les annales de l'Académie de Dijon citent le nom de Gueneau de Montbéliard en 1769, 1774, 1782, mais il n'est pas question de paragrêles.

En 1787, Bertholon précise le paragrêle d'une façon remarquable et le définit : « Les appareils propres à préserver nos campagnes de « la grêle ne consistent donc qu'en de grandes barres de fer pointues « par leur sommet, élevées perpendiculairement à l'horizon, et

---

(1) ARAGO.— *Œuvres complètes*, tome III : Mémoire sur le tonnerre.

(2) Abbé GENEVOIS. — Théorie de la grêle et moyens assurés de la prévenir. Turin, 1838.

(3) ST-MARTIN et LACOSTE. — Rapport sur les paragrêles, à M. l'Intendant général de la Savoie (26 août 1825).

« distribuées de distance en distance autour des lieux qui sont les
« plus sujets à être dévastés par la grêle ; c'est principalement
« autour de ces endroits qu'il convient d'en mettre, car il y a tou-
« jours des causes locales qui déterminent la chute de ces
« météores. On peut appeler ces appareils des paragrêles » (1).

En 1788, Pinnanzi, de Mantoue, propose « d'élever dans la cam-
« pagne un nombre considérable de pointes, dans le but de priver
« les nuages de leur électricité, et de prévenir par là leur résolution
« en grêle » (2).

Cependant, aucune expérience n'est faite au XVIIIe siècle. Au commencement du XIXe siècle, Bosc dit, qu'à sa connaissance, aucun
essai de ce genre n'a encore été tenté, et il exprime le désir de le
voir se faire sur le revers des coteaux de la Bourgogne (3).

C'est seulement en 1818 ou 1819, que, paraît-il, des essais réels
de paragrêles sont faits en Amérique ; mais nous n'avons pu trouver
aucune donnée sur leur importance, ni sur les résultats qu'ils ont
fournis.

A la même époque, Lapostolle, à Amiens, établit les premiers
appareils et publie son « Traité des parafoudres et paragrêles en
cordes de paille », Amiens 1820.

Le système de Lapostolle est combattu à l'Académie des Sciences
de Paris, par Gay-Lussac (4), et dans le *Journal des Savants*, par
Biot (5). Les critiques s'adressent surtout au conducteur en paille,
beaucoup plus qu'à l'idée de combattre la grêle à l'aide de paragrêles.

Thollard, professeur de physique à Tarbes, perfectionna le
système de Lapostolle, en munissant ses conducteurs d'une petite
corde de lin ajoutée à la tresse de paille ; ses appareils mesuraient
8 m. de haut et portaient à leur sommet une pointe métallique.
En 1821, 1822, 1823, il les établit dans 18 communes du département,
et les divers rapports qu'il adresse au préfet des Hautes-Pyrénées
relatent des faits si intéressants, que le travail du professeur de
Tarbes fait le tour de la presse. On y trouve citées des observations

(1) Bertholon. —Electricité des météores, Lyon, 1787, tome II, page 205.
(2) Nouveau Manuel complet de l'électricité atmosphérique, comprenant
les instructions nécessaires pour établir les paratonnerres et les paragrêles,
par John Murray, traduit de l'anglais par A. Riffaut-Parès, Manuel Rovet.
(3) Bosc. — Cours d'agriculture, tome IX, 1809.
(4) C. R. 24 juillet 1820.
(5) *Journal des Savants*, mai 1821.

du genre de celle-ci par exemple : « Cahenac, paragrêlée, située au milieu des communes d'Aubarède, de Poncy, de Mun et de Chelles, grêlées, a échappé comme par enchantement au fléau destructeur » (1).

Les divers rapports de Thollard font comme la traînée de poudre et provoquent une véritable explosion d'enthousiasme ; pendant les années 1824, 1825, 1826, on peut dire que la plupart des sociétés d'agriculture françaises, les académies de province étudient ou expérimentent le système ; l'enthousiasme gagne l'Italie et la Suisse, où de nombreux essais sont faits et des observations assez nombreuses rapportées.

En France, des expériences importantes sont entreprises sur plusieurs points, soit par les communes, soit par les sociétés d'agriculture. Nous n'avons pas la prétention de les rapporter toutes, mais seulement de faire connaître celles dont nous avons pu retrouver des traces certaines, et dont l'importance a été assez grande à cette époque.

Dans le Lyonnais, la Société d'agriculture, sciences et industrie de Lyon, mise au courant des résultats obtenus en France par Thollard, en Italie par le baron Crud, par Beltrami, Orioli, Astolfi, met la question à l'étude.

Un rapport est présenté par Trolliet, au nom d'une commission, et la Société décide l'établissement de 150 paragrêles dans quelques communes du Mont-d'Or Lyonnais (2).

L'expérience faite en 1825 ne donna pas de très brillants résultats ; dans la séance du 2 décembre 1825, la Société reconnaît que la protection est insuffisante, et que s'il a grêlé à Saint-Fortunat, endroit paragrêlé. cela tient à l'éloignement des paragrêles et à la trop petite surface couverte par ces engins. Elle décide donc d'augmenter ce nombre de 300 et elle demande au préfet du Rhône un secours sur les fonds du département. Mais le ministre de l'Intérieur consulte l'Académie des Sciences sur la valeur du nouveau système de défense et, l'avis étant défavorable, le crédit est refusé.

---

(1) THOLLARD. — Rapports divers au préfet des Hautes-Pyrénées. *Annales de la Société linnéenne de Paris*, décembre 1824, page 425 du volume, Lehaitre, instructions théoriques et pratiques sur les paragrêles, publiées dans le *Journal d'Agriculture, lettres et arts* du département de l'Ain. *Annales de l'Agriculture*, par Teissier et Bosc, 2e série, tome 31, 1825.

(2) Extrait des séances de la Société, et Archives départementales du Rhône.

La savante compagnie, en effet, estime que « l'efficacité des para-
« grêles paraît trop incertaine pour qu'on puisse en conseiller
« l'emploi. Les essais tentés jusqu'à ce jour n'ont encore donné
« aucun résultat positif et, pour décider la question par des expé-
« riences semblables, il faudrait beaucoup de temps et une dépense
« disproportionnée à la probabilité du succès » (1).

Pendant les années 1826 et suivantes, nous trouvons encore quelques traces des expériences dans le Lyonnais, telles que des cir-
culaires adressées aux maires pour les inviter à rassurer les
habitants des campagnes que l'on avait cherché à effrayer avec les
paragrêles ; nous voyons quelques communes s'imposer des sacrifices pour établir des engins protecteurs sur leur territoire, ou même
des particuliers, tels que Philibert Desvignes, propriétaire à la Chapelle-
de-Guinchay qui, en 1830, couvre ses vignes de paragrêles (2).

Puis la question rentre dans l'ombre ; l'enthousiasme du début est
tombé ; les mémoires des sociétés sont muets sur les paragrêles et
les idées paraissent se tourner activement du côté des assurances
mutuelles contre la grêle.

Dans la Savoie, des expériences d'une réelle importance sont
entreprises et conduites méthodiquement : en 1825, 1464 paragrêles
sont établis sur les territoires de Chambéry, Bassen, Saint-Alban,
Saint-Jean-d'Arvey, Françin, Montmélian, Arbin et Cruet. Au nord-
est de ces communes courent des montagnes élevées couvertes aussi
de paragrêles ; les engins ont 7 mètres de hauteur sur la montagne,
et 10 mètres dans la plaine ; les premières lignes, celles qui sont du
côté d'où viennent les orages, sont distantes de 40 mètres, et dans la
plaine, l'éloignement va jusqu'à 240 mètres. La surface protégée est
de plus de 8,500 journaux ; le prix de revient est de 3 fr. 85 par
engin (3).

Parmi les résultats constatés, nous relevons les suivants :

Orage du 5 août. — La foudre, le tonnerre cessent dès que les
nuages arrivent sur les territoires paragrêlés ; il tombe là des torrents d'eau froide mélangée de flocons semblables à de la neige
imbibée d'eau.

---

(1) Archives départementales du Rhône.
(2) *Bulletin de l'Association contre la grêle et la gelée de la Chapelle-
de-Guinchay,* Mâcon, 1901.
(3) *Journal de Savoie,* 1825, n° 49. et Rapport sur les paragrêles à M. l'Intendant général de la Savoie, par MM. Saint-Martin et Lacoste (26 août 1825)

Orage du 11 novembre. — Il tombe de la grêle sur les communes non paragrêlées, alors que sur les communes paragrêlées ce n'est pas de la vraie grêle, mais plutôt du grésil.

Dans le département de l'Ain, une autre expérience est faite par M. Mollat, juge au tribunal de Belley, mais il n'y a qu'une ligne de paragrêles ; la surface couverte est trop peu importante pour pouvoir permettre de tirer une conclusion (1).

A la même époque, la Société d'Agriculture et Arts du Doubs donne un prix de 200 francs à qui établira dans le département une trentaine au moins de paragrêles sur une localité exposée au fléau (Rapport de MM. Saint-Martin et Lacoste, note additionnelle).

Bien d'autres essais, sans doute, furent faits en France, dont nous n'avons pas retrouvé les traces, et qui eurent le sort de ceux que nous venons de relater et dont nous allons parler maintenant pour l'Italie, la Suisse et l'Allemagne.

En Italie, c'est le professeur Orioli, de l'Université de Bologne, qui attire le premier l'attention de ses concitoyens sur la défense contre la grêle par le procédé des paragrêles ; son mémoire, lu à la Société d'agriculture de Bologne, fut le point de départ d'essais nombreux et importants (2).

Cependant, il semble que les paragrêles du système de Thollard ont déjà été expérimentés en Italie dès 1823 (3).

Quoiqu'il en soit, des surfaces importantes se couvrent de paragrêles en 1824, 1825, et quelques observations sont recueillies.

Le comte Jules Ottolini en garnit une vaste propriété près de Gorgonzola ; Beltrami, de Milan ; le baron Crud, dans sa propriété de Massalombarda, donnent l'exemple ; le Dr Joseph Astolfi a une vaste surface paragrêlée sur laquelle il recueille, sur les orages du 19 et

---

(1) Voir à ce sujet : Instructions théoriques et pratiques sur les paragrêles par M. Lehaître, ancien capitaine d'artillerie et professeur de mathématiques au Collège de Bourg (publiées dans le *Journal d'agriculture, lettres et arts du département de l'Ain*). *Annales de l'agriculture*, par Tessier et Bosc. 2e série, tome XXXI, 1825.

(2) Dissertation de Fr. Orioli, professeur de physique de l'Université de Bologne, lue le 15 juin 1824, en séance de la Soc. d'agriculture de Bologne, et publiée par la Soc. elle-même.

(3) Note de M. Crud sur les paragrêles envoyés à la Soc. royale et centrale d'agriculture et dont elle a ordonné l'impression après avoir entendu un rapport de M. Hachette sur son objet. *Annales de l'agriculture* par Tessier et Bosc, 2e série, juillet 1825.

du 24 juin 1824, des observations dont il fait la relation au professeur Orioli (*Gazette de Bologne*, n° 57).

Parmi les faits observés, nous relevons les suivants :

Le 19 juin 1824 un orage à grand parcours, venant de Bologne, passe sur un terrain assez vaste du D' Astolfi, couvert de paragrêles ; il grêle un peu entre la 1re et la 2e ligne, mais moins que sur les terrains non paragrêlés, et ensuite sur la 2e et la 3e ligne, il ne tombe plus qu'une sorte de grésil (nevischio) qui ne fait aucun mal.

Le même orage, continuant sa course, sème la grêle sur son passage, puis arrivé à un autre terrain appartenant à M. le comte de Chenef et armé de paragrêles, les dommages cessent absolument.

Le 24 juin 1824, un autre orage, semant la grêle sur tout son passage, rencontre le domaine du duché de Galliera (2.080 hectares), armé de paragrêles, par les soins de l'ingénieur Pancaldi ; la grêle cesse de tomber et à sa place « il tombe une eau glacée en forme de sel » (1).

Plus loin, l'orage rencontre la terre du D' Astolfi ; pas un grêlon ne tombe, et un peu plus loin l'orage se dissipe.

Le baron Crud, qui cite tous ces faits dans son rapport, dit qu'il a retenu seulement ceux qu'il a pu vérifier et il ajoute que « toutes ces circonstances réunies forment une probabilité assez grande de la réalité des bons effets des paragrêles ».

Malgré cela l'enthousiasme ne dure pas longtemps et, comme en France, la nuit se fait sur la question, en Italie, à partir de 1826.

En Suisse, c'est le baron Crud qui fait la première expérience ; c'est lui, d'autre part, qui fait part au professeur Chavannes, de Lausanne, des résultats obtenus en Italie principalement. Mais c'est le professeur Chavannes qui réellement provoque les expériences faites.

Dans une communication à la Société des Sciences naturelles du canton de Vaud, 1er septembre 1824, l'auteur rappelle les faits qui sont connus jusqu'à ce jour en France et en Italie ; il cite la lettre du baron Crud et termine par un chaleureux appel à ses concitoyens pour qu'une expérience soit organisée dans le canton de Vaud, et où les paragrêles soient en nombre suffisant pour que l'on puisse porter un jugement positif sur la découverte dont il est question (2).

---

(1) Note du baron Crud.

(2) Feuille agricole du canton de Vaud, tome XI, 1824, et Bibliothèque universelle, tome 28 (Sciences et arts), 1825.

A la suite de cette communication, la Société des Sciences naturelles de Lausanne décide que le travail du professeur Chavannes sera publié dans la « Feuille du canton de Vaud »; elle invite, en outre, le président à en adresser un exemplaire au Conseil d'État, afin que des mesures soient prises pour que, dès l'année suivante, un essai soit fait avec les précautions et l'importance suffisantes pour que l'expérience ne laisse pas de doute sur la valeur du moyen proposé. Enfin, elle décide d'adresser un exemplaire du rapport aux présidents des diverses sociétés de viticulture et d'agriculture du canton.

A la suite de la publication de ce rapport, la Société des vignes de Lausanne publie un « Avis sur les paragrêles » (1) adressé à MM. les propriétaires de fonds du territoire de Lausanne, dans lequel elle fait connaître que, après délibération de l'Assemblée générale, il a été décidé que tous les propriétaires de vignes ou autres fonds concourront à l'établissement des paragrêles s'ils possèdent au moins une demi-pose de vigne ou une pose d'un autre fonds. Une liste de souscription est adressée à tous les propriétaires qui devront faire connaître leur avis ; les vignes payeront plus que les terres, et celles-ci plus que les prés ; des personnes neutres détermineront les proportions.

Au mois de juillet 1825, la plus grande partie des districts de Lausanne, des vignobles de Lavaux, Vevey et la Côte, du lac de Bienne, offrent des lieues carrées armées de paragrêles. L'installation a coûté 30 sols de France par arpent de 4,500 mètres carrés (2).

Les observations recueillies ont été à peu près les mêmes qu'en Italie et en France ; on a constaté également l'arrêt des orages sur quatre zones paragrêlées, ainsi que des chutes de grésil, de neige et de pluie en larges gouttes, tandis que souvent les régions voisines étaient grêlées. Enfin l'ensemble des faits recueillis en 1825 est favorable aux paragrêles, et l'opinion du professeur Chavannes est qu'il faut continuer les expériences.

Mais, en 1826, la réaction se produit ; un orage éclate dans la nuit du 22 au 23 juillet et ravage la Côte ; la grêle dévaste la région paragrêlée comme les autres.

Le professeur Chavannes essaye encore de montrer qu'il ne faut

---

(1) Bibliothèque universelle (Agriculture), tome 10, page 73, Genève, 1825.

(2) Voir : Feuille du canton de Vaud, juillet, octobre, 1825, tome XII et tome XIII, septembre 1826.

pas abandonner la lutte avant d'être certain du résultat; l'enthousiasme s'éteint et, en 1827, nous assistons à la vente des paragrêles de La Côte, Létraz et Aubonne (1). A partir de ce moment, les publications où, grâce à l'obligeance de MM. Th. Bieler et Mer, du canton de Vaud, nous avons puisé ces renseignements, sont muettes sur les paragrêles.

En Allemagne, quelques essais ont aussi été tentés probablement sur divers points; mais nous n'avons connaissance que d'un fait concernant le canton de Spaichingen, où 1172 ares de terrains armés de paragrêles du système de Lapostolle, en 1825, furent complètement ravagés par la grêle, le 23 juillet et le 5 août 1826 (2).

En somme, on peut dire qu'avec l'année 1827, ou peut-être 1828, la question des paragrêles est abandonnée. L'abbé Genevois, cependant, la reprend, dans un travail important (3) dans lequel il cherche à montrer que les arbres à port élancé, les résineux, les peupliers sont des paragrêles naturels d'une grande puissance; il insiste sur la nécessité du boisement des sommets et des pentes des montagnes et, en attendant que ces végétaux soient assez développés pour agir, il propose de couvrir le sol de perches verticales terminées par plusieurs pointes métalliques, verticales ou non.

Mais le système de l'abbé Genevois rencontre peu d'écho, et c'est seulement de nos jours, au moment où la lutte contre la grêle reprend de l'intensité, que la question des paragrêles est de nouveau portée devant la Société d'agriculture de Lyon (4).

Telle est, en résumé, l'histoire de la lutte contre la grêle par la décharge électrique des nuages à l'aide des pointes.

Sans doute cet historique est bien incomplet, mais, tel qu'il est, il suffit à nous montrer qu'il y a près d'un siècle la lutte contre la grêle traversa une phase d'enthousiasme que l'on ne peut mieux comparer qu'à celui qui entoure aujourd'hui les détonateurs agricoles. Comme dans les territoires protégés par les canons aujourd'hui, on voit tomber de la neige, du grésil, du *nevischio* sur les zones paragrêlées; savants et praticiens expérimentent avec confiance, puis

---

(1) Feuille du canton de Vaud, juillet 1827.

(2) Extrait du *Mercure de Souabe*, communiqué par M. Hering de Stuttgard. *Annales de l'Agriculture française*, 2ᵉ série, tome 25.

(3) Abbé Genevois. — Théorie de la grêle et moyens assurés de la prévenir. — Turin, 1838.

(4) Dʳ E. Clément. — Défense contre la grêle au moyen des paragrêles électriques. Lyon, 1901.

brusquement, quelques échecs détruisent avec fracas, tout l'édifice d'espérance.

Puisse celle que les agriculteurs ont aujourd'hui dans la canonnade contre les nuages être consolidée par les expériences qui viennent d'être faites et celles plus nombreuses encore qui restent à faire !

III

LES DÉTONATIONS CONTRE LES NUAGES

Déjà, dans le Mémoire d'Arago *sur le tonnerre* (1), nous trouvons formulée l'idée que les navigateurs sont convaincus que le bruit du canon dissipe les nuées orageuses, car l'auteur cite les *Mémoires* du comte de Forbin, datés de 1680, mais publiés seulement en 1729, où il est question d'ouragans formés sur les côtes des Antilles et dissipés à la deuxième ou à la troisième décharge. Mais c'est en réalité au chevalier de Jaucourt que revient, en 1760, l'honneur d'avoir rappelé d'une façon précise l'attention des physiciens et des agriculteurs sur l'intérêt qu'il y aurait à faire usage des détonations d'artillerie pour conjurer la grêle.

« Nous avons ouï dire plus d'une fois à nos militaires, écrit-il, que le bruit du canon dissipe les orages et qu'on ne voit jamais de grêle dans les villes assiégées. Je n'oserais assurer qu'on puisse compter sur cette observation ; il semble pourtant que l'accord de tant de gens dignes de foi qui prétendent l'avoir faite, doit être pris en considération.

« Lorsque j'examine la chose en physicien et relativement aux principes ci-dessus, cet effet du canon ne me paraît pas hors de toute vraisemblance. Après tout, que risquerait-on à faire un essai ? Quelques quintaux de poudre, les frais de transport de quelques pièces de canon qui ne vaudraient pas moins, après avoir été employées à cet usage. Peut-être qu'au moyen de cette espèce de *mouvement d'ondulation*, qu'on exciterait dans l'air par l'explosion de plusieurs canons tirés les uns après les autres, on pourrait ébranler, diviser, dissiper les nuages qui commencent à fermenter » (2).

Et Arago ajoute :

« A la date de 1769, on avait fait un pas de plus. Je trouve, en effet,

---

(1) ARAGO. — *Œuvres complètes*, tome IV.

(2) Chev. de JAUCOURT. — Art. *Orage* de l'*Encyclopédie* de Diderot et d'Alembert ; ARAGO. — Ouv. cité

dans l'*Histoire de l'Air et des Météores*, qu'en mai 1769, le comté de Chamb, en Bavière, essuya de violents orages ; que les campagnes furent ravagées, excepté cependant celles dont les habitants ont introduit l'usage de faire, aux premiers coups de tonnerre qui se font entendre, des décharges multipliées de boîtes et de petits canons. »

C'est aussi à la même époque que Messire Léonard François de Chevrier, marquis de St-Maurice, vicomte du Thil, etc., qualifié par Arago d'ancien officier de marine, mais dénommé dans les Annales locales « sous-lieutenant de gens d'armes bourguignons » (1), eut l'idée d'appliquer l'artillerie à la défense contre la grêle dans sa propriété de Vauxrenard, en Beaujolais. Il employait ainsi annuellement de deux à trois cents livres de poudre de mine.

Après sa mort (1783) — toujours d'après l'illustre savant que nous citons — les paysans de sa commune et des communes voisines continuèrent à user du procédé, puisque, dans un mémoire rédigé sur les lieux par M. Leschevin, commissaire en chef des poudres et salpêtres, on constate « qu'en 1806, les boîtes et les canons étaient en usage dans les communes de Vauxrenard, Igé, Azé, Romanèche, Juliénas, Thorins, Fleurie, Pouilly, St-Sorlin, les Bouteaux, etc (2). La commune de Fleurie se serait servie d'un mortier que l'on chargeait avec une livre de poudre (3) ; d'autres se contentaient de boîtes placées ordinairement sur les hauteurs. La consommation de poudre atteignait ainsi de 400 à 500 kil. par an.

Ajoutons que, à peu près à la même époque, ces pratiques auraient trouvé des imitateurs aux environs de Blois.

Nous avons une autre preuve de la faveur dont le tir contre la grêle jouissait en Mâconnais à la fin du XVIIIe siècle et au commencement du XIXe, dans le fait suivant :

Pendant les troubles qui, en 1789 et 1790, avaient marqué les débuts de la Révolution, les paysans de la commune de Pierreclos avaient

---

(1) Archives départementales de Saône-et-Loire, 1753 et 1781.

(2) Toutes ces communes ou hameaux sont à la limite du Mâconnais et du Beaujolais.

(3) Ce mortier ne paraît pas avoir laissé de traces dans les souvenirs des habitants de Fleurie, car, d'après les renseignements recueillis sur place par l'instituteur, M. Arnould, cette commune n'aurait jamais eu de canon grêlifuge. Par contre, la commune voisine de Chénas en avait deux au sommet de la montagne de Rémond, qui domine Fleurie ; si bien que, par une confusion très compréhensible, Arago a pu attribuer à Fleurie le mérite qui revenait à Chénas (Notes des auteurs).

obtenu que de vieilles pièces d'artillerie, armant le château de leur seigneur, fussent enlevées et remises aux autorités de la ville de Mâcon.

Or, environ dix ans après, « le 4 vendémiaire, an X (26 septembre 1801), M. J.-B. Michon de Pierreclos, conjointement avec les maires de Bussières, Milly, St-Sorlin, Sologny, Vergisson, Pierreclos, etc., demande au maire de Mâcon de relâcher les deux petits canons les boîtes qui ont été enlevés au sieur de Pierreclos, en 1790, *afin de conjurer l'effet que les orages et les grêles font à leurs champs*. Le maire de Mâcon répond que les deux canons ne lui sont d'aucune utilité et le préfet autorise leur restitution moyennant décharge » (1).

Pourquoi, quelques années après ces événements, l'usage de tirer contre les nuages à grêle semble-t-il être tombé en désuétude dans les communes dont nous venons de parler ?

Peut-être la note que voici nous en donne-t-elle l'explication :

« Lors de l'invasion de 1814, l'autorité militaire fait amener à Mâcon deux canons de M. de Pierreclos, et quatre autres trouvés dans une cave au château d'Igé. Le général français Legrand, à qui ces six pièces avaient été remises, obligé de se replier devant des forces supérieures, enlève les quatre canons d'Igé, mais laisse sur place les deux de M. de Pierreclos, après les avoir encloués.

« A la paix, ces canons furent réclamés par leurs propriétaires, mais des ordres ministériels les firent verser dans les arsenaux de l'Etat, la loi n'autorisant aucun particulier à avoir de l'artillerie en sa possession (2).

On retrouverait les traces d'une interdiction du même genre, en Autriche, vers la fin du siècle avant-dernier.

Il est cependant certaines localités, dans la région mâconnaise principalement, mais aussi ailleurs, où, avec plus ou moins de persévérance et d'esprit de suite, la pratique des tirs contre la grêle avait été reprise et même conservée jusqu'à il y a fort peu de temps.

C'est ainsi, par exemple, qu'à St-Haon-le-Vieux, non loin de Roanne, on s'est servi de mortiers pour protéger les vignobles, de 1849 à

---

(1) Archives départementales de Saône-et-Loire, extrait fourni par M. Perraud au *Bulletin de l'Association syndicale de défense* de La Chapelle-de-Guinchay (Mâcon, 1901).

(2) Registres de délibérations de la ville de Mâcon (Note de M. Perraud, *loc. cit*).

1856 ou 1857 ; l'initiative avait été prise par un riche propriétaire de l'endroit, M. Clerjon. Malheureusement, l'organisation laissait à désirer ; aucun règlement précis ne dirigeait les tirs ; en outre, les vignerons chargés de les effectuer recevaient, à titre de rémunération, du vin à discrétion..., de là des abus et des rixes qui entraînèrent M. Clerjon à tout supprimer (1).

Nous citerons encore la commune de St-Vérand, dans le Mâconnais, où « depuis plus d'un demi-siècle des boîtes avaient été établies sur la montagne de Bessay et étaient tirées les jours d'orage par un canonnier dont la rétribution consistait dans la quête qu'il faisait pendant les pressurages et qui lui rapportait de 3 à 5 pièces de vin. Cet homme vint à manquer et, la crise phylloxérique aidant, l'usage des boîtes a été abandonné » (2).

A Chénas, dans le Beaujolais, la même coutume a été suivie, jusqu'à la crise phylloxérique également.

Il eût été intéressant de pouvoir réunir des documents précis sur les effets produits par les différents tirs au canon dont nous venons de parler ; peut-être ainsi aurions-nous jeté quelque lumière sur cette question, encore si controversée, de l'action des détonations....... Malheureusement, nos recherches sur ce point sont restées infructueuses, et si la pratique de la défense contre la grêle avait à peu près complètement disparu des régions où elle s'était localisée, c'est tout au plus si nous pouvons l'expliquer par les motifs déjà donnés, par l'incertitude des résultats obtenus, le scepticisme de certains propriétaires à l'égard de procédés taxés d'empirisme et, enfin, par le bouleversement provoqué dans toutes les choses de la viticulture par les ravages du phylloxéra.

Il nous faut arriver à 1891 pour voir la défense contre les orages remise en question, puis progressivement conduite au point où elle en est aujourd'hui. Mais ceci, c'est de l'histoire contemporaine connue de tous et qui a déjà été racontée par d'autres plus autorisés (3).

Nous nous bornerons donc à résumer cette dernière phase à grands traits.

En 1891, à la suite du retentissement qu'avaient eu, aux Etats-Unis, les expériences du général Dyrenforth, ayant pour but de faire tom-

---

(1) Note fournie par M. Vivier, instituteur à St-Haon-le-Châtel (Loire).

(2) *Vigne américaine*, novembre 1900 ; lettre de M. Rousset, régisseur à St-Vérand.

(3) Voir : *Les orages à grêle et le tir des canons,* par F. HOUDAILLE, Paris, 1901.

ber la pluie par le tir de l'artillerie, M. Louis Bombicci, professeur à l'Université de Bologne, proposait d'user du même moyen pour détourner la grêle. Il reprenait ainsi une idée qu'il avait déjà émise et publiée en 1880 et 1884 sous cette forme : « Il faut foudroyer le nuage « avant qu'il ne devienne fléau ».

Ce n'est pas, cependant, en Italie que devait être immédiatement suivi ce conseil, mais en Styrie, et quelques années après. Dans cette contrée, si fertile en orages dangereux, le jour de la Fête-Dieu 1896, M. Albert Stiger, bourgmestre de Windisch-Feistritz, tenta de dissiper des nuages menaçants à l'aide des détonations de quelques mortiers. La manœuvre réussit : au lieu de la grêle imminente, c'est une pluie fine qui tomba.

L'expérience fut plusieurs fois renouvelée par M. Stiger, puis par son voisin, le docteur Vosnjak, et chaque fois avec succès. Très rapidement, d'ailleurs, sur le conseil d'un de ses amis, M. Stiger, en surmontant ses mortiers d'une cheminée évasée, jouant le rôle d'un véritable porte-voix, en avait augmenté la puissance et, probablement, l'efficacité.

Les résultats procurés dans les vallées styriennes par la nouvelle méthode ne pouvaient manquer d'émouvoir la Haute-Italie, sujette, elle aussi, aux mêmes accidents. Aussi, en 1898, M. Ottavi, député au Parlement, et directeur du journal *Il Collivatore*, se rendait-il en Styrie afin d'étudier sur place le fonctionnement des tirs contre la grêle et de se rendre compte, autant que possible, de ce qu'il y avait lieu d'en espérer. Puis, au retour de son excursion, M. Ottavi concluait, dans un rapport consciencieux et impartial, « que l'on devait « continuer ce qui avait été commencé » (1).

Au moment où parut cette relation, le premier consortium italien celui d'Arzignano, venait d'être constitué.

A partir de cette date, et sous l'impulsion d'un enthousiasme général, le nombre des stations de tir en Italie va se multipliant rapidement, si bien qu'au premier congrès international, tenu en novembre 1899, à Casale-Montferrat, plus de 600 congressistes purent se réunir et appuyer leurs délibérations sur l'emploi, en Italie seulement, d'au moins 2,000 canons.

Un an après, au Congrès de Padoue, c'est de 10 à 12,000 stations qui furent représentées. Et à ces deux congrès, les conclusions votées furent les mêmes, c'est-à-dire, à l'unanimité, favorables à

---

(1) Ed. OTTAVI. — *Les tirs contre les orages à grêle*, 1889.

l'emploi et à la continuation du tir contre la grêle, à la condition qu'il soit bien organisé.

Pendant ce temps, en France et surtout dans la région beaujolaise et mâconnaise, on ne restait pas inactif.

Sous l'impulsion d'un homme revenu plein de confiance du Congrès de Casale, — nous avons nommé M. Guinand, — la défense s'organisait progressivement chez nous.

Ce fut tout d'abord l'important groupement de Denicé, dirigé par M. Guinand lui-même et dont s'inspirèrent ceux qui bientôt se joignirent à lui ou qui vinrent après ; puis furent créées les nombreuses associations du Rhône, celles de Saint-Gengoux-le-National, de Saint-Emilion, de Somméré, de la Chapelle-de-Guinchay, de Tournus, d'Hurigny, de Buxy, etc., etc., si bien qu'à l'heure actuelle, le nombre des canons français réunis par les syndicats de défense, doit être d'environ 800.

En Suisse, en Espagne, en Russie même (Kakhétie), quelques premiers essais ont aussi été tentés.

Et, maintenant, selon les documents qui seront apportés à ce Congrès, selon, surtout, les conclusions qui ressortiront des faits mis en balance, l'œuvre dont nous venons d'essayer de dire la marche sera stimulée dans son essor, ou, au contraire, prudemment ralentie dans son extension. Mais, quelle que puisse être la solution à laquelle nous conduiront les discussions qui vont s'ouvrir, c'est, à présent, au Congrès lui-même à écrire le livre dont la préface seule nous avait été confiée.

M. le Président. — Vous venez d'entendre, Messieurs, le très intéressant rapport lu par M. Battanchon. Quelqu'un demande-t-il la parole ?

M. le Dr Vidal. — J'exprime le regret que M. Battanchon n'ait pas cité dans ce rapport les expériences et les efforts qui ont été tentés pour la lutte contre la grêle au moyen des fusées. C'est la seule remarque que j'aie à faire, et je demande à M. Battanchon s'il ne jugerait pas utile de signaler ces expériences.

M. le Président. — M. le Dr Vidal s'étonne que M. Battanchon n'ait pas signalé dans son rapport les expériences de fusées paragrêles, et demande qu'une note relative à ces fusées soit ajoutée au rapport.

Je ferai remarquer à M. le Dr Vidal que M. Battanchon a relaté les efforts tentés contre la grêle jusqu'à ces dernières années ; or, M. Vidal prétend que l'idée des fusées lui est absolument personnelle et n'a été émise nulle part, avant lui. Il ne faut donc pas s'étonner que les recherches que M. Battanchon a faites dans les bibliothèques ne lui aient pas révélé l'existence de ces fusées.

M. Vermorel. — Des expériences de fusées ont cependant eu lieu au congrès de Casale-Montferrat, en Italie.

M. le Dr Vidal. — Et, depuis ces expériences qui, je le reconnais, n'avaient pas très bien réussi, j'ai eu l'occasion d'en faire de nouvelles, qui ont donné toute satisfaction.

M. le Président. — Je crois, Messieurs, que nous pourrons discuter plus utilement ce sujet à l'occasion du rapport de M. Vidal.

Personne ne présentant d'autres observations sur le rapport de MM. Battanchon et Durand, je le soumets à l'approbation du Congrès.

(Ce rapport est adopté à l'unanimité.)

M. le Président. — En raison de l'heure avancée, je vais renvoyer la suite de nos travaux à ce soir, mais, avant de nous séparer, j'ai l'honneur de vous proposer d'envoyer à M. le Ministre de l'agriculture une dépêche ainsi conçue :

« Les membres français et étrangers du IIIe Congrès « international de défense contre la grêle et du Congrès « de l'hybridation de la vigne, réunis à Lyon au nombre « de 1.850, adressent leurs respectueux hommages à « M. le Ministre de l'Agriculture, avec le regret de son « absence forcée, et le prient de présenter à M. le Président « dent de la République, l'hommage de leur respectueux « dévouement. »

(Le texte de cette dépêche est adopté à l'unanimité et par acclamation.)

La séance est levée à 11 h. 15.

SÉANCE DU 15 NOVEMBRE (SOIR)

Présidence de M. Burelle

La séance est ouverte à 2 h. 15.

M. le Président. — Je donne la parole à *M. Guinand* pour la lecture de son rapport.

LE TIR CONTRE LA GRÊLE EN 1901 EN FRANCE

Par M. Antonin GUINAND

vice-président de l'Union du Sud-Est, président de la Commission
supérieure de défense contre la grêle du Sud-Est.

HISTORIQUE

C'était en juillet 1899 : les bruits lointains des exploits des agriculteurs du Tyrol et de l'Italie arrivaient jusqu'à nous ; au milieu des
désastres répétés et continuels de nos vignobles beaujolais, j'y prêtais
une oreille attentive. Combattre un fléau si terrible et qui entraîne,
en quelques minutes, de si grandes ruines, me parut, pour notre
agriculture française, œuvre de premier ordre et du plus haut
intérêt ; aussi, dois-je l'avouer ? c'est avec une véritable joie que
j'accueillis cette nouvelle et que je rassemblai les documents de
nature à nous éclairer.

En août, nos collègues les présidents et membres des bureaux des
syndicats de l'Union Beaujolaise avaient la primeur de ces recherches,
en septembre un premier article paraissait dans nos bulletins agricoles et, les 6, 7 et 8 novembre, j'allais à ce beau Congrès de Casale-

Montferrat, représenter notre Union Beaujolaise et notre grande Union du Sud-Est, qui compte aujourd'hui plus de 80.000 membres et dont l'éminent président, M. Duport, est toujours à l'avant-garde des progrès agricoles.

Je l'ai dit, l'an dernier, dans le rapport que j'ai eu l'honneur de présenter au Congrès de Padoue : le nombre et la qualité des congressistes, le choix des rapporteurs, les faits véritablement surprenants qui furent rapportés, produisirent en moi une impression profonde et j'eus bientôt la sensation qu'on avait trouvé un moyen efficace pour combattre le fléau dévastateur de la grêle.

Je ne saurais trop remercier ici tous ces hommes éminents et dévoués que je rencontrai au Congrès et, particulièrement, l'honorable professeur Bombicci, président du Congrès; M. le député Edoardo Ottavi, promoteur et organisateur du Congrès ; M. le chevalier Nazari, commissaire délégué du Ministère de l'Agriculture et du Commerce, ainsi que les nombreux présidents de sociétés de défense contre la grêle, de l'accueil si gracieux qu'ils ont bien voulu faire au délégué des syndicats de France et des nombreux renseignements qu'ils ont bien voulu lui fournir. Ils ont contribué, dans une large mesure, à asseoir sa conviction et ont leur part aussi dans le mouvement qui commence à se dessiner dans notre pays.

Mais il est un homme que je ne saurais oublier, qui, lui aussi, dès la première heure, m'a fourni de précieux documents, un homme dont le nom doit être acclamé entre tous, par les agriculteurs du monde entier, je veux nommer M. Albert Stiger, bourgmestre de Windisch-Feistritz. C'est lui qui, le premier, dans son pays ravagé par le terrible fléau, eut l'idée, véritablement féconde, d'organiser, d'une façon raisonnée, la défense que ses devanciers avaient pu entrevoir, mais n'avaient pas su coordonner ; c'est lui qui, le premier, a créé ces batteries qui devaient servir de type à toutes celles qui se sont faites depuis. Honneur à M. Albert Stiger.

Revenu en France, je tâchai de faire partager à mes concitoyens la conviction qui m'animait ; tour à tour, à Lyon, à Villefranche, à Chalon et à Paris, j'allai redire ce que j'avais vu et entendu en Italie.

Pour rendre hommage à la vérité, je dois déclarer que, si j'ai rencontré sur ma route beaucoup d'incrédulités et de sourires, j'ai trouvé aussi, et en grand nombre, des hommes d'initiative et de dévouement, toujours prêts à marcher de l'avant lorsqu'il s'agit d'un service à rendre à leur pays : les Duport, les de L'Isle, les Châtillon, les

Blanc et tant d'autres dont les noms figureront au livre d'or de l'artillerie agricole. C'est ainsi que les vignerons du Beaujolais sont entrés, en 1900, les premiers dans la carrière, bientôt suivis de ceux de la Bourgogne et du Mâconnais.

La première station de défense contre la grêle, en France, tout le monde le sait aujourd'hui, tant les journaux ont fait retentir son nom d'un bout à l'autre du territoire, est celle de la modeste commune de Denicé, en Beaujolais; Somméré, Saint-Gengoux et Charnay, en Bourgogne et en Mâconnais, suivirent de près.

Je ne veux point redire tout ce qui a été accompli pour cette première et difficile organisation, car tout était à faire en cette matière : frapper monnaie, créer les appareils, recruter et former les chefs et les soldats, et tout cela il fallait le faire en quelques mois, et le bien faire, pour ne point compromettre une expérience d'une si haute importance. L'honneur en revient, dans la plus large mesure, en Beaujolais, à deux hommes dont le zèle et le dévouement sont au-dessus de tout éloge : M. Blanc, président de la Société de Tir de Denicé, et M. Châtillon, président du grand syndicat agricole de Villefranche et Anse. M. Blanc, dans un remarquable rapport, a été le narrateur de la première campagne de France contre la grêle, en 1900, campagne que j'ai moi-même racontée au Congrès de Padoue. M. Châtillon, dans une brochure qui a rendu déjà de si grands services, a donné les renseignements pratiques et les règles à suivre pour l'établissement des sociétés de défense contre la grêle.

Une chose que je ne saurais passer sous silence à l'honneur des propriétaires de Denicé, c'est que, sur 350 propriétaires, 347 souscrivirent la somme nécessaire à l'établissement des 52 postes et au tir de la première année. Je dois ajouter que M. le Ministre de l'Agriculture fit un don généreux de 3,000 francs et que M. le Ministre de la Guerre fit un premier envoi de poudre dite de démolition, au prix de 30 centimes.

Les débuts de cette première campagne de 1900 eurent un certain retentissement ; aussi le gouvernement envoyait en Italie, dans le cours de 1900, un délégué spécial faire une enquête et étudier la question ; cet homme, aussi savant que modeste et dont l'amabilité a su du premier coup gagner toutes les sympathies, M. Houdaille, professeur à l'École d'Agriculture de Montpellier, est aujourd'hui retenu loin de nous par la maladie, nous lui envoyons un bien cordial souvenir.

Le deuxième Congrès tenu à Padoue venait confirmer nos premières espérances. Cette fois, 18 Français s'y rencontraient et rapportaient dans leur pays l'inébranlable conviction des artilleurs agricoles italiens dans l'efficacité du tir contre la grêle, efficacité reconnue comme démontrée d'une manière irréfragable (*in modo irrefragabile*) par un vote émis à l'unanimité.

Aussi, dès la fin de 1900, l'Union du Sud-Est organisait, sous la présidence de l'un de ses vice-présidents, votre rapporteur d'aujourd'hui, une Commission supérieure de défense contre la grêle dont MM. Châtillon et Blanc étaient les membres les plus actifs, ainsi que M. Lucien Picard, ingénieur-directeur des usines de Saint-Fons, dont la compétence spéciale en matière d'explosifs a été d'un puissant secours.

La Commission supérieure qui a aplani, à Paris, les graves difficultés concernant la poudre, sa détention ainsi que les mesures de sécurité publique, ne saurait trop remercier les Ministres de l'Agriculture, de l'Intérieur, des Finances et de la Guerre, qui ont si gracieusement accueilli ses demandes et y ont fait droit dans la plus large mesure, permettant ainsi d'étendre l'expérience de la première année sur de nombreux points du territoire; elle remercie aussi MM. les Directeurs des Contributions indirectes qui ont facilité sa tâche dans toute la mesure du possible.

CAMPAGNE DE 1901

Ce long mais indispensable préambule terminé, je commence immédiatement le récit de la campagne de 1901. Je me tiendrai uniquement sur le domaine des faits, ne voulant pas aborder les questions théoriques et scientifiques qui appartiennent à de plus autorisés.

Le département du Rhône, qui avait eu l'honneur de la première station, devait, cette année encore, tenir la tête du mouvement.

C'est là que nous retrouvons M. le président Châtillon qui, avec une ardeur infatigable, fait surgir en quelques mois 17 sociétés nouvelles formant, avec celle de Denicé, un magnifique ensemble de 18 sociétés, couvrant 10.000 hectares environ, défendus par 339 canons.

A l'heure actuelle, 74 communes réparties sur 12 départements, comprenent 40 sociétés de tir ou syndicats, 30 particuliers possèdant ensemble 834 canons, qui couvrent 22.900 hectares environ.

On en trouvera le détail aux pages suivantes.

DÉPARTEMENTS		COMMUNES	Société	Particul.	Canons	Hectares
Rhône	1	Denicé	1	»	47	»
—	2	Arnas	1	»	8	»
—	3	Lacenas	1	»	8	»
—	4	Cogny	1	»	19	»
—	5	Salles	»	»	»	»
—	6	Blacé	1	»	18	»
—	7	Gleizé	1	»	35	»
—	8	Saint-Julien	1	»	14	»
—	9	Limas	1	»	29	»
—	10	Belligny (Villefranche)	1	»	5	»
—	11	Lachassagne	1	»	15	»
—	12	La Gonthière-sur-Anse	1	»	2	»
—	13	Pommiers	1	»	25	»
—	14	Liergues	1	»	18	»
—	15	Oingt	1	»	9	»
—	16	Ternand	1	»	26	»
—	17	Theizé	1	»	23	»
—	18	Jarnioux	1	»	14	»
—	19	Ville-sur-Jarnioux	1	»	24	»
—	20	Saint-Etienne-la-Varenne	»	1	2	»
—	21	St-Etienne-les-Oullières	»	1	2	»
—	22	Condrieu	»	1	3	10.000
			18	3	346	10.000
Saône-et-Loire	1	St-Gengoux-le-National	1	»	35	800
—	2	Tournus	1	»	42	700
—	3	Préty	1	»	2	50
—	4	Chaintré	»	1	1	14
—	5	Davayé	1	»	4	350
—	6	Hurigny	1	»	22	700
—	7	Mâcon	»	1	1	4
—	8	Lévigny	1	»	4	90
—	9	Saint-Vérand	»	1	5	200
—	10	Ameugny	1	»	4	20
—	11	Saint-Ythaire	»	1	3	15
—	12	Charnay	1	1	11	69
—	13	Chapelle-de-Guinchay	1	»	36	1.000
—	14	Chalon	»	3	10	45
—	15	Chagny	»	1	2	6
—	16	Bourgneuf-Val-d'Or	»	1	3	20
—	17	Buxy	1	»	30	1.200
—	18	Somméré	1	»	14	100
—	19	Ruffey	»	1	2	25
—	20	Bresse-sur-Grosne	»	1	4	25
—	21	Massilly	»	1	1	5
—	22	Marcigny	»	1	4	10
			10	14	240	5.448
Loire	1	Boën				
—	2	Ligneux	1	»	15	600
—	3	St--Agathe-la-Bouterosse				
—	4	Villerest	1	»	10	500
		A reporter	2	»	25	1.100

DÉPARTEMENTS		COMMUNES	Société	Particul.	Canons	Hectares
		Report......	2	»	25	1.100
Loire.........	5	Sury-le-Comtal				
—	6	Saint-Marcellin........				
—	7	Boisset-Saint-Priest....	1	»	33	825
—	8	Perreux.............				
—	9	Montbrison	1	2	21	736
—	10	Moingt.............	1	1	1	2
			5	3	80	2.663
Gironde........	1	Pommerol...........	1	»	30	650
—	2	Libourne...........	»	1	1	5
—	3	Saint-Emilion	1	»	44	600
			2	1	75	1.255
Allier.........	1	Chantelle-le-Château ...				
—	2	Deneuille.............	1	»	33	825
—	3	Montluçon...........	1	»	10	250
—	4	Bellenave...........	1	»	14	250
			3	»	57	1.325
Jura.........	1	Poligny...........	»	»	7	175
—	2	Lons-le-Saunier........	1	2	8	100
—	3	Mantry	»	1	5	12
			1	3	20	287
Puy-de-Dôme...	1	Sartière 3 communes...	1	»	10	1.250
—	2	Aubière 3 » ...	1	»	10	250
—	3	Thiers 1 » ...	1	»	3	1.260
	7		3	»	23	1.760
Dordogue......	1	Saint-Laurent-des-Vignes	»	2	7	140
Indre-et-Loire...	1	Château-Renault	»	1	2	25
Ain...........	1	Ceyzériat...........	»	1	2	25
Indre.........	1	Le-Lys-Saint-Georges...	»	1	1	5
Isère.........	1	Grenoble...........	»	1	1	2
Côte-d'Or	1	Daix	»	en form.	»	»
—	2	Tallant.............	1	»	»	»
Hérault........	1	Murviel.............	1	»	»	»

RÉCAPITULATION

	DÉPARTEMENTS	Société		Particul.	Canons	Hectares
	Rhône	20	18	3	346	10.000
	Saône-et-Loire ..	22	10	14	240	5.448
	Loire.........	10	4	3	80	2.663
	Gironde.......	3	2	1	75	1.255
5	Allier.........	4	2	»	57	1.325
	Jura.........	3	1	3	20	287
	Puy-de-Dôme...	7	3	»	23	1.760
	Dordogne	1	»	2	7	140
	Indre-et-Loire...	1	»	1	2	25
10	Ain	1	»	1	2	25
	Indre.........	1	»	1	1	5
	Isère	1	»	1	1	2
		74	40	30	838	22.935
	Côte-d'Or	2	en form.	»	»	»
	Hérault........	1	»	»	»	»

Sur 39 sociétés, 35 ont **des poudrières**, quelques-unes en ont deux et même trois; les 4 autres sociétés vont en créer; un certain nombre de particuliers ont eux-mêmes des poudrières.

Presque partout il y a des **chefs de tir** et des chefs de section, ainsi qu'une **comptabilité** pour la poudre et les orages; les **signaux** varient : ici ce sont des drapeaux, ailleurs la sonnerie des cloches, quelquefois un coup de canon. Mais, en général, les présidents sont satisfaits de la régularité des artilleurs.

ACCIDENTS

Sur les 1.600 artilleurs qui ont été mobilisés cette année, deux accidents seulement nous sont signalés.

A Bellenave (Allier), un artilleur imprudent a fait éclater une cartouche et a été légèrement brûlé à la main et à la figure.

A Gleizé (Rhône), même genre d'accident, sans suites graves.

Partout, au contraire, on signale que tout a marché convenablement.

Aux appareils quelques cônes dérivés, quelques douilles ayant perdu leur fonds, quelques supports faussés.

Nous n'avons qu'à nous féliciter et à féliciter les sociétés de semblables résultats.

Mais, si nous n'avons pas eu d'accidents sérieux à déplorer dans tous nos champs de tir, parmi nos artilleurs, il en a été autrement dans la poudrière gouvernementale de Sevran-Livry, près Paris, où M. Lheure, ingénieur des poudres et salpêtres, a eu un bras emporté et la main de l'autre très gravement blessée, en faisant des essais de poudre pour nos canons agricoles. Le gouvernement lui a décerné la croix de la Légion d'honneur, et nos sociétés de tir du Beaujolais lui ont offert une magnifique croix qui brillera sur sa poitrine; qu'il me soit permis aussi d'envoyer à M. Lheure l'expression de ma bien vive sympathie, tant en mon nom qu'en celui de tous mes collègues et amis.

ORGANISATION

Les types de canons employés sont au nombre de 10 : 2 italiens, Tua et Ollian-Fannio ; 8 français, Vermorel, Rollet-Delafond, Quelin-Perras, Michallon-Pailleret, Vaffier-Pollet, Prénat-Bethenod, enfin des mortiers anciens chargés à 1.000 gr.

Huit **Compagnies d'assurance** se partagent les risques : l'Océan, La Zurich, l'Urbaine et la Seine, la Mutuelle Générale Française, La

Prévoyante, La Foncière, La Préservatrice. La plupart des particuliers sont leurs propres assureurs.

Partout on nous déclare que les artilleurs ont été faciles à recruter, ne sont pas payés, sauf deux exceptions où ils reçoivent une légère gratification, sont disciplinés et dévoués.

La presque totalité des sociétés ont reçu du gouvernement de la **poudre** de démolition à 30 centimes le kilo.

Les canons sont presque tous placés de **4 à 500 mètres** les uns des autres, sauf chez les particuliers où ils sont généralement plus rapprochés et dans le syndicat de Thiers (Puy-de-Dôme), où ils sont beaucoup trop écartés, attendu que, là, il y a 3 canons pour 1.260 hectares, mais, là, on a soin d'ajouter que l'organisation n'est pas terminée.

La **moyenne des coups tirés** a été à peu près partout de un à trois par minute, sauf dans quelques cas, où l'on atteint jusqu'à .5 coups à la minute pendant le plus fort de l'orage.

VŒUX

Avant de relater les faits principaux qui sont mentionnés dans les rapports, je vous résumerai brièvement les vœux émis par les divers syndicats ;

I. Dix-neuf demandent : 1o que le gouvernement simplifie autant que possible les formalités pour l'obtention de la poudre ; 2o qu'il la livre suffisamment vite pour qu'elle arrive en temps opportun ; 3o enfin, qu'il continue à la délivrer au prix le plus réduit possible.

II. Vingt et un voudraient le poinçonnage des pièces, afin d'assurer, autant que faire se pourra, la sécurité des artilleurs et d'atténuer la responsabilité des sociétés.

III. Neuf désirent que l'Etat, les Conseils généraux et municipaux accordent des subventions aussi larges que possible et qu'une campagne soit faite, sous leurs auspices, pour propager la défense.

IV. Deux voudraient que les artilleurs fussent assimilés aux pompiers et dispensés de prestation.

V. Un exprime le vœu qu'une vaste société de secours mutuels soit créée entre tous les artilleurs.

VI. Deux demandent que les Compagnies de chemin de fer réduisent leurs tarifs pour le transport des poudres agricoles, de façon à ne pas les payer plus que celles de l'Etat.

VII. Trois voudraient que les mairies fissent connaître par affiches la force de la poudre pour éviter les accidents et donnassent les indications pour les formalités à remplir.

VIII. Un demande que la responsabilité des sociétés, par rapport à la poudre et aux accidents, soit nettement définie.

IX. Six enfin, réclament la défense obligatoire, lorsque les deux tiers des intéressés, représentant les deux tiers de la superficie à défendre, le demandent. Un s'oppose formellement à la cotisation obligatoire.

Et, maintenant, je vais dérouler devant vous les faits importants de cette campagne de 1901.

ORAGES ET RÉSULTATS

RHONE. — Dans le **Rhône,** les orages ont eu une durée moyenne de 30 minutes à 4 heures, suivant la situation des communes. Ils étaient généralement accompagnés de vent, de tonnerre, d'éclairs et de pluie, quelquefois torrentielle ; du grésil et des grêlons mous ont aussi été remarqués dans quelques circonstances ; les orages venaient presque tous du Sud-Ouest, de l'Ouest ; quelques-uns du Nord-Est. Toutes les sociétés signalent **la dispersion des nuages, l'arrêt du vent** et **des éclairs.**

Voici, du reste, les termes mêmes d'un certain nombre de rapports :

Salles-Blacé. — Le tir a dissipé les nuages, arrêté le vent, les éclairs et le tonnerre.

Cogny. — Dispersion des nuages, presque toujours arrêt du vent, atténuation et même arrêt des éclairs et du tonnerre ; quelques grésils insignifiants et, en bordure, dans les orages violents, pluie en assez grande quantité.

Lacenas. — Division des nuages, affaiblissement du vent, diminution des éclairs et du tonnerre. Pluie, deux fois, très abondante.

Oingt. — Dispersion des nuages, arrêt du vent et du tonnerre ; une seule fois, dans l'orage du 15 septembre, grêlons mous, sans mal sensible.

Ville-sur-Jarnioux. — Nuages disloqués et fondus, arrêt du vent, du tonnerre et des éclairs ; quelques grésils sans importance, accompagnés parfois de grêlons mous et de neige fondue.

Je dois dire que cette commune, avec Oingt, Theizé et Ternand, qui sont, au delà des montagnes, comme sentinelles avancées, occupe la tête de la région, au pied des monts du Châtoux, d'où viennent habituellement les orages ; cette situation lui a valu l'attention particulière du gouvernement, à titre de poste avancé, servant d'une manière efficace à la défense régionale.

. Cette société, toute en montagne, possède 27 canons gros calibre ; elle est, avec Theizé, Oingt et Ternand, la première sous les coups de l'orage, et son tir a une très grande importance pour toutes les communes et sociétés qui sont en dessous d'elle, de telle sorte que les autres n'ont qu'à soutenir son feu pour empêcher les nuages de se reformer.

Denicé, qui est très en dessous et qui n'est plus qu'en troisième ligne, s'est aperçu, d'une façon très marquée, de cette nouvelle situation ; aussi les artilleurs de cette commune ont-ils eu beaucoup moins à tirer qu'en l'année 1900, où ils étaient seuls à supporter tout l'effort de l'ouragan.

Les orages ont sévi sur la région beaujolaise, les 22, 24, 25 et 26 mai, les 8, 9 et 30 juin, les 5, 10, 14, 21 et 28 juillet, les 23 et 25 août, les 1, 3, 4, 9, 10, 15 et 19 septembre ; en somme 21 orages canonnés avant la période des vendanges.

M. Châtillon en a été le narrateur fidèle, et ses récits, faits régulièrement, avec les documents de toutes les stations, ont été consacrés par l'adhésion unanime.

Orage du 9 juin. — Cet orage, par rapport à notre région, venait encore du Nord-Ouest et a éclaté le dimanche, à 2 heures 1/2 du soir. Beaucoup plus menaçant que le précédent (2 juin), il avait, de l'aveu général, toutes les apparences d'un orage à grêle. Les nuages étaient de couleur sombre à bords frangés et, au début, le vent qui les emportait soufflait en tempête.

Cette fois, presque toutes les sociétés organisées avaient leurs canons installés. Partout les artilleurs étaient à leur poste. La canonnade fut très nourrie et générale et l'on tira près de 10.000 coups ! Beaucoup croient que, ce jour-là, le tir nous a préservés de la grêle.

Au moins tout le monde est d'accord pour reconnaître que les décharges électriques ont été supprimées au-dessus de nos têtes. Pas de gros tonnerre, on n'entendait plus que des roulements lointains. Sous l'action du tir, les nuages, opaques et noirs, ont été rapidement disloqués et se sont éclaircis et dispersés. Le vent, il est vrai, n'a cessé d'être très fort, mais il n'a fait que peu de mal aux jeunes pampres de la vigne, tandis que, sur les territoires voisins, d'où l'ouragan venait, il a occasionné des dégâts importants. Il est à présumer que nous avons diminué sa force. Quelques artilleurs ont observé qu'après chaque coup de canon, les rameaux se redressaient tout autour de leurs cabanes et demeuraient immobiles pendant quelques instants. De nombreuses personnes ont constaté la chute de grêlons mous ou de larges gouttes d'eau blanchâtre comme du sirop d'orgeat. A Ternand on aurait même vu quelques flocons de neige.

Sur tout le périmètre protégé, il n'est tombé qu'une bien faible quantité d'eau équivalant à un arrosage ordinaire. Au delà, dans la direction de Lyon, les nuées se sont de nouveau condensées. A Lucenay, la pluie a été abondante et, à partir de St-Germain, elle est devenue torrentielle. Des chemins ont été ravinés à Neuville, Couzon et Collonges-au-Mont-d'Or. De ce côté, il n'y a pas eu chute de grêle.

Il n'en a malheureusement pas été ainsi dans quelques communes du Beaujolais, au nord de nos champs de tir. Un sillon de grêle, d'une largeur de un kilomètre environ, s'est dirigé du bas de Vaux au delà de la Chapelle-de-Guinchay. Les parties nord de St-Etienne-la-Varenne et d'Odenas ont été sérieusement endommagées. A Charentay, St-Lager, Cercié, Villié et Fleurie, le mal a été insignifiant, mais, en arrivant sur le territoire de la Chapelle (Saône-et-Loire), la trombe de grêle, s'étant rapidement reconstituée, eût certainement, sans les canons, causé de grands ravages. Il existe, en effet, dans cette commune, un *consortium* comprenant 31 pièces et dont M. Condeminal, viticulteur émérite, est le président.

Voici en quels termes il a rendu compte de cet orage : « Les observations recueillies les 10 et 11 juin dans les postes de défense ont permis de juger de l'efficacité absolue du tir. Il est, en effet, constant que là où les canons ont été utilisés en temps opportun, l'effet produit a été des plus satisfaisants.

« Venant du Sud-Ouest et poussé par un vent très violent, l'un de ces orages s'est abattu sur la ligne de bordure de Belleverne, à la voie ferrée pour continuer sa marche sur le bourg et se réunir sur les Grandes-Terres à un orage formé au Nord. Un groupe de cinq canons n'a pas tiré ; un autre canon a été arrêté faute de munitions, un septième, à cause de la trop grande quantité de pluie, n'a pu continuer à fonctionner. Enfin un canon ancien système a été mis hors de service, le cône ayant subi une avarie. On ne peut pas ne pas constater que la grêle est tombée précisément sur cette région non défendue, pour cesser ses ravages 40 à 50 mètres plus loin que le canon n° 9, à Beauchamp.

« Partout ailleurs, les canons ont tiré avec ensemble, au Nord, à l'Est et l'Ouest, et si l'on a constaté quelques grêlons isolés, on a aussi remarqué qu'ils tombaient sans force et ne produisaient pas de dégâts.

« Il est permis de conclure de cet ensemble de faits certains que la grêle a pu être écartée par le tir des canons, là où il a été régulièrement effectué. »

Orage du 14 juillet. — Pendant les cinq à six journées qui précèdent cet orage, la chaleur est accablante. Le thermomètre descend à peine de 7 à 8 degrés durant la nuit. Le 14, à l'aube, on respire dans une atmosphère enflammée.

Vers les 11 h. 1/2 du matin, les *cumulus* du côté de Châtoux se détachent tout à coup, s'assombrissent et descendent menaçants vers le vignoble. Le canon tonne à Ville-sur-Jarnioux, Cogny, Denicé, Jarnioux, Liergues et Laccnas, mais les nuées orageuses s'avancent rapidement vers Limas, chassées par un vent de Nord-Ouest.

A leur passage sur Arnas et Gleizé, elles sont vigoureusement canonnées. Pendant ce temps, une concentration se fait sur Limas, Béligny, et la partie nord de Pommiers. Des nuages sombres, poussés par un vent de Nord-Est et d'autres encore venant du Sud-Ouest, opèrent leur jonction avec ceux du Nord-Ouest. Limas est menacé d'une trombe comme en 1893.

Heureusement que les artilleurs sont à leur poste. La canonnade commence de suite avec la dernière vigueur. A deux ou trois reprises il tombe des grésils après 20 minutes de tir, principalement pendant que les servants des canons sont occupés à recharger les douilles et que le feu, pour cette cause, se ralentit un peu. *La grêle avait l'air d'écouler*, m'ont dit plusieurs artilleurs. Tout le monde observe la chute de nombreuses et larges gouttes d'eau, blanchâtres, ressemblant à la grêle fondue. En résumé, les dégâts sont à peu près nuls et les grésils n'ont marqué que légèrement quelques grains de raisins, au nord de la commune, entre les deux premières lignes de canons, qui se sont trouvés en bordure d'une façon anormale. Les ouragans ne sont, en effet, que fort rarement chassés par un vent de Nord-Est.

Le vent a été faible et c'est propablement le tir qui a empêché le développement du cyclone. La pluie est tombée en assez grande quantité. L'impression a été excellente et tous les habitants ont eu la sensation d'un grand danger évité.

Cet orage avait duré pendant près d'une heure, et comme les munitions s'étaient en partie épuisées et que le ciel demeurait menaçant, beaucoup d'artilleurs, oubliant l'heure du dîner, étaient allés se réapprovisionner en toute hâte à la poudrière communale. Bonne précaution, car, à 2 heures, survenait un deuxième orage venant encore de la direction anormale du Nord-Est. Accueilli par un feu très nourri, il fut assez rapidement dissipé et, cette fois, il ne tomba que de la pluie.

« **Orage du 28 juillet**. — Dans la soirée du 24 juillet, l'Observ toire de Lyon nous adressait la dépêche suivante :

« Grave période d'orages commence. Veillez ! »

« Or, ce même jour, chez nous, le temps n'était pas à l'orage. A la tombée de la nuit, la température fraîchit légèrement et le ciel se couvre de nuages, paraissant devoir nous apporter une pluie désirée et bienfaisante, mais nous n'avons que quelques gouttes d'eau. Le lendemain, temps frais et couvert. Le 26, le soleil et la chaleur sont revenus et, vers 3 h. du soir, éclate un orage de peu d'importance, contre lequel, néanmoins, nos artilleurs tirent quelques salves. Le 27, le temps est assez lourd.

« Le matin du 28 juillet, rien ne faisait prévoir ces violents orages de l'après-midi qui ont occasionné tant de dégâts dans le Rhône et dans l'Ain. La température était peu élevée et le temps assez frais. Tout-à-coup, vers les 2 heures du soir, les montagnes du Beaujolais, de Theizé jusqu'à Vaux, apparaissent chargées de sombres nuages. Au-dessous d'eux, par intervalles, quelques-uns gris ou cendrés et à bords striés. Le tonnerre gronde au loin avec fureur et le vent s'élève. Le danger est imminent. Tous les canons de bordure commencent à tirer. Ternand et Oingt, aux avant-postes, donnent le signal et, peu après, depuis Theizé jusqu'à Salles, les coups se succèdent avec rapidité. Les nuages disloqués descendent alors dans la plaine et sont accueillis par un feu très nourri.

« Pendant une demi-heure, dans chaque champ de tir, les artilleurs soutiennent très vivement la lutte. Au bout de ce temps, le péril est conjuré et les nuages partagés, émiettés et éclaircis sur nos têtes, retournent se condenser à droite et à gauche de notre zone protégée.

« Pour combattre cet orage, nos 340 canons ont tiré près de 20,000 coups ! La pluie est tombée partout en assez grande abondance et sans raviner ; toutefois, elle a été plus forte aux extrémités de nos champs de tir. Il n'y a pas eu de vent violent, excepté aux limites du côté de l'orage où, du reste, la tempête s'est rapidement apaisée après que la canonnade a eu duré quelques instants.

« Les gros tonnerres ont été très rares et entendus seulement quand le tir se ralentissait. A Ternand, Theizé et Oingt, on a vu beaucoup de grêlons mous et, par ci par là, quelques grésils inoffensifs, sauf autour des postes avancés des trois communes que je viens de nommer et de ceux de Lachassagne où quelques grains de raisins ont été touchés légèrement.

« Tous nos présidents des sociétés m'ont rapporté que l'impression générale a été excellente. Bien rares sont aujourd'hui ceux qui ne croient pas à l'efficacité du tir.

« N'avons-nous donc point, en effet, remporté, ce jour-là, un véritable succès ? Tous ces orages qui ont sévi avec tant de rigueur sur nos voisins, n'ont occasionné chez nous aucun dégât.

« Notre champ de tir de plus de 10.000 hectares a été complètement épargné, tandis que presque tout autour la grêle est tombée abondamment.

« Au Nord, les communes de Beaujeu, Lantignié, Régnié, Quincié et Marchampt ont beaucoup souffert ; sur certains points la moitié de la récolte a été détruite. A l'Ouest une trombe s'est abattue sur Lamure, Grandris, Saint-Just-d'Avray, Chamelet, et une épaisse couche de grêlons couvrait la terre.

« Au sud, à une faible distance de nos canons, les ravages recommencent et sont d'autant plus importants qu'on s'en éloigne davantage. Anse, qui n'a essuyé qu'une bourrée de grésils, doit peut-être sa préservation aux tirs de Lachassagne, Pommiers et Limas. Les communes de Charnay, Saint-Jean-des-Vignes, Belmont et Lozanne dans le canton d'Anse, toute la partie est du canton de l'Arbresle, tout le canton de Limonest et tout le massif du Mont-d'Or ont été complètement dévastés. Et les ravages causés par le terrible météore se sont encore étendus, dans l'Ain, à de nombreuses communes. Sur tous ces territoires, le vent, les éclairs et le tonnerre en même temps que la grêle ont sévi avec la dernière violence. En vérité, si ce ne sont point nos canons qui nous ont protégés, notre chance, reconnaissons-le, a été exceptionnellement heureuse et surprenante.

« Mais, je le répète, dans nos dix-huit sociétés tous nos artilleurs savent bien à quoi nous devons notre salut.

« Limas, le 3 août 1901. »

« Ce compte rendu, ajoute M. Châtillon, que je m'étais efforcé de faire aussi exact et sincère que possible, en m'appuyant sur les renseignements fournis par nos présidents de sociétés, n'a soulevé aucun démenti, et je n'ai reçu que des approbations de ceux qui ont observé l'orage.

« Je n'ai rien à y ajouter aujourd'hui, si ce n'est que le canon de Theizé et les 4 ou 5 canons de Lachassagne à l'Ouest et à l'Est qui ont été débordés, l'ont été par la faute des artilleurs qui n'ont point tiré ou ont tiré trop tard. Au delà de Limas et de Béligny, à l'est de nos champs de tir et à 500 mètree des derniers postes, des grésils sont aussi tombés en assez grande abondance, de sorte que nous avons presque complètement été entourés par la grêle.

« Je ne surprendrai personne en annonçant qu'après cette remarquable défense, quelques récalcitrants, dont les derniers doutes étaient enfin levés, ont apporté de suite leurs cotisations ».

*
* *

Pendant ces 5 mois de lutte et je pourrais dire de victoire, nos 700 artilleurs ont été admirables de dévouement ; la nuit comme le jour, ils se sont rendus à leur poste avec la plus grande précision et ne se sont jamais laissé surprendre par l'ennemi.

Aussi, voici ce que je relève dans les rapports des présidents : Nos impressions sont que le tir a une réelle efficacité ; les artilleurs et la population ont la même impression. Un autre : Impressions très favorables, artilleurs et population enthousiasmés. A remarquer, ajoute le président, que, pendant toute la période orageuse, les nuages étaient disloqués et partagés en deux. Un troisième : Les artilleurs ont pleine confiance, mais une partie de la population se refuse à croire à l'efficacité du tir. C'est peut-être pour continuer à être protégée gratuitement. Un quatrième président déclare qu'il croit à l'efficacité du tir, que les artilleurs et la population partagent cette opinion ; il ajoute que, généralement, les gens qui affectent du scepticisme et de l'incrédulité sont les malins qui veulent se dispenser de toute cotisation. Un cinquième met seulement ces deux mots : Très efficace, impression excellente. Un sixième : Impression des artilleurs et de la population éminemment bonnes, mais expériences à poursuivre.

Voici, du reste, les conclusions générales adoptées, le lundi 14 septembre, dans l'Assemblée générale des 18 sociétés de défense du Beaujolais, tenue à Villefranche sous la présidence de M. Châtillon :

Conclusions générales.

PRISES DANS L'ASSEMBLÉE GÉNÉRALE DES DIX-HUIT SOCIÉTÉS DE TIR
A VILLEFRANCHE SOUS LA PRÉSIDENCE DE M. CHATILLON

I

Pendant la campagne de 1901 il y a eu, en Beaujolais, plus de vingt orages généraux ou locaux. Les plus dangereux ont été ceux des 9 juin, 14 et 28 juillet, 25 août et 10 septembre.

II

Il n'y a pas eu de chute de grêle sur toute l'étendue des 18 champs de tir organisés par le syndicat de Villefranche, excepté le 28 juillet.

Ce jour-là, à Theizé, la grêle a causé un dégât estimé à 2/10 autour d'un poste en bordure qui n'avait pas tiré et un dégât insignifiant sur le reste du champ de tir.

Ce même jour, à Lachassagne, la grêle a causé un dégât estimé à 1/10 autour de cinq postes qui n'ont point tiré, ou ont tiré trop tard et se trouvaient en bordure du côté de l'orage.

III

A plusieurs reprises la grêle est tombée sur des communes limitrophes des champs de tir ou plus éloignées, au Nord, au Sud, à l'Est et à l'Ouest, en commettant parfois de grands ravages.

IV

Souvent on a constaté, sur le périmètre défendu, des chutes de grêlons mous, de grésils inoffensifs et de larges gouttes d'eau blanchâtre ressemblant à de la grêle fondue.

V

Il a presque toujours été observé que le tir arrêtait le vent ou diminuait considérablement sa force, trouait et éclaircissait les nuages, supprimait en totalité ou en grande partie les décharges électriques au-dessus de la zone protégée, les éclairs et le tonnerre ne faisant rage qu'en dehors de cette zone.

VI

La confiance dans l'efficacité du tir est générale.

★ ★ ★

Notons, qu'en Beaujolais, les 18 sociétés sont groupées, qu'elles forment un faisceau compact, quelles ont évité, de la sorte, bien des difficultés et de fausses manœuvres et ont gagné un temps précieux au sujet des démarches à faire auprès des autorités administratives.

Il serait à souhaiter que cet exemple fût suivi.

SAONE-ET-LOIRE. — Dans le département de **Saône-et-Loire**, les orages ont eu une durée moindre que dans le Rhône de 15 minutes à 3 heures; beaucoup sont signalés comme violents, ceux de nuit particulièrement. Ils venaient du Nord-Est, du Sud-Ouest et du Nord-Est. Saint-Gengoux déclare que ceux de nuit venaient de l'Ouest et ceux de jour du Sud-Ouest.

Voici quelques déclarations contenues dans les divers rapports :

Charnay. — Dès le début du tir le tonnerre s'apaise, la masse sombre des nuages devient plus claire, paraît hésitante, devient uniforme et la pluie se met à tomber; en août, par un orage violent, nous avons remarqué la chute de quelques grêlons très mous, presque de la neige ; le tir a une influence certaine sur le tonnerre. Les artilleurs et la population des communes munies de canons sont très enthousiasmés et croient à l'efficacité du tir ; on trouvera toujours des artilleurs dévoués dans les vignerons de nos régions. Toute la zone munie de canons a été efficacement protégée; la grêle est tombée tout autour dans les communes non munies de canons grêlifuges.

Hurigny (Général Azaïs). — On peut voir très distinctement les nuages se diviser et paraissant prendre une autre direction, pas de chute de grêle, quelques flocons de neige ou de grésil, beaucoup de pluie. La protection a paru très assurée dans les champs de tir, la grêle est tombée, mais en faible quantité, sur les communes limitrophes distantes de 3 à 6 kilomètres.

L'efficacité du tir est incontestable, à condition d'être nourri et exécuté avec ensemble.

Saint-Gengoux. — Les impressions sont unanimement favorables, nous constatons que, pendant les deux dernières années, c'est-à-dire depuis notre organisation, la grêle n'est pas tombée, tandis qu'elle est tombée sur les communes voisines, mais sans grande intensité.

*
* *

Nous devons dire ici qu'en Bourgogne le syndicat de Chalon-sur-Saône a, le premier, emboîté le pas à la suite du Beaujolais, et que, sur son initiative, dès 1900, était créée l'association de Saint-Gengoux et, en 1901, celle de Buxy, à la disposition desquelles le syndicat mettait gracieusement 9 canons.

Le plan de défense de Saint-Gengoux, que j'ai eu le plaisir de voir l'an dernier, à Chalon, avait été dressé par les soins de M. Truchot, professeur d'agriculture du syndicat ; je dois ajouter que le même syndicat envoyait, en juillet 1900, une mission en Italie pour étudier l'importante question du matériel de tir.

Rendons ici hommage à l'initiative de M. Prosper de l'Isle, le zélé président de ce syndicat.

Tournus. — Les nuages redoutables ont été chaque fois dispersés ; pas de grêle ; des flocons de neige en petite quantité, avec pluie très abondante ; propriétaires et vignerons sont tous convaincus de l'efficacité du tir ; la grêle a commencé ses ravages à 2 ou 300 mètres des pièces.

A Saint-Vérand, je dois signaler qu'il y a, en outre des canons, 3 mortiers surmontés d'une cheminée conique de 5 à 6 mètres, installés, depuis fort longtemps, sur la montagne de Bessay, par trois ou quatre propriétaires. Pendant la crise phylloxérique les tirs ont été abandonnés et repris en 1896. On met une charge de 700 à 1,000 grammes de poudre par mortier ; les détonations qui en résultent sont beaucoup plus efficaces que celles des canons grêlifuges ordinaires ; la population a une entière confiance dans le tir des mortiers, elle est moindre pour celui des canons ; mais la dépense pour le tir des mortiers est plus considérable que pour celui des canons.

Chalon. — Au huitième ou dixième coup de canon, le tonnerre s'arrête et les nuages se dispersent pour aller quelquefois se reformer quatre ou huit kilomètres plus loin. Impression très bonne.

Buxy. — Déviation des nuages dans leur direction, chute de pluie abondante ; cessation presque immédiate des éclairs et du tonnerre. Le tir peut rendre de très grands services. Impression très bonne.

Sommérè. — Dislocation des nuages, éclaircie subite ; quelques grêlons mous, quelques dégâts en avant de nos lignes. Nous croyons tous à l'efficacité du tir, pourvu qu'il soit pratiqué à temps et par un nombre de canons suffisant.

Chapelle de Guinchay. — Cessation de la grêle là où le tir a été bien effectué. Grêlons mous, fondants et pluie à la suite du tir. Dans les orages des 9 et 25 juin, une région de notre ligne de défense a été ravagée par suite du mauvais fonctionnement du tir, ou de l'abstention totale des artilleurs. La grêle, tombée sur toute l'étendue non protégée par les canons, a cessé à 50 mètres au delà du premier canon qui a tiré ; demi-récolte enlevée. Propriétaires et vignerons paraissent convaincus de l'efficacité du tir.

Nous avons relaté plus haut l'orage du 28 juillet à la Chapelle-de-Guinchay, nous n'y reviendrons pas.

Préty. — Le 15 septembre, l'orage, qui se grossissait d'un contingent venant du Sud se joindre à celui de l'Ouest, fut coupé et dispersé ; au bout d'une demi-heure, il y eut une très forte averse et ensuite temps clair. Une curieuse remarque fut faite par quelqu'un à 100 mètres de distance : à chaque coup de canon, le nuage se défaisait, on aurait dit du coton en bourre ou de la neige tournée et brassée sur elle-même par un courant d'air, qui ne devait être autre que celui produit par la détonation et, quelques instants après, le nuage n'existait plus à l'état d'orage, mais à celui d'averse.

Marcigny. — Une seule note différente en Charollais, à Marcigny (Saône-et-Loire). Un particulier qui a installé seulement 4 canons chez lui, nous dit : « Je n'ai pas utilisé, cette année, les 4 canons Vermorel achetés l'an dernier, n'ayant pas été satisfait du résultat de 1900 ; grêle sérieuse malgré le tir ».

LOIRE. — Les quatre syndicats **de la Loire** nous déclarent cinq orages assez violents venant du Sud-Ouest de St-Marcellin, deux très violents, deux violents, un assez violent.

Boen. — Le vendredi, 24 mai, il a été absolument constaté que des nuages très menaçants qui planaient aux environs de Boen, ont été repoussés. Rien encore d'absolument affirmatif : expériences à continuer. La population paraît cependant persuadée que, pendant la série d'orages qui ont eu lieu les 23, 24, 25, 26 et 29 mai, la région a été protégée grâce au tir des canons. Installation accueillie avec un peu de raillerie au début ; impression très bonne ; actuellement confiance un peu exagérée.

Villerest. — Arrêt du tonnerre constaté dans tous les postes, éclairs lointains, plutôt des lueurs ; l'arrêt du vent n'a pas été constaté. Les nuages semblent marcher à plus grande allure, de suite après le tir. C'est surtout sur le tonnerre que nous avons pu observer les effets du tir : aussitôt que nous tirions, le tonnerre cessait. Des gens qui assistaient, de 4 kilomètres, à notre tir, ont vu une éclaircie bleue dans un ciel très chargé et très noir, correspondant à notre champ de tir. Une fois nous sommes arrivés au poste, la grêle était proche et les premiers grésils frappaient les mains de artilleurs retardaires ; le tir commencé, aucun grêlon n'est tombé. Deux fois, au premier orage (2 juin) et au dernier (3 septembre), la grêle est tombée à gauche et à droite, à environ 3 kilom., mais en petite quantité ; il n'y a pas eu de ravage dans la localité. Les impressions générales sont que le tir est efficace. La population, et surtout les artilleurs qui voient le combat de près, sont enchantés des résultats !

Voici le récit que fait le président, M. de Girardier, de l'orage du 3 septembre 1901 :

LA STATION DE TIR CONTRE LA GRÊLE DE VILLEREST ET L'ORAGE DU 3 SEPTEMBRE

(Communiqué par M. J. de GIRARDIER, président du Syndicat.)

C'est à la date du 3 septembre, triste anniversaire pour bien des vignerons, qu'a éclaté l'orage de mardi dernier. Il y a, en effet 12 ans, le même jour, quelques heures plus tard, un terrible météore ravageait en quelques minutes toute la récolte des vignes et anéantissait en même temps toutes les espérances d'une année de travail. Ceux qui en ont été spectateurs ont vu le vin couler sur le sol, un vin qui promettait d'être abondant et bon surtout. Toute la belle région vignoble comprise entre Villemontais et au delà de Villerest était dévastée, et la grêle, marchant à une vitesse comparable à celle d'un express, marquait son chemin jusque sur la rive droite à Montagny et Coutouvre.

L'influence qui, à ce moment, aurait pu opposer une résistance à ce fléau, aurait été mille fois approuvée et encouragée, et tous les vignerons auraient voulu qu'elle eût existé. Aujourd'hui, grâce à l'initiative de personnes dévouées, cette influence existe, et tous ceux qui ont vu de près l'orage de mardi dernier peuvent témoigner de son efficacité. L'engin que l'on appelle *canon grélifuge*, aussi tonitruant que le tonnerre lui-même, a fait entendre ses puissantes détonations, et les terribles nuages qu'on a pu voir amoncelés à l'Ouest ont été secoués et ébranlés et leurs grêlons transformés en ondée bienfaisante.

L'orage de mardi se laissait bien prévoir ; depuis deux jours le baromètre baissait lentement et les journées de dimanche et lundi étaient chaudes, lourdes et orageuses ; le vent soufflait du Sud ; aussi dès le mardi matin, on apercevait un demi-brouillard sur les montagnes, un soleil levant très jaune et, à 10 heures du matin, des grondements de tonnerre lointain dans un ciel chargé de très vilains nuages.

C'est à 11 heures 1/4 que retentit le premier coup de canon tiré au poste central, indiquant aux artilleurs qu'il fallait se rendre sans retard à leurs postes respectifs. Les cloches de Saint-Jean et de Saint-Maurice et de communes voisines faisaient entendre déjà depuis quelques instants leurs sonneries spéciales pour le mauvais temps et, devant l'imminence du danger (on entendait très distinctement grêler dans la région du côté Saint-Just-en-Chevalet, où. du reste, il a grêlé beaucoup), la canonnade a commencé dans toutes les sections de tir avec un ensemble parfait ; de demi-minute en demi-minute, les explosions secouent et ébranlent l'air, les sifflements très distinctifs des canons déchirent la nue et la bataille se continue ainsi pendant trois quarts d'heure. A ce moment, un ralentissement se produit dans le tir, correspondant à une première victoire gagnée sur les nuages menaçants qui semblaient s'éloigner. Mais peu de temps s'écoule, et la canonnade reprend de plus en plus vive. L'orage qui, au début, se tenait sur les hauteurs au-dessus d'Arcon, était descendu en suivant la montagne, et malgré le vent contraire, sur Cherrier et au delà, en se rapprochant de Saint-Polgues et s'avançant sous l'influence du vent d'Ouest, sur *Villerest*. Le tir reprend sa première vivacité et se poursuit pendant près d'une heure encore, et ce n'est que vers une heure et demie que nos artilleurs ont pu quitter leur poste après tout danger disparu. Ils sont rentrés chez eux après avoir tiré chacun environ 50 coups de canon, tout noircis par la poudre, avec des bourdonnements dans les oreilles, mais tous bien portants, contents de leurs outils, et enchantés d'avoir lutté contre un ennemi sérieux, ce qui leur permet d'ajouter un quatrième galon à leur titre d'artilleur, insigne de quatrième victoire.

En dînant d'un bon appétit, on m'a assuré qu'un « canon » de plus avait été bu à la santé de la grêle et de la *radée* que l'on avait évitée et fait éviter à bien d'autres qui ne s'en doutent guère.

Les grands savants ne sont pas assez savants pour expliquer le phénomène qui se produit pendant le tir contre la grêle. Moi, qui ne suis même pas un petit savant, je n'essaierai pas de discuter. Mais je vais dire que, chez nous il n'y a plus d'incrédules, la confiance est toute dans ce système de défense et on parle déjà, pour l'année prochaine, de compléter définitivement cette organisation. Le maire et les conseillers municipaux sont d'avis d'aider le plus possible à l'installation des canons. En effet, quand on considère le peu de frais — 4 à 5 francs par hectare — ce n'est pas la peine de se laisser grêler. Bref, on a vu, dans quatre tirs différents, le tonnerre se taire quand la poudre parlait, et la chose est si peu douteuse qu'elle a été consignée chaque fois sur les carnets de tir rédigés par chaque artilleur-vigneron. On a accusé le canon d'empêcher la pluie de tomber ; en tout cas c'est une preuve qu'il évite quelque chose. Quand le temps est bien à la pluie, on aurait beau tirer qu'on n'empêcherait pas la pluie, pas plus que le canon ne ferait pleuvoir si le temps était bien au sec.

Sury-le-Comtal. — Syndicat de la région Sud-Ouest du Forez. — Les tirs ont dissipé les nuages. On a remarqué la suppression des éclairs et des tonnerres et une chute de grêlons fondus, à Saint-Marcellin, le 28 juillet, suivie de pluie. Comme il a très peu grêlé dans les environ des deux champs de tir, il serait téméraire de tirer des conclusions, mais les artilleurs et la population sont convaincus que les tirs ont empêché, sur Saint-Marcellin et sur Saint-Priest, la formation de la grêle. Le 28 juillet il a grêlé à 1.000 mètres sud des canons de Saint-Marcellin et, le 10 septembre, à 1.000 mètres au Sud-Ouest. Les nuages ont été rejetés à droite et à gauche des lignes de tir et ont répandu de larges ondées tout autour des champs d'expérience. La suppression des éclairs et des tonnerres semble prouver que les stations de montagne pourraient diminuer la violence des orages en fondant l'électricité atmosphérique.

Montbrison. — La remarque la plus générale est celle-ci : les nuages s'avancent cotonneux, boursouflés, ils sont bas ; le temps est lourd ; on dirait qu'il y a attraction de la terre aux nuées ; il y a tension électrique. On tire. Dans le rayon de protection la tension semble rompue ; les nuages prennent une surface plus unie ; la pluie tombe régulière et fine ; le tonnerre gronde plus loin ; de larges gouttes puis l'averse qui ravine le terrain, sans le pénétrer ; l'atmosphère est moins lourde, tandis qu'à l'entour la pluie tombe violente, par chutes saccadées.

Les personnes que des idées préconçues disposaient à ne pas croire, croient maintenant aussi à l'influence du tir sur ces modifications de l'aspect des nuages. Les artilleurs ont une confiance entière ; les ouvriers de la terre sont tous d'avis que la marche de l'orage est influencée par le tir. Si quelques vignerons — et ils sont très rares — paraissent douter, les autres disent qu'ils cherchent une excuse pour ne pas payer leur cotisation.

Moingt. — Le tir du canon a fait dissiper les nuages, ce qui a fait qu'il n'y a pas eu de grêle. Elle est tombée à 1 kilomètre environ du champ de tir. La population est enchantée de l'effet du tir ; j'ai même reçu des remerciements des habitants de la commune.

GIRONDE. — **Pommerol**. — Le syndicat de Pommerol, qui comprend 30 canons, couvrant 650 hectares a eu à combattre 21 orages, les 8, 14, 16, 21, 23, 24, 26, 27, 28, 29 mai ; 1er, 5, 21, 27, 20 et 30 juin (dont 3 de nuit à une heure et 3 heures du matin les 21, 27 et 30) ; les 10 juillet, 22, 24 25 août, 3 septembre, les canons ont tiré de 18 à 20 mille coups.

Voici en quels termes s'exprime M. Louis Nicolas, président du syndicat de Pommerol, dans son très intéressant rapport :

Le jeudi, 16 mai. — Jour de l'Ascension, à six heures de l'après-midi, un orage de fort mauvaise mine se lève sur St-Emilion (où la grêle dévaste tout) et s'avance menaçant sur Pommerol. A 6 heures 1/4, le tir commence et s'accélère jusqu'à deux à trois coups par minute, sur la ligne de canons du côté de Saint-Emilion. Arrivé au-dessus de cette première ligne, l'orage s'arrête et se dirige, par une tangente, vers le Sud-Ouest. Notre territoire ne reçoit que quelques gouttes de pluie. Les canons de première ligne du côté menacé ont tiré environ 60 coups les autres 30. Les populations de la commune et des communes voisines, qui étaient en grande partie hostiles au tir des canons, ont changé du tout au tout à la suite de cette expérience. Tout le monde est convaincu que notre tir nourri et régulier nous a évité le désastre qui a sévi sur St-Emilion. Sans oser affirmer d'une manière formelle, comme le font les gens du pays, que nous avons « arrêté » l'orage, l'auteur croit que le tir a contribué à sa dispersion, et il est convaincu que si, à St-Emilion, le tir avait été aussi bien fait qu'à Pommerol, on eût évité, ou du moins considérablement atténué, le désastre.

Jeudi, 23 mai. — A 5 heures 1/2 du soir, un orage du Nord s'avance rapidement vers nous. Le tir commence à 5 heures 45. L'orage s'arrête et recule, mais il reste menaçant. Le tir continue à intervalles éloignés. A 6 heures 15 un deuxième orage arrive de l'Est et se rencontre avec le premier ; à ce moment nous sommes très menacés, de larges gouttes d'eau tombent, s'arrêtent et retombent, le tir redouble jusqu'à trois coups à la minute. Il se met alors à tomber une pluie extrêmement fine et très froide, puis, peu à peu, l'orage se dissipe en se partageant en deux. Une partie se dirige vers le Sud-Est, l'autre vers le Nord-Ouest.

L'auteur est convaincu que le tir régulier et accéléré pendant la dernière partie de l'orage a évité une chute de grêle. Cette pluie fine et glacée qui est tombée pendant une quinzaine de minutes était à son avis de la grêle fondue. Dans tous les cas il est certain que jamais, avant l'installation des canons, on n'avait vu un orage débuter par de larges gouttes et finir par une brume glacée. Chaque canon tire de 80 à 100 coups.

Nuit du 30 juin au 1er juillet. — A 3 heures du matin, violent orage du Sud. Le tir commence immédiatement, très régulier. A un moment donné il tombe de larges gouttes d'eau, le tir redouble. On a vu quelques grêlons ramollis comme de la neige, ou, suivant l'expression d'un artilleur, comme de l'*eau caillée*. Chaque canon tire environ 50 coups.

L'impression générale est que notre tir a produit plusieurs fois un fort bon effet, en dissipant les nuages et en évitant les chutes de grêle ; les artilleurs et la population sont encore beaucoup plus enthousiasmés que moi ; ils affirment avoir vu, à plusieurs reprises, les nuages orageux s'arrêter.

Libourne. — Les nuages ont été crevés par le tir très rapide, puis le tonnerre a semblé se calmer. Les artilleurs sont convaincus ; quelques propriétaires sont réfractaires et prétendent que le tir éloigne la pluie et attire l'orage, mais ce sont des loustics qui se sentent préservés par leurs voisins.

Saint-Emilion. — Voici ce qu'écrit M. Nicolas, président du syndicat de Pommerol :

Le 16 mai, un orage terrible a ravagé la plus grande partie de la commune de Saint-Emilion et des communes limitrophes.

La grêle est tombée pendant 40 minutes, et le désastre est complet. Une notable partie de la région dévastée était bien protégée par des canons, mais, par suite de diverses circonstances, on n'a pas tiré, et les quelques canons qui ont tiré ont commencé trop tard.

Sur 30 canons qui protègent la région, 12 environ étaient encore remisés dans les quartiers d'hiver, 8 environ n'étaient pas pourvus de munitions, et, enfin, les autres étaient dépourvus d'artilleurs, à cause de la fête du jour.

L'orage, d'ailleurs, s'avançait au Nord-Est, côté qui n'avait jamais été dangereux pour nous (notre mauvais côté est en effet le Sud), et ne paraissait pas avoir une apparence mauvaise. Le président lui-même du Syndicat m'a raconté que, dès le premier moment de l'orage, il se promenait sur la place de Saint-Emilion qui, située sur un point culminant, domine toute la région, avec cinq ou six des principaux propriétaires des premiers crus, tous munis de canons, et que, l'orage paraissant bénin, ils entrèrent dans un café pour se mettre à l'abri de la pluie ; lorsque la grêle commença à tomber quelques-uns de ces messieurs coururent à leurs canons, mais ils avaient, les uns un kilomètre, les autres deux à faire, et ils arrivèrent trop tard.

Néanmoins, trois propriétaires ont constaté qu'après deux ou trois coups de canons, la grêle tombait autour d'eux « ramollie » et comme en neige, mais, n'étant pas appuyés par d'autres canons, ils ont été débordés (1).

---

(1) M. Passemard, président du syndicat de Saint-Emilion, nous écrit : « L'accident si pénible du 16 mai n'est considéré par nous que comme un accident ; la défense n'ayant pas eu lieu, le résultat ne peut rien prouver contre les canons grêlifuges ; nous l'avons tous compris ici de cette façon ; la

Le même orage, après avoir tourné ainsi sur Saint-Emilion, se dirigeait rapidement sur Pommerol (distance 5 kil. à vol d'oiseau), semant la grêle sur sa route; mais nos « surveillants » étaient à leur poste, et nos artilleurs étaient prêts. Aussitôt que la direction apparut nettement être sur Pommerol, le tir de nos vingt canons commença immédiatement avec un ensemble parfait. L'orage s'arrêta dans sa marche, prit une autre direction, et il ne tomba ni pluie ni grêle à Pommerol.

Voilà le fait tel que mille personnes ont pu le voir et l'ont vu.

L'orage se serait-il détourné sans le tir, ou sont-ce nos canons qui l'ont détourné?

Tous nos habitants et ceux des régions voisines, affirment que nous l'avons arrêté, puis détourné, et je vous assure que moi-même, sans pouvoir affimer la chose comme une certitude, j'ai la conviction que nous avons été pour quelque chose dans ce phénomène.

ALLIER. — Chantelle. — Les nuages qui étaient très épais et sombres ont eu, au moment du tir, des trouées très visibles; au moment de l'apparition de la grêle, lorsque le tir a été plus rapide, les éclairs ont été moins violents; pendant un orage de juillet, après le tir, des flocons de neige ont été remarqués; le 1er septembre,

---

preuve en est dans l'augmentation immédiate du nombre des propriétaires adhérents à la défense; 25 canons au 16 mai, 44 après ».

Voici ce qu'ajoute M. Passemard : « Les orages, cette année, ont été très fréquents, surtout durant la période de mai, juin, juillet, leur violence a été très grande. Le tir a eu pour effet, dans la majorité des cas, d'arrêter les nuages orageux sur la première ligne des canons et de les faire dévier de la direction qu'ils semblaient vouloir prendre; à plusieurs reprises on a remarqué que ces nuages contournaient la zone protégée. Parfois les nuages orageux franchissaient les lignes des canons; mais, dès qu'ils arrivaient au-dessus de la zone défendue, ils s'étendaient en formant au-dessus de nous une nappe grisâtre désagrégée en certains endroits et réduite à l'impuissance. Eclairs et tonnerre cessaient alors peu à peu.

« Il y a lieu de signaler l'orage du dernier dimanche d'août. Ce jour-là, la zone défendue a été épargnée, alors qu'au delà l'orage de grêle est tombé sur une étendue d'au moins 200 à 300 hectares (vers la commune de Montagne) et a causé des dommages s'élevant, sur certains points, à un quart de la récolte.

« En résumé, la confiance de tous ici est grande dans l'efficacité du tir, malgré la surprise du 16 mai; la preuve en est qu'à cette date nous n'avions que 25 canons et qu'un mois après nous en avions 44. »

des grêlons mous sont tombés en assez grande quantité, durant le tir; ils étaient mélangés à une pluie abondante. Au début de chaque orage, nous avons eu un peu de grêle. Nous avons été protégés très efficacement dans le champ de tir. Dans la partie du village qui n'est pas sous la protection des pièces, mais où il n'y a pas de vignes, la grêle a recouvert la terre. Autour du champ de tir, on a observé la chute de la grêle, mais les récoltes étant levées, il n'y a pas eu de ravages; toutefois, les vignobles situés à 5 kil. au sud de nos pièces et à 5 kil. à l'Est, ont eu à souffrir de la grêle qui a enlevé 1/3 de la récolte. Les tirs ont été exécutés dans de bonnes conditions ; les artilleurs l'ont précipité à l'apparition de la grêle qui, chaque fois, a cessé après ce tir rapide. Les artilleurs et la population qui, au moment de l'installation, n'avaient qu'une confiance très limitée dans ce tir, ce qui même permettait des doutes dans la réalisation de la défense, sont maintenant persuadés que leur récolte aurait été ravagée, comme elle l'a été à la suite de deux orages de grêle en 1900, sans la présence des canons.

Montluçon. — Le tir a pour effet de dissiper les nuages ; mais comme il n'y a eu de grêle nulle part, il n'y a pas eu de preuve cette année; cependant les impressions sont très bonnes, car les nuages se dissipent.

Bellenave. — Effets très marqués contre les nuages et le vent. Nous avons eu de la grêle le 28 août, dans la région où les artilleurs n'ont pas tiré; nous avons été efficacement protégés dans le champ de tir ; la grêle est tombée à 800 m. environ des canons, sur une étendue de quelques kilomètres, emportant la moitié de la récolte; elle est également tombée sur les postes qui n'ont pas tiré. L'impression générale est bonne.

JURA. — Lons-le-Saunier. — Durant le cours de ces deux années, 4 ou 5 tirs ont été effectués contre des orages qui paraissaient suspects, sans être positivement menaçants; il est donc impossible d'affirmer que ces tirs ont donné un résultat décisif. Un jour, cependant, il a été observé pendant un tir, une chute de neige, qui est tombée dans un rayon d'assez grande étendue. Les canons sont placés sur un coteau qui domine la ville de Lons-le-Saunier. De nombreuses personnes ont affirmé que, lors du tir, on voyait se produire des déchirures dans les nuages qui passaient au-dessus des canons. En général, le public a témoigné beaucoup de confiance dans l'efficacité du tir; nombre de viticulteurs déplorent que le morcellement lamentable de la propriété ne leur permette pas de se protéger; beaucoup réclament la formation de syndicats, dont il serait intéressant d'encourager la création.

Poligny. — Les effets du tir ont été satisfaisants, contre les nuages, le vent, les éclairs, le tonnerre. Nous avons eu chute de grêlons mous; nous avons été protégés efficacement dans l'étendue du champ de tir. La grêle est tombée autour du champ de tir, à 3 kil., sur un parcours de 6 kil. La trombe a fait des ravages, la grêle peu. L'impression des artilleurs et de la population est favorable.

PUY-DE-DOME. — **Aubière** (3 communes). — Nous n'avons pas eu d'orages à grêle, ni violents; ils ont été, pour ainsi dire, insignifiants, néanmoins les populations ont confiance dans l'avenir.

Thiers. — Pas encore organisés, pas encore fait d'expérience.

DORDOGNE. — **Bergerac**. — Notre organisation dans notre localité bergeracoise est encore à l'état d'embryon (7 canons); il y a eu une série d'orages; l'un d'eux, le plus violent, a duré de midi à 3 h. 1/2, le 3 septembre, venant du Nord-Ouest, accompagné de vent, de tonnerres et d'éclairs. Par leur tir, les 7 canons ont arrêté la marche en avant de l'orage, surtout en son centre; l'aile droite a avancé et donné beaucoup de grêle, le centre a donné de la grêle à 500 mètres du champ de tir, mais en plus faible quantité que l'aile droite; le champ de tir a été épargné, ainsi que la majeure partie de la plaine de Bergerac. Le côté gauche a été épargné comme le champ de tir, mais il a subi une pluie torrentielle qui a occasionné beaucoup de ravines. Dans le champ de tir il est tombé des grêlons, mais il n'y a pas eu de dégâts. Avant d'arriver au champ de tir la grêle faisait des ravages disséminés; arrivant au champ de tir, elle devenait plus rare et ne faisait guère de dégâts.

A notre avis, le tir a la propriété de disloquer les nuages et, par cela, de les rendre moins violents. Telle est également l'opinion de la population bergeracoise.

AUTRES DÉPARTEMENTS. — En ce qui concerne les départements de l'Indre-et-Loire, de l'Indre, de l'Isère et de l'Ain qui n'ont qu'un ou deux canons achetés par des particuliers, pas d'observations, sinon qu'il ne faut pas s'attendre à une protection bien efficace.

De divers côtés, notamment de la Gironde et du Jura, j'ai reçu des relations concernant les fusées paragrêles, mais l'honorable et savant docteur Vidal devant faire un rapport sur ce sujet je ne saurais en parler aussi.

Conclusions

Je vous demande pardon, Messieurs, de cette longue énumération, mais je ne voulais et ne pouvais la synthétiser, d'abord parce que je lui aurais enlevé sa saveur si particulière et puis parce qu'on aurait pu m'accuser de l'avoir amplifiée et embellie, enfin parce que rien n'est brutal comme un fait et qu'un faisceau comme celui que je viens de vous mettre sous vos yeux, emporte avec lui sa philosophie et sa leçon.

C'est mot pour mot que je vous ai rapporté les impressions et les appréciations de ces nombreux présidents et de tous ces vaillants vignerons transformés en artilleurs. On les accuse de routine, mais cependant ils n'ont pas hésité et en voilà 1.600 qui marchent sans discuter, et dont la foi s'accuse plus ferme à mesure qu'ils ont tiré davantage.

Ils viennent au feu sans défaillance et, pendant que les propriétaires fournissent les engins et la poudre, eux donnent leur temps et leur dévouement. Belle synthèse de la puissance du travail et du capital unis dans une même pensée, dans un même labeur au service de la patrie.

Oui, Messieurs, je tenais à le dire, à l'honneur de ces braves populations rurales, qui chaque jour s'imposent des sacrifices nouveaux pour lutter sans relâche contre les fléaux multiples qui s'abattent sur leurs champs.

Ils avaient vaincu le phylloxéra, le mildiou, le black-rot et tant d'autres, mais le fléau le plus redoutable et surtout le plus décevant et le plus décourageant de tous venait régulièrement frapper certaines régions d'une façon plus sérieuse, pour en épargner habituellement d'autres.

Ce fléau qui, chaque année, enlevait à notre France agricole de 83 à 134 millions, paraissait invincible et il fallait courber la tête et laisser passer l'orage.

Aujourd'hui, les canons agricoles paraissent devoir, à leur tour, éclaircir notre horizon vinicole, *arrêter le tonnerre, les éclairs et le vent, disperser les nuages et faire briller le soleil dans un ciel rasséréné.* C'est la déclaration unanime qui se trouve dans tous les rapports; voilà certes une belle œuvre. Non, je ne suis pas de ceux qui déclarent que, maintenant et comme par hasard, nous arrivons à une période où il ne grêlera pas. Comment alors expliquer ces chutes de grésils ressemblant à de la neige fondue, ou ces grêlons mous s'écrasant sur le sol? En serions-nous arrivés, comme par hasard aussi, à une nouvelle période où ces phénomènes nouveaux devaient se produire en plein été et par les grosses chaleurs?

Pour moi, qui ne suis qu'un vigneron, je ne vais pas chercher si loin et je dis : le remède paraît bon; employez-le en attendant qu'on en trouve un meilleur et marchons sans attendre des explications qui n'expliqueront peut-être rien.

Nous aurons peut-être des mécomptes et des échecs ; l'an dernier on en signalait beaucoup en Italie; nous sommes partis, mes collègues et moi, pleins d'appréhensions, pour le Congrès de Padoue et nous avons vu se fondre, comme les grêlons, ces mêmes appréhensions ; les échecs ont été expliqués et sont venus, au contraire, donner une force nouvelle aux victoires.

J'entends encore le spirituel professeur Roberto demandant à la grande assemblée de Padoue si jamais plus on ne se servirait de ponts, sous le prétexte qu'il y en avait eu emportés par les eaux. « Eh ! non, s'écriait-il, seulement vous construirez des ponts plus forts que les courants et si jamais l'orage est plus fort que vos canons, ne vous découragez pas, mais frappez plus fort sur le nuage ».

Voilà bien la parole d'un sage et d'un non découragé. Oui, Messieurs, ne nous attardons pas à tous les obstacles du chemin; continuons à lutter, c'est le lot de l'existence qui, du commencement à la fin, est un combat perpétuel (1).

Dieu veuille que nous vainquions aussi, par un groupement fécond

---

(1) Au moment de la mise sous presse nous recevons les conclusions du Congrès grandinifuge, qui vient de se tenir à Novare, sous la présidence de M. Alpe, congrès dont les résolutions empruntent une importance spéciale, ainsi que le dit l'honorable M. Ottavi, dans son discours d'ouverture,

et par une organisation sérieuse de nos forces viticoles, le nouveau fléau qui vient, temporairement je l'espère, de se dresser devant nous : celui de la mévente de nos vins et de l'avilissement des prix, tel qu'on n'avait jamais vu le pareil.

Nous nous sommes unis pour briser les nuages, l'entente et l'union des vignerons de France nous donnera une nouvelle victoire. *Væ soli*, disaient les anciens ; aujourd'hui disons gloire à l'union.

Les pouvoirs publics ont accueilli, l'an dernier, nos demandes avec la plus grande bienveillance. M. le Ministre de l'Agriculture a rendu facile notre tâche auprès de tous ses autres collègues, nous l'en remercions bien sincèrement et nous sommes convaincus qu'il aidera de nouveau la viticulture française qui est, sans contredit, le plus beau fleuron de la France, à sortir de la crise difficile qu'elle traverse.

Mais, avant de m'asseoir, qu'il me soit permis d'adresser un salut amical et plein de cordialité à tous ces vaillants, venus d'au delà des monts pour travailler avec nous, aux Stiger, aux Ottavi, aux Alpe, aux Roberto, aux Balbi, aux Porro, aux Suschnig, à tous ces savants qui nous ont montré le chemin et nous ont fait, à Padoue, l'an dernier, des réceptions vraiment princières ; notre cœur de vignerons français en a été ému et notre souvenir leur est demeuré fidèle. Dans cette belle fête pacifique que nous devons à l'initiative de notre grande Société de Viticulture, je suis heureux de leur dire qu'ici ils ne trouveront que des amis, tous unis dans la même pensée de cordiale fraternité pour le progrès de l'agriculture.

Antonin GUINAND,

Château de Bramafan, Sainte-Foy-lès-Lyon (Rhône).
le 1er novembre 1901.

---

par ce fait, qu'il est comme la préparation du 3e Congrès qui doit se tenir à Lyon, où il faut porter une parole sûre et sincère.

Voici ces conclusions :

« Il congresso, udite le relazioni sugli spari contro la grandine, eseguiti « nel 1901, ritiene confirmati i buoni risultati del 1899 e 1900, laddove i « consorzii funzionarono razionalmente e con mezzi sufficienti e quando non « si ebbero uragani di eccezionale gravità ».

« Le Congrès ayant entendu les rapports sur les tirs contre la grêle exécutés en 1901, retient comme confirmés les bons résultats de 1899 et 1900, là où les consortiums ont fonctionné rationnellement, avec des moyens suffisants et lorsqu'on n'a pas eu d'ouragan d'exceptionnelle gravité. »

M. le Président. — Vous venez d'entendre, Messieurs, la lecture du rapport de notre sympathique collègue, M. Guinand. Avant de donner la parole à ceux d'entre vous qui auraient des observations à présenter à l'occasion de ce rapport, je me permets de vous faire remarquer qu'il y aurait intérêt à reporter la discussion sur les faits relatifs au tir contre la grêle, après la lecture des rapports de MM. Plumandon et Roberto, qui ont bien voulu se charger de la mission de résumer les différents rapports dans le but d'en dégager les faits constants et d'en déduire les conséquences. Je vous prie donc de vouloir bien limiter vos observations, après la lecture de chaque rapport de faits, aux demandes de renseignements complémentaires destinés à préciser la portée de certains points de ces rapports.

M. Montezemolo. — Je suis heureux de rendre hommage à M. Guinand pour la belle relation qu'il vient de nous communiquer, mais je me permets de lui demander de vouloir bien y apporter une petite rectification.

M. Guinand nous a dit, en effet, que le Congrès de Padoue avait reconnu à l'unanimité l'efficacité du tir contre la grêle. Or, M. Guinand, qui a bien voulu nous faire l'honneur d'assister à ce Congrès, doit se souvenir qu'un certain nombre de congressistes ont combattu la proposition tendant à affirmer cette efficacité, et qu'elle n'a été votée qu'à une majorité relativement faible.

M. Guinand. — Je suis tout disposé à répondre à M. Montezemolo. Il est vrai que je ne comprends pas très bien l'italien, mais je crois cependant me rappeler qu'à Padoue, j'ai assez bien compris les discussions relatives à l'efficacité du tir ; je puis même ajouter que tant qu'on est resté dans le domaine des faits, le Congrès a été unanime à reconnaître l'efficacité des tentatives ; ce n'est que lorsqu'on a entamé la question scientifique, que chacun a émis ses théories, ses idées particulières. Alors, le

désarroi est devenu complet, si bien qu'après une discussion des plus intéressantes et des plus courtoises, qui
est un exemple frappant de ce que savent faire les Italiens dans un congrès, M. le président Alpe a pu diviser
la question en deux parties, d'une part le point de vue
pratique et d'autre part le point de vue scientifique.

Je rappelle que, dans mon rapport, je me suis placé
exclusivement sur le terrain des faits. Or, le congrès de
Padoue — l'honorable député M. Ottavi me l'a télégra-
phié immédiatement — a voté à l'unanimité, en ce qui
concerne la question des faits, des conclusions dans lesquelles il s'est déclaré convaincu de l'efficacité du tir.
Quant au vote sur la question scientifique, cela a été une
autre affaire ; mais, je le répète, moi qui ne suis pas un
savant, je n'ai pas entendu, dans mon rapport, entrer
dans le domaine de la science.

M. Rachel Séverin. — Je vous demande pardon, Messieurs, si l'observation que je vais présenter ne s'applique
pas au rapport de M. Guinand, mais je tiens à faire
remarquer qu'à côté des deux procédés de lutte contre la
grêle qui ont été employés jusqu'à présent, est venu s'en
placer un troisième depuis le printemps dernier : le tir au
moyen de bombes ; non pas avec de grands mortiers,
comme cela s'est pratiqué au début, mais avec des mortiers d'un diamètre égal à celui de la bombe. Ce n'est
d'ailleurs que le 3 septembre dernier, à 4 h. du soir, que
l'on a pu expérimenter ce nouveau système, sur un
orage se dirigeant du Sud-Ouest au Nord-Est. La première bombe tirée a éclaté à 300 mètres.

M. le Président. — Je demande pardon à M. Séverin de
l'interrompre, mais je crois que cette observation ne se
réfère en rien au rapport de M. Guinand, et je le prie de
vouloir bien la renvoyer après la lecture du rapport sur le
matériel de tir.

Si personne ne demande plus la parole sur le rapport

de M. Guinand, je le soumets, Messieurs, à votre approbation.

(Ce rapport est adopté à l'unanimité.)

Je donne maintenant la parole à M. *Suschnig*, pour son rapport sur les expériences de tir contre la grêle en Autriche.

LES SUCCÈS ET LES EXPÉRIENCES DE TIR CONTRE LA GRÊLE EN AUTRICHE

Par Gustave SUSCHNIG

Procureur de la Société Carl Greinitz-Neffen, de Gratz
et Directeur des Usines de Sainte-Catherine sur la Lamming.

TRÈS HONORÉS COLLÈGUES,

C'est la troisième fois que j'ai l'honneur de me présenter à un congrès international de tir contre la grêle, comme rapporteur, pour l'Autriche, et je suis bien reconnaissant au Comité d'organisation de m'avoir mis dans la possibilité d'en faire partie pour vous montrer les succès et les expériences faites en Autriche.

Par une rapide énumération des domaines protégés par le tir contre la grêle en Autriche, des expériences qu'on y fit, des études sérieuses, comme des recherches faites dans notre pays, j'espère contribuer utilement aux discussions du Congrès et je vous offre mes vœux, comme aussi ceux de mes compatriotes qui s'intéressent à cette question, pour la parfaite élucidation des points à traiter.

La riche littérature du tir contre la grêle vous aura déjà appris que ce moyen de préservation fut déjà exercé dans la première moitié du XVIIIe siècle dans les pays alpins, mais qu'en 1750, sous le règne de Marie-Thérèse, on en interdit l'exécution en Styrie. Les mémoires d'Arago nous rapportent aussi que, déjà avant l'année 1769, on tirait assidûment contre la grêle dans votre pays. Le professeur Parrot, de Riga, écrivit sur la manière de dissiper les orages, en 1802. M. H. Leschevin, de Dijon, s'occupa aussi du même sujet. En 1803, Denize envoya à l'Académie de Dijon un ouvrage traitant des moyens de disperser les nuages orageux et d'empêcher la grêle ; il est fort curieux de remarquer que, parmi les expédients qu'il cite, il parle aussi de raquettes éclatant dans l'air. On voit donc que les différentes expériences de tir contre la grêle, comme l'explosion des raquettes et des bombes, le déroulement de l'électricité dans l'air, et d'autres encore, remontent déjà au siècle dernier.

Dans la question de la défense contre la grêle, il n'y a que la forme sous laquelle on l'exerce aujourd'hui **qui soit nouvelle**, forme incorporée dans le système qui doit son origine à notre compatriote le bourgmestre Albert Stiger. Ce système consiste en un pavillon au dessous duquel le mortier est placé ; en le mettant en œuvre, il en résulte cet anneau tourbillonnant si intéressant au point de vue physique. Stiger employa son système, pour la première fois, dans l'été de 1896 et obtint des succès si éclatants que la nouvelle de cette invention se répandit très vite et fut bientôt suivie partout, d'abord en Styrie, puis dans les autres parties de notre empire, ensuite en Italie, en France, en Russie, en Suisse, etc. Cette nouvelle se répandait même dans les autres continents, en Australie, dans les Indes anglaises, dans l'Amérique du Sud et fut mise aussitôt en pratique.

Ce fut Stiger qui m'incita aux études et aux expériences faites sur nos champs de tir contre la grêle, à Sainte-Catherine sur la Lamming — premières recherches systématiques qui furent faites sur le continent — et qui donnèrent occasion aux premières autorités scientifiques de notre pays de faire des observations sérieuses et exactes du tir contre la grêle, pour voir si ses résultats étaient tels qu'on puisse tirer des conséquences scientifiques sur son efficacité.

Le directeur de notre Impérial et Royal Institut central météorologique, à Vienne, conseiller de cour, professeur à l'Université, le docteur J.-M. Pernlner, exécuta, assisté par le secrétaire du dit Institut, le docteur Guillaume Trabert et moi-même, de sérieuses expériences sur la qualité, la portée verticale et horizontale des anneaux tourbillonnants, dont le résultat, qui fut publié par ces savants eux-mêmes dans le *Journal météorologique de Vienne*, attira l'attention des cercles scientifiques du monde entier, jusqu'à exciter l'intérêt de notre gouvernement et de l'administration de la guerre, ainsi que celui de nos chefs du département de l'Agriculture provinciale, de nos conseils agricoles provinciaux et de nos corporations d'agriculture.

Notre champ de tir fut visité par les météorologues et les physiciens, par des membres distingués de la science de l'Italie, de la Russie, de la Suisse, de l'Allemagne, de la Serbie, de l'Australie même. Des représentants de notre ministère de l'Agriculture, de notre armée, de nos autorités politiques, des corporations d'agriculture de notre pays et de l'étranger nous honorèrent de leur visite, prouvant ainsi qu'ils tenaient à prendre en considération tous les dévouements qui nous mettent dans la possibilité de poursuivre tous les faits qui se montrent dans le tir, pour pouvoir prendre les mesures qui, dans l'imparfaite connaissance des causes de la formation de la grêle, peuvent seules conduire à une preuve définitive ayant pour base de solides observations.

C'est ainsi, Messieurs, qu'il se fit que, chez nous, en Autriche, l'état fut *le premier* à fonder des stations de tir contre la grêle, les seules qui existent à ce jour, dirigées par des hommes bien initiés à cette nouvelle science et construites selon toutes les règles capables d'en obtenir le succès désiré. Ce sont les champs de tir de Windisch-Feistritz en Styrie et d'Ober-Hellabrunn dans la Basse-Autriche, qui ont chacun une étendue de 40 kil. carrés et je puis vous assurer que leur organisation et leur exercice eurent des résultats bien satisfaisants.

Les nombreux sacrifices que la Styrie et la Basse-Autriche ont faits dans cette question, en voyant combien l'Etat et la science s'y intéressaient, furent bien récompensés. On travaille, chez nous, en général, très prudemment ; on fournit les exploitations d'appareils reconnus comme les meilleurs d'après les expériences faites ; on exerce le tir sans aucune passion ; on ne prend en note ni les succès fabuleux, ni les résultats contraires inexplicables ; on observe, on étudie et on abandonne le tout avec confiance à notre Impérial et Royal Institut central météorologique qui, outre les examens commencés, a organisé, cette année, des stations pour l'observation des orages et dont le directeur montre toujours un intérêt inaltérable pour notre cause.

Nous ne voulons pas faire une nouvelle invention ; nous adaptons notre technique à l'intelligence de ceux qui doivent manier cette nouvelle arme ; nous employons des matériaux dont la solidité, la dureté, pour mieux dire, doivent résister le plus longtemps possible aux intempéries et aux influences atmosphériques, en considérant, en premier lieu, qu'il n'y a aucune raison de faire des réformes techniques, personne ne sachant comment, où et quand on pourra toucher la grêle, et voulant, en second lieu, épargner à l'agriculture, qui n'est pas déjà si florissante, des dépenses inutiles. Quand il faut les faire, nous pensons qu'il est plus utile de les employer dans un autre but que pour de nouvelles investigations. C'est par économie que nous attendons chaque réforme, jusqu'à ce que nous ayions une preuve décisive de l'efficacité du tir contre la grêle, jusqu'à ce que les expériences basées sur la discipline et la tactique nous donnent des raisons fondamentales pour une innovation. Chez nous, en Autriche, il y a des stations très bien organisées, en première ligne, en Styrie et dans la Basse-Autriche, puis en Carniole, en Istrie et en Dalmatie, d'autres moins considérables dans la Haute-Autriche.

La Carinthie, le Tyrol, les domaines de Gorz et de Gradisca ne possèdent que des champs bien peu importants pour l'observation du tir ; la raison en est dans leur construction et le petit nombre de stations dans un groupe. Il faut dire, pourtant, qu'en Carinthie la Diète s'occupa bien de cette question, et il reste à savoir ce qu'il en sera l'année prochaine. Les deux Conseils agricoles provinciaux du Tyrol se sont bien intéressés à cette question et la direction de l'Ecole d'Agriculture de Saint-Michel sur l'Adige s'est acquis de grands mérites dans cette affaire. On a, là-bas, la juste conception de ne s'en occuper qu'après avoir eu des preuves incontestables. Les Conseils agricoles provinciaux de la Bohême et de la Moravie ont pris la question en considération, mais, jusqu'à ce jour, on n'y a pas érigé de stations et la Direction de la Société d'Agriculture, en Galicie, prépare une action pour l'année prochaine.

Je passe donc à la description de nos champs de tir et à la narration des résultats obtenus. Je ne vous donnerai pourtant un rapport que sur les domaines, d'où il m'est venu des nouvelles sur lesquelles on peut pleinement se fier, mais je juge inutile de vous instruire sur les succès obtenus par les tirs grêlifuges dans des pays où ils ne sont employés que par des agriculteurs dispersés, ou dans des stations mal organisées, où l'installation ne suit pas la marche de nos recherches.

STYRIE

Dans notre patrie, la Styrie, le berceau de la première idée de la science qui nous occupe, les tirs grêlifuges sont répandus partout où l'on cultive le vin. Nous avons trois domaines organisés et bien dirigés ; la station principale d'observation est à Windisch-Feistritz. dont les résultats me sont connus par le rapport officiel de son directeur; ensuite la station de Marbourg, organisée par les représentants du district et sur laquelle on a des rapports très importants ; enfin celle de Radkersbourg entretenue par l'Association de l'Agriculture. Des stations en petits groupes, détachées les unes des autres, et dont l'installation laisse encore à désirer, sont organisées dans les domaines de vignes et de fruits dans la Styrie d'ouest, dans la Styrie moyenne, dans la Styrie basse, sans parler d'un grand nombre de stations dispersées dans les vignes de Pettau, Wisell et Rann.

Le nombre des stations de tir organisées en Styrie s'élève à peu près à :

Dans les stations d'observations et les rayons de tir organisés :

Windisch-Feistritz	40 stations
Marbourg	121 »
Radkersbourg	31 »
Dans les autres domaines : aux environs des localités ci-dessus	100 »
La Styrie d'Ouest environ	60 »
Les environs de la capitale	24 »
La Styrie du milieu	100 »
Les environs de Rann	70 »
Les environs de Pettau	50 »

Vous voyez qu'en somme nous avons 600 stations, mais parmi elles les seules qui soient bien organisées sont celles de Windisch-Feistritz et de Radkersbourg. Je ne veux pas dire, par là, que les autres exploitations ne s'intéressent pas aux recherches fondamentales, au contraire, les personnes compétentes cherchent à se mettre au courant de toutes les nouvelles expériences. Dans cet ordre d'idées, je puis citer : Marbourg, Leibnitz, les districts de Weiss et Pettau, celui de Neumark dans la Haute-Styrie qui vient encore d'installer, l'été dernier, une station organisée rationnellement de 10 postes, sur lesquels je ne suis pas en état de faire un rapport, attendu que ce n'est que l'année prochaine qu'on nous donnera des nouvelles de leur efficacité. Quant aux succès de la station de Windisch-Feistritz, organisée d'après mes idées et approuvée par les preuves scientifiques de 1900, j'en ai fait mon rapport à Padoue, et je peux constater que les résultats de cette année, en fait de succès et d'économie, sont toujours très considérables, à la grande satisfaction et au grand honneur de notre directeur, M. Stiger. Ce rayon, embrassant 40 kil. carrés, forme un parallélogramme de 10 km. de longueur et de 4 km. de largeur, dont les stations se suivent à une distance d'un km. Leur front conduit du Sud-Ouest au Nord-Est ; ainsi chaque station possède un espace d'à peu près 1 kil. carré. C'est donc le plus propice pour servir de station d'observation, grâce à son orographie, ses environs et la culture de son terrain. Les stations sont situées sur des pentes s'étageant en terrasses de 350 et de 650 mètres entre la mer et la chaîne des montagnes de Bacher. Je dois faire remarquer ici que le terrain ne permet pas toujours la juste distance d'un kil. carré, parce que les fondrières, les chutes dans les vallées, les forêts, le manque d'habitations humaines rendent superflue la construction de stations et impossible leur bon service. C'est là le cas de Windisch-Feistritz, où, dans la vallée si boisée de la Feistritz, dont les deux penchants sont couverts de forêts, on trouve une enclave de 2 à 3 kil.

Ce champ de tir est dirigé par l'Impérial et Royal colonel Rodolphe Szutsek qui s'applaudit de l'assistance dévouée de M Stiger, ainsi que de celle de M. le docteur J. Vosnjak, apôtre zélé du tir contre la grêle, et dont le nom vous est certainement connu. Szutsek est le meilleur observateur, le plus impartial, le plus précis, le plus indépendant, le plus véridique que je connaisse, et si j'énumère toutes ses bonnes qualités, c'est pour faire estimer à leur juste valeur les observations faites par lui et que je vais avoir l'honneur de vous énumérer.

Le service dans les stations de tir est fait d'une façon toute militaire. A Windisch-Feistritz il y eut, cette année, 30 jours orageux avec 37 orages, l'année passée 29 avec 37 orages, donc le même nombre pour chaque année. Ils se répartirent dans les mois de :

	Mai	Juin	Juillet	Août	Septembre
En 1900............	5	14	12	5	1
En 1901.............	12	8	10	6	1

Et d'après leur direction il y eut :

	S.-N.	S.E.-N.O.	E.-O.	N.E.-S.O.	N.-S.	N.E.-S.O.	O.-E.	S.O.-N.E.
En 1900	1	2	3	4	7	7	10	3
En 1901	3	2	5	2	5	7	9	4

En ce qui concerne le temps, les orages se montrèrent aux heures suivantes :

	6 h. à midi	midi à 6 h. s.	6 h. à minnit	minuit à 6 h. m.
En 1900..	4	19	11	3
En 1901..	8	22	7	0

Nous avons donc eu, cette année, moins d'orages nocturnes que l'année passée.

Si nous jugeons l'intensité des orages, d'après le nombre des éclairs et des tonnerres, nous avons eu environ :

	Avec 5	10	15	20	30	40 éclairs et tonnerre.
En 1900..	15	10	5	3	2	2 orages.
En 1901..	15	7	3	6	3	3 »

L'intensité était donc plus forte cette année.

Accompagnés de grêle, nous avons eu :

	Mai	Juin	Juillet	Août	Septembre	Total
En 1900....	1	6	1	0	0	8 orages.
En 1901....	3	2	0	1	0	6 »

La grêle fut donc plus rare cette année, et presque toujours très faible ; les grêlons n'étaient pas plus gros qu'une noisette. La grêle ne tomba qu'aux confins du champ de tir ; la nuit du 15 juin 1901, il tomba une grêle assez forte, qui s'abattit le long de la vallée de la Feistritz, presque dans toute l'étendue où il n'y a pas de stations.

Il en fut aussi cette année comme l'année dernière : ce fut le 20 août que la grêle tomba le plus fortement vers le Sud-Ouest du champ de tir dans le groupe de Giesskübl, entre Tainach et Gladomès. Cet orage fut bien intéressant, parce que la grêle tomba dans l'axe de la route grêlifère au milieu avec force, en diminuant vers la périphérie. Dans la région de Giesskubl, où se trouve la demeure du docteur Vosnjak, la plaine n'était couverte, et encore pas entièrement, que de faibles grêlons neigeux. Les vignobles situés au milieu du champ d'orage eurent une perte de 30 0/0 sur une surface de 19 hectares, dont 5 hectares appartiennent au domaine du tir, pendant que les 14 autres hectares sont situés hors de son action. Dans ces 5 hectares dévastés par la grêle se trouve la station de tir de Fassberg, qui ne fonctionna pas ce jour-là, à cause de l'inactivité de l'artilleur qui était au lit avec une jambe cassée, et de l'absence de son remplaçant. Autour du centre, il grêla encore moins, particulièrement vers la périphérie, dans un espace d'environ 3.000 hectares, dont 2.000 hectares sont hors du champ de tir. De ces 1000 hectares, appartenant au champ de tir, 600 hectares font partie à la plaine couverte de bois et non défendue contre la grêle, de la vallée de la Feistritz.

Nous pouvons considérer l'espace couvert de petits grêlons inoffensifs comme étant de 500 hectares, pendant que les 100 restant comprennent la station de Fassberg qui n'avait pas fonctionné.

Dans le centre du champ de tir, les meilleures portions des trois groupes de Giesskübl, Schmittsberg et Rittersberg, il ne tomba pas de grêle ni en 1900 ni en 1901, pas même sous sa forme la plus faible ; et c'étaient ces domaines dont les cultures étaient, les années précédentes le plus exposées à la grêle.

Windisch-Feistritz peut compter six années qui se passèrent très bien. C'est maintenant la deuxième année que ce rayon travaille sous un commandement uni, et où l'on fait des observations parfaites.

Windisch-Feistritz est muni des appareils les plus forts, construits d'après mon système ; on y tire avec une charge de poudre (tirée de notre monopole) de 180 grammes, quantité reconnue la mieux proportionnée ; les canons sont pourvus du matériel nécessaire et de mèches pour faire partir le coup et se montrent parfaits sous tous les rapports.

Le colonel Szutsek et moi sommes d'accord que ce système est le meilleur dans tous ses détails ; nous condamnons absolument la mise à feu au moyen de la percussion, et nous tous qui nous dévouons avec tout le zèle possible à cette question, sans la moindre arrière-pensée de spéculation, nous vous supplions de ne pas abandonner le principe primordial de Stiger.

Les études sérieuses continuées par notre Impérial et Royal Comité technique militaire, les expériences faites par moi à Sainte-Cathe-rine sur la Lamming, les observations systématiques de deux années, la pratique à Windisch-Feistritz sont pour nous et con-firment nos vues. Tant que la pratique ne nous aura pas donné des preuves évidentes que nous devons perfectionner notre système techniquement, nous resterons insensibles à chaque nouveauté, bien entendu à des nouveautés techniques, parce qu'on n'est pas encore arrivé à l'explication de divers détails, et qu'on ignore encore la solution de beaucoup de questions et nous avons remarqué qu'en s'éloignant du premier système, on obtenait toujours des insuccès.

Pour ce qui concerne la tactique, les observations de Windisch-Feistritz nous ont donné la ferme persuasion que la distance d'un kilomètre, d'une station à l'autre, est le maximum des grands appareils, et qu'un nombre de 40 à 50 tirs suffisent, à l'heure, pour obtenir un bon succès.

Quant aux dépenses de construction, nous cûmes, cette année, dans ce rayon, des résultats bien satisfaisants. On effectua, en 1901, environ 23,000 tirs et la quantité de poudre brûlée s'éleva à 4,140 kilos.

Notre administration de la Guerre nous fit une bonification, en abaissant le prix de la poudre, de 130 kr. les 100 kil., son vrai prix, à 76 kr., y compris l'emballage et les frais de transport. 100 kilog. arrivèrent donc à coûter, rendus à la station de tir, 84 kr. Il faut remarquer que les dépenses de la poudre furent payées par l'Etat, le pays, le district, de telle façon que les propriétaires n'eurent pas de perte ; c'est là une preuve bien claire de l'efficacité de notre travail.

Il faut encore compter : transport...................... kr. 3 477.60
230 couronnes de mèches et 230 paquets d'allumettes
« Sturmzünder » à 28 k............................... »   128.80
Salaires pour les tireurs et les surveillants : 43 hommes
à 20 kr... »   860 »
Garantie d'assurance contre les accidents pour 43
hommes à 9 kr...................................... »   360 »
Petites dépenses pour la conservation et les soins aux
appareils... »   100 »

Total.................... kr. 4 926.40

Donc, pour un hectare de rayon protégé.............. kr.   1.23
En 1900, les frais montaient, pour un hectare, à........ »   1.07
pendant que moi, je les avais prévus comme ils sont
effectivement, à.................................... »   1.44
pour chaque hectare.

On voit donc que les grands appareils et les grosses charges de poudre ne sont pas du tout coûteux.

Pour vous donner un compte-rendu complet, il faut bien que je vous dise quelque chose sur les effets du tir. L'influence des tirs sur les nuages est bien différente. Ils se divisaient souvent sur le champ de tir et continuaient ensuite leur course en diverses directions ; souvent on ne remarqua aucun changement. On ne put jamais constater, cette année, que les nuages se soient dispersés au point de laisser entrevoir le bleu du firmament ; si cela se faisait, l'orage était déjà passé. La mesure de la hauteur des nuages orageux donne plus de travail. Les environs de Windisch-Feistritz ont bien des chaînes de montagne assez favorables, d'où il est bien facile de mesurer la hauteur du bord inférieur des nuages, mais, malgré cela, on n'en peut encore tirer des conclusions importantes,

On peut seulement affirmer que le bord inférieur du nuage ne coupait pas les montagnes des alentours atteignant de 700 à 800 m. d'altitude, mais que cela arrivait parfois, plus en bas. Pendant un orage il fut observé, de Teinach, que les nuages orageux avançaient, sous le lieu d'observation, à une altitude d'à peu près 400 m., de manière que la première ligne des stations était à une distance de 50 m. des nuages ; la dernière ligne, au contraire, paraissait au-dessus de l'orage.

On ne peut, non plus, constater une influence quelconque des tirs sur les éclairs et le tonnerre ; les observations faites donnent des résultats qui ne peuvent servir à rien ; quelquefois on dirait que les éclairs et les tonnerres vont cesser, tandis que, d'autres fois, on s'aperçoit d'un résultat contraire.

Marbourg possède, comme je l'énonçais plus haut, 121 stations, dirigées par le comité de ce district. La direction de l'Ecole de Viticulture s'occupe de cette question avec grand soin. Les rapports de cette année ne nous ont pas encore été communiqués, et je dois la nouvelle de l'excellent succès de cette saison aux communications de l'honorable député Fr. Girstmayer. Il grêla le 12 juin, dans une commune (Kartschovin), où, dans quelques stations, l'on ne tira pas du tout ou trop tard. Une grêle considérable tomba dans le centre de cette commune, tandis que, dans les environs, où l'on tirait suivant les règles, on ne remarqua que de faibles grêlons qui cessèrent bientôt. J'ai reçu aussi le rapport envoyé par le Comité du district pour l'an 1900, d'où il résulte clairement que les 121 stations de Marbourg comprennent une aire de 300 kil. carrés ; que ce district est trop faiblement armé ; que les charges de 80 grammes de poudre sont absolument insuffisantes, et les appareils trop petits pour cette étendue. Le rapport dit aussi que, par ci par là, il tomba de la grêle, mais seulement dans les endroits où les stations sont rares. Il exprime le désir de voir bientôt les vieux appareils remplacés par de nouveaux types plus grands, changement qui est surtout réclamé dans l'Est du district, où il est absolument nécessaire. Les dates d'installation qu'on y trouve sont bien intéressantes et nous montrent que Marbourg n'a pas encore une organisation complète, bien que les personnes compétentes comprennent et approuvent notre opinion. Il y a là-bas 7 groupes de stations de tir : 5 groupes sur la rive gauche de la Drave, avec 12 à 29 stations chacun, ensemble 96 stations, et

2 groupes sur la rive droite du dit fleuve de 9 à 16 stations chacun, ensemble 25 stations. Leur hauteur est, en moyenne, de 300 à 600 m. D'après les rapports parvenus au Comité du district, les stations de la rive gauche, en 1900, tirèrent 90.203 coups, et celles de la rive droite, 10.484 coups de mortier.

Le nombre de coups des stations dont les rapports ne nous sont pas parvenus, est évalué à 5.000, en tout donc 105.687.

Dans les stations de Marbourg appartenant à l'Ecole de Viticulture, on tira pendant l'espace de 43 jours (58 orages, dont 6 orages étaient accompagnés d'une pluie considérable, 49 d'une pluie médiocre et 3 sans pluie ; deux seuls se déchargèrent avec une grêle bien faible). Dans le district de Marbourg, on signala de différentes communes, dans les environs, 5 orages au mois de mai, au mois de juin 10, de juillet 6, d'août 2 tempêtes de grêle ; en moyenne il tomba 2 à 3 orages grêlifères sur le même lieu du domaine. Le nombre des tempêtes de ce district monte donc à 25. C'est dommage qu'il n'y ait pas encore de rapports bien précis des différents domaines, pour pouvoir établir des parallèles entre eux.

Présenter une juste évaluation des frais d'installation m'est impossible, n'ayant aucune notion certaine ; je n'ose prétendre qu'avec cette installation si imparfaite on eût obtenu d'aussi grands succès qu'à Windisch-Feistritz. Les pertes occasionnées par la grêle, en ces dernières années, malgré les tirs, n'ont pas excité à des mesures radicales et les propriétaires, découragés par les dégâts subis, se refusèrent de se livrer en plein à un sérieux examen de la question. On procède très lentement pour le changement de ces petits appareils insuffisants, bien que les autorités donnent les assurances les plus formelles que les succès obtenus par les grands appareils sont des plus éclatants.

Radkersbourg a agrandi successivement, chaque année, son réseau. Le comité du district et les communes situées dans le département de l'Union de la viticulture, déploient une grande activité dans les mesures qui nous occupent et cela avec d'excellents résultats. Radkersbourg tire des communes les subsides nécessaires aux frais d'entretien de ses tirs grêlifuges et possède déjà 31 appareils du même type que Windisch-Feistritz. Après une année d'expérience, on abandonna la mise en feu au moyen de la percussion adoptée seulement pour les essais et qui a bien des inconvénients ; l'on tire maintenant sans nul accident et sans trouble avec la mise en feu par des mèches.

En énumérant, même sommairement, les différents comptes-rendus que j'ai reçus, je deviendrais trop long dans mon rapport, et je n'ajouterais rien au but que nous poursuivons. Les habitants de nos campagnes sont partout très satisfaits de nos tirs grêlifuges, même là où les moyens employés sont insignifiants et là où on eut des insuccès. Mais partout on a la même excuse : on a commencé trop tard la canonnade.

Permettez-moi donc de passer à l'exposition des conditions des autres pays du royaume ; je vous ferai seulement un tableau de leurs dispositions générales, car, plus encore qu'à Windisch-Feistritz, j'ai là dessus de sérieuses et complètes observations.

BASSE-AUTRICHE

Je tâcherai de fixer toute votre attention sur ce pays, le seul de notre royaume qui ait une organisation unie et parfaite. Les rayons sont plus étendus, on ne trouve là que des types de mon système, et je peux le citer comme un modèle à tous les tireurs et dire que la méthode de la Basse-Autriche devrait servir d'exemple à tous les autres.

La Diète de la Basse-Autriche a, comme celle de la Styrie, étudié cette question avec attention et accepté les justes conclusions de l'Impérial et Royal Institut central météorologique. Ces conclusions ont pour principe qu'en érigeant des champs de tir, il ne faut employer que les moyens qui se sont montrés les plus efficaces; observer ensuite exactement si les succès du procédé expérimenté donnent des points d'arrêt pour l'utilité du tir grêlifuge. Il ne s'agit pas, Messieurs, de vouloir vous décider à la croyance ou à la négation de l'efficacité du tir, les expériences ayant donné des problèmes intéressants qui excitent encore plus à l'étude de la question. D'après mon opinion, nous devrions examiner si le tir contre la grêle opère toujours et sous quelles conditions se montrent les résultats. Cette idée, il est bien difficile de la faire prévaloir, bien qu'elle ait été acceptée dès sa naissance par les chefs du département de l'agriculture provinciale de la Styrie et de la Basse-Autriche, le comte François Attems et le professeur François Richter. Ces deux noms ne doivent pas manquer d'être cités dans l'histoire du tir contre la grêle et les agriculteurs doivent penser avec reconnaissance à ces deux hommes dévoués qui s'occupèrent de cette question d'une manière très méthodique.

GRÊLE. — 6

L'Impérial et Royal Institut central météorologique a trouvé un ferme soutien auprès des Diètes pour l'installation des champs de tir, et auprès de ceux qui n'ignorent pas les indices précieux que la science leur donne. La propagation de conclusions incontestables, dans les cercles agricoles, était, en Autriche, plus facile qu'en Styrie. Lorsqu'on commençait là-bas à construire des stations de tir, nos études de Sainte-Catherine étaient déjà bien avancées, la Styrie, au contraire, était déjà armée, bien que de manière différente, depuis trois ans.

Tandis que le domaine de Windisch-Feistritz, qui doit son importance à l'Etat et au pays, peut être cité comme le seul bien organisé en Styrie, la Basse-Autriche en possède des pareils sous tous les rapports. La première place est due au rayon d'Oberhollabrunn, armé suivant les propositions que j'avais faites à l'Impérial et Royal ministère d'Agriculture, qui les accepta; elles furent aussi sanctionnées par la direction de l'Impérial et Royal Institut météorologique, ainsi que par la Diète. Le choix tomba sur Oberhollabrunn suivant l'avis du dit Institut, qui avait reconnu que, là-bas, la grêle est très fréquente, et aussi pour donner satisfaction au directeur de l'Institut qui, pour des causes scientifiques, désirait avoir un champ d'observation d'une altitude inférieure à celle de Windisch-Feistritz.

Les stations d'Oberhollabrunn sont placées comme celles de Windisch-Feistritz, avec la seule différence que leur hauteur est de 200 m. au-dessus du niveau de la mer, tandisqu'à Windisch-Feistritz, au contraire, elles sont de 300 à 650 m.

Les divers groupes de tir de la Basse-Autriche sont :

1. Oberhollabrunn	43
2. Gross Kadolz et Haugsdorf	43
3. Bisamberg	10
4. Riedenthal	23
5. Gross Weikersdorf	18
6. Ravelsbach, Limberg, Ziersdorf	76
7. Mautern	34
8. Gumpoldskirchen	12
Et, dispersés dans diverses communes	10
	269 stations.

Les plus considérables, les mieux organisés et dirigés de ces rayons sont ceux d'Oberhollabrunn sous la surveillance du directeur des Écoles de Viticulture, M. Jules de Jablanczy, puis celui de Mautern sous le commandement de l'Impérial et Royal capitaine, M. Albrecht von der Mülbe, terrain appartenant à l'Union agricole du district; je mentionne ce rayon privé comme parfaitement érigé et dirigé.

Le territoire de Limberg-Ziersdorf, formé par la réunion de 32 communes, dont les grandes enclaves requièrent une réglementation du terrain, pourrait être, vu le nombre de stations, le rayon le plus armé et le plus étendu; son organisation est en train et sa mise en œuvre pourra avoir lieu l'année prochaine.

M. l'ingénieur H. Hintermann, personnage bien connu qui s'adonna avec grand zèle à cette question, fut l'organisateur de ce grand rayon divisé en quatre groupes; il fut établi en suite d'une résolution prise en été, et fut dirigé par quatre directeurs. L'expérience montra ici clairement, qu'avec un grand nombre de canons, une instruction fondamentale, une grande discipline sont indispensables pour atteindre le but désiré.

La commune de Gross-Meiseldorf eut des dégâts considérables causés par la grêle; il y a là 12 à 15 kil. carrés sans aucune station de tir. Il arriva là-bas beaucoup d'accidents fâcheux, parce qu'en plusieurs endroits dirige le tir qui veut ou qui en a envie. Faute d'un personnel bien instruit, on eut souvent des explosions de poudre et des brûlures. Il arriva même qu'un tireur fumait la pipe en portant son sac de poudre sur le dos, que, pendant le tir, une demi-douzaine de personnes étaient dans la cabane avec des cigarettes à la bouche ce qui fut cause d'une grande confusion. Si j'entre dans ces détails c'est pour faire mieux comprendre combien il est nécessaire d'insister sur une discipline sévère. A part quelques accidents personnels arrivés par suite de la non-observation des précautions les plus élémentaires dans le maniement de la poudre, nous n'avons eu, en Autriche, aucun accident malheureux à déplorer.

Les succès de cette année sont partout satisfaisants; quelques personnes naturellement, ne manquèrent pas d'attribuer au tir la sécheresse et la rareté des pluies, d'autres, prétendaient le contraire; en entendant ces deux opinions, je crois utile, de m'expliquer sur chacune d'elles. Dans une localité on en vint même aux menaces d'un procès. A Graz même, où je demeure, moi l'apôtre du tir contre la grêle, j'étais fort mortifié qu'on puisse attribuer de pareils effets à nos appareils, en entendant dire que c'était à eux qu'on imputait, en temps secs et chauds, de mettre obstacle à la formation des nuages de pluie. Un pyrotechnicien inventa même une méthode pour réduire à néant l'effet de nos canons ; mais l'expérience qu'il fit, un dimanche, en public, ne lui donna qu'un résultat négatif.

CARNIOLE

Je dois les informations qui forment la base de cette partie de mon rapport à un maître en viticulture, M. François Gombach, de Laibach.

Les propriétaires viticulteurs sont si épris du tir contre la grêle, qu'ils considèrent cette question comme un problème déjà résolu. La Diète traita l'affaire très sérieusement, non seulement en l'aidant de ses subventions, mais, ce qui est bien plus important encore, en confiant l'organisation du champ de tir à ce maître éminent, mesure bien favorable à notre cause. L'année 1898 vit s'établir en Carniole les premières stations ; aujourd'hui leur nombre monte à 250, et il n'en manque plus que 150, pour armer complètement la partie vignoble du pays. Le rapport officiel de M. Gombach me dit que le rayon de Gurkfeld seul compte 120 stations, c'est lui qui est le mieux organisé. Les stations se composent de petits groupes dispersés dans les différentes communes. Avec l'aide des subventions accordées par l'Etat et le pays on parvint à établir, dans la vallée de la Wippach, en Carniole, un rayon parfaitement circonscrit comptant 43 stations. Les conditions de terrain ne permettent pas d'organiser le réseau de stations aussi bien que celui de Windisch-Feistriz, mais on peut dire qu'on y obtient des succès excellents. Disons, à la louange de M. Gombach, qu'il sut organiser à merveille son installation : il munit les régions les plus basses d'appareils se chargeant avec 180 grammes de poudre ; les régions intermédiaires, de canons supportant 150 grammes, tandis que, dans les plus hautes, il en fit fonctionner avec une charge de 100 à 120 grammes. C'est une opinion générale que les appareils doivent être choisis d'après le terrain, mais on convient pourtant que ceux portant une petite charge, soit 100 grammes, ne servent à rien. Nous verrons quelle méthode triomphera. La vallée de la Wippach est très propice aux observations du tir, non seulement parce que la grêle y tombe souvent, mais parce que son orographie lui donne une grande importance ; le terrain y est très accidenté et les appareils sont placés aux différentes hauteurs.

Dans la vallée de la Wippach, il ne grêla nulle part l'année passée, excepté dans une commune, où l'on ne tira pas, sous ce prétexte absurde que le tir éloigne la pluie. Dans le rayon de Gurkfeld, on vit la grêle en 1900 seulement dans deux communes, à Saint-Veit et à Mœttling, où l'on prétend avoir tiré trop tard. Il y a, dans ces pays, bien des stations qui tirent avec une charge qui n'arrive même pas, quelquefois, à 80 grammes.

La vallée de la Wippach fut épargnée cette année, moins quelques communes, où le nombre des stations était insuffisant. Ici, la récolte du vin eut à supporter bien des pertes, tandis que là où les stations sont bien situées et bien pourvues, et où le tir procède selon toutes les règles, on n'a eu aucune perte ou une perte très minime. De ce que, dans ces pays, les bons appareils sont peu nombreux, je crois pouvoir conclure que la cause de ces inconstants succès serait plutôt à chercher dans les faibles moyens qu'on y emploie. Il résulte donc, des observations faites en Carniole, qu'on est très content des résultats obtenus, et qu'on ne doute point qu'un tir systématique n'obtienne toujours des succès éclatants. D'après les recherches faites par M. Gombach, on a la ferme persuasion que si les tirs ne détruisent pas la grêle, du moins ils l'affaiblissent. Malgré tout, il est bien satisfaisant de constater qu'en Carniole, quoique avec une méthode modifiée, le tir contre la grêle soit déjà au point d'organisation existant ; les observations faites là-bas seront, sans doute, bien utiles.

D'après les dépenses, on peut calculer que les frais pour un hectare protégé s'élèveront de 1 à 2 kr. La tactique recommandée par M. Gombach, qui a donné à ce sujet des instructions très détaillées, est de ne pas dépasser la distance de 1.250 m. entre les stations et de ne tirer en moyenne que 30 à 60 coups par heure.

LE LITTORAL

La Direction de la Société d'Agriculture de Trieste a bien voulu me faire l'honneur de me choisir comme son représentant à ce remarquable congrès, et m'a chargé de vous exprimer ses meilleurs vœux pour sa réussite ; veuillez, Messieurs, les accepter avec bienveillance.

Cette société et le conseil agricole provincial travaillent continuellement au perfectionnement systématique du tir contre la grêle, et leurs efforts sont couronnés des succès les plus consolants.

Il existe en Istrie un premier champ circonscrit et suffisamment armé à Vermo ; le second est celui de Pinguente qui, à l'exception de 5 stations, est, lui aussi, suffisamment muni.

Nous avons donc les groupes de :

1.	Pinguente avec............	40 stations de différents systèmes		
2.	Vermo...................	15	—	—	—
3.	Pisino...................	14	—	—	—
4.	Montona.................	10	—	—	—
5.	Les .petits groupes de 2 à 5 stations de Capodistria, Antignana, Cascierga, Lindaro et Pirano, avec.......	16	—	—	—

Au total nous avons en Istrie 95 stations, alors que, l'année dernière, il n'y en avait que 41 ; parmi celles-ci il y en a 30 à chassepot, qui ne sont pas du tout à ma convenance.

D'après les informations que je dois à l'obligeance de M. François Zaratin, secrétaire de la Société d'Agriculture de Trieste, les groupes mentionnés, à part celui de Vermo, ont bien besoin d'être complétés, et il serait à désirer qu'après tant de difficultés on éliminât bientôt le système des appareils se chargeant par la culasse. Dans le domaine de Zwittani, ces canons, après avoir tiré quelques coups, ne purent pas continuer à fonctionner, et la grêle tomba dru, causant de grands dégâts. La même chose arriva à Pinguente, où les habitants, instruits par leur propre expérience, retournèrent au système des mortiers. On a l'intention de compléter, l'année prochaine, ces installations, de manière que les groupes de Pisino, de Montona et de Pinguente soient réunis, et si ces installations sont faites suivant les règles, il n'est point douteux que, selon toute apparence, on puisse dire que l'Istrie possède un champ de tir remarquable.

Les résultats furent assez satisfaisants et, à part les deux cas cités plus haut, il ne grêla sur aucun des terrains défendus par le tir.

Deux accidents ont été relatés : l'explosion accidentelle de cartouches d'appareils se chargeant par la culasse, la manipulation imprudente de la poudre, avec ce sans-gêne traditionnel qu'on ne saurait trop regretter : un jeune garçon s'approcha du dépôt de poudre avec une allumette enflammée, et dans ses poches on trouva de la poudre mêlée à des allumettes!!!

Dans les autres parties de l'Illyrie, à Goritz et à Gradisca, il n'y a aucune organisation. Il existe, en tout, environ 50 stations alors que 300 seraient nécéssaires. On n'a que de petits appareils avec des charges insuffisantes, dont on ne peut pas attendre grand succès... La Société d'Agriculture de Goritz et de Gradisca s'occupe bien de cette question, mais avec l'idée préconçue qu'il est encore trop tôt pour se mettre à l'œuvre.

DALMATIE

Ce pays, où le vin et la viticulture forment une branche principale de l'industrie des habitants, a deux zones de tir grêlifuge, celle sur l'île Lesina, avec 38 stations, et celle de Spalato avec 12 stations. Il y a encore, dans d'autres provinces deux groupes plus petits l'un de 7 stations à Knin et l'autre dans le Val di Dreno. Le rayon de Gelsa, le plus grand et le plus complètement armé, organisé et dirigé pendant les premières années par l'Impérial et Royal lieutenant de vaisseau M. Charles de Appellauer, était florissant sous sa direction, mais lorsqu'une longue maladie et d'autres circonstances le forcèrent à quitter son poste, l'œuvre ne marcha plus et l'île fut visitée par des grêles fréquentes. Dans cette dernière année on ne s'est point occupé de sa réorganisation, mais on n'a pas eu non plus à se plaindre de la grêle, car, selon les renseignements de M. Appellauer, il n'y eut pas beaucoup d'orages dans cette saison.

A Gelsa, il semble règner un état de choses qui rend impossible l'action unie de tous les facteurs indispensables pour atteindre le but désiré. Le petit rayon de Spalato, sous la direction du secrétaire de la Société de Viticulture, M. de Tartaglia, qui s'intéresse beaucoup à cette question, est muni de petits appareils qui tirent avec une charge de 80 grammes. L'année dernière il grêla dans ce rayon, parce que les forces employées étaient trop faibles. Cette année il a été épargné, et j'ai quelques raisons de croire que les rares chutes de grêle dans nos régions ont préservé la Dalmatie de dégâts considérables. Ne croyez pas trouver là-bas de l'apathie. Il n'en est rien : on attend seulement une subvention de l'Etat, subvention qui ne tardera pas à venir, si les résultats des expériences officielles de Windisch-Feistritz et d'Oberhollabrunn continuent à être satisfaisants pendant quelques années de suite.

HAUTE-AUTRICHE

La Diète subventionne une petite installation de stations fondée par un consortium d'intéressés. La première idée en fut donnée par le président de la Société d'Agriculture, M. Georges Wieninger, spécialement pour offrir au cercle des intéressés l'occasion de pouvoir s'édifier eux-mêmes, dans leur propre pays, sur l'opportunité de l'érection de stations de tir. L'installation se fit avec dix appareils de mon système et le compte-rendu de son fonctionnement prouva que l'expérience avait parfaitement réussi. Ce fut particulièrement la journée du 1er juillet qui démontra l'utilité de ce procédé pendant un orage où il tomba seulement de la pluie sur le rayon de Scharding, tandis que la demi-périphérie vers l'Est était dévastée par la grêle.

TYROL

Comme il a été dit plus haut, on n'en est pas encore venu là-bas à une action proprement dite. Les deux conseils agricoles provinciaux suivent la question très attentivement et le directeur de l'Institut d'Agriculture de Saint-Michel, M. le professeur Charles Portele, s'efforce, par des arguments scientifiques et pratiques, d'expliquer la chose aux agriculteurs aussi clairement que possible. La grêle est rare en Tyrol, particulièrement dans la vallée de l'Adige. Dans la partie italienne, elle ne tombe pas plus et certaines communes y ont établi une vingtaine de stations, mais avec de vieux modèles. Les résultats obtenus ne sont pas de grande importance ; il y manque une organisation précise et l'emploi de leurs petits appareils ne peut pas nous donner des succès décisifs.

Dans le Tyrol allemand, aux environs de la commune d'Eppan, près de Bolzano, on a placé 10 appareils des plus forts, qui, selon le rapport reçu, n'ont pas encore été mis en œuvre, quoique installés là déjà depuis l'année dernière.

CARINTHIE

Le tir systématique n'a pu encore pénétrer dans cette région. La Société d'Agriculture se donna bien à l'étude de la question et grâce aux efforts de l'Impérial et Royal capitaine de cavalerie, M. de

Elbl, au château de Hunnenbrunn, près de Saint-Veit sur la Glan, on a un petit champ de tir consacré spécialement à des expériences. On n'y compte que 3 stations et les autres parties du pays n'ont que quelques appareils.

AUTRES PAYS DE NOTRE ROYAUME

A Salzbourg, en Bohême, en Galicie, en Moravie, en Silésie et en Buchovine, on n'est pas encore initié au tir grêlifuge, pour la bonne raison que ces pays ne cultivent pas les vignes. Cependant les Conseils agricoles provinciaux de la Bohême et de la Moravie, comme aussi la Société d'Agriculture de la Galicie ont déjà pris des informations, et il reste à savoir ce que ces corporations concluront sur ce point.

RECHERCHES SCIENTIFIQUES EN AUTRICHE

Vous savez déjà que nous avons fait, à Sainte-Catherine sur la Lamming, des expériences très exactes pour examiner théoriquement les phénomènes qui pourraient donner une explication sur l'efficacité du tir grêlifuge, mais, d'après les conséquences tirées et me référant ici aux rapports lus par moi aux Congrès de Casale-Montferrat et de Padoue, il manquait à tout cela une base scientifique. Je suis fier que nos expériences préliminaires aient attiré l'attention du directeur, déjà souvent mentionné, de l'Impérial et Royal Institut central de météorologie, qui a saisi avec empressement l'occasion de visiter pour la première fois, le 9 janvier 1900, notre champ de tir, accompagné de son secrétaire M. Trabert. Cette visite eut pour résultat de graves mesures et de sévères observations sur la question du tir, dont les résultats ont été publiés au cahier n° 9 du *Journal autrichien de Météorologie* de l'année 1900. Ces résultats excitèrent l'intérêt des gens de science et notre champ de tir reçut la visite de nombreux physiciens et météorologues de toutes les nations, qui voulurent voir notre procédé expérimental et en firent la base de leurs études. En outre M. le professeur d'université, Dr C. P. Czermak, écrivit un rapport sur nos observations des anneaux tourbillonnants (Rapport des séances de l'Académie impériale des Sciences de Vienne, tome CIX, divis. II), et M. le professeur d'Université, Dr G. Vincentini, publia, à Padoue un ouvrage intitulé :

Esperienze sul projettili gazosi (Actes du R. Istituto veneto di Scienze, Lettere ed Arti, tome LIX, avril 1900), et *Gli spari contro la grandine* (Actes ci-dessus, tome LX octobre 1900) ; beaucoup de savants prirent ce thème, basé sur nos expériences, comme sujet de leurs considérations. Les rapports de mon établissement et mes propres écrits exposent les résultats des grandes expériences de Sainte-Catherine sur la Lamming. Je n'entrerai pas dans les détails particuliers, car je suppose que chacun de ceux qui s'intéressent un peu à notre question en a les notions principales ; ces détails sont déjà devenus publics dans les ouvrages populaires,sans mentionner les innombrables brochures, sur ce sujet, qui parurent ensuite dans notre pays et à l'étranger. Le point essentiel de nos observations est naturellement le phénomène le plus intéressant : l'anneau tourbillonnant. On voulait voir si la force relativement remarquable déployée par cet anneau, si la loi du mouvement auquel il est sujet sont telles qu'on puisse en déduire une influence directe, mécanique ; mais, jusqu'à ce jour, on n'a pas pu encore soulever entièrement le voile qui enveloppe cette question et les différents problèmes que soulève ce phénomène si unique. Les qualités du mouvement et les forces mécaniques de cet anneau sont telles qu'on ne peut pas penser à une influence directe des coups sur la formation de la grêle, excepté dans les cas où les nuages ne dépassent pas la hauteur relative de 300 à 400 mètres, Ce serait du temps perdu que de vouloir se mettre à examiner tous les effets indirects possibles ; on se perdrait dans le règne d'hypothèses dont la valeur nous serait encore plus douteuse, n'ayant nous-mêmes que des connaissances obscures sur la formation de la grêle.

J'ai fait toutes les expériences imaginables et je les continue avec la permission du conseiller de la Cour et prof. à l'Université de Graz, M. le Dr Léopold Pfaundler, en examinant très exactement la loi du mouvement de l'anneau tourbillonnant, avec les petits modèles construits d'après mon système, en employant les instruments et les mesures que l'honorable conseiller a l'amabilité de me prêter. Le résultat de ces expériences n'a de l'intérêt qu'au point de vue physique, ce ne sera qu'après deux ans qu'on pourra leur donner une valeur, le procédé marchant très lentement. Il est peu probable qu'on en obtienne des succès pratiques. Les expériences préliminaires de six mois ont justifié ma ferme conviction qu'il est nécessaire de proportionner entre elles les dimensions des appareils, comme aussi les charges de poudre, et j'ai aussi la satisfaction de pouvoir constater que les principes énoncés se trouvèrent, dans la pratique, parfaitement justes. Mais tout cela n'est pas suffisant pour considérer le problème du tir comme résolu, et je suis d'accord avec l'opinion de nos savants qui disent que l'utilité du tir grêlifuge ne se démontrera que par la pratique et, particulièrement, lorsqu'on y emploirera les moyens les plus extrêmes, sans outrepasser les limites de la responsabilité.

D'après cet exposé vous pourrez vous faire maintenant une idée claire et précise de notre travail en Autriche.

Vous verrez, chez nous, une poursuite du problème libre de toute passion, une grande dévotion pour la science, qui nous aide beaucoup et nous soutiendra toujours. Vous remarquerez combien le gouvernement impérial, les représentants des pays, les chefs des départements d'agriculture provinciale sont favorables à notre action ; combien tous ces facteurs, unis entr'eux, agissent, se complètent ensemble, et vous serez convaincus que nous ne nous perdons pas dans des conjectures. Les Cercles agricoles attendent avec patience et pleine confiance la résolution du problème, et tous ces hommes dévoués qui nous assistent par leurs observations et leurs recherches peuvent être sûrs de la reconnaissance de leurs égaux. Ils se font une juste réputation par leur conduite si prudente dans cette question, moyen qui, seul, pourra nous conduire à la pénétration des mystères qui l'enveloppent encore, et j'ai la conviction que vous tous, Messieurs, vous exprimerez avec moi notre désir unanime que tous ces longs travaux, ces grands sacrifices pécuniaires consentis dans ce but, soient couronnés d'un plein succès en réalisant les espérances que nos agriculteurs fondent sur cette nouvelle méthode.

Gustave SUSCHNIG.

M. le Président. — Messieurs, l'attention que vous avez accordée à M. Suschnig, ainsi que les applaudissements avec lesquels vous avez accueilli la lecture de son rapport, sont une preuve de l'intérêt que vous attachez à ce remarquable travail.

Quelqu'un demande-t-il la parole ?

M. le Colonel Tua. — M. Suschnig vient de nous dire qu'il croit indispensable que les canons soient chargés à 180 grammes de poudre. Je ne partage pas cette opinion, et je tiens à en faire la déclaration d'une façon plus détaillée. Aussi, je prie M. le Président, s'il estime que mon observation sera mieux à sa place à la suite d'un autre rapport, de vouloir bien me fixer la séance dans laquelle ce rapport viendra en discussion.

M. le Président. — Il est difficile au Bureau de prendre l'engagement vis-à-vis de M. le colonel Tua de faire discuter tel rapport dans telle séance, je lui rappellerai seulement que nous avons fixé à la séance de dimanche matin la lecture du rapport de MM. Canard et Pistoi, sur le matériel du tir. Nous espérons que M. le colonel Tua sera libre d'assister à cette séance, qui sera d'autant plus intéressante, qu'à ce moment le jury de l'exposition des canons aura statué.

A propos de l'influence de la charge de poudre et de la force des canons, suivant les endroits où ils sont disposés, je remarque que M. Suschnig propose de placer des canons avec une charge plus forte dans les régions de peu d'altitude et, au contraire, des canons avec une charge moins forte quand l'altitude est plus grande.

M. le Dr Vidal.. — Je suis heureux d'entendre formuler cette déclaration par M. le Président, car elle corrobore celle que j'ai faite en 1900 à l'Académie des Sciences. Je ne veux pas développer cette question maintenant, mais j'en reparlerai d'une façon plus détaillée au moment où j'exposerai mon rapport sur les fusées grêlifuges.

M. le Président. — Personne ne demandant plus la parole, je mets aux voix le rapport de M. Suschnig.

(Ce rapport est adopté à l'unanimité.)

M. le Président. — Comme suite au rapport de M. Suschnig, le bureau a reçu de *M. Stiger* un intéressant travail qui sera publié dans le compte rendu.

RÉSULTATS OBTENUS EN 1901 PAR LE TIR CONTRE LA GRÊLE EN AUTRICHE

Par M. Albert STIGER

MESSIEURS,

Après six ans d'observations continues, en tirant à temps dans les surfaces protégées, je ne puis signaler un seul accident de grêle. Il s'en suit que la croyance de l'efficacité du tir a pris racine dans notre population.

A l'approche de violentes tempêtes accompagnées de grands orages, j'entendais souvent la remarque suivante : « Cette fois, le tir ne servira à rien ». Je ne puis assurer que l'avantage signalé plus haut ait été obtenu par le tir, n'étant pas à même de le prouver scientifiquement, cependant, je puis constater que jamais il ne grêla après un tir soutenu.

Lorsque les chutes de grêle nombreuses et répétées des années précédentes et les terribles dégâts qui s'en suivirent firent germer en moi l'idée de troubler par le tir la tranquillité proverbiale de l'atmosphère qui précède un orage, je rencontrai des difficultés imprévues à l'exécution de ce projet.

Outre qu'il me fallut d'abord, avec de grands frais matériels, approprier le terrain, le munir d'appareils, pourvoir aux munitions et engager les hommes nécessaires pour le tir, il me fallut encore soutenir un combat contre la population campagnarde, superstitieuse et opiniâtre, de telle sorte que, plus d'une fois, je fus sur le point d'abandonner cette idée.

Le tir dirigé contre les nuages était, à l'entendre, la source de tous les maux, de la pluie trop fréquente, de la sécheresse ou de la grêle tombée dans le terrain avoisinant ! On alla même jusqu'à porter plainte et à me menacer de mort, si je ne mettais fin à ces essais, cause de tant de malheurs !

Les observations acquises sur ce sujet m'encouragèrent à braver tous les obstacles qui s'opposaient à mon projet, jusqu'à ce qu'enfin rendu attentif par les résultats favorables obtenus dans mon rayon, un plus grand cercle commença à s'y intéresser. La Commission agricole de la Styrie et le ministère d'agriculture intervinrent, ce dernier délégua le directeur de la station centrale météorologique, M. le professeur Perntner, pour examiner la question à fond.

Après la première épreuve qui eut lieu à Sainte-Catherine, sous la direction éclairée de M. Suschnig qui, à cette occasion, avait fait creuser les fossés appropriés au tir, la force mécanique du tir sur le déplacement de l'air fut pleinement prouvée et M. le professeur Perntner déclara que cette manière de troubler l'atmosphère ne manquait pas d'arguments scientifiques.

Ce n'est qu'après le jugement rendu par cet éminent savant que mes essais furent pris au sérieux, et dès lors, M. le professeur Perntner eut la maîtrise dans cette question. Ses avis furent acceptés par son excellence M. le Ministre de l'Agriculture, baron Giovanelli, et de cette manière furent assurés à l'entreprise les sacrifices matériels devant servir à la cause commune.

M. le professeur Perntner reconnut de suite que, pour amener la solution du problème, il fallait dans ce cas que la science et la pratique marchassent de pair et il organisa aussitôt des stations d'essais munies des canons Suschnig, appareils de tir bien connus, placés sous la garde de personnes sûres et s'entendant à ce genre d'exercice. Les stations météorologiques furent augmentées et les recherches scientifiques de M. le professeur et docteur Perntner sur ce sujet sont assez répandues aujourd'hui pour n'avoir point besoin de les répéter ici. De cette manière, toutes les conditions devant amener la solution de la question furent exactement remplies.

Qu'il me soit permis de rendre compte de quelques observations faites durant le tir.

Un coup tiré pendant une chute de neige et dans une atmosphère parfaitement calme, eut pour résultat de disperser les flocons de tous côtés, en les faisant tourbillonner rapidement. M. le capitaine Hinterstoissa, de la section d'aérostation, assure, après un essai, avoir observé et senti un fort déplacement atmosphérique, à une hauteur de 500 mètres à peu près.

Avant un violent orage, on peut remarquer que les nuages s'amoncellent les uns sur les autres dans une direction contraire. Cette direction inverse dans les courants atmosphériques n'a pas seulement lieu dans les hautes régions, mais bien dans les couches d'air inférieures et je pouvais constater ce phénomène après le tir et l'évaporation de la fumée au déplacement des courants. Les stations sont, dans les rayons abrités, placées sur quatre parallèles, et sont à une moyenne de 400 mètres au-dessus du niveau de la mer. La fumée occasionnée par le tir de la première parallèle monte souvent vers le sud ; dans la deuxième, elle se tourne vers le nord ; dans la troisième et quatrième parallèles se font remarquer les mêmes différences de direction, puis tout-à-coup les courants atmosphériques se déplacent et changent de ligne.

Je ne puis prouver scientifiquemement si l'effet produit sur l'orage repose sur le hasard, ou si celui-ci est le résultat du tir contre les nuages ; cependant je puis prouver qu'il ne s'est produit aucun coup de foudre dans le rayon muni de stations de tir et dans leur voisinage.

J'ajouterai que ce n'est que sur des terrains bien organisés et munis de grands appareils que l'on peut espérer des résultats sérieux. Un phénomène si violent de la nature, la grêle, ne peut être repoussé qu'à l'aide de moyens énergiques et je ne puis recommander à cet usage que les grands appareils. Je les recommande d'autant plus qu'en ce qui concerne les appareils, j'ai gardé la neutralité la plus complète et ne suis lié ni par une patente ni par une entreprise matérielle. Je souhaite à cette industrie un bon succès et je souhaite qu'elle produise des appareils tels qu'ils n'excluent pas à l'avance la possibilité d'un résultat.

Albert STIGER.

M. le Président. — La parole est à *M. Ottavi*, député au Parlement italien, président du Comité d'organisation des congrès de Casale et de Padoue, et nous pouvons dire aussi, l'un des membres les plus actifs du Comité d'organisation du congrès qui se tient à Lyon.

RÉSULTATS OBTENUS EN 1901 PAR LES TIRS CONTRE LA GRÊLE EN PIÉMONT

Rapporteur : M. OTTAVI

Député au Parlement italien, président du Comité d'organisation des Congrès de Casale et de Padoue.

La statistique complète des canons existants dans les quatre provinces du Piémont n'a pas encore été établie, mais l'on peut admettre, d'après les renseignements puisés à différentes sources, qu'il existe en cette région près de 1.300 canons, dont la plupart de petit modèle, c'est-à-dire se chargeant avec moins de 100 gr. de poudre par chaque coup.

Les canons qui ont plus ou moins régulièrement fonctionné en 1901 sont au nombre de 950 savoir :

PROVINCE DE TURIN

Arrondissement de Turin.............................	82	
— d'Ivrea.................................	6	88

PROVINCE DE CONI

Arrondissement d'Alba...............................	68	
Autres arrondissements.............................	35	103

PROVINCE D'ALEXANDRIE

Arrondissement d'Asti................................	170	
— de Casale.............................	168	
— d'Acqui..............................	100	
— d'Alexandrie..........................	45	483

PROVINCE DE NOVARE

Arrondissements de Novare et Varallo..................	207	
— de Biella.............................	69	276

		950

Ces 950 canons appartiennent à un grand nombre de syndicats ayant de 4 à 180 canons. Les plus importants sont :

Le Syndicat de Nizza-Monferrato, qui possède environ 180 stations de tir, disposées dans les communes de San-Marzanotto, Rocca d'Avazzio, Masio, Mongardino, Castiglione, Rocchetta Tanaro, Isola d'Asti, Vigliano, Mombercelli, Costigliole, Agliano, Vinchio, Castelnuovo Calcea, Vaglio, Moasca, Nizza, Incisa, Castelnuovo Belbo, San-Marzano qui touchent les trois arrondissements d'Asti, Acqui et Alexandrie ;

Le Syndicat de Novare qui a 103 canons, disposés dans les environs de cette ville ;

Et le Syndicat de la colline de Turin jusqu'au Chieri qui possède 82 canons, comprenant les groupes de Moncalieri (8), Revigliasco (12), Pecetto (18), Chieri (6), Pino (10), et d'autres plus petits.

D'après le rapport sur les résultats en Piémont, présenté par M. Roberto au Congrès de Novare (octobre 1901), rapport qui est très documenté et aussi très consciencieux, les résultats des tirs ont été, dans ces trois grands syndicats, tout-à-fait satisfaisants. Bien que l'année ait été très riche en orages, dont quelques-uns très violents et dangereux, toute la région protégée a été presque complètement exempte des dégâts qui ont eu lieu presque partout en Piémont. On a même remarqué que quelques orages ont sauté tout le réseau occupé par les stations de tir. Si, quelque part, il est tombé un peu de grêle, M. Roberto a pu s'assurer que juste dans ces points les artilleurs n'avaient pas tiré ou très irrégulièrement.

Le fait que les trois plus grands syndicats du Piémont ont obtenu de bons résultats est suffisant pour l'éminent professeur d'Alexandrie pour qu'il conserve sa pleine confiance et sa foi qu'il communique, dans ses conférences si applaudies, aux agriculteurs piémontais. Pourtant il y a eu des insuccès très graves et je ne les cacherai pas à MM. les membres du Congrès de Lyon, imitant M. Roberto qui les a impartialement racontés dans son rapport de Novare.

L'orage du 17 mai a dévasté un grand nombre de communes viticoles de l'arrondissement de Casale, en traitant de la même manière les localités protégées par les canons et celles qui n'en ont pas. Les communes de Camino (13 canons), Vignale (24), San-Giorgio (27), Treville (4), Sala (6), Rosignano (6), Orzano (8), Cereseto (6), Grazzano (29), Olivola, Casorzo, Ottiglio, Cella-Monte, Frassinello, Ponzano, Salabue, Serralunga, ayant chacune quelques stations, ont été plus ou moins ravagées par une grêle d'une violence effrayante.

Il faut dire, cependant, qu'une organisation quelconque des tirs manque absolument dans le Montferrat, où l'on peut dire que chacun travaille pour son compte, que le nombre des appareils est insuffisant pour une expérience sérieuse, et que réellement l'orage du 17 mai éclata à l'improviste sans laisser le temps de courir aux pièces; en conséquence presque partout les tirs ont été faits en retard et irrégulièrement. Après le 17 mai dans presque toutes les communes de l'arrondissement de Casale on n'a plus jamais tiré.

Parmi les insuccès les plus graves il y a celui de Grignasco, dans la province de Novare. A Grignasco fonctionne un syndicat de tir de 31 stations, qui ne put pas se défendre, le 12 juin, d'un vrai désastre causé par la grêle. Un rapport très détaillé sur cet orage a été rédigé par M. de Alessi, professeur d'agriculture de la province de Novare. D'après ce rapport, les canons de Grignasco tirèrent, ce jour-là, de midi et demi jusqu'à 5 heures de l'après-midi. La grêle tomba vers 4 h. 1/2 et pendant une heure ; le pays de Grignasco, proprement dit, eut peu de grêle, mais Sasso-Bianco eut le 100 % de détruit et Colma le 75 %, bien que les canons aient fait leur devoir. M. de Alessi croit que, dans certains cas, les tirs ne font que provoquer la chute de la grêle... si celle-ci est déjà formée ! D'après lui, les canons seraient efficaces, mais avant que la grêle se forme; ils pourraient l'être quelquefois lorsque il n'y a encore que le grésil de formé, en provoquant la chute de ce dernier ; mais si les grêlons ont pu grossir et se compléter, alors le canon les fait tomber plus vite encore. M. de Alessi nous assure que tout cela est arrivé sur le syndicat de Grignasco, qu'en conséquence Sasso-Bianco et Colma se sont généreusement sacrifiés à leurs voisins, et il en conclut que le seul moyen d'organiser une lutte efficace, consiste à placer les canons sur la montagne. pour combattre l'orage à son origine.

Je dirai un mot aussi sur un troisième insuccès, celui de Saluces, dans la province de Coni. Le président du syndicat de tir s'exprime de la façon suivante : « Le syndicat se compose de 23 canons distribués sur 400 hectares. Nous avons eu 25 orages pendant lesquels nous avons employé 800 kilog. de poudre, avec une moyenne de 170 coups par orage et par canon. Le résultat a été mauvais, à tel point que l'on dit chez nous que les canons sont bons quand il ne grêle pas, mais que quand il grêle les canons laissent grêler. Nos récoltes sont en grande partie détruites. La confiance a disparu. Je puis vous assurer que Saluces ne profitera pas de la loi sur les syn-

dicats contre la grêle; même je crois pouvoir vous dire que, dans
trois ans, on ne parlera plus de canons en Italie ».

Sur les endroits de l'arrondissement de Saluces visités par la grêle,
nous avons un rapport très consciencieux de M. Rizzo, professeur de
physique et délégué du Ministère de l'Agriculture pour l'observation
et l'étude des orages en Piémont. M. Rizzo visita les lieux dévastés
par la grêle à Saluces, dans les orages des 12 juin et 22 juillet, et
ajouta son rapport à celui présenté par M. Roberto à Novare. Il nous
dit que l'on ne saurait évidemment nier le désastre, mais qu'on ne
pourrait pas encore condamner pour toujours nos essais de tir.
« Nous en pouvons seulement conclure — dit M. Rizzo — que, avec si
peu de canons sur une surface si étendue et contre des orages si
violents, la lutte est impossible ». Il ajoute que, le 22 juillet, deux
pièces ne fonctionnèrent pas et que la grêle pénétra précisément par
le point qui n'était pas défendu, et que la violence des deux orages
était réellement extraordinaire : plus de 140 gros arbres, le 22 juillet,
ont été arrachés ou coupés.

Je ne m'arrêterai pas à l'histoire de tous les orages et de tous les
syndicats; je me bornerai à dire que, dans le rapport de M. Roberto,
l'on trouve beaucoup de faits qui nous font espérer en l'efficacité des
canons, et que les insuccès, malheureusement assez nombreux, sont
expliqués et justifiés par l'honorable professeur et sympathique
rapporteur à notre Congrès.

Textuellement, M. Roberto nous disait à Novare : « Les résultats de
1901, en Piémont, me disent que les tirs seront efficaces tant qu'on les
fera avec un nombre suffisant d'appareils, que l'on fera fonctionner
en temps utile. C'est une force que nous opposons à une force et,
dans cette lutte nous aurons la victoire toutes les fois que nos
canons auront une force plus grande que celle des orages ; malheureusement celle-ci peut augmenter jusqu'à un point que nos appareils
ne pourraient pas atteindre, et voilà pourquoi nous ne sommes et ne
serons jamais en état de combattre tous les orages ».

Au même Congrès, M. Rizzo, qui étudie la question sur place depuis
deux ans, nous disait qu'il n'a pas encore pu avoir la certitude que
les tirs aient une efficacité contre la grêle, et, quant à moi, je vous
dirai, Messieurs, que, depuis trois ans, j'étudie à mon tour pratique-
ment la question, que je n'ai pas eu de grêle..., mais je vous demande
encore quelques années d'observations et d'expériences avant de me
prononcer.   Ed. OTTAVI.

M. le Président. — Messieurs, vous venez d'entendre l'intéressant rapport de M. le député Ottavi. Je le remercie d'autant plus qu'il n'a pas craint de dévoiler les insuccès; c'était indispensable, car, il faut le dire bien haut, nous n'avons pas réuni ce congrès pour vulgariser l'usage du tir contre la grêle, mais surtout pour le discuter.

Les insuccès devaient être signalés, afin qu'on puisse les soumettre à la discussion et à l'étude.

J'ouvre la discussion sur le rapport de M. Ottavi, et j'invite tout particulièrement l'éminent professeur *M. Roberto* à prendre la parole,

M. Roberto. — Messieurs, je vous demande pardon de ne pas m'exprimer très correctement en français, mais soyez assurés que je porte le plus haut intérêt à la question que nous étudions ensemble.

Je remercie M. Ottavi d'avoir bien voulu citer dans son rapport quelques-unes des paroles que j'ai prononcées à Novare.

Je voudrais, Messieurs, vous rapporter tous les faits que j'ai observés dans le Piémont, mais je me contenterai de vous dire que, d'une façon générale, nous avons eu des résultats complètement favorables, toutes les fois que nous avons disposé de consortiums bien établis et bien desservis.

Je dois citer trois sociétés ou groupes de sociétés; la première est celle de Novare, qui possède 150 canons. Elle s'est toujours bien défendue contre la grêle, mais elle avait commis une faute dans l'installation des canons, ce qui lui a valu une déconvenue. Malgré les dégâts qui sont imputables à cette faute, on ne peut que se féliciter de la constatation qui a été faite, car elle est un enseignement pour l'avenir. Les canons avaient été distribués sur un grand rectangle, et ce rectangle a été très bien défendu; mais à l'ouest, on avait placé quatre canons en dehors de tous les autres. Or, les orages viennent habituellement de l'ouest ou du nord, et ces quatre canons ne suffisaient pas parce qu'ils n'étaient pas aidés par les autres. La grêle est tombée sur cette région ; il n'y a là rien d'étonnant.

Un autre consortium très complet est celui de Moncalieri qui s'étend aux communes de Revigliasco, Pino Torinése, Pecetto et Chieri. Il est bien établi et bien desservi, mais quelquefois tous les artilleurs n'ont pas fait régulièrement les tirs et alors il a grêlé exactement où la défense a manquée.

Le troisième consortium est celui de Masio-Nizza-Monferrato qui a assuré une défense complète, mais là aussi il y a eu des fautes commises dans l'installation, et je les mentionne précisément parce qu'elles confirment l'efficacité du tir quand il est bien employé. Il y a un grand rectangle bien défendu par les canons, excepté une vallée garnie d'arbrisseaux qui est orientée du nord au sud. Au sud on a placé deux canons ; les orages venant du nord ont suivi cette vallée, et ont rempli de grêle ces deux canons, ce qui a fait dénommer plaisamment ces canons grêlomètres. Plusieurs orages ont ravagé cette vallée ; la faute n'en est pas aux canons, puisqu'il n'y en avait pas, mais au manque de canons.

Je ne veux pas entrer dans plus de détails, je dirai seulement que nous n'avons pas eu jusqu'à présent un seul cas de tempête de grêle que les canons n'aient pu défendre.

La vallée du Pô est la vallée classique des orages, c'est là qu'ils se développent le mieux ; vous avez les Alpes à l'est, mais nous les avons au nord et à l'ouest. Vous avez, il est vrai, les Cévennes à l'ouest, mais les orages ne se développent pas dans les Cévennes avec la même intensité que dans les Alpes. La neige sur les Cévennes est fondue au mois de juillet, tandis que sur les Alpes, elle ne fond même pas au mois d'août.

Nous avons donc des températures très différentes entre la montagne et la plaine, et la plus petite perturbation atmosphérique qui pénètre au delà des Alpes nous occasionne des ravages terribles dans la vallée du Pô, alors que vous ne ressentez rien ici et que vous n'avez même pas de pluie.

A Saluces, nous avons eu deux désastres complets, le 12 juin et le 12 juillet ; les canons ont été complètement remplis de grêle, mais je l'avais prévu avant. J'ai dit, en effet, que malgré toutes les mesures de défense que nous puissions prendre, nous verrions toujours des orages plus forts que nos canons.

Nous faisons de grands navires, mais nous ne sommes pas sûrs qu'ils vaincront toutes les tempêtes, et nous en faisons toujours de plus grands, espérant qu'ils seront plus résistants.

Je veux faire maintenant cette remarque qu'on se trouve quelquefois en face de phénomènes spéciaux, produits par la rencontre de deux orages venant en même temps, l'un du nord, l'autre de l'ouest. J'ai déjà décrit ces phénomènes en 1882 au congrès de Naples, à propos de l'épouvantable orage qui s'est produit en Amérique, dans la vallée du Mississipi, le 29 et le 30 mai 1879. Cette tempête fut terrible, ce fut un ouragan, ou plutôt une série d'ouragans comme on n'en avait pas vu depuis fort longtemps. Cinquante personnes furent tuées, et il y eut une perte d'un milliard. Cet orage fut bien plus important que ceux de la vallée du Pô. J'ai envoyé l'explication aussitôt que j'ai eu connaissance du fait, car j'avais déjà étudié les tempêtes depuis plusieurs années, et je savais ce qui se passait lorsque deux orages, venant en sens différent, se rencontrent. Si vous voulez vous en rendre compte vous-mêmes, vous n'avez qu'à observer les tourbillons d'eau qui se produisent sous l'un des ponts du Rhône ; vous verrez deux tourbillons, l'un horizontal, l'autre vertical, qui se heurtent, puis un troisième qui est incliné ; celui-ci se décompose en horizontal et en vertical ; ce dernier est bien plus important que les autres.

Dans chacun des deux orages de Saluces, il y avait eu aussi un tourbillon à axe incliné, qui s'est décomposé en deux tourbillons, l'un à axe horizontal, l'autre à axe vertical. Je doute que, dans ce cas, les canons arrivent jamais à être efficaces, car ils ne sont pas suffisants. Comment le seraient-ils, quand on songe que le tourbillon vertical a rompu 140 arbres de haute taille, et que par l'autre tourbillon, à axe horizontal, cause de la grêle, les canons furent renversés ? Dans ce cas, il faut forcément battre en retraite et se reconnaître vaincus ; mais être vaincu aujourd'hui, cela veut dire être victorieux demain !

Connaître l'insuccès, cela veut dire savoir combattre demain !

M. Châtillon. — Après les explications si nettes et si complètes de M. le professeur Roberto, je n'aurai que quelques mots à dire.

Je juge que le rapport de M. Ottavi est, en somme, favorable aux canons, et voici pourquoi : je me souviens que, l'année dernière, au Congrès de Padoue, M. Ottavi nous disait que pour pouvoir lutter contre tous les orages il fallait avoir des associations bien organisées, c'est-à-dire possédant un nombre de canons suffisants, et surtout ne pas perdre de vue que les artilleurs doivent s'astreindre à une discipline rigoureuse. Voilà les enseignements que nous avons rapportés du Congrès de Padoue, et c'est ce que nous avons tenu à mettre en pratique. Or, que venons-nous d'entendre dans le rapport de M. Ottavi ? Que, toutes les fois que ces conditions ont été réalisées dans le Piémont, les résultats ont été satisfaisants, et qu'en 1901 on n'a enregistré que des succès ; qu'au contraire les associations mal organisées n'ont pas donné de bons résultats.

M. Ottavi cite le cas d'organisations isolées, de consortium situés à 15 ou 20 kilomètres les uns des autres ; qu'y a-t-il d'étonnant à ne constater que des insuccès avec ces organisations ? Comme le dit M. Roberto, ces insuccès sont des victoires, car ils démontrent précisément l'efficacité des bonnes organisations.

Les trois insuccès signalés par M. Ottavi, celui de Grignasco, celui de Sasso-Bianco, et enfin celui de Saluces, sont des insuccès auxquels il ne faut pas attacher une trop grande importance, car les consortiums ne paraissaient pas avoir été établis avec toutes les conditions désirables.

Quant à moi, j'adopte d'une façon formelle les conclusions présentées par l'honorable professeur M. Roberto, qui estime que, somme toute, on ne peut arriver à se défendre contre les orages généraux que lorsqu'on a des postes suffisamment nombreux et surtout lorsque les artilleurs arrivent à ces postes au moment du danger et font preuve d'une discipline ne laissant rien à désirer.

M. le Président. — Messieurs, les deux derniers orateurs viennent de donner des commentaires très intéressants du rapport de M. Ottavi. Personne ne demandant plus la parole je mets aux voix ce rapport.

Le rapport de M. Ottavi est adopté.

Je donne la parole à M. *Vittorio Alpe*, rapporteur pour la Lombardie.

M. Alpe. — Avant de lire mon rapport, permettez-moi, Messieurs, en ma qualité de vice-président de la Société des agriculteurs de Lombardie, de vous présenter les salutations amicales de cette Société pour les agriculteurs de votre région, avec les meilleurs souhaits pour le succès de l'agriculture française !

LES TIRS CONTRE LA GRÊLE EN 1901 EN LOMBARDIE

Rapporteur : Dr Vittorio ALPE

Professeur à l'Ecole supérieure d'Agriculture de Milan,
président du Congrès de Padoue.

La Lombardie est une région qu'on peut considérer comme formée de quatre parties :

1º La partie méridionale, constituée par une plaine presque partout arrosable. Les cultures les plus répandues sont les prairies, le blé, le maïs, la rizière. Tous les cultivateurs assurent les céréales contre les dommages de la grêle à des compagnies d'assurance, en payant une prime qui, en général, n'est pas trop élevée.

2º Une partie, au nord de la précédente, plus élevée, où l'irrigation est peu étendue. Les cultures les plus importantes sont le maïs, le blé, le mûrier, les pommes de terre ; il y a très peu de vignobles et d'arbres fruitiers. La grêle y tombe très fréquemment et, jusqu'à aujourd'hui, on payait pour assurer seulement le froment.

3º Une partie en coteaux qui est cultivée à peu près comme la deuxième, mais la vigne y acquiert une certaine importance. Elle forme de véritables vignobles dans les provinces de Sondrio (Valtellina), de Bergamo, de Como, de Brescia où sa culture est mêlée à celles du blé, du maïs, du mûrier. Les orages à grêle y sont très nombreux et les dégâts qu'ils y produisent sont très sensibles. Mais les compagnies d'assurance ou n'acceptent pas du tout la charge d'assurer le produit de la vigne, ou elles demandent des primes trop élevées.

4º Une partie de forêts et de pâturages qui montent sur les flancs des Alpes.

C'est dans la deuxième et surtout dans la troisième partie de la région qu'on a salué avec le plus grand enthousiasme la nouvelle des tirs contre la grêle ; c'est dans ces contrées qu'on a fondé le plus grand nombre de syndicats ou *consorzi* grêlifuges. Les provinces de Bergamo et de Brescia se sont trouvées en première ligne dans ce mouvement, grâce à la propagande de MM. les professeurs Tamaro et Sandri, directeurs des Ecoles pratiques d'Agriculture, de Grumello del Monte et de Brescia. La province de Sondrio, qui a beaucoup de forêts et de pâturages, n'a rien fait. Dans la province de Como on a fondé des *consorzi* partout dans l'arrondissement de Varese ; un *consorzio* seulement a été institué dans la province de Milan et peu de canons ont été employés dans la province de Cremone. Dans celle de Mantoue les associations sont assez nombreuses.

Des rapports qui ont été présentés au Congrès de Novare, au mois d'octobre, et des discussions qui ont suivi j'ai pu tirer les indications suivantes.

PROVINCE DE MILAN. — *Association de tir de Cassano-Magnago, Oggiona et San-Stefano, Albizzate et Solbiate.* — Les stations de tir sont au nombre de 42 ; la surface à défendre est de 1,225 hectares appartenant à trois communes et à 1,131 propriétaires.

Fondée en 1900, elle n'a pas eu d'insuccès à enregistrer.

En 1901, les orages ont été au nombre de 29 dont 9 à grêle. On a tiré 12.500 coups, c'est-à-dire à peu près 300 coups par canon.

Les résultats constatés par le président, M. l'ingénieur Domenico Oliva et au moyen d'une enquête très sérieuse, peuvent être résumés comme il suit :

L'orage du 24 juin a donné de la grêle sur une partie du territoire de l'Association qui a été défendue par deux canons qu'on croit aujourd'hui trop éloignés les uns des autres.

Le 1er juillet, l'orage était d'une violence extraordinaire. Il s'est formé pendant la nuit, après une fête ; les artilleurs n'ont pas été tous à leurs pièces au moment voulu. Sept canons ont manqué de tireurs et trois ont tiré trop tardivement ; la surface qui devait être défendue par ces 10 pièces a reçu la grêle. Le reste de la zone où on a tiré régulièrement n'a pas eu des dégâts, tandis qu'à l'est du consortium les campagnes ont eu des dégâts de 25 à 75 % et à l'ouest de 10 à 90 %.

Contre les autres orages qui ont porté la grêle dans les environs (14, 29 juillet, 26 août), on croit avoir obtenu de vraies victoires.

Le rapport de M. Oliva est arrivé à cette conclusion qu'il faut croire à l'efficacité des tirs, mais que, lorsqu'on doit combattre des orages d'une très grande intensité, il est nécessaire d'avoir des associations très étendues, pour pouvoir commencer les tirs au moment de la formation de l'orage et qu'il faut disposer de canons puissants, surtout dans la plaine.

PROVINCE DE COME. — Il y a trois associations : *consorzio Varesino* avec 98 canons, le plus important ; *consorzio* de *Cadrezzate* très petit ; *consorzio* de *Merate*. Des propriétaires : MM. Borghi à *Varano*, M. Isacco à *Rogeno* (32 canons), M. Rosales à *Bernate* et d'autres à *Tradate* ont organisé aussi des stations de tirs.

M. Ch. Mozzoni, rapporteur au Congrès de Novare, président de l'association de Varèse, a constaté que les orages ont été au nombre de 35. Plusieurs d'eux ont produit des dégâts dans les environs du *consorzio* et pas dans la zone défendue, à l'exception des suivants :

29 juillet. — Grêle à Cazzago où les artilleurs sont arrivés trop tard à leurs pièces ; à Lissago où trois canons avaient des avaries ; à Biumo où il y a un groupement isolé de cinq canons dont deux n'ont pas fonctionné et trois ont dû être abandonnés par les artilleurs, car les cabanes avaient été envahies par l'eau, et la poudre s'était mouillée.

21 août. — Quatre canons n'ont pas fait de tirs et les dégâts ont été de 20 0/0, tandis que la grêle s'arrêtait à 350 mètres des canons qui tiraient.

MM. Borghi ont constaté qu'à *Varano* les tirs ont *presque toujours* défendu les récoltes ; seulement pendant les orages des 20 et 25 juillet, qui se sont formés pendant la nuit et qui n'ont pas permis aux artilleurs de se porter immédiatement aux pièces, on a dû enregistrer des insuccès.

Pour la même cause on a eu de la grêle à *Cadrezzate*. A *Merate* une petite surface longeant son pourtour a reçu la grêle qui a tout détruit ; deux canons n'étaient pas en activité. Pendant deux orages on a observé la chute de grêle molle (*nevischio*). Les agriculteurs admettent, comme démontrée, l'efficacité des tirs.

A *Tradate* la grêle est tombée pendant un orage nocturne qui n'avait pas permis un fonctionnement assez prompt des canons. Il y a eu des orages qui, ayant épargné la zone protégée, ont donné la grêle aux communes voisines. « Cela servirait à démontrer — écrivait le président de l'association — *au moins jusqu'à une épreuve contraire* que les canons ont servi à quelque chose ».

PROVINCE DE BERGAME. — Les associations de tir qui, en 1900, étaient au nombre de 34, en 1901 sont passées à celui de 35 par l'institution du consorzio de Adrara San Martino avec 23 pièces. Le total des canons dans cette province a été de 434 ; mais le rapport présenté par M. Tamaro, à Novare, parle du *découragement* qui, cette année va se substituant à l'excessif enthousiasme du passé. Le changement dans l'esprit des agriculteurs s'est produit au sujet de plusieurs insuccès. Les orages qui commencèrent le 28 avril et s'achevèrent le 2 septembre, ont été au nombre de 38. Tandis que le premier et ceux de mois de mai (8, 9, 15, 16) ont donné de la grêle au dehors de la zone protégée en faisant espérer que l'action des canons fût efficace, l'orage du 20 mai a laissé tomber de la grêle à Grumello où l'*on avait tiré tardivement*. Pendant l'orage du 4 juin on a vu tomber le *nevischio*.

Mais, le 18 du même mois, on s'était défendu pendant quelque temps ; puis l'orage a recommencé *très haut* avec la chute de la grêle qui continua pendant une heure *sans que les canons aient pu montrer leur efficacité*. Les dégâts ont été évalués de 60 à 100 %. Le rapporteur écrit: « L'opinion générale est que cet insuccès est dû à ce que les points élevés d'où l'orage dérivait étaient dépourvus de canons et qu'ensuite l'orage s'étant formé trop haut, il n'était pas à portée des canons ».

Un autre insuccès s'est affirmé le 12 août ; l'orage venait de Valcamonica, très haut et il a causé des dégâts variables de 60 % (sur les collines) à 20 % (sur la plaine), dans la commune de Adrara.

Enfin, le 2 septembre, on a eu la grêle à San-Paolo d'Argon, Cenate et Trescore. Elle a produit les dégâts les plus considérables dans les communes qui étaient le moins protégées. M. Tamaro conclut : « La campagne grêlifuge de 1901, pour la province de Bergamo, peut se résumer avec un insuccès dans les communes de Alzano, Nembro, Nese, Ranica, Redona, Torre Boldone, à cause de *la violence des orages* ; dans les communes de Almenno San-Bartolomeo et Adrara, parce que ces communes sont *tout près de montagnes* sur lesquelles et au delà desquelles il n'y avait pas de canons ; dans les communes de Albano, Cenate-Sopra et Cenate-Sotto, San-Paolo d'Argon, une partie de Trescore, de Villongo San-Alessandro, San-Filatro à cause du manque de discipline dans les tirs et du nombre insuffisant de canons.

« *Dans vingt communes, la lutte est réussie parfaitement* ». M. Tamaro dit encore qu'il faut une meilleure organisation, et moins d'associations, mais plus étroitement liées entre elles.

PROVINCE DE BRESCIA. — En 1900, il y avait 43 associations qui ont fonctionné aussi parfaitement en 1901 avec leurs 1,412 pièces. Ces canons protègent les coteaux qui s'étalent du lac de Garde au lac d'Iseo, où les orages à grêle se manifestaient tous les ans. Il y a des communes qui, pendant 25 ans, ont eu leurs récoltes presque entièrement détruites. Depuis que l'on emploie les canons (trois ans) la grêle n'y est plus tombée. On doit signaler seulement cinq insuccès à l'occasion d'orages très forts qui ont déraciné des arbres, qui ont emporté les toits des hangars, qui ont bouleversé même les canons. Le temps était tellement mauvais, que les artilleurs devaient cesser le feu.

On croit que c'est à cause de la violence exceptionnelle de l'orage que, dans la zone de l'Association de Castenedolo où, pendant trois ans, la grêle n'était pas tombée, on a eu des dommages évalués de 30 à 40 % de la récolte. Les propriétaires ne se sont pas découragés ; comme ils avaient lutté victorieusement contre 30 orages, après l'insuccès ils ont augmenté le nombre et la puissance des canons.

L'association de Capriano del Colle a un réseau de stations de tir qui forme un A où les extrémités des deux lignes se trouvent éloignées de 2 kilomètres. Un orage a pénétré entre ces lignes et, comme il ne pouvait être combattu que de deux côtés, il a pu avancer sur la surface qui n'était pas protégée en se jetant même sur quelques canons. M. Sandri, rapporteur à Novare sur les tirs dans la province de Brescia, a exprimé l'opinion qu'il n'y aurait pas eu d'insuccès si toute la surface comprise entre les deux lignes était défendue. A Monticello-Brusati, la grêle n'est pas tombée en 1899 et 1900. Cette année, on a tiré contre un orage pendant deux heures, après quoi, on n'avait plus de munitions et la grêle est tombée. Ce n'est pas un insuccès, a dit M. Sandri, parce que, pendant ce même orage, à Provezze, où l'on avait une plus forte provision de poudre, on a pu continuer le feu et il n'y a pas eu de dommages.

Le consortium d'Iseo a des artilleurs qui ne sont pas des métayers ou des journaliers payés ; c'est ce qui fait que la discipline des tirs est très difficile à obtenir. Un dimanche, l'orage s'avance et les artilleurs étaient réunis devant l'église ; la grêle commence à tomber et ils courent à leurs pièces, mais tardivement. Toutefois lorsque les canons commencent à fonctionner, la chute de la grêle s'arrête et le dégât peut être évalué en moyenne à 15 0/0. Les résultats de l'association d'Iseo ne pourront être bons à cause d'un autre défaut, c'est-à-dire que la zone près du lac n'est pas protégée.

M. Sandri n'a pas moins de confiance aujourd'hui qu'il en avait aux Congrès de Casale et de Padoue. Mais il croit absolument nécessaire de donner à chaque artilleur un bon nombre de cartouches pour exécuter des tirs rapides, lorsque l'orage arrive inattendu et que la grêle commence à tomber.

PROVINCE DE PAVIE. — M. Colombo, directeur de l'Ecole d'agriculture de Voghera, a rapporté au Congrès de Novare les résultats obtenus dans sa province.

Dans l'arrondissement de Voghera, il y a 18 communes protégées avec une surface de 5,430 hectares et 226 canons. On a eu des résultats *excellents* ou *très bons*; mais il y a eu aussi des insuccès qu'on attribue au peu de discipline des tirs, au manque d'instruction des artilleurs.

Dans les *consorzi* de Santa-Maria della Versa, Donelasco, San-Damiano al Colle, Costa San-Fedele on a rapporté que, « cette année, le tir des canons a paru suffisamment efficace ». Pendant l'orage du 23 juillet des canons sont restés sans poudre et là seulement la grêle est tombée. Le 15 août on a observé la chute de neige demi-fondue au commencement du tir des canons. Le 4 septembre, un orage très fort a détruit les récoltes tout autour du *consorzio*; sur la surface protégée il n'y a pas eu de dégâts.

L'arrondissement de Lomellina a deux associations; celle de Zeme possède 77 canons. Les orages qui étaient les plus menaçants ont été ceux du 18 juin qui a donné de la pluie sur les campagnes protégées et de la grêle au dehors; du 1er juillet avec chute de *nevischio* et de la grêle à Mortara, Vigevano, etc., qui n'ont pas de canons; du 12 septembre qui a donné très peu de grêle à Zeme où les canons n'ont pas tiré.

Le consortium de Monteleone (34 canons) a eu de très bons résultats.

M. le professeur de Benedetti, président de l'Association de Tir de Oliva Gessi, a écrit que après les résultats de cette année et surtout de 1899 et 1900, il est toujours convaincu de l'efficacité des tirs contre *les orages qui se manifestent localement*.

La même opinion a été exprimée, à Novare, par M. Colombo, comme conclusion de son rapport.

PROVINCE DE CRÉMONE. — Il y a l'Association de Due-Miglia avec 30 canons. Elle est présidée par M. Beltrami, qui a fourni les renseignements suivants : Les orages ont été au nombre de 14, dont 8 seulement ont été combattus ; pendant ceux des 20 mai et 15 août on a vu très nettement que les nuages à grêle, à la suite des tirs se transformaient en une brume blanchâtre, pour se reconstituer et porter la grêle à 6 kilom. plus loin.

L'Association de Vho a tiré contre 26 orages avec succès, parce que la grêle est tombé à 2, 4, 5, 6 kilom. au Nord-Ouest, au Sud-Est, à l'Est de la zone protégée avec des dégâts de 80 0/0.

PROVINCE DE MANTOUE. — Dans cette province, l'opinion publique sur l'efficacité des tirs contre la grêle est un peu ébranlée. Le directeur de la chaire ambulante d'agriculture, M. Canova, déclare qu'il a très peu de foi ; il est tout à fait contraire à ce que le Conseil provincial ait à se prononcer favorablement à la formation d'associations *obligatoires* de tirs contre la grêle.

Les associations libres qui ont fonctionné en 1901, sont les suivantes :

Communes	Hectares	Canons	Orages
1. Monzambano	491	20	?
2. Villa Poma	950	37	?
3. Sustinente	1.000	31	5
4. Pieve di Coriano	1.000	29	10
5. Ponti sul Mincio	500	19	15
6. S.-Giovanni del Dosso ..	1.800	40	25
7. Campitello	600	18	50
8. Pegognaga e S.-Benedetto del Po	1.500	47	20
9. Quistello	1.000	30	29
10. S.-Giacomo Segnate	1.150	36	13
	9.591	307	

Des rapports des présidents ou vice-présidents de ces associations, que M. Canova a eu l'obligeance de me communiquer, il résulte que l'opinion publique et des associés est :

a) Très favorable (S.-Giovanni del Dosso).

b) Favorable au point de vouloir augmenter la zone des associations (Campitello), mais à condition d'employer des canons puissants au pourtour (Quistello).

c) Favorable (Pegognaga et S.-Benedetto. — Pieve a Coriano) et avec l'intention de continuer les tirs l'année prochaine.

d) Beaucoup de doutes sur l'efficacité, même dans les associés (Sustinente).

e) La confiance est bien affaiblie à *Ponti sul Mincio*, où le 1er juillet, la grêle a produit de forts dégâts. On a cru que la violence du vent fut la cause de l'insuccès. Mais le 20 juillet, la grêle est tombée encore après 20 minutes de pluie, sans que le vent soufflât et quoique les canons aient fonctionné *magnifiquement*. Le rapporteur continue : « ... si l'orage de quelque importance qui, après tout, est celui qui donne probablement de la grêle, ne peut pas être combattu efficacement, il est inutile de faire de dépenses pour des orages légers qui, probablement, ne nous envoient que de l'eau bienfaisante ».

Dans l'association de *S.-Giacomo*, il y a encore de l'enthousiasme pour les tirs, mais aussi la plus complète incrédulité. Au milieu, on trouve des personnes, le vice-président du consortium compris, qui croient que la science se trouve sur le bon chemin pour la découverte du moyen capable de défendre de la grêle ; le moyen sera peut-être le canon, mais pas confié aux mains du paysan. Dans la zone, on a tiré contre 13 orages, dont 5 n'avaient pas les caractères de ceux à grêle ; 6 s'étaient formés peu loin et on put voir les nuages déchirés par les coups de canons, le tonnerre se faire plus faible ou se taire complètement ; la grêle n'est pas tombée.

Mais contre deux orages qui venaient des Alpes, les tirs se sont montrés inutiles et la chute de la grêle n'a pas été empêchée.

Le Congrès de Novare, après avoir entendu l'exposé des rapports sur les tirs dans les diverses régions d'Italie, a adopté l'ordre du jour suivant :

« Le Congrès, après avoir entendu les rapports sur les « tirs contre la grêle en 1901, retient comme confirmés les « bons résultats de 1899 et 1900, là où les associations ont « fonctionné régulièrement et avec des moyens suffisants, « et lorsque ne sont pas survenus des orages de vio- « lence exceptionnelle. »

Dans cette conclusion on peut tirer la conséquence que le problème de la défense contre la grêle n'est pas complètement résolu.

Pour rendre moins long le temps des tâtonnements et des dépenses, il serait utile que les gouvernements fournissent l'organisation rationnelle et complète de plusieurs associations de tirs, avec le droit d'un *contrôle officiel* des résultats qu'on obtiendra chaque année. Alors seulement l'interprétation des faits observés ne sera pas modifiée par le milieu dans lequel ils sont examinés et discutés, et les agriculteurs seront parfaitement renseignés sur l'efficacité de la pratique des tirs contre les nuages.

Ce n'est pas une conclusion que je présente, c'est l'expression de mon opinion personnelle.

Vittorio ALPE.

Milan, 10 novembre, 1901.

M. le Président. — Messieurs, vous venez d'entendre le rapport de M. Alpe, qui a été président du deuxième Congrès international de Padoue et président du Congrès national de Novare. Vos applaudissements lui ont prouvé tout l'intérêt que vous attachiez à son remarquable travail.

M. Guinand. — Je me permettrai de demander à M. Alpe si, dans les cas d'insuccès qu'il a signalés, les consortiums étaient éloignés les uns des autres ou, au contraire, appuyés les uns sur les autres; si le nombre de leurs canons était suffisant et si la discipline du tir était convenablement organisée. Il y a intérêt à éclairer notre religion sur la façon dont les choses se sont passées.

Je demanderai aussi à M. Alpe s'il n'est pas permis de voir une petite réticence, qui indiquerait un commencement de doute, dans l'ordre du jour adopté par le congrès de Novare, lequel congrès s'est borné à retenir les bons résultats obtenus, mais seulement lorsque ne sont pas survenus des orages d'une violence exceptionnelle.

M. Alpe. — La première association qui a eu un insuccès est celle de Ponti Sul Mincio qui défendait 500 hectares seulement, avec 19 canons, l'autre association est celle de S.-Giacomo Segnate qui avait 36 canons et défendait 1.150 hectares. Ces deux associations de la province de

Mantoue se trouvent à côté du Pô. Plusieurs sociétés sont groupées et forment pour ainsi dire une fédération qui couvre une surface de terrain assez étendue ; les canons sont en nombre suffisant et répondent aux conditions établies au congrès de Padoue et nécessaires pour le succès. Quant aux conditions de fonctionnement, je dirai que le rapport relate que, à Ponti Sul Mincio dans l'orage du 20 juillet, le tir a magnifiquement fonctionné. Dans le deuxième cas d'insuccès, l'orage ne s'était pas formé sur la surface défendue par le consortium, mais bien plus loin. La province de Mantoue est, vous le savez, assez éloignée des Alpes, et les orages portent la grêle contre les Apennins. Ceux qui n'ont pu être combattus sont des orages qui s'étaient formés très loin et qui sont arrivés avec une grande violence et une grande vitesse ; les canons ont bien fonctionné, mais ils ne se sont pas montrés suffisants. C'est ce qui résulte des rapports des présidents des consortiums, mais contrairement à ce que pense M. Guinand, ces messieurs n'ont pas perdu la foi et se proposent de continuer le tir l'année prochaine.

M. Roberto. — Il existe encore des orages d'une catégorie différente de celles que j'ai décrites, ce sont les orages qui éclatent dans le milieu d'un cyclone ; pour ces orages spéciaux, il faut établir une défense spéciale. On ne doit pas créer des sociétés de tir sans connaître le but auquel elles doivent répondre. Il faut, au préalable, demander au bureau central de météorologie quels sont les orages qui éclatent le plus souvent dans une région, et proportionner la défense au genre d'attaque qu'il faut combattre.

M. Porro. — Au sujet du contrôle officiel que les gouvernements pourraient apporter à l'organisation des stations de tir, je me souviens des observations qu'a faites M. le président du deuxième Congrès international de Padoue. M. Alpe a rappelé, lorsque je voulais entrer dans des questions d'ordre administratif, que le congrès était international, et que ces questions ne pouvaient y être traitées. Je me permets de dire aujourd'hui que cette opinion n'est pas tout à fait la mienne, et j'espère que le contrôle officiel du gouvernement sera partout aussi utile au progrès du tir contre la grêle qu'il l'a été en Autriche.

Je puis affirmer aussi que là où les succès ont été les plus frappants, le contrôle du gouvernement avait été exercé.

Je dois ajouter une considération de fait sur la province de Crémone que je connais très bien, puisque j'y suis né, et où j'ai fait une conférence pour l'organisation d'un consortium. Cette province est à une altitude très basse, à 40 mètres seulement au-dessus du niveau de la mer ; les canons employés sont d'une force médiocre, et se sont montrés suffisants toutes les fois qu'on a tiré, ceci dit pour répondre à l'opinion de M. Suschnig sur les différences d'altitudes.

Je terminerai enfin par une petite observation que je n'ai pas eu l'occasion de faire après le rapport de M. Ottavi, c'est qu'à ma connaissance personnelle, le consortium de Saluces est mal organisé ; les artilleurs croient qu'il n'est pas nécessaire de se préoccuper d'autre chose que de tirer, ils ne se soucient pas de savoir quand et dans quelles conditions il faut tirer.

M. le Président. — Messieurs, si personne ne demande plus la parole, je mets aux voix le rapport de M. Alpe.

Le rapport de M. Alpe est adopté.

Je prie M. Ottavi de vouloir bien nous donner lecture du rapport de *M. Mareschalchi* qui n'est pas encore arrivé.

LES TIRS DANS LA RÉGION ÉMILIENNE

Rapporteur : A. Marescalchi

Rédacteur en chef du *Coltivatore*

L'Emilie, qui comprend les provinces de Piacenza, Parma, Reggio, Modena, Bologna, Ravenna, Ferrara, Fosti, compte vingt syndicats de tirs régulièrement constitués et plusieurs petites organisations de tirs faites par des agriculteurs isolés. Comme il est impossible de rendre compte exact de ces petites organisations, je me bornerai à un bref rapport sur le fonctionnement des syndicats réguliers dans l'année courante, en me servant uniquement des rapports très diligents et très complets qui ont été présentés au Congrès de Novare par MM. le professeur Ferruccio Sago (pour les provinces de Piacenza, Parma, Reggio, Modena et partie de Bologna), le comte J. Sampieri (pour les provinces de Bologna, Ravenna), et des renseignements que j'ai eus, pour la province de Ferrara, de M. le professeur V. Peglion.

PIACENZA. — Dans cette province nous avons encore les deux consortiums qui existaient en 1900 : celui de *Ziano* et celui de *Creta, Ganaghello e frazioni limitrofe*.

Le Syndicat de *Ziano* a soixante-deux canons sur une étendue de 3.100 hectares les 3/4 cultivés en vignobles. L'écartement moyen d'une station de tir à l'autre est de 700-750 mètres. La charge de poudre employée est de 55-60 grammes. Des deux types de canons adoptés dans ce syndicat (Magliano et Barnabo) les artilleurs agricoles trouvent plus pratique celui de Barnabo. Tous les orages furent combattus et la grêle ne tomba pas, exception faite pour l'orage du 23 juillet, où la grêle tomba sur les rayons des canons qui, d'après les renseignements de M. Sago, n'ayant plus de poudre à leur disposition, cessèrent les tirs au moment où la grêle commençait.

Le Syndicat de *Creta et pays environnants* a vingt-deux canons Magliano sur une étendue de 700 hectares ; l'écartement des stations est de 600 mètres. On a tiré contre trente orages dont le tiers d'aspect très menaçant. Dans les orages des 12 et 18 juin et celui du 4 octobre, on a observé le *nevischio* au lieu de la grêle qui avait battu les territoires voisins dépourvus de canons. Ici même, dans l'orage du 23 juillet, à cause du manque de poudre, plusieurs canons n'ayant pu continuer les tirs, la grêle tomba.

PARMA. —Dans cette province on compte cinq syndicats de tirs :

Cortamegrana di Nocelo, avec 35 canons écartés de 500 à 700 mètres ;

Medesano, avec 31 canons écartés de 400 à 600 mètres ;

Torrechiara ;

Salsomaggiore.

Nous n'avons de relations complètes que pour celui de *Costamegrana*, où l'on a eu de la grêle dans les orages du 30 avril et du 18 juin au milieu des canons, mais parce que — dit le rapporteur — on n'eut pas le temps de prévoir l'orage et de commencer les tirs au moment juste.

Les brefs rapports des autres syndicats signalent simplement, en général, les bons résultats des tirs.

REGGIO EMILIA. — Il n'y a qu'un syndicat de tirs, celui de *Campagnola Emilia*, qui compte 40 canons. Les résultats de l'année sont signalés comme bons.

BOLOGNA. — Il y a cinq syndicats.

A *Barsano*, avec 43 stations de tirs.

A *Malalbeys*, avec 52 stations.

A *Orsano*, avec 12 stations.

A *Dorra*, avec 16 stations.

A *Imola* avec 174 stations.

Des trois premiers syndicats on n'a pas de rapports ; les présidents ont communiqué, au dernier moment, que les résultats ont été, en général, satisfaisants et que la confiance des agriculteurs dans les tirs est encore très vive.

Le Syndicat de *Dorra* a tiré contre bon nombre d'orage ; seulement, dans l'orage du 15 août, la grêle a beaucoup endommagé une partie du territoire du syndicat parce que — écrit le maire de Dorra — « les stations de cette partie du territoire n'ont pas tiré. »

Le Syndicat d'*Imola* a tiré contre une trentaine d'orages.

On a eu, d'après le diligent rapport de M. le comte Sampieri, de la grêle dans quelques parties du territoire du syndicat (36 kil. $\times$ 16 kil.) dans les orages du 30 avril, du 1er mai, du 4 juin, des 7, 15 et 16 août; tous les rapporteurs sur ces orages avouent que les stations des rayons grêlés ou n'ont pas tiré ou ont tiré trop tard et sans discipline.

RAVENNA. — Il y a le syndicat de *Bagnara*, avec 14 stations, et celui de *Massalombarda* avec 130 stations.

Les stations du Syndicat de *Vagnara* ont tiré contre 15 orages ; dans l'orage du 11 juin, un peu de grêle est tombée sur un petit rayon du territoire, et dans l'orage du 22 juillet, la grêle a fortement endommagé un autre côté du territoire ; le secrétaire du syndicat dit que dans les rayons endommagés, les stations étaient trop écartées pour protéger efficacement le territoire.

Le Syndicat de *Massalombarda* a tiré contre seize orages. Dans l'orage du 9 juin, sur une petite partie du territoire, la grêle est tombée le rapporteur dit que l'orage étant arrivé inopinément, on n'a pas pu le combattre avec discipline et rapidité. Dans l'orage du 16 juin, dans un terrible orage, quoique les stations fussent toutes prêtes et diligentes dans les tirs, la grêle est tombée dans le côté N. W.

Le rapporteur dit que, de ce côté, la ligne de *défense* est interrompue en plusieurs points.

Le rapporteur pour la Romagne avoue que la confiance dans les tirs a diminué cette année, car on comprend la difficulté d'un tir prompt, régulier et bien discipliné, où les stations sont très nombreuses et sur une très grande étendue.

FERRARA. — D'après les indications que le distingué professeur M. V. Peglion me fournit, il y a, dans cette province les syndicats de :

Portomaggiore	avec	35	canons
Cologna	»	82	»
San-Nicolo	»	57	»
Santa-Maria Codifiume	»	120	»
Commachio	»	12	»

Pendant toute l'année courante la grêle a épargné les territoires de ces syndicats. En général, les agriculteurs de cette région sont favorables aux tirs et croient encore à leur efficacité.

Après avoir lu tout ce que les diligents rapporteurs ont écrit sur les tirs dans cette région et pendant 1901, je ne trouve pas du tout le *nombre* et le *genre* de *faits* qui pourraient servir à démontrer d'une façon *sûre* l'efficacité des tirs. Les raisons qu'on apporte pour justifier les insuccès sont telles, que je crois bien difficile de les voir cesser. On ne peut pas, avec l'organisation actuelle, assurer d'une manière certaine et absolue que les artilleurs soient *tous* et au *moment propice* à leur poste. C'est dans la nature de l'homme, c'est dans la nature de l'agriculteur, le défaut capital du système tel qu'il est aujourd'hui. Et la difficulté serait plus grande encore si les territoires des syndicats étaient plus étendus, que s'ils étaient petits, et tout le monde sait que la défense ne peut être sérieusement assurée.

D'un autre côté, je ne trouve pas de faits qui puissent démontrer que la grêle ait épargné complètement les territoires de tirs, tandis qu'elle a *endommagé* tous les territoires *environnants*. On a eu, cette année même, comme toujours, dans la région Emilienne comme probablement partout, des orages qui, quoique traversant de grandes régions complètement sans organisation de tirs, n'ont pas touché de grêle certaines portions de leur parcours, portions même d'une limitation presque régulière comme celle des syndicats de tirs, ou qui se sont arrêtés contre des lignes bien nettes, sans que ces lignes fussent les bornes d'un syndicat de tir.

Comme conclusion donc, d'un côté je trouve, comme dans mon premier rapport à Casale, en 1899, que, contre les orages de quelque gravité, la défense, telle qu'elle est organisée aujourd'hui, n'est pas suffisante par défaut des hommes et des moyens, et de l'autre côté je trouve encore que, jusqu'à présent nous n'avons pas encore les faits sûrs et constants sur lesquels on soit autorisé à affirmer que la pratique des tirs est sortie de la première période de l'expérimentation. Une conclusion quelconque ne pourra être tirée, même si les moyens se perfectionnent, que d'ici à une dizaine, une douzaine d'années et plus encore.

A. MARESCALCHI.
Rédacteur en chef du *Collivatore*.

M. le Président. — Personne ne demandant la parole, je mets ce rapport aux voix.

Le rapport est adopté.

Je prie M. Ottavi de vouloir bien nous donner aussi connaissance du rapport de M. Marconi.

M. Marconi ne peut assister au congrès, et son rapport, qui est écrit en italien, ne nous étant parvenu qu'au dernier moment, nous n'avons pas eu le temps de le faire traduire.

M. Ottavi. — Il est regrettable que M. Marconi n'ait pu venir à Lyon, car c'est un des apôtres les plus convaincus du tir contre la grêle. La Vénétie compte d'ailleurs plus de 3.000 canons. Je sais que le rapport de M. Marconi est très optimiste, et il se pourrait bien qu'il neutralisât un peu le mien et celui de M. Alpe, qui sont un peu plus modérés.

RÉSULTATS OBTENUS PAR LES TIRS CONTRE LA GRÊLE PENDANT LA SAISON 1901

DANS LES PROVINCES D'UDINE, BELLUNE, TRÉVISE VÉRONE ET VICENCE

Rapporteur : M. P. MARCONI

MESSIEURS,

Connaissant l'insuffisance de mes forces et les difficultés assez grandes qu'il y a à recueillir des renseignements exacts de points si distants entre eux, j'étais très hésitant à accepter l'honorable mandat de rapporteur des résultats obtenus par les tirs contre la grêle dans la région vénitienne au cours de la saison écoulée ; mais j'ai dû céder aux courtoises instances du distingué comité qui a organisé le congrès, et à celles de mon ami personnel, l'honorable M. Ottavi, le grand maître de l'artillerie agricole en Italie, et je vais vous exposer, Messieurs, ce que j'ai pu recueillir et constater, vous prévenant que, sans aucun doute, la relation que j'ai l'honneur de vous présenter sera incomplète, attendu que, si, de beaucoup de côtés, j'ai eu à mes demandes des réponses courtoises et abondantes, d'autres parts je n'en ai pas reçu, ou les ai reçues incomplètes. Aussi, en remerciant vivement tous ceux qui, par leurs renseignements, m'ont aidé dans ce travail, je m'estimerai heureux si, de vive voix dans le congrès, je puis obtenir quelques-uns de ces renseignements qui m'ont fait défaut, et qui pourraient servir à éclaircir quelques points de l'intéressant problème de *météorologie* qui, si fortement et si utilement, préoccupe les viticulteurs et les agriculteurs.

Ceci dit, voici les faits :

J'ai constaté que, dans la province d'*Udine*, parmi les canons appartenant aux consortiums et aux particuliers, au cours de la saison passée, on s'est servi de 415 canons ainsi répartis :

Azzano, deux consortiums, avec	46	pièces.
Caneva	46	—
Cividale, fraction de Spessa	14	—
Cordenone	45	—
Corno di Rosazzo	13	—
Passan di Pordonone	64	—
Porpeto	7	—
Suçile	36	—
S.-Giorgio della Richiuvelda	32	—
Valvasone	30	—
Ciserüs	27	—
Fiume	19	—
Gemona	3	—
Mauzano	4	—
Porcia	2	—
Pordenone	20	—
Porzuolo	2	—
Provisdonimi	3	—
S.-Daniele	8	—
S.-Giorgio di Nogaro	5	—
Remanzacco	2	—
S.-Martino al Tagliamento	5	—
S.-Odorico	4	—
Povoletto	1	—
Arzene	8	—
Sesto al Reghena	5	—

J'ai le regret de devoir dire que très peu nombreuses ont été les réponses que j'ai eues des consortiums et des particuliers possesseurs de canons dans cette province.

Parmi les autres, le Comice agraire de Pordenone m'a communiqué que, dans cette circonscription, il ne s'est pas encore formé un vrai consortium pour les tirs contre la grêle; mais qu'il y a quelques propriétaires qui ont des canons grélifuges et qui s'en servent; mais ils n'ont point encore pu en constater les résultats, attendu qu'il les ont jugés insuffisants pour la qualité et la quantité.

De renseignements indirects, il résulte pour moi que le consortium de *Ciseriij*, pendant la campagne passée, a obtenu de bons résultats, et qu'on a été content des résultats du consortium.

A *St-Giorgio della Richinvelda*, qui dispose de 32 canons à charge de 120 grammes, depuis deux ans on obtient de bons résultats.

En fait, il n'y a pas tombé de grêle pendant qu'il en est tombé dans les terrains contigus.

A *Valjione St-Lorenzo* on dispose de 30 pièces, à charge de 60 grammes. En l'année 1900, il n'y a pas eu de grêle, mais cette année, un orage très violent a jeté de la grêle sur la zone frontière avec dommage très limité.

Il est regrettable que je ne puisse donner des renseignements ultérieurs sur une région aussi intéressante que celle de *Prioli*.

Pour la province de Bellune, mon rôle est facile, attendu que je n'ai point constaté qu'on y ait établi des stations grélifuges et, sur ce point, j'ai reçu confirmation du professeur Calamani, directeur de la chaire ambulante de cette province.

PROVINCE DE TRÉVISE. — La province de Trévise a été des premières à recueillir l'idée de la défense contre la grêle au moyen des tirs, et depuis trois années il y fonctionne beaucoup de consortiums pour dès lors apporter une sérieuse contribution de faits et d'observations très dignes d'études.

Nombreux et détaillés sont en effet les renseignements qui me sont parvenus de cette province, et il m'est agréable ici de remercier les aimables correspondants qui me les ont fournis.

Les installations dans la province de Trévise à ma connaissance comprennent les consortiums suivants :

Consortiums		Pièces		Hectares
Montebelluna............	disposant de	79	couvrant une aire de	4.600
Conegliano..............	»	25	»	2.170
Susegana	»	59	»	5.129
Piavon..................	»	20	»	800

Consortiums		Pièces		Hectares
Corposica Formenica Cazzuolo (Vittoria Venevo).	disposant de	24	couvrant une aire de	1.500
Fontanelle di Oderzo	»	13	»	600
Godega S.-Urbano	»	34	»	2.300
Varcon S.-Giaconio Pezzan (Conne di Carbonera	»	12	»	600
Pederobba	»	19	»	1.008
Sarma de Montaner	»	23	»	700
Megliano Vente Pregamigiol	»	18	»	2.700
Cappella Maggiore	»	9	»	630
Castel di Godego	»	38	»	1.250
Codogüe S.-Vindemiano	»	42	»	4.500
Colle Umberto	»	19	»	740
Fara de Soligo	»	42	»	2.700
Borgo al Monticano	»	55	»	2.500
Moreno di Piave (établissement privé)	»	14	»	350
Moduna di Livenza	»	42	»	»
Monastier	»	73	»	»
Motta di Livenza	»	90	»	»
Oderzo	»	16	»	1.200
Ogliano	»	12	»	»
Pieve di Soligo	»	25	»	»
Ponte de Piave	»	75	»	»
Possagno	»	11	»	»
Salgaredo	»	20	»	»
S.-Fior	»	12	»	»
S.-Pietro di Feletto	»	22	»	3.000
S.-Polo di Piavre	»	76	»	»
S.-Pietro di Barazza	»	40	»	»
Sivella	»	7	»	»
Valdobbiadonne	»	50	»	»
Vazzola	»	8	»	»
Villa de Cordignans	»	7	»	»
Villorba	»	38	»	»
Volpago	»	30	»	»
Zenon di Piavre	»	25	»	»
Leradina	»	15	»	»

Consortiums	Pièces	Hectares
Cavago............... disposant de 28 couvrant une aire de 3.000		
Fagare .... » 5 » »		

Ainsi en résumé, je conclurai que les stations dont j'ai les détails directs sont au nombre de 374, couvrant une aire de 22.105 hectares.

Les stations dont j'ai les détails indirectement (obtenus en grande partie de mon ami et ex-collègue le professeur Ghellini), sont au nombre de 361, couvrant une aire de 18.910 hectares.

D'autres renseignements incomplets il résulterait qu'il y a 585 autres pièces, couvrant une superficie non définie, donc le nombre probable serait 1.320, chiffre pourtant qui n'est pas absolu, parce que quelques consortiums n'ont existé que de nom.

Quels ont été les résultats de la campagne? Les notes que je présente vont le dire.

Le consortium de *Montebelluna* comprend des terrains en plaine et colline. De ses 79 pièces, 12 sont à grosse charge. Les plus grandes distances entre les pièces sont de 800 mètres. Au cours de l'année, il y a eu 9 grands orages vraiment menaçants. Dans le périmètre du consortium, il n'est jamais tombé de grêle, tandis que les communes limitrophes furent frappées et endommagées.

Le consortium de *Conegliano* comprend aussi plaine et colline. Les pièces dont il dispose sont 15 petites, 9 moyennes et une grosse, séparées entre elles par 900 mètres (théoriquement). Il y a eu 37 orages, et doute sur les résultats concernant deux orages, qui intéressèrent 1/3 de la zone de défense.

Les causes pour lesquelles ces deux résultats furent douteux sont: 1º Le retard dans l'arrivée des artilleurs à leurs pièces; 2º (et, à mon avis, c'est la plus grave raison), le fléchissement qu'il y a eu entre les différentes pièces, à cause de leur trop grand éloignement qui était nominalement de 900 mètres, mais qui sur divers points surpassait 1.000 mètres.

Consortium de *Susegana*. — Il comprend aussi des plaines et des collines et selon mon modeste avis, c'est un type splendide de consortium, pour cette raison qu'il a rationnellement une ligne avancée de canons sur le côté le plus exposé aux orages. On pourrait le prendre comme modèle si l'on réduisait un peu la distance entre les canons, qui me paraît un peu forte puisqu'elle est de mille mètres.

Qu'on m'accorde ici d'indiquer que la ligne avancée de canons est une nécessité, étant donné que la grêle vient d'un nuage élevé de 800 mètres sur l'horizon, et qu'elle arrive, projetée avec un angle de 30 degrés, s'avançant du point de départ à celui d'arrivée d'environ 420 mètres, d'où la nécessité de mettre en pièces ces nuages si l'on veut préserver une zone. Et, à propos de ce fait, je me rappelle une idée émise il y a trois ans par l'ami Véronèse, lequel proposait d'augmenter quelque peu la quote-part des consortiums pour pouvoir faire cette défense des avants-postes, c'est-à-dire que les sommes versées en plus serviraient à compenser les dépenses éventuelles qui seraient consacrées à cet accroissement de la défense.

Le consortium de *Susegana* dispose de 16 grosses pièces, 6 moyennes et 37 petites. Pendant l'année, Il y a eu 40 orages, dont les résultats, dans la majeure partie des cas, ont été favorables, jamais contraires, douteux pourtant le 16 mai. En cette circonstance, on vit quelques débris de grêlons sur un point de la zone, mais il n'y eut nul dommage. Il est à remarquer que ces petits grêlons tombèrent là où se trouvaient les petits canons. Il nous paraît aussi digne d'étude, ce fait du 16 juin, à savoir que l'orage étant devenu très fort, traversa complètement la zone de défense, en la laissant indemne, et il y eut de la petite grêle autour du dernier canon qui était vers la zone du nord-est.

<pre>
              +   +
        +   +   +   +   +
        +   +   +   +   +
        +   +   +   +   +
   A   +   +   +   +   +   B
        +   +   +   +   +
        +   +   +   +
        +   +
</pre>

Quant aux résultats nettement favorables obtenus les 6, 7 et 10 mai, le 1er juillet et dans le mois de septembre, je crois inutile d'en parler.

Consortium de Piavon. — Il se trouve en plaine parfaite. Il dispose en pièces grosses et petites, de 20 bouches à feu, établies à une distance de 700 mètres les unes des autres. Pendant l'année, il y a eu trois orages vraiment menaçants et 20 autres douteux. Le résultat des tirs fut favorable, attendu que, dans la zone voisine de Fossalta Maggiore et de Oderso, dans trois orages plus menaçants, la grêle tomba en quantité telle qu'elle détruisit la récolte, mais à Piavon, grâce aux tirs, il n'y eut pas de dommage.

Carpesica, Formeniga et Cozzuole in Vittorio Veneto. — Ce consortium est situé tout entier sur une colline, et dispose de vingt-quatre postes de tir avec de petites pièces distantes de 800 m. Pendant la campagne, il y a eu vingt-deux orages et le résultat des tirs a toujours été favorable tandis que, en dehors de la zone protégée, à trois différentes fois consécutives, la grêle est tombée.

Pendant l'orage du 22 juillet, il est tombé dans la zone, abondamment, de la petite neige. La direction de ce consortium se propose, pour la saison nouvelle, de rapprocher davantage les pièces et d'en acquérir quelques-unes, puissantes, pour les placer aux endroits les plus exposés.

Fontanelle di Odezo. — C'est une plaine rase. Elle dispose de treize grosses pièces distantes de 700 mètres. Elle a eu cinq orages menaçants. Le résultat du tir fut favorable. Deux fois, à l'extrémité du consortium, on a vu de très petits et très rares grêlons, et en dehors, la grêle est tombée plus de quatre fois.

Godego S.-Urbino. — Ce consortium est aussi en plaine unie et dispose de trente-quatre petites pièces espacées de 850 mètres. Il y a eu neuf orages graves; six fois le résultat des tirs fut favorable et trois fois contraire.

La cause de ces insuccès est attribuée au mauvais service fait dans cette circonstance par les artilleurs. Ce qui le confirme, c'est que la tempête de grêle du 16 mai qui frappa en partie la station de Bibano, doit s'attribuer au fait que, en cette occasion, trois postes ne tirèrent pas du tout, et que d'autres postes voisins ne tirèrent que trop tard.

La panique saisit ceux qui étaient chargés des pièces, parce que, le jour précédent, deux de leurs compagnons, par suite de leur imprudence, s'étaient blessés dans le maniement de leurs pièces.

Les insuccès pendant les journées du 13 et 16 juin, pendant lesquelles la grêle frappa encore la fraction de Bibano et causa un dommage de 10 à 33 %, s'expliquent par ce fait, qu'en cette occasion, on tira tard et peu. On peut ajouter que les pièces sont un peu trop isolées et à distance considérable, d'autant plus que les pièces ne portent que des charges de 60 à 80 grammes de poudre.

On se propose, dans ce consortium, de rapprocher les distances, d'adopter des pièces plus puissantes, et de discipliner les artilleurs, ce qui est d'importance capitale.

Vascon S.-Giacomo, Pezzan (**Commune de Carbonera**). — Est en plaine rase, dispose de 12 postes avec petites pièces distantes de 800 à 1.000 mètres. Dans cette localité, on dit que, durant l'année, il n'y a pas eu des orages vraiment menaçants. Pour cette raison, on n'a point fait attention à l'action des tirs. Heureusement la localité ne fut pas atteinte par les orages, car avec une distance aussi forte entre les pièces et leur petitesse, et en plaine, on s'exposait certainement à un insuccès : que l'on avise pendant qu'il en est temps.

Pederobba. — Plaine et haute colline, je dis ainsi parce qu'elle atteint une altitude de 800 mètres. Les postes sont au nombre de 19, sur lesquels 14 avec de petites pièces, et 5 avec des pièces moyennes. Les orages graves qui se sont produits sont au nombre de 15, dont l'un fut très violent. Le résultat des tirs fut favorable. Cependant, le 6 août, il est tombé de la petite grêle mêlée de pluie. Ce jour-là, on avait fini la bonne poudre du Gouvernement, et on a dû user de la poudre de mine à gros grains, laquelle n'avait aucune énergie. En effet, ayant fait examiner cette poudre par la Commission technique de Conegliano, elle fut jugée absolument inefficace, et ainsi, cet apparent insuccès du 6 août peut s'expliquer.

Sarmede Montaner. — Plaine et colline, dispose de 23 stations avec pièces moyennes (supportant des charges de 150 grammes), espacées de 500 mètres, les orages tombés durant l'année sont au nombre de 40. Les résultats des tirs ont toujours été favorables. Pendant les deux années d'expériences de ce consortium on s'est convaincu de l'efficacité des tirs, sauf pourtant contre les orages très violents, qui sont comme des tempêtes. On considère comme opportun d'avoir des pièces puissantes et une grande étendue de zone défendue.

Mogliano Veneto Preganziol. — Rase campagne, dispose de 68 pièces, dont 45 moyennes, les autres petites, espacées de 700 mètres. Les orages menaçants ont été de 34, et le résultat des tirs a été favorable 32 fois, et contraire 2 fois. Le fait s'est manifesté pour une petite partie du consortium confinant au Nord-Est, dans deux orages du 13 juin et du 10 juillet, et doit être attribué à la violence extrême du vent et, de plus, la partie endommagée correspond à la position des petites pièces. Et puis on a calculé que l'orage avait envahi tout le consortium, et que seulement 100 hectares, sur les 3.000 défendus, furent endommagés dans cette circonstance.

Villorba. — Sur ce consortium, je n'ai pas de renseignements complets. Je sais qu'il a 41 stations de tir, et que le 20 mai il a eu un cas incertain : il était tombé un peu de grêle sur quelques points, et la cause semble devoir être attribuée à ce que l'on avait suspendu le feu, croyant que le danger de la grêle avait été déjà conjuré.

Gaiarini. — Dispose de 10 canons. Le jour du 10 juillet, il est tombé de la grêle. Au cours de cet orage, il régna un vent très violent, et le fait à remarquer est celui-ci : alors que dans le consortium, le dommage fut de 15 à 40 0/0, au contraire, en dehors de la zone de défense, à Zincana, le dommage fut de cent pour cent. En d'autres occasions, le résultat des tirs fut heureux.

Vazzola. — Dispose de 8 postes, et le 9 mai le succès fut incertain, parce qu'il tomba un peu de grêle. Enfin, subitement, en dehors de la zone, la grêle tomba en bien plus grande quantité, mais accompagnée d'un vent très violent qui déracina quelques arbres. Aussi, étant donné le fait du petit nombre de postes, et que l'orage fut très violent, il n'y a pas à s'étonner du résultat obtenu.

S.-Pietro di Barbozza. — Le jour du 10 juillet, dans le groupe de Gua, il y a eu de la grêle menue, mais en dehors de la zone défendue, le dommage fut plus grand. Il est utile de rappeler que, durant d'autres orages, et ils furent très nombreux, à S. Pietro de Barbozza, les résultats furent bons et nettement indiqués, et l'on pourrait remarquer que, le 10 juillet, le fonctionnement des pièces ne fut pas tel qu'on aurait dû s'en acquitter. Je n'ai pas, pour ce consortium, d'autres documents sur le nombre, la distance et la diménsions des canons employés.

Castello di Godego. — Dispose de 38 stations de tir, et eut, durant toute la saison, de bons résultats de tir, spécialement le 13 juin, journée d'effroyable orage, tel que 4 pièces durent cesser le feu par manque de poudre et il y eut de la grêle. Dans le reste de la zone, il tomba de la grêle molle, tandis que, en dehors, dans la localité voisine non défendue, la grêle causa des dommages notables.

Monastier de Trévise. — On a obtenu aussi de bons résultats des tirs, particulièrement le 13 juin, attendu que la grêle tomba brusquement en dehors de la zone protégée par les canons.

Ainsi, en résumant les faits dont j'ai eu connaissance pendant la saison écoulée dans la province de Trévise, on peut dire en toute sérénité de conscience que de bons résultats ont été obtenu à Godego, Suzegana, Mogliano, Prejirusiol, etc. ; et ces résultats ne peuvent être infirmés par les mauvais résultats fort explicables obtenus en d'autres zones mal préparées pour la défense, soit à cause de l'excessive distance entre les pièces, soit à cause de leur petit nombre, soit à cause de la faiblesse des pièces, soit par manque de discipline et d'énergie dans l'action. Ce qui me confirme encore mieux dans cette opinion, est ce que m'écrit le professeur Bensi, président de l'Association agraire de Trévise, lequel me dit que les consortiums qui ont obtenu les meilleurs résultats et qui ont la plus grande foi dans l'avenir, sont ceux qui sont les plus étendus et les mieux organisés.

Quant à ce qui regarde le consortium de *Trévise*, le professeur Rava me fait observer qu'à Saint-Paul on a eu des dommages causés par la grêle. Je prends acte du fait qui ne me surprend pas, je m'attends à d'autres résultats malheureux. J'ai demandé quelques renseignements à ce consortium, qui ne m'a pas répondu. Du reste, pour moi, le cas de la bourgade de Saint-Paul ne fait que rentrer dans le nombre des insuccès qui sont survenus et surviendront à ces consortiums qui ont quelques défauts d'organisation ou de fonctionnement. Qu'on se rappelle que notre lutte est un combat contre les forces redoutables de la nature, et parfois, même avec des conditions bien adaptées, les faits seront plus forts que nous. Mais d'ailleurs, même sur mer, les navires parfois se perdent, ce n'est pas une raison, sans doute, pour ne plus naviguer.

PROVINCE DE VÉRONE

Les documents que j'ai pu recueillir se rapportent aux consortiums suivants :

Consortiums		Pièces		Hectares
Monteforte d'Alpone...	qui dispose de	9	protégeant un aire de	150
Lavagno..............	»	32	»	900
Valgatara............	»	20	»	400
A reporter.....		61	»	1.450

Consortium		Pièces		Hectares
	Report....	61		1.450
Bonavigo.............	qui dispose de 52 protégeant un aire de			1.800
Montorio............	»	13	»	400
S.-Pietro Incariano	»	75	»	2.580
Bardolino...........	»	55	»	1.140
Brenton di Ronea......	»	9	»	600
	Total.....	265		7.970

Je sais que, dans la province de Vérone, il existe d'autres consortiums en dehors de ceux que j'ai cités ; mais je n'ai pu en obtenir des renseignements que j'aurais pu rapporter avec conscience. Aussi je suis contraint de laisser des lacunes dans mon rapport, que le Congrès, j'espère, pourra compléter. En attendant, je dirai les résultats qui m'ont été aimablement communiqués de la part des consortiums cités plus haut.

Monteforte. — Il y a là 9 petites pièces, et le consortium est situé partie en plaine, partie en colline. Les pièces sont espacées de 700 mètres. Les orages qui se sont produits au cours de l'année ont été au nombre de 29, dont quelques-uns sérieusement menaçants. Le résultat des tirs a été favorable. En fait, en dehors de la zone protégée, le 1er juillet, la grêle tomba, ruinant la moitié de la récolte, au lieu que, dans le périmètre du consortium, on n'en a point vu.

Lavagno. — Dispose de 32 pièces petites et moyennes en plaine et en colline. Les pièces de première ligne sont distantes de 500 mètres ; de la première ligne sur les autres lignes, le maximum de distance est de 700 mètres. Les orages menaçants furent divers et le résultat des tirs fut favorable. Il n'a pas grêlé dans la zone protégée; aux confins ouest de cette zone, il y eut, au contraire, des dommages de 30 à 40 %, pendant la tempête du 16 juin. Dans une autre tempête violente du mois de juillet, ont constata que ques petits grêlons, mais ils disparurent promptement et ne firent aucun dommage.

Valgatera di Valpolicella. — Possède 2 grosses pièces et 18 petites, placées soit en plaine, soit en colline. Les orages dangereux furent au nombre de trois ou quatre. Le résultat des tirs fut favorable. Seule, la tempête du 8 mai, venant de l'ouest, déchargea un peu de grêle, qui ne fit pourtant que peu de mal.

Bonavigo. — A 52 petites pièces, toutes situées en plaines espacées de 600 mètres. Il y a eu trois orages menaçants, dont un fut même très violent. Le résultat des tirs a été favorable dans tous les cas, et il est tombé de la petite neige. Ce consortium, en suite de sa pratique de deux années, a pu constater mainte et mainte fois l'efficacité du tir, pourvu qu'il soit effectué avec régularité et l'intensité opportune.

S. Pietro Incariano. — 60 petits canons, et 12 moyens, placés soit en colline, soit en plaine. La forme de la zone protégée est pour ainsi dire ovoïde, avec l'axe le plus grand, de l'ouest à l'est d'où part une appendice qui se prolonge vers le sud-est. En première ligne, ouest et sud-est, les postes se trouvent sur la périphérie, distants de 500 à 600 mètres. Elle possède des canons moyens (c'est-à-dire avec charge de 120 grammes de poudre). En la partie nord-ouest, il y a des stations de vedette en dehors de la zone protégée dans une localité montagneuse, distante de 800 mètres, avec de petits canons. Au nord, la ligne des canons de Zuman forme la défense avancée et couvre sur le côté du nord-est, le consortium de Valgatera, à l'est, le consortium de S.-Vito di Negrar et du côté du sud-est le consortium de Parona.

A l'intérieur, les stations sont munies de petits canons, distants de 800 à 1.000 mètres. Les orages menaçants qui se sont produits, ont été ceux des 1er, 8 et 18 mai, 4 et 26 juin, 1er, 4, 10, 14, 20, 21 et 25 juillet; 25 août et 7 septembre. Le résultat des tirs fut presque toujours favorable, mais spécialement remarqué dans les orages des 1er et 15 mai, 26 juin, 10 et 20 juillet pendant lesquels il tomba beaucoup de grêle dans la zone voisine qui n'était pas défendue, tandis que fut indemne la zone du consortium et des consortiums voisins.

Il y eut un cas douteux dans l'orage du 18 mai, provenant du nord-est. En ce cas-là, pendant quelques secondes, il tomba de petits grêlons dans la partie de la zone sud de ce consortium, sans d'ailleurs produire un dommage sensible.

Le résultat des tirs fut contraire dans l'orage du 8 mai, à 14 heures, et dans l'orage du 1er juillet, à 14 heures.

Quant à ce qui regarde l'orage du 8 mai, il résulte de l'enquête faite par l'ingénieur Buonelli (auquel je dois de vifs remerciements pour les gracieux renseignements et pour les graphiques qu'il m'a fournis), que le dit orage était très élevé, à 1.500 mètres environ, et il tomba de toute sa force sur la localité où étaient les petites pièces. Ajoutons que l'orage ne se montrait pas du tout menaçant et pour cette raison tous les artilleurs de la zone n'exécutèrent point le feu avec cette énergie que la promptitude du cas réclamait. Bien plus, en ce lieu, les mailles du réseau de canons sont un peu larges et par là il n'y a pas à considérer l'événement comme un insuccès, attendu qu'il y a des raisons plausibles pour l'expliquer. Ajoutons que les ravages constatés sur la vendange par ce grand orage de Valpole, après vérification faite, se réduisirent à peu de chose.

Quant à ce qui regarde l'orage du 1er juillet, on se rappelle que ce fut un véritable ouragan et, d'autre part, que la petite zone endommagée se trouve à l'extrémité de l'appendice, vers le sud-est, laquelle, par raison de lieu et de milieu, n'est pas suffisamment protégée. Comme conclusion, je puis dire que, pour le Valpolenella, dans cette région qui, chaque année, subit de grands dommages de la grêle, depuis qu'il existe des canons, les récoltes, spécialement de raisin, sont abondantes, surtout dans les zones qui furent frappées par la terrible tempête du 8 mai, qui a fait tant de bruit. On a noté ce fait que les orages venant de l'ouest et du nord-ouest, sont regardés comme les plus dangereux en ces deux campagnes de 1900 et 1901, bien que survenus avec un terrible aspect, ils n'ont produit nul dommage. Tandis que les résultats obtenus dans les autres orages du sud-ouest et du nord-est (Orages des 8 et 18 mai, et celui du 1er juillet de l'année courante) semblaient moins certains.

Cette différence peut être attribueé à la grande force de la première ligne ouest qui a des pièces à charge de 120 grammes et placées sur la colline et de la ligne nord-ouest qui a de petites pièces, mais sur des positions élevées et avec des stations d'avant-garde.

Brenton di Ronca. — Dispose de neuf petites pièces placées en terrain montagneux et distantes dé 500 mètres. Il y a eu pendant l'année, de très nombreux orages et le résultat des tirs fut toujours favorable; seulement, à l'occasion d'un orage, deux pièces s'étant brisées dans cette zone, il tomba de la grêle.

Montorio Veronese. — A 13 sections munies de petites pièces distantes de 600 métres et placées toutes en colline. Les orages graves, au cours de l'année, furent au nombre de 8. Le résultat des tirs fut favorable, et plusieurs fois, en dehors de la zone protégée, la grêle causa des dommages significatifs.

Bardolino. — Cet excellent consortium qui a coûté tant de soins à l'ami, le professeur Kessler, s'étend de la rive gauche du Guarda aux riantes collines qui lui forment un cadre. Cette région est à l'avant-garde des orages, aussi a-t-elle ressenti les premiers coups ; mais on a prévu les moyens de les combattre en munissant la première ligne de 18 pièces Magliano, de dimensions moyennes, avec charges de 120 grammes, distantes de 500 mètres. Les 37 autres pièces sont petites (charges de 60 grammes), distantes de 600 mètres, et formant les lignes suivantes de la défense. Durant la saison passée, à Bardolino, il y eut 37 orages, parmi lesquels les plus terribles furent ceux des 1er, 23, 31 juillet et du 26 août. On a tiré toujours avec une grande énergie et on a consommé 40 kilog. de poudre. Pendant l'orage du 1er juillet, la grêle tomba à 100 mètres au-delà de la ligne de défense, du côté sud, dans la commune de Larise, non défendue et causa pour 70 °/₀ de dégâts. Le 31 juillet, la grêle tomba dans le lac et frappa aussi les habitations du pays voisin du lac ; mais comme on exécuta des tirs très rapides, la chute de la grêle cessa aussitôt. Le 26 août, il y eut un orage plus terrible, mais énergiquement combattu, et se voyant reçu de façon si peu rassurante, il disparut.

Donc, les résultats de Bardolino sont : grêle, zéro ; récolte, très belle.

En concluant, même dans la province de Vérone, autant que j'ai pu en juger, le résultat général serait favorable au système des tirs. Si l'on excepte les faits que j'ai expliqués de la Valpolèse, on peut conclure que les insuccès ont été observés là où l'on ne s'était pas bien préparé pour la lutte, soit à cause de la distance ou du peu de puissance des pièces ou de leur nombre insuffisant, ou des services défectueux ; d'où il résulte que le problème reste entier et que l'idée générale énoncée reste debout.

PROVINCE DE VICENCE

Cette province a été des premières à accueillir l'idée de combattre la grêle par les tirs, et grâce à l'initiative de MM. Petronio Veronese, d'Arsignano ; Arthur, Ruffo, de Arvtre ; Zélo, Grandi, de Barba_rous ; de Mgr Gottardo de Scotton, de Brazanze ; du docteur Colomba, du com. Clementi du chevalier Lampertico, Mazotto, ingénieur, dalle Ore, de tant et tant d'autres qui s'intéressent avec passion à ce problème on a vu surgir de nombreux consortiums de défense contre la grêle et, pour en donner une idée exacte, je fais ce résumé.

Les conditions spéciales de ma résidence font que pour cette province, je puis donner de plus grand détails que sur les autres, en tant que j'ai été moi-même témoin de quelques faits et, par suite, j'ai pu examiner comment les choses se sont passées. Ceci dit, examinons les consortiums et les faits survenus.

Consortiums	Hectares protégés	Pièces
Arcugano	540	14
Trissino	3.500	50
Installation privée de MM. Roan (voisin de Mondeo, de Veronese et d'Arsignano)	95	5
Pugnello	300	16
Molvena	800	16
Orgiano	1.060	38
Angarano	350	26
Installation privée Clementi de Castagnero	200	7
Quinto	720	24
Samergo	695	28
Lorrigo	4.200	106
Zermeghedo	650	13
Montebello	2.060	18
Mentemagri	568	45
S.-Giorge di Perlena	510	15
Gambettera	750	15
Listera	840	40
Monti di Malo	800	24
Longara	1.200	32
Montecchio Precalino	1.000	34
Quargnenta	520	23
Scheo	1.200	50
Longare	1.272	46
Barbarano	2.900	50
Arzignano	4.850	97
Breganze	2.500	50
Brendola	2.750	55
Brogliano	600	12
Chiampo	1.000	20
Crosara	1.400	28
A reporter	39.710	997

Consortiums	Hectares protégés	Pièces
Report....................	39.710	997
Fara...................................	1.250	25
Grumolo................................	550	11
Marola.................................	700	15
Mason	1.500	30
Montegalda............................	1.400	28
Sarcedo...............................	750	15
Sossano...............................	2.900	58
Sovizzo...............................	1.800	26
Villaverla............................	2.000	41
Villa del Feno........................	650	13
Installation privée de Campiglia (Bressan)..........	850	17
Lugo Vicentino........................	1.000	20
Total......................	55.060	1.296

Du total sont exclues les diverses propriétés privées qui ont trois ou quatre pièces, parce qu'il semble que de pareilles installations ne sont pas susceptibles de donner des éléments sûrs d'étude, quoique parfois ils obtiennent, eux aussi, une certaine action efficace contre quelques orages bénins.

Consortium d'Arsignano. — Il comprend plaine, colline et montagne. De ses 97 pièces, on peut compter que 89 sont petites, à savoir qu'elles ont des charges de 60 grammes de poudre ; 10 pièces moyennes (charges de 100 à 120 grammes) ; 7 grosses de 200 grammes de charge ; et une très grosse, le Long Tom de l'ami Veronese, qui supporte 800 grammes de poudre ; comme on le dit, ils sont espacés d'un minimum de 80 mètres à un maximum de 400 mètres.

Ce consortium, qui fut le premier creé en Italie, et qui fut pour ainsi dire le type de tous les autres, et qui a coûté tant de fatigues, de zèle et de sacrifices à l'ami Petronio Veronese, n'existe plus cette année tel qu'il avait été créé les deux années précédentes, par raison administrative, et un peu par individualisme accentué qui a contribué à le diviser en diverses fractions. C'est pour cette raison que Trissino et Pugnello ont marché seuls ; de même, Zermeghedo de la Ristena, et Montricchio Maggiore, cette année, n'ont armé que les environs de la montagne. Il reste cependant encore 97 stations de tir, quantité assez respectable, mais elles ne sont entrées en action totale que tard, et après que la grêle du 16 mai fût venue frapper la fertile vallée de Chiampo. Et la cause de ceci? A quelle cause doit s'attribuer cela, après les magnifiques résultats obtenus pendant les deux années précédentes ?

A une raison très simple. Tous, à l'assemblée générale de février, se sont proclamés persuadés, très persuadés de l'efficacité des tirs et de la nécessité de faire fonctionner le consortium; mais au verbe *payer*, on voulut faire la suppression de la première personne du temps présent, et avec cette simple modification tout serait allé très bien. Voici la raison pour laquelle la, présidence n'a pas cru devoir faire de dépense anticipée et, par là tout resta suspendu, et la grêle vint, suivant le chemin ordinaire qui les deux années précédentes lui était fermé par les postes de tir. Ceux qui se trouvaient dépourvus de moyens de défense furent fort endommagés, au lieu que ceux qui s'étaient fournis de poudre et qui, durant l'orage du 16 mai, tirèrent attentivement, sauvèrent leur récolte.

Les journaux politiques ont sonné sur tous les tons que cet insuccès d'Arpignano, selon le peu bienveillant désir des auteurs des articles, devait marquer le fiasco complet du système des tirs pour la défense contre la grêle. Mais ils avaient oublié que la zone pouvait se visiter, et que, en suite de la visite faite, et répétée plus tard, il résulta que là où l'on avait tiré avec activité, on fut sauvé ou l'on n'éprouva que peu de dommage; au lieu que, dans les zones voisines restées sans défense, ce fut une véritable dévastation. Je dois dire, pour être exact, que l'orage jeta une grêle abondante, telle qu'en quelques points on en rencontra jusqu'au matin suivant, quoiqu'elle n'ait pas été accompagnée d'un vent violent. Les faits révélés par l'enquête que j'ai faite furent les suivants :

Au haut, près de l'église, où fonctionnèrent les pièces de M. Trevisan, il y eut une zone avec un dommage de 10 %, comprise dans une autre qui eut un dommage de 50 %, et le même fait se produisit à Contra Latteria, où la partie complètement saine et sauve est d'une longueur de 200 mètres, et d'une largeur un peu moindre.

A Cantrado Mishorighi di Vestana, dans la partie qui fait face à la vallée de Chiampo, la pièce qui fonctionna ne sauva pas le vignoble où elle se trouvait, mais en dessous on rencontre un terrain presque indemne.

A Contra Pelve, où il y avait un groupe de 5 pièces, il a une zone indemne enclavée dans celle qui avait subi des dommages de 30 à 50 %.

Un fait tout semblable s'est vu à Vignaga et plus bas à la ferme

Perlato di S. Zeno, où il y avait une seule pièce qui tira attentivement, servie par Antoine Perlato ; là il se fit une véritable oasis indemne, de 250 mètres sur 180, enclavée dans une zone complètement dévastée. L'impression de ce fait sur les voisins fut telle que, le jour après, ils coururent à Arpignano pour payer les quotes-parts nécessaires en vue d'avoir de la poudre et des canons pour se défendre.

En cette occasion, sur l'autre versant de la Calvarina, la grêle marqua le périmètre défendu par les canons de Breulon. Plus bas, sur le côté d'Arpignano, elle s'arrêta où tonnèrent, pour arrêter le fléau, les pièces de Petronio Veronèse, de l'ingénieur Povoleri et de l'ingénieur Biersin, qui constituaient le groupe actif du premier versant Montorso.

Ces faits, par eux-mêmes, rendraient évidente l'efficacité des tirs.

Je dois dire aussi que si de tels faits sont d'importance très grande pour ceux qui étudient le problème de la défense contre la grêle, dans la pratique, il y a quelques points défectueux, par exemple : quand les agriculteurs de Calvarina, convaincus par les résultats obtenus, voulurent se mettre en tête de la défense, malgré leur envie de ne rien payer, et ne tenant aucun compte de l'expérience acquise et des conseils réitérés décidèrent, pour leur commodité, de rapprocher les canons de leurs habitations, abaissant ainsi la ligne de défense de 80 à 100 mètres d'altitude et dégarnissant la première ligne dans le but de protéger leur propre maison, il arriva que au plus gros de la tempête, le 1er juillet, la grêle se massa, et quelques-uns des premiers canons de Calvarina furent envahis, ce qui n'était pas arrivé dans les deux années précédente, quand la crête de la montagne était garnie de nombreux postes de tir.

Les tempêtes qui ont eu lieu au cours de l'année dans la zone d'Arzignagno, et qui furent vraiment dangereuses furent en petit nombre, et le résultat général des tirs fort bon.

Excluant les faits secondaires, je dois rappeler que, dans cette fameuse tempête du 1er juillet, à Mondeo, la citadelle de l'ami Veronese, où le feu fut très actif (on tira 80 coups par pièce en très peu de temps), la grêle tomba très abondamment au point de blanchir la terre et, cas singulier, pas même sur les plantations de melons, ni sur les vignes, il ne me fut donné de constater trace de dommage. A cette occasion, un peu sur la droite et sous les châteaux de Montecchio, dans le vignoble Strobele, deux des pièces ayant tiré au moment critique s'ensablèrent, et pendant le court moment où le feu fu suspendu, une grêle sèche commença à tomber ; ayant repris le feu, on ne la vit plus.

Pour ceux qui étudient le problème je dirai, que les pièces étaient de petit calibre et qu'elles étaient à une hauteur de 66 à 70 mètres.

A la Gualda et à Montorso, où en toute occasion les canons tonnèrent ferme ; les grosses pièces du chevalier Dominique Veronese, et le Long Tom de Petronio Veronese, avec le bataillon des plus petites pièces, on aperçut à peine l'orage ; mais il disparut sous le feu accéléré de ces pièces, et le même fait arriva là où étaient les pièces de l'ingénieur Biasin, à Fiume Vecchedo.

De sorte qu'en résumant ce qui regarde Arsignano, on peut dire avec toute certitude qu'il y a eu des dégâts avant que le consortium ne fonctionne et limitativement à la partie non défendue ; il y a eu des dommages limités à Calvarina, où l'on avait voulu capricieusement altérer les lignes de défense. Sur le reste du terrain, au contraire, le résultat est excellent, et confirme les bons résultats des deux années précédentes.

Arcugnano. — Colline et vallées. Dispose de 14 petites pièces distantes de 700 mètres environ. Il y a eu au cours de l'année 15 orages très mauvais. Le résultat des tirs fut décidément favorable le jour du 16 juin. Dans cette occasion, on fit un feu accéléré dans toute la zone qui fut indemne, au lieu qu'alentour il tomba de la grêle. Le 10 juillet, dans une partie de la zone, il y a eu un peu de chute de grêle, et la chose est attribuée au fait qu'il s'est agi d'un véritable ouragan contre lequel on ne peut réagir.

Pugnello. — Tout le consortium est en colline, et ses 16 petites pièces Garolla du premier type sont espacées de 400 mètres. Les orages qui se sont produits ont été au nombre de 32 et le résultat des tirs a été toujours favorable. Une seule fois, aux confins, il y a eu un peu de grêle, avec un petit pourcentage de dommage, et ce dommage est arrivé à l'occasion du défaut de fonctionnement des 2 pièces postées dans cette localité. Il y a trois ans qu'existent les stations de Pugnello, et le succès des tirs a toujours été très favorable (je n'exagère pas en mettant le superlatif).

Molvena. — Colline et très petite partie de plaine. Dispose de 16 petites pièces, type Glisenti, espacées de 800 mètres. Il y a eu 25 orages ; le résultat des tirs a été favorable, et ce résultat est confirmé déjà depuis deux ans.

Orgiano. — Plaine et colline. A 38 petites pièces supportant des charges de 50 grammes, du type Garolla, de la maison Vittoria. Les postes sont espacées de 650 à 700 mètres, nominalement, car il y a des distances bien plus grandes. Il y a eu 6 orages vraiment menaçants, sur lesquels un seul fit tomber un peu de grêle sur le côté Est du consortium, chose qui doit s'attribuer au manque de discipline et au peu de puissance des pièces.

Angarano. — Plaine et colline. Dispose de 26 stations avec petites pièces (du type Berto), espacées de 500 mètres. Le Com. Roberti, qui s'intéresse avec tant de zèle à ce consortium, et qui est vraiment passionné pour les études de la défense contre la grêle, interpellé sur le résultat des tirs, m'a rapporté qu'il est nettement favorable, ajoutant que les canons bien dirigés, s'ils ne sont pas d'une efficacité absolue, sont certainement utiles.

Castagnero. — C'est un établissement privé du consortium Clementi, constitué de 7 pièces du type Lavorda, dont 6 petites et une moyenne. Pendant l'orage du 1er juilet, il y a eu de la grêle par suite de l'impossibilité de se servir de deux canons. Le dégât fut estimé à raison de 65 %. Plus haut, là où les autres pièces purent fonctionner, quoique peu nombreuses, le dommage fut réduit à 10 ou 12 %. Je cite le fait, mais je ne le donne pas comme exemple, parce qu'on pourrait objecter que ce qui frappa les pièces qui ont fonctionné était la queue de l'orage. Or, la direction de l'orage montre que, même les pièces qui fonctionnèrent, auraient dû être comprises, elles aussi, dans la zone fortement endommagée.

Quinto Vincentrino. — Rase plaine, comprenant 24 petits postes (Alberti et Rodendo) distants nominalement de 600 mètres, mais il y a de plus grandes distances. Ce consortium est divisé en deux groupes très isolés, et n'a donc pas une bonne ligne de défense. Il y a eu deux orages menaçants. Une fois, la tempête a frappé le côté du matin, sur une surface large de 400 mètres, causant un dommage de 25 %. La chose est attribuée au fait de l'irrégularité des dispositions de la zone de défense, et au peu d'efficacité des pièces.

Longare. — Plaine et colline. Dispose de 46 pièces du type Lavorda, sur lesquelles six moyennes, les autres petites. Il y a eu cinq orages menaçants. Le résultat des tirs a été toujours favorable, et pendant que les pays limitrophes ont eu de la grêle, à Longare on n'en a point vu, bien que ce pays fût spécialement menacé le

1er juillet. Voilà deux ans que Longare a confirmé le bon résultat des tirs.

Sarmego. — Plaine, 28 stations, dont 6 avec des pièces moyennes (charges de 100 à 120 grammes) et les autres avec de petites pièces, toutes du type Garolla de la maison Vittoria. Les stations sont espacées de 620 mètres. Il y a eu six orages menaçants. Le résultat des tirs fut presque toujours favorable. Seul, celui du 12 août a donné un peu de grêle, par suite du défaut constaté de fonctionnement de différentes pièces.

Lonigo. — Plaine et colline. 106 stations, avec une distance nominale de 700 mètres. La ligne de l'Ouest est en arrière des limites (c'est le contraire qui devrait être). Sur les 106 stations, il y en a 5 avec des pièces Fanti à charge de 150 grammes. Les autres sont des types Garolla de la maison Vittoria, à charge de 60 grammes. Des orages menaçants sont survenus les 16 mai, 17 mai et 16 juin. Le 16 juin, il y a eu de la grêle attribuée au mauvais fonctionnement et à l'inefficacité des pièces. Cet orage, qui avait une zone très vaste, provenait de la partie du Véronais qui n'est pas défendue (Volpino et Lobbia) et s'est étendu au territoire de Alonte, Orgiano, etc.

Puis, les stations furent même très peu actives au cours de cet orage qui était aussi très haut. Il suffit de dire que, vers les 6 heures après-midi (vieux style), on voyait le soleil au-dessous de l'orage. De plus, peu de stations fonctionnaient, six ou sept dans toute la zone frappée et à d'énormes distances les unes des autres. Aussi, les premiers grêlons, à cause de la construction des pièces, ont dû par force faire cesser le feu, et ceux qui se trouvèrent là demeurèrent spectateurs de la chute de la grêle, sans avoir la possibilité de réagir. De témoignages dignes de foi il résulte pour moi que là où était une grosse pièce Fanti, dans la propriété Vigolo, vers Lobbia, à l'origine même de l'orage, dès qu'on eut des munitions pour tirer, la chute de la grêle fut suspendue; puis elle tomba, mais le dommage fut bien moindre que dans les postes voisins, qui furent plus frappés. J'ai cru devoir noter ce fait pour ceux qui étudient cette question, non pour les autres, et j'ai de ce fait des preuves documentées.

Les dégâts de la grêle, dans la zone frappée, vont de 60 à 80 %, et dans une partie, ils descendent à 40 %. Ce dommage de 40 % se rencontre vers les confins du consortium de Lonigo, avec celui de Alonte, et la localité dite Ca del Diavolo (du Diable), et puisque, étant donné le nom du poste, il sera permis même à nous de faire les malins, demandons si ce petit pourcentage des dégâts ne pourrait point par hasard s'attribuer un petit peu à l'action des canons d'Alonte, qui travaillaient, et qui restaient, l'un à 400 mètres, l'autre à 700 mètres de distance du lieu susnommé.

Le cas de Lonigo, pour moi, n'est pas du tout un insuccès, comme tant d'autres ont voulu le faire croire, parce qu'on a manqué, à cause des pièces, de l'élément premier de la défense, à savoir l'intensité du feu au moment du besoin, et l'avocat Frigo, vice-président du consortium, qui se trouvait dans la cabane pendant l'orage, m'a assuré qu'il fut impossible de faire agir les canons de suite après les premiers grêlons, et ce témoignage s'accorde avec beaucoup d'autres que j'ai obtenus, et avec mes preuves personnelles.

Si, à Lonigo, on fut mécontent des canons, la cause en est dans le mauvais succès, fort explicable, qui est arrivé, ou plutôt, la cause n'en est-elle pas dans les trois graves malheurs arrivés aux pièces et à l'imprudence aussi peut-être des opérateurs ?

Ce n'est pas pour rien que l'autorité préfectorale a prohibé les tirs à cet endroit là.

Alonte. — Comprend plaine et colline ; dispose de 25 pièces, sur lesquelles une moyenne, à charge de 120 grammes, les autres de 60 grammes, toutes du type Laverda. Les pièces sont espacées d'environ 700 mètres.

Il s'est produit plusieurs orages, et le résultat des tirs s'est montré favorable. Le jour du 16 juin, l'orage qui frappa Lonigo frappa aussi Alonte, et il y eut de la grêle dans l'espace de 4 pièces placées à Ponte-Rotto, Lotte, Moncenere et Cavecchia. Pendant que le dommage fut en face de 50 à 60 %, dans les 3 premières localités, il descendit à 40 ou 30 %, et dans la quatrième il arriva à 10 %, et puis disparut. D'après le témoignage du distingué ingénieur Trevisan, qui était sur les lieux, et aussi d'après les renseignements du Révérend Curé, il résulte pour moi que, à Ponte-Rotto, à Moncenere, on commença à tirer en retard, à savoir quand la grêle avait commencé à tomber, cela, à cause de la moisson, parce qu'on voulait, d'abord recueillir le froment, et ensuite penser aux tirs. Ceci expliquerait le dégât plus considérable qu'il y a eu. Sur le reste du territoire d'Alonte, qui aurait aussi dû être atteint par l'orage, on ne vit pas de grêle, mais aussi on tira attentivement.

On n'a pas ici la preuve authentique des résultats heureux des tirs, parce que, au delà d'Alonte, on n'eut pas de grêle, mais il faut bien dire qu'Alonte est suivi du consortium d'Orgiano, qui en cette journée travailla beaucoup pour se sauver, ayant aussi été vraiment menacé.

Le 12 juillet, une petite traînée au nord du consortium d'Alonte eut un peu de grêle, et la cause est due au fait que les trois stations frappées restèrent en cette occasion inertes, par suite d'une panique qu'avaient eu les artilleurs, à cause d'un accident grave arrivé peu de jours auparavant à l'un de leurs collègues de Lonigo, d'une localité voisine (Monticello de Lonigo). Un fait singulier, que l'on doit citer pour ceux qui étudient la question, et soigneusement vérifié, est celui-ci, que, pendant un orage, sur la grosse pièce de M. Marchetti, on a vu à diverses reprises le bleu du ciel à la suite de coups accélérés.

Zermeghedo. — Dispose de 13 petits canons, type primitif Garolla. Fut endommagé par la tempête du 1er juillet, qui eut une telle violence, qu'elle enleva la toiture de quelques cabanes, de sorte que quelques-unes des pièces seulement purent tirer, et l'orage était tel, qu'il n'était pas possible de réagir.

Les stations sont espacées de 700 à 800 mètres.

Montebello. — A 45 stations, toutes du type Garolla, de la maison Vittoria. Quinze de ces pièces peuvent supporter une charge de 100 grammes, les autres de 50 à 60 grammes. Les stations sont espacées de 600 à 800 mètres. Les pièces plus grosses ne forment pas une ligne, mais sont mélangées çà et là. Il y a eu dans l'année 18 orages. La grêle s'est amassée le 16 mai, et fut un peu plus forte le 1er juillet.

Celle du 16 mai fut localisée aux Ronchi, celle du 1er juillet s'étendit sur une bonne partie du consortium et arriva jusqu'à Brendola. Cette grêle comme celle de Zermeghedo, est attribuée à la violente action du vent, véritable ouragan, et puis au fait que, ici encore, comme à Lonigo, la défense a manqué au bon moment, parce que les premiers grêlons rendirent impossible l'usage des canons ; j'ajoute que l'orage était tel qu'une défense active eût procuré peu d'avantages parce que les pièces étaient faibles et l'ouragan violent. Il suffit de dire que les chroniques du lieu n'ont pas enregistré pareil orage depuis 1801.

Brendola. — Plaine et colline, 55 petites pièces, type Garolla, de la maison Vittoria, espacées de 800 mètres.

A Brendola il y a eu deux fois la grêle, à savoir, en mai et le 1er juillet. Le service des pièces, en suite d'un grave accident survenu au commencement de la saison, fut très relâché. Le 1er juillet, l'orage fut un véritable ouragan, comme à Zermeghodo et Montebello et seules quelques pièces tentèrent le feu ; mais elles en furent empêchées. Sur le plan inférieur, à la Casa Valle, où étaient les quatre grosses pièces de M. Jean Veronese, on fit feu avec elles et avec six petites. On eut des dégâts, mais bien plus petits que ceux qui eurent lieu après, et la différence est de 1/10.

Dans l'orage précédent au contraire, à Casa Valle, il n'y a eu qu'une chute de petite neige.

Boreganze. — Le consortium comprend plaine et collines et dispose de 50 pièces, type Laverda, à mortier, espacées de 750 à 800 mètres.

Ce consortium, qui fut l'objet de tant de zèle et d'études de la part de Mgr Gottardo-Scotton, le chaud apôtre de la défense contre la grêle, a remporté, depuis deux années des victoires réitérées contre les nuées orageuses. Le jour du 8 mai, il fut frappé par une traînée de grêle, qui l'a traversé dans la partie plaine. Je ne parle pas du bruit qui fut fait à cette occasion, et des peu bienveillants commentaires qui s'en suivirent. Je dirai seulement que, d'une enquête consciencieuse faite par M. Rossi Guiseppe et par l'auteur de ces lignes, il résulte que l'on avait combattu un premier orage ; tout semblait fini et on donna le signal de cesser le feu, ce que firent aussitôt les stations de la plaine. Sur la montagne au contraire, où l'on avait une meilleure perception du temps, on continua à tirer. Le fait est que peu après, l'orage se reforma très rapidement et donna de la grêle. On se mit subitement à donner le signal de recommencer le feu, mais il était tard, et de la vérification faite il résulte que dans la zone frappée, seulement trois pièces et très éloignées les unes des autres purent tirer, et ce sont justement celles qui sont sur les confins de la partie endommagée. Le cas de Breganze ne peut par suite être considéré comme un insuccès attendu que c'est par pur hasard que la défense a failli au moment opportun. Dans le reste de la station tout alla bien, si bien que la récolte des raisins fut extraordinaire.

Gambellara. — Colline et plaine ; dispose de 15 petites pièces, type Garolla primitif, distantes de 800 mètres. Durant l'année, il y a eu 10 orages violents. Celui du 1er juillet donna de la grêle qui causa un dommage d'un tiers sur les raisins. Les dégâts sont attribués par les habitants du lieu, à la violence de l'orage, au peu d'efficacité des pièces, et à la mauvaise ligne de défense.

Sovizzo. — Dispose de 37 pièces du type Glisenti et Beltrame, toutes petites, placées en plaine et colline, espacées de 700 mètres, mais le plus souvent davantage.

Le 4 juin, la zone de la plaine fut frappée par une forte grêle. J'avance que le front du consortium à l'orage ne présentait pas une ligne de défense, mais, au contraire, des pièces non reliées entre elles et très éloignées les unes des autres. Il me paraît que le feu fut indubitablement peu actif, pour cette partie des diverses stations atteintes par la grêle. Je sais que l'une ne fonctionna pas, 3 autres tirèrent 7 à 8 coups seulement, quelques-uns tirèrent, oui, mais une noix dans un sac ne fait pas plus de bruit. La raison pour laquelle on n'a pas fait feu à temps doit être attribuée à ceci : c'est qu'on était au moment de la récolte des feuilles de mûriers ; vu le temps menaçant, la provision des feuilles était le premier travail urgent, on aurait tiré après, mais pendant ce temps la grêle vint. Avec les données que j'ai indiquées, il est facile d'établir qu'il est impossible de se défendre d'un orage violent. Voilà un fait intéressant, que le dommage va en diminuant à mesure qu'il s'approche vers le fort des canons, et cesse totalement aux pieds de la colline, où les pièces faisaient leur service pour tout de bon. Une aile de cet orage passa sur Montecchio Maggiore, les pièces de Castelli et celles de Vigneto Strobeli, à la vue du danger, firent un feu accéléré, la dernière pièce du petit vignoble tira 117 coups, cependant il y tomba de la grêle fondue qui ne causa aucun dommage. La pièce était une Garolla. du type Vittoria, à charge de 100 grammes, et elle était à une altitude de 66 mètres au-dessus de la plaine ; à 300 mètres plus en dehors de ce poste, qui était le dernier fonctionnant de Montecchio, commença le dégât évident de de la grêle.

Schio. — Colline et plaine, dispose de 50 petites pièces, type Berto, espacées de 700 à 750 mètres. Pendant l'année il y eut plusieurs orages, mais pas tels qu'ils aient pu éveiller de sérieuses appréhensions et être pris comme éléments de jugement à l'égard de l'action des tirs.

Fara. — Colline et vallée ; dispose de 25 pièces petites, du type Garola primitif, espacées de 700 à 800 mètres.

Il y a déjà 3 années qu'existe ce consortium, et le résultat des tirs s'est montré toujours favorable. Seul, l'orage du 16 juin a eu de la grêle, et un fort dommage sur une zone au nord du consortium, et voici ce qui s'est passé. L'orage, que j'ai toutes les raisons pour appeler une vraie trombe, commença sur le territoire de Lugo, au bois de Lanaro, et avança dans la direction du levant en frappant la contrée de Gasparotto, Roschiero, Arbusi, Ballarina, Tisona di Zara, et puis se restreignit et suivit en avant une direction ondulée, toujours vers l'est, et là, brusquement tourna au sud à Laveselle, et cessa à Lupiari. La zone plus large du dommage, d'abord presque circulaire, fut d'environ mille mètres, et la fin de 400 à 500 mètres.

Dans ce parcours, furent abattus et déracinés des arbres séculaires, des châtaigniers, des peupliers, des arbres à fruits ; le toit d'une petite cabane fut renversé ; au fond d'Artusi, des vignes furent arrachées, déracinées et transportées d'ici et delà, et le même fait s'est produit pour divers arbres à fruits. La grêle ne fut pas abondante ; mais où passa ce météore tout fut détruit. En dehors de cette zone, il n'y eut aucun dégât.

Monte Magre. — A 18 petites pièces, toutes sur la montagne et espacées de 600 mètres. Il y eut, au cours de l'année, 20 orages vraiment dangereux, et le résultat des tirs fut toujours favorable, et il y a trois ans que cela se répète.

Trissino. — Presque tout en haute colline, ce consortium dispose de 50 bouches à feu, se chargeant avec 100, 150 et 180 grammes de poudre. Les pièces de Trissino ont des trombes de 3 mètres, et quelques unes de 4, avec des dimensions semblables aux trombes styriennes ; mais, fait singulier, elles sont en bois et, pendant 3 ans, elles ont fonctionné avec régularité et activité. Il suffira de dire qu'en divers orages, la moyenne des coups a été de 90 par pièce. Les pièces sont espacées de 400 à 800 mètres.

Les orages dangereux qu'il y a eu durant l'année sont au nombre de 10, et le résultat des tirs a toujours été nettement favorable. Voilà trois ans que le fait se reproduit.

L'ingénieur Dalle Ore, propriétaire à Trissino, m'assure que, les 5 années antérieures à la création des stations de tir, il y a eu de la grêle toujours deux ou trois fois l'an. Depuis trois années que les canons agissent, on n'en a plus vu, et on a fait des récoltes complètes, tandis que les zones voisines ont été endommagées.

GRÊLE. — 8

S.-Giogo di Pernela. — Dispose de 15 petites pièces du type Raverda, espacées de 800 mètres. Tous les postes sont en colline. Il y a eu 20 orages. Le résultat des tirs s'est montré favorable.

Lisiera. — Est tout en plaine ; les pièces sont au nombre de 33, espacées de 800 mètres, et petites. La grêle s'y est vue deux fois : une fois en juillet, dans l'orage fameux du 1er juillet, et l'autre dans le mois de mai. Cette fois elle a été attribuée à l'action, constatée trop tardive, des pièces. J'ajoute que la ligne de Lisiera, pour pouvoir être efficacement défendue, devrait être relevée.

Montecchio Precalimo. — Colline et plaine ; petites pièces au nombre de 34, espacées de 500 mètres. Le résultat des tirs a été bon. La grêle, une fois, s'est arrêtée aux limites des canons placés sur la propriété de M. Saccardo, et du Cav. Cita.

Longara. — Ce consortium, dont l'initiateur est l'ami Dr Bertagnoni, dispose de 32 pièces type Anti, à charge de 60 grammes, espacées de 500 mètres, et comprend plaine et colline.

Le résultat des tirs de deux années se confirme nettement favorable.

Quargnenta. — Dispose de 23 petites pièces, distantes de 600 mètres, placées toutes sur la pente de la montagne et sur les sommets de la colline,

Le résultat des tirs de trois années s'est montré nettement favorable.

Villaverla. — Plaine rase. Dispose de 41 pièces, distantes de 700 à 800 mètres. Dans ce consortium, on a eu deux fois la grêle. Mais, une fois, les pièces étaient inactives, faute de poudre et, l'autre fois, la grêle est venue pendant la nuit. Seules, trois pièces firent feu et dans le petit tracé du dommage, en correspondance avec la position des pièces qui ont tiré s'est trouvé un oasis presque indemne, dans la propriété Attissimo.

Comedo. — C'est un établissement privé des Com. Marsotto et il s'y trouve quelques autres pièces, en tout sept, mais cinq sont groupées ; les deux autres ne sont pas reliées entre elles. Le 16 juin, il y eut de la grêle qui frappa seulement autour des postes actifs envahit ceux qui étaient séparés et, ensuite, s'arrêta.

Barbarono. — C'est le second consortium qui s'est créé en Italie et le principal mérite en revient à MM. le docteur Arthur Ruffo, et l'avocat Zilio Grandi. Il dispose de 50 petites pièces du type Glisenti primitif, espacées au maximum de 700 mètres; mais la distance la plus commune est de 600 mètres. Le consortium comprend, pour la plus grande part, une colline et quelque peu de plaine.

Pendant l'année, il y a eu quelques orages. J'ai été témoin de quelques-uns d'entre eux, mais le plus intéressant fut cet orage fameux du 1er juillet qui a circonscrit complètement la partie active du consortium.

Villaga et Toara qui font aussi partie du consortium, furent gravement endommagés parce qu'ils ne croyaient pas à l'orage et, quand on permit aux hommes qui étaient occupés au battage, de courir aux pièces, il était trop tard. Les deux seuls voisins de la ferme purent entrer en action et c'est précisément derrière eux que commence la partie frappée.

Au-delà de Montruglio, au château du Com. Camerini, dans la zone de Nanto, non défendue, la grêle fit des dégâts énormes. Il suffit de dire que plusieurs tuiles des maisons furent cassées et que des personnes même furent blessées. Il est intéressant de signaler ce fait que, à gauche, à droite, en avant et en arrière du consortium de Barbarono-Mossano, il y eut des dégâts très forts, de 60 à 100 %; à Barbarono et à Mossado, le dommage fut zéro. Il est connu que quelques gros morceaux de grêle y tombèrent, et le docteur Ruffo pourrait dire leur poids, mais la grêle disparut promptement, suivie d'une violente pluie sur cette zone. L'activité des artilleurs fut remarquable, car, pendant cette période de tempête, ils ont réussi à obtenir la moyenne de 105 coups par pièce en un temps très court. A mon avis, le cas de Barbarono-Mossano marque l'un des faits importants à l'égard de l'efficacité des tirs contre la grêle, et j'ajoute que Barbarono lutte depuis trois ans contre la grêle et, jusqu'à présent, la victoire lui est restée; mais je dois dire qu'on travaille sérieusement au moment de l'action et on prévoit que tout soit bien en règle.

Par scrupule de conscience, je dois dire que, dans la campagne de Ponte di Barbarano (à 3 kilomètres du pays), il y a 2 pièces de M. Pedrina, et le 1er juillet il y a eu de forts dégâts. Le même fait est arrivé où étaient les 3 pièces, du Com. Miari.

Je note aussi que ces 3 pièces et les deux autres étaient encore très loin les unes des autres, et que les conditions de ces deux établissements étaient telles, qu'elles ne pouvaient donner aucune garantie de sécurité dans la lutte.

Tels sont en résumé les faits importants cette année dans la
défense contre la grêle.

Pour mon compte, ayant examiné en personne plusieurs des faits
capitaux, et ayant pris connaissance de beaucoup de relations que
j'ai eues, de sources très diverses, je suis parfaitement convaincu
que quand on a des établissements rationnels, munis de moyens
adaptés à la défense, et un personnel discipliné et intelligent, on
on peut avec toute possibilité de victoire, combattre les orages à
grêle ordinaires.

La somme des faits est encore aujourd'hui favorable à ce système.
Aussi est-il injuste le découragement que certains affectent d'avoir.
Que celui qui a de bons consortiums, l'enthousiasme utile, persé-
vère dans la lutte, complète et perfectionne les lignes de la défense,
et surtout, qu'il prenne garde que, avancées autant que possible,
elles soient munies de moyens adaptés aux indications que nous donnons, et que le personnel soit actif, et moyennant cela s'évanouiront
les insuccès, aujourd'hui déplorés, et le problème, du côté pratique
s'engagera sur la vraie voie de la victoire finale, à l'obtention de
laquelle serviront davantage les faits de Susegana, Castel di Godego,
Ceserij, Valdobbiane, Dolo, Costigliola di Teolo, Monte di Malo, Mon-
temagre, Arzignano, Brebanze, Trissino, Priguello, Longare, Longara,
Quarguenta, Barbarano, Bardoloino, Lavagno, Bonavigo, etc., etc. Et
seulement loin d'ici, dans une zone qui m'est bien connue et bien
chère, je ne puis moins faire que de rappeler, quoique d'autres le
rapportent mieux, le cas de Vigano, du consortium de Varese où, de
1869 à 1898, l'ami Moraudi, fut grêlé, et toujours avec un pourcentage élevé, et en 1899, 1900, et 1901, il ne l'a pas été grâce aux canons,
et je dis ainsi, parce que le commencement de la grêle s'y montra
toujours, même en ces années, mais sous les tirs elles s'est transformée en neige.

Par acquit de conscience et par reconnaissance je ne dois pas
oublier Windisch-Feistritz, où depuis 6 ans déjà, M. Stiger, le grand
maître, avec ténacité et sérénité, lutte et triomphe.

Quant aux insuccès qui se sont produits, et qui se produiront toujours, je l'ai dit et je le répète notre lutte, ne l'oublions pas, est une
lutte contre les forces extra-puissantes de la nature, et ce n'est pas
merveille si quelquefois nous restons vaincus, dominés, mais ce sera
l'exception et non la règle, et je répète à ce sujet le dire du professeur Roberto, que, encore que sur mer quelques navires se perdent,
on ne cesse pas de naviguer.

Soyons calmes, et luttons, la victoire finale viendra.

Pour les hommes de science je citerai quelques faits qui pourront peut-être les intéresser.

On a noté quelquefois la chute de la neige ou grêle fondue en mai, juin, juillet et août. L'avocat Marzioni, dans sa propriété de Foialeoga, le 10 juin, a vu pendant 3 ou 4 minutes tomber de la neige ; l'auteur de ces lignes a vu cela aussi trois fois. Au commencement de grêle sèche a succédé la petite neige, le feu accéléré étant commencé, (cas de Zingno à Bartarano).

Le 20 mai, sur la possession du Palais Rosso, propriété Camerini, on note qu'une nuée, relativement petite, se détache nettement de la montagne, et après trois ou quatre coups de tonnerre, elle commence à donner de la grêle. Canonnée fortement, elle se dissipe complètement, et dans la propriété voisine de Bettelemme, du Co. Da Peluo, où l'on faisait aussi feu, il tombe de la neige. A Momleo, j'ai fait remarquer comment, dans l'orage du 1er juillet, la neige fut abondante au point de blanchir la terre.

Il est arrivé deux fois à l'écrivain, de voir, sous l'action d'une grosse pièce, se produire un espèce de trou dans le nuage, et de voir le ciel serein, comme je l'ai remarqué avec une jumelle, une espèce de tremblement dans le nuage au moment où arrivait l'action des tirs.

On sait aussi la diminution de l'intensité du vent, au-dessous de chaque ligne de canon fonctionnant, et aussi le cas d'une petite zone indemne, incluse dans une zone frappée, et je rappelle à ce sujet celles d'Arpignano, de Cornedo, et de Villaverla. Comme aussi je rappelle la division en deux d'une nuée orageuse sous l'action des tirs.

Vicenza, 1901, 2 novembre.

Pietro MARCONI.

M. le Président. — Je remercie M. Ottavi de la traduction qu'il vient de nous donner du rapport de M. Marconi.

Nous regrettons comme lui que M. Marconi n'ait pu assister à notre congrès, car son opinion s'appuie sur les faits relatifs à la plus grande organisation du tir qui existe en Italie. Je crois être l'interprète de l'assemblée en priant M. Ottavi de lui manifester tout le regret que nous occasionne son absence.

L'ordre du jour appelle le rapport de M. Bordiga, mais M. Bordiga n'est pas ici en ce moment, et son rapport ne nous est pas parvenu. M. Ottavi a bien voulu nous dire que ce rapport relate qu'il n'y a, dans la basse Italie, qu'un très petit nombre de canons, et que le peu d'expériences qui ont été tentées, ne peuvent en rien modifier l'opinion que nous pourrons nous faire d'après les autres rapports.

Je donne donc la parole au rapporteur suivant, M. *Dufour*, directeur de la station viticole de Lausanne, qui va nous communiquer *les résultats du tir en Suisse*.

LES TIRS CONTRE LA GRÊLE EN SUISSE

Par le Dr Jean DUFOUR

Directeur de la Station viticole de Lausanne

Les orages de grêle sont assez fréquents en Suisse. Ils présentent, au point de vue de leur origine et de leur marche, une très grande diversité, qui dépend elle-même de la configuration extrêmement variée du pays. Il y a parfois des orages locaux et presque stationnaires, limités à une seule région peu étendue ; mais, en général, ces orages se propagent suivant une direction bien définie, en diminuant d'intensité ou se reformant suivant les conditions locales, ce qui occasionne des chutes de grêle intermittentes. On a vu des orages qui traversaient ainsi toute la Suisse, du lac Léman au lac de Constance, sur une longueur d'environ 300 kilomètres.

L'influence des chaînes de montagnes, des lacs et des cours d'eau est manifeste. Mais ce ne sont pas les hautes Alpes qui sont, comme on pourrait le penser, le principal centre de formation des orages de grêle. Toute la région des hauts sommets est relativement très peu frappée. En revanche, les contrées montagneuses qui s'étendent des chaînes principales des Alpes jusqu'au plateau central sont bien souvent maltraitées par le fléau. C'est là qu'on trouve les zones où la grêle atteint son maximum de fréquence : l'Entlibuch, dans le canton de Lucerne, Langnau dans l'Emmenthal bernois, et d'autres zones voisines, d'ailleurs non viticoles.

Le Jura vient ensuite, au point de vue de la fréquence des orages de grêle. C'est même là que naissent le plus d'orages proportionnellement à l'unité de surface, comme l'a montré M. le Dr Hess, dont les études sur les orages de grêle en Suisse sont demeurées classiques. D'après ses recherches, le Jura bâlois et soleurois est un centre de formation plus actif que la partie romande de cette même chaîne.

La grêle tombe plus fréquemment dans les vallées que sur le flanc des montagnes. En passant sur ces dernières, l'orage qui s'avance se transforme en pluie, tandis que plus loin la grêle peut reprendre. La présence des lacs et des marais semble favoriser la formation de la grêle, tandis que les forêts exercent l'effet inverse.

Une des régions de la Suisse où cette influence des forêts a été étudiée de la façon la plus complète est le canton d'Argovie, où M. Riniker, inspecteur général des forêts, a démontré que la fréquence des chutes de grêle était bien souvent en raison inverse du boisement. Ainsi, dans la partie nord du canton, voisine du Jura, les colonnes de grêle ont suivi exclusivement les zones déboisées et beaucoup d'orage de grêle se sont transformés en pluie en passant au-dessus des grandes forêts. Ajoutons, toutefois, que le rôle protecteur des forêts ne se manifeste pas partout aussi nettement.

La direction suivie par les orages est, en Suisse, habituellement de l'Ouest à l'Est ou du Sud-Ouest au Nord-Est. Quant aux dégâts causés par la grêle, il n'existe pas de statistique récente qui puisse être indiquée pour l'ensemble du territoire, mais les ravages se chiffrent certainement par de nombreux millions annuellement.

Quand le fléau survient au moment où les raisins grossissent, il a dans nos vignobles souvent pour résultat une pourriture spéciale, qu'on nomme ici **le coître**, et qui est connue depuis au moins un siècle, dans le canton de Vaud. Le coître n'est pas autre chose que le **rot-blanc** décrit dans les ouvrages sur les maladies de la vigne. Il est produit par un champignon, le *Coniothyrium diplodiella*, assez proche parent de celui qui cause le black-rot (encore inconnu en Suisse). Par les blessures produites par la grêle, le champignon du coître s'introduit dans la grappe, en fait pourrir les grains et décomposer la rafle, de sorte que les portions de grappes, ou même des grappes entières, se dessèchent complètement au bout de quelques semaines.

Dans le canton de Vaud, on a évalué à plus de 9 millions et demi les pertes causées au vignoble pendant les dix dernières années, soit en moyenne près d'un million par an. Ces chiffres ne sont pas de simples évaluations en l'air, mais résultent d'indications précises données, chaque année, par les municipalités du vignoble et groupées par le service cantonal de statistique. Pour prendre un autre exemple dans la Suisse allemande, nous dirons ici qu'il y a eu, de 1884 à 1898 : 180 chutes de grêle dans le canton de Zurich, soit en moyenne 12 par année.

L'importance des dégâts causés par la grêle en Suisse ressort aussi du développement qu'a pris, depuis longtemps, le système de l'assurance des récoltes. Dès 1825, sur l'initiative de la Société économique de Berne, il se fonda une première société qui disparut toutefois par la suite. Ce furent alors des sociétés étrangères et principalement celle de Magdebourg, qui assurèrent les récoltes. Mais, en 1879, une nouvelle société suisse se reforma ; c'est elle qui fonctionne actuellement, avec siège à Zurich. Elle reçoit des encouragements et des subsides de l'Etat et son chiffre d'affaires est considérable. Ainsi, en 1901, elle a conclu 43.273 contrats, pour un capital assuré de 37.253,000 fr.

Dans le canton de Neuchâtel existe une société spéciale, *Le Paragrêle,* qui limite son activité au vignoble et rend aussi de grands services.

Les indications qui précèdent montrent toute l'importance qu'a, pour la Suisse, la question de la lutte contre la grêle. L'agriculture y a été souvent et durement éprouvée par le fléau : vignes, tabacs, céréales, arbres fruitiers en souffrent chaque année, dans l'une ou l'autre région de notre pays. Aussi peut-on se figurer aisément avec quel intérêt on a suivi, en Suisse, le développement si remarquable des tirs contre la grêle dans les pays voisins.

Au début, les nouvelles qui nous parvinrent de la Styrie se heurtèrent, comme partout, à une incrédulité générale. On se souvenait encore de l'échec complet des *paragrêles,* ces hautes perches surmontées de tiges métalliques qui furent plantées par centaines dans nos vignobles, pour être arrachées quelques années plus tard.

En 1898, au Congrès international de Lausanne, M. le Dr Ottavi, l'éminent viticulteur italien, nous apporta, en section de viticulture, des renseignements précis sur les tirs effectués à Windisch-Feistritz, localité qu'il venait de visiter, et sa communication attira vivement l'attention. Puis vint le Congrès de Casale et, peu après, quelques établissements officiels, entre autres l'Ecole d'Agriculture de la Rütti et la Station viticole de Lausanne, firent venir des canons d'essai ou plutôt de démonstration. Toutefois aucun réseau de tir ne fut organisé avant 1900. Cette année-là, une première installation de 10 canons fut faite, près de Lugano, par le gouvernement tessinois, sur la proposition de M. G. Donini, rédacteur de l'*Agricoltore Ticinese*. La saison était déjà avancée, c'était au mois d'août ; aussi n'a-t-on pas eu l'occasion d'obtenir alors des résultats bien sérieux, mais on a pu instruire à fond le personnel de la batterie. Les canons employés venaient d'Italie.

Cette année-ci, enfin, quatre réseaux de tir ont été organisés, dont deux dans le canton de Vaud, un à Neuchâtel et un sur la rive droite du lac de Zurich. Au point de vue du nombre des canons, c'est ce dernier qui a de beaucoup la plus grande importance.

Ces installations nouvelles ont été grandement facilitées par le fait que plusieurs constructeurs suisses ont pris en main la fabrication des canons grêlifuges. Parmi les engins fabriqués dans le pays, nous mentionnerons :

Le canon **Haeny**, de Meilen (Zurich) : double pièce en acier, se chargeant par la bouche et pivotant autour d'un axe horizontal, de façon que les canons viennent l'un après l'autre se placer sous l'entonnoir, dans la position de tir. Le feu est mis extérieurement, au moyen d'une capsule qu'on frappe avec un maillet.

Le canon **Rauschenbach**, des ateliers de construction et fonderie de Schaffhouse ; canon du système Redondi, bien connu en Italie.

Le canon des **Ateliers mécaniques de Vevey**, en bronze, se chargeant par gargousses et présentant la particularité d'avoir un léger abri de tôle fixé à la partie inférieure de la cheminée conique.

Le canon **Kanitz**, fabriqué à Zurich, peut être incliné à volonté vers les différents points de l'horizon, ce qui nous paraît d'ailleurs une complication assez superflue.

Le canon **Ruef**, de Berne, avec un système spécial de fermeture à la culasse.

L'aspect extérieur de ces canons est d'ailleurs le même que ceux en usage en France et en Italie. Plusieurs sont faits en deux grandeurs ; ainsi le Haeny nº 1 a 3 mètres 80 de hauteur et le nº 2 a 5 mètres. Le Rauschenbach a 4 mètres 1/2 et 5 mètres 1/2. Quant aux charges, elles sont généralement de 120 à 180 grammes.

Mentionnons enfin un engin spécial qui a été présenté dans plusieurs essais publics, par M. le colonel Stahel, de Zurich. C'est une sorte d'obusier qui lance, à une hauteur considérable une bombe explosive, produisant une forte détonation.

Nous passerons maintenant en revue les installations de tir qui ont fonctionné en Suisse, en 1901, en indiquant brièvement les résultats obtenus.

TESSIN. — Comme nous l'avons dit plus haut, c'est dans la Suisse italienne que les premières stations de tir ont été établies. Dix canons de petit modèle, fabriqués en Italie, ont fonctionné, dès l'automne de 1900, sur la colline d'Or, près de Lugano, sous la direction de M. G. Donini, lequel a bien voulu nous donner les renseignements ci-après :

« Nous avons eu, cette année-ci, vingt-deux orages (un nombre inférieur à la moyenne normale) et tiré environ six mille coups. Le 17 mai, à 4 heures et 1/2 du matin, nous avons eu de la grêle; c'était le lendemain d'une fête, les canonniers dormaient, ils arrivèrent en retard sur le lieu du combat. Les dégâts ont été faibles, car la grêle ne dura que quelques minutes.

« Le 2 juin, à 4 heures de l'après-midi, grand orage, avec vent très fort. Les paysans, y compris nos canonniers, pensent plus au foin qui va se mouiller qu'aux canons, et quelques-uns arrivent en retard, ou ne tirent pas du tout. Pourtant, la plupart ont tiré assez régulièrement. Je remarquai un peu de grêle mêlée à la pluie.

« Le 18 juin, à 3 heures de l'après-midi, le ciel s'obscurcit tout-à-coup et, avant même qu'on donne le signal de tirer, il commence à grêler. Tous les dix canons tirent quelques minutes en retard; après un fort nombre de coups, la grêle cesse et tout le monde est persuadé que les canons ont fait le même miracle qu'au 17 mai. Pour moi. j'en doute encore, comme pour le 17 mai, car aux alentours, où il n'y a pas de canons, la grêle a aussi cessé. A quelques kilomètres seulement du rayon défendu, et précisément du côté où l'orage venait, il a très fort grêlé.

« Le 31 juin, grand orage qui, à quelques kilomètres de notre rayon, et encore du côté d'où vient l'orage, emporte presque toute la récolte. Nous ne tirons pas, mais la grêle n'arrive pas chez nous, sauf quelques grêlons, mêlés à la pluie, qui ne font aucun mal. Je signale ce cas, car si nous avions tiré, on aurait dit sans doute que c'étaient les canons qui avaient empêché la grêle d'arriver.

« Dans tous les autres orages, on a tiré régulièrement. Il n'a pas grêlé, mais dans les alentours non plus.

« La population qui, au commencement, se montrait très défiante, et même se moquait de nous, est maintenant, en général, très satisfaite et croit à l'efficacité des canons. Il est vrai que, dans beaucoup d'orages légers, il n'est pas rare de remarquer qu'après quelques coups, les nuages s'éclaircissent au dessus des canons et laissent de nouveau voir le ciel, ce qui fait de l'effet sur les spectateurs. D'autres fois, on remarque que, si l'on commence à tirer très tôt, l'orage a comme de la peine à se développer; il continue toute la journée à menacer, mais il finit par passer, sans une goutte d'eau, dans une autre direction. Cela aussi soulève l'opinion favorable de la population. Enfin, dans les communes voisines, mais en dehors du rayon défendu, beaucoup sont persuadés que nos canons les protègent eux aussi.

« On ne peut pas attribuer grande valeur à ces croyances et, pour ce qui nous concerne, nous n'avons rien pu constater qui puisse être interprété comme une preuve absolue de l'efficacité des tirs. Chaque fois qu'il n'a pas grêlé ici, il n'a pas grêlé non plus dans les régions voisines. Les résultats de cette année nous laissent plutôt des doutes sur l'efficacité des tirs. En tous cas, on ne peut pas parler de protection absolue ; la sûreté diminue à mesure que la force de l'orage croît, c'est-à-dire quand la protection serait le plus nécessaire.

« Souvent les canonniers arrivent en retard parce qu'ils sont retenus par leurs travaux de côté et d'autre. C'est là un inconvénient avec lequel il faut compter, à moins d'avoir une équipe permanente de canonniers du mois d'avril au mois d'octobre; mais, alors, l'entretien d'une armée pareille serait bien pire que la grêle pour les agriculteurs qui en doivent supporter les frais. D'autre part, avec l'organisation actuelle, des retards sont inévitables.

« Enfin, on commence à admettre partout que les petits canons sont insuffisants, qu'il faut de grands canons; si c'est le cas, les frais augmentent de beaucoup et la sûreté n'augmente peut-être pas en proportion, car les conditions restent les mêmes ; les retards dans le tir sont aussi fréquents avec des gros qu'avec de petits canons.

« En concluant, je confesse que j'avais plus de confiance, il y a une année, qu'à présent dans les tirs grêlifuges. Sans nier l'efficacité de ces tirs, il me semble qu'il y a trop peu de sûreté, et alors les frais me paraissent trop élevés en proportion de la valeur que les tirs peuvent sauver. En tout cas, les tirs ne peuvent pas diminuer l'importance et la nécessité de l'assurance contre la grêle ».

VAUD. — Deux groupes de stations ont été organisés, cette année-ci, dans le canton de Vaud : l'un comprenant 21 canons, au centre de l'important vignoble de Lavaux, l'autre de 4 canons dans la commune de Myes. Ces groupes ont été constitués par les communes intéressées, avec l'appui du gouvernement cantonal, qui leur alloue un subside de 50 % sur les frais effectués pour l'achat du matériel. La station viticole de Lausanne a fourni tous les renseignements nécessaires et a fait, au Champ de l'Air, plusieurs essais publics de tir pour populariser la nouvelle méthode de défense contre la grêle.

A **Lavaux** il s'était constitué, au début, une association de 11 communes pour expérimenter les tirs ; mais, en définitive, il a été décidé de commencer en 1901 sur les 4 communes occupant le centre du vignoble : Cully, Grandvaux, Riex et Epesses.

Le Comité, présidé par M. Aloïs Fonjallaz, syndic de Cully, a fait l'achat de 21 canons, de deux systèmes différents, soit 12 canons des Ateliers de construction mécanique de Vevey et 9 Rauschenbach. Le vignoble de Cully (97.5 hect.) a été protégé en entier, par 10 pièces. Dans les communes voisines, on a pourvu de canons une partie seulement du territoire; soit à Grandvaux 5 canons, Riez 3 et Epesses 3. Le périmètre protégé forme une pente douce et mamelonnée, qui s'étend de la limite supérieure des vignes jusqu'aux bords du lac Léman. Les canons ont été disposés autant que possible sur les points les plus saillants du terrain, avec écartement assez variable, 500 à 700 mètres en moyenne. Charge, 120 et 150 gram. Chaque station était pourvue de deux artilleurs. On a tiré 4 fois, les 25 août, 1, 10 et 11 septembre.

Le 28 juillet déjà, un orage extrêmement violent s'était déchaîné sur la contrée, la grêle avait fait des dégâts énormes dans les communes de Chardonne, Vevey, Corsier, etc., situées à l'est du champ de tir, mais pas dans ce dernier. Comme les installations n'étaient pas achevées, on ne tira pas; du reste, le cyclone vint si rapidement et avec une telle violence que le maniement des pièces aurait été probablement impossible. Il n'y eut donc ni tir, ni grêle ce jour-là dans la zone défendue.

Le 25 août survint de nouveau un orage violent et une colonne de grêle arriva dans le haut du vignoble de Lavaux, chassée par le *joran* (vent du Nord-Ouest), ce qui est un cas fréquent. On tira avec énergie dans plusieurs stations, malgré les trombes d'eau et le manque d'abris. Mais le tir a été trop irrégulier, vu la difficulté de réunir à temps les artilleurs : c'était un dimanche. Les hauteurs du vignoble de Grandvaux, Cully et Riex ont reçu la grêle. En bas, le tir a été plus régulier et paraît avoir été efficace, car la grêle n'est pas descendue jusqu'au lac, comme cela arrive d'habitude. Une autre fois, c'était le 10 septembre au matin, un fait analogue se produisit : une colonne de grêle, venant du Nord-Ouest est tombée dans la campagne et s'est arrêtée à environ 400 m. des canons ; à 800 m. le sol était blanc de grêlons.

Les opinions sont naturellement encore partagées, mais beaucoup de propriétaires paraissent convaincus que les canons ont eu, dans ces deux cas, une efficacité réelle. On admet, d'autre part, que le réseau de tir devra être complété, surtout dans le haut du vignoble, afin de mieux agir du côté d'où viennent habituellement les averses de grêle. Les canons ont bien fonctionné. Un seul accident, peu grave à un chef de tir, brûlé à la main par une étoupille.

Myes. — Cette commune, située à l'autre extrémité du territoire vaudois, près de la frontière genevoise est fréquemment grêlée. Le vignoble étale ses 45 hectares entre le village et le lac. Les averses de grêle, les « carres », comme on dit dans le pays, arrivent généralement de l'Ouest, c'est-à-dire du Jura, en passant par le pays de Gex (Départ. de l'Ain).

Sur l'initiative de MM. Chaponnier, syndic, et Groubel, propriétaire, la commune fit l'achat de quatre canons système Vermorel, qui furent disposés en une seule ligne, du côté où arrivent les orages, à environ 200 mètres au-dessus du vignoble ; canons espacés d'environ 150 mètres les uns des autres et tirant des charges de 80 gr. On a tiré huit fois, dont trois fois la nuit. Les cas les plus saillants ont été : l'orage du 25 août, où il grêla dans le pays de Gex et sur le lac, mais pas sur Myes, situé entre deux ; puis l'orage du 15 septembre, arrivé brusquement, dans lequel il grêla aussi dans la région à l'ouest de Myes, mais pas dans cette localité.

Sans doute, le nombre des cas est trop peu important pour qu'on puisse en tirer des conclusions précises, étant donné surtout le petit nombre des stations de tir établies à Myes, mais la population qui, au début, était très sceptique à l'endroit des tirs, est maintenant satisfaite d'en avoir fait l'essai. On a vu, en effet, d'une façon très nette, les éclaircies qui se produisent dans les nuages orageux sous l'action des tores. Ici, comme au Tessin. ce phénomène a été bien observé, surtout en se plaçant à une certaine distance des canons.

NEUCHATEL. — Voici les renseignements qui nous ont été obligeamment transmis par M. Wavre, directeur du *Paragrêle* :

« L'Association le *Paragrêle*, Compagnie d'assurance mutuelle contre la grêle pour le canton de Neuchâtel, a pris l'initiative de faire des essais de tir. Elle s'est assuré le bienveillant concours et l'appui de l'Etat et des trois communes sur le territoire desquels les canons ont été placés : Cortaillod, Boudry, Bôle. Cette partie du vignoble est celle qui est la plus exposée à la grêle ; elle est située au pied de la montagne de Boudry, au débouché du Val de Travers et sur le cours de la Reuse.

« Le Comité chargé de l'organisation du tir, a fait l'acquisition de plusieurs canons de divers systèmes ; de son côté, la commune de Cortaillod a acheté trois pièces. Par suite d'accidents survenus à quelques engins, les tirs n'ont pu être effectués qu'avec huit canons ce qui a rendu les essais moins concluants.

« Cependant, fait à relever, le 4 juin, un gros temps d'orage menaçait le vignoble de Cortaillod ; des nuages épais recouvraient le territoire, la pluie tombait à torrents et bientôt de gros grêlons s'abattaient sur les toits et les champs (du côté nord du village, l'orage venant du Nord-Ouest). Il n'y avait pas de vent. On tira cinq à six coups de canon et, comme par enchantement, la grêle cessa, les nuages se dissipèrent et, au sud du village, on vit tomber de la grêle fondue et de la neige. M. Verdan, qui dirigeait le tir, a été enchanté de ce résultat et il peut m'indiquer 15 ou 20 témoins de ce phénomène.

« Ce fut le résultat le plus efficace, pour ne pas dire le seul, de cette campagne de 1901.

« Le 28 juillet, l'ouragan fut si violent, la pluie et la grêle formée dans des régions lointaines furent chassées par un vent si impétueux, que les artilleurs ne purent presque pas tirer, les uns ne pouvant pas entrer dans leurs cabanes, d'autres ayant leur poudre détrempée par la pluie, ne parvinrent pas à faire partir un coup.

« En résumé, j'ai le sentiment que ce tir peut être efficace à la condition : que les batteries soient bien préparées d'avance, que les hommes soient à leur poste dès le début de l'orage et, enfin, qu'il ne s'agisse pas d'un ouragan, d'une tempête, d'un vent impétueux.

Enfin, il importe, à mon avis, d'avoir des canons de fortes dimensions, provoquant un ébranlement considérable des couches atmosphériques. Je crois que, dans notre canton, on pourrait utilement placer des canons en avant-poste, en dehors du vignoble, peut-être même au sommet des montagnes, de la Tourne, de la montagne de Boudry, etc. »

ZURICH. — Dans l'automne de 1900, le gouvernement zurichois envoya deux experts : M. le colonel Stahel et M. Girsberger, ingénieur-agronome cantonal, pour visiter les installations de tir en Autriche et en Italie. Ces messieurs publièrent un compte-rendu très complet de leurs observations et firent, en même temps, des propositions pour l'introduction du tir contre la grêle dans le canton de Zurich. Une Commission de dix membres fut nommée par le gouvernement, pour l'examen de la question.

A la suite de ces études préliminaires, un consortium de tir se forma sur la rive droite du lac de Zurich, entre les six communes de Stäfa, Männedorf, Hombrechtikon, Uctikon, Meilen et Erlenbach, d'une superficie totale de 4.328 hectares. Le rayon de défense a été incomplet sur un point, par le fait que la commune d'Herrliberg, située entre Meilen et Erlenbach, a refusé de faire partie du syndicat.

D'après les renseignements détaillés que M. l'ingénieur Girsberger a bien voulu nous communiquer, le nombre des canons installés s'élève à 58, disposés en deux ou plusieurs lignes, suivant les localités. La première ligne est tout près du lac ; plusieurs canons sont même dans les langues de terre qui s'avancent dans le lac. Les orages viennent, en effet, depuis la chaîne de l'Albis, située à l'Ouest et passent sur le lac. Canons espacés de 700 à 1.000 mètres et disposés autant que possible sur des éminences. Tous les canons sont du système Häny, le double mortier précédemment décrit ; pavillon de 4 mètres de hauteur, charge, 180 grammes de poudre n° 5. Les charges sont toutes préparées d'avance à l'arsenal, dans des boîtes en métal ; ces charges sont fournies aux canonniers par caisses de 50. Des huttes abritent les artilleurs. Prix par station : 540 francs dont 320 francs pour le canon, 125 francs pour la cabane, etc. Le coût du réseau complet s'est élevé à environ 32.000 francs ; le canton a fourni là-dessus un subside de 7.000 francs. Des prescriptions très sévères et détaillées ont été édictées par le gouvernement, pour l'organisation et la marche des essais, le maniement des canons, etc.

Le tir a été effectué à plusieurs reprises, durant l'été dernier ;

environ 8.000 coups ont été tirés. En ce qui concerne les résultats obtenus, M. Girsberger s'exprime comme suit : « Il n'est pas possible de se former, dès maintenant, un jugement définitif sur l'efficacité du tir ; cependant il a été fait des observations qui rendent probable cette efficacité, en particulier durant l'expérience du 14 juillet. Ce jour-là, un orage extrêmement violent s'approcha, venant de l'Albis, et chacun craignait de voir se répéter le désastre du 20 juillet 1897. La grêle tomba en abondance dans le Sihlthal, sous l'Albis, et s'avança jusqu'au lac, près d'Horgen. Par place, les dégâts atteignirent le 50 %. L'orage s'avançait noir et lugubre, au travers du lac, et l'on entendait parfaitement sur la rive droite les sifflements de l'eau frappée par les grêlons ».

« A Herrliberg, où le réseau de tir était interrompu, comme il a été dit plus haut, la grêle pénétra et fit des dégâts considérables. Sur quelques points du rayon, où le tir commença avec une ou deux minutes de retard, il se produisit aussi quelques dégâts locaux. Mais, au commencement du tir, dès le deuxième ou troisième coup, il tomba de la pluie ordinaire au lieu de grêle. L'opinion générale a été que l'on devait essentiellement au tir d'avoir dérivé ce gros orage ».

« Il serait prématuré de tirer des conclusions de l'expérience d'un seul été, car il faut plusieurs années d'essais et d'observations météorologiques suivies, pour se faire une idée claire sur la question. Mais il serait tout aussi prématuré de considérer dores et déjà le procédé comme absurde, et comme un peu sans conséquence ».

M. Hasler, chef du tir, nous a écrit qu'après l'expérience de cette année-ci, il avait toute confiance dans l'efficacité du procédé ; il espère qu'une lutte sérieuse contre le fléau va pouvoir être entreprise, pourvu qu'on opère avec les précautions voulues. En revanche, M. le Directeur Schramm, de la Société suisse d'assurance contre la grêle, se prononce défavorablement au sujet des tirs, et nous a transmis un tableau indiquant que les dégâts ont eu lieu dans les communes armées de canons, à Zurich comme à Neuchâtel.

M. le Dr Müller-Thurgau, directeur de l'Ecole de viticulture et d'arboriculture de Wadensweil près Zurich estime, de son côté, que l'efficacité du tir n'a pas été démontrée par l'expérience de cette année, mais qu'il n'y a d'ailleurs pas de motif de mettre en doute, *a priori*, une action efficace des canons. Il faut attendre pour se faire une opinion, d'avoir des résultats positifs ou négatifs qui ne laissent pas de doutes.

Dans les autres cantons suisses, il n'a pas été créé, jusqu'ici, de réseaux de tir, cependant on s'est aussi occupé de la question. A *Genève*, des essais officiels ont eu lieu à l'Ecole d'horticulture de Châtelaine, à *Fribourg* dans le vignoble de Vully, à *Berne*, à l'école de la Rutti ; enfin à *St-Gall* et *Schaffouse,* on a projeté l'établissement de stations de tir sur certains points.

En somme, les résultats obtenus en Suisse, en 1901, sont encore peu concluants. Ils ne sont toutefois pas de nature à décourager, car il n'y a pas eu d'insuccès notoires et suffisamment caractérisés ; au contraire, dans plusieurs cas, les tirs semblent avoir eu une certaine efficacité. Mais les essais d'une seule année ne prouvent rien ; il faudra encore bien des expériences dans nos diverses stations, pour qu'on puisse affirmer nettement quels sont les résultats réels des tirs.

M. le Président. — Je remercie M. Dufour de son intéressante communication ; il a abordé un point particulier qui donnerait lieu à discussion, non pas dans notre Congrès, mais plutôt dans un congrès général de viticulture.

Je donne la parole à M. *Aguilo y Cortes* pour la lecture de son rapport sur la *Défense contre la grêle dans la province de Barcelone.*

DÉFENSE CONTRE LA GRÊLE DANS LA PROVINCE DE BARCELONE

Rapporteur : M. AGUILO Y CORTÈS

Ingénieur agronome de la province de Barcelone

MESSIEURS,

La première station contre la grêle, établie réellement en Espagne, avec la subvention du Ministère de l'Agriculture, est celle du Panades, que nous avons la satisfaction de décrire.

La zone défendue contre la grêle a une étendue à peu près de 2.777

hectares, cultivée dans sa plus grande partie en vignes américaines. Elle comprend toute la contrée du Plà, toute celle du Puigdabba, partie de Fontribi et Terrasola, quelque peu de Subirats et très peu de La Vid.

La station se compose de 35 canons, parmi lesquels 19 sont installés dans les maisons de labour, 12 dans des guérites construites à cet effet, 4 dans des baraques en briques, qui sont très communes dans le pays et qui ont pour but de défendre les laboureurs des intempéries du temps.

Les canons proviennent de M. Cameo et sont du système que construit la fabrique Bresciana de Anni de Brescia (Italie), dont M. Cameo est le représentant.

Le prix de chaque canon s'élève à 200 piécettes. Pour procéder avec ordre à l'installation de ces canons, on fit en premier lieu le plan général de la zone dont M. Almirall est ingénieur industriel, et on fit cadeau de ce travail à la commune.

Les canons sont placés à la distance de 600 à 700 mètres dans la lisière et de 800 à 1000 dans l'intérieur, en défendant les zones respectives.

Les antécédents dont on se rappelle à propos de l'action de la grèle dans ces contrées, essentiellement agricoles, se rapportant à des dates antérieures à l'installation des stations de tir, permettent de calculer que chaque année, ces contrées souffraient les calamités de la grèle, causant de fréquents préjudices à une grande partie de la contrée.

On nota que lorsqu'il n'y eut pas de vignes à cause du phylloxéra il ne tomba pas non plus de grèle.

Il en tomba en août de 1901, en septembre et en avril de l'année courante. Cette dernière fut la plus importante et celle qui contribua le plus à l'installation des canons. A ce propos, l'on créa deux commissions, qui jusqu'à aujourd'hui ont le caractère provisoire. La mission de la première fut d'intervenir en tout au sujet des canons : systèmes, demande de subventions, en un mot, terminer l'installation; la deuxième, appelée administrative, avait pour but les paiements, encaissements, la correspondance, comptabilité, etc.

Ces deux commissions sont formées par M. Ramon Valles y Raventos, président; M. Pierre Nadal y Rovira, M. Jean Raspaill, M. Joseph Galimany; M. Salvador Nadal, dépositaire et M. Joseph Roig, secrétaire; le maire de la commune du Plà, M. Jean Rovira y Sala et M. Joseph Cerda, notaire, y prennent une part très active.

On commença par signer un contrat dans lequel les soussignés s'engageaient à payer les frais préliminaires, si, après avoir bien étudié la question et formé le budget, ce dernier dépassait de 50 % la contribution. Dans ce cas-là, on devrait renoncer à faire l'installation.

La question posée de cette manière, très pratique pour sûr, il fut relativement facile d'arriver dans très peu de temps à la réalisation du but proposé, car on commença à organiser les travaux au 1er juin et l'on fit tant, que dans un mois les canons étaient prêts à fonctionner.

Les conférences données par le conseiller général et l'intelligent agriculteur M. Marcosnir, ainsi que M. Cameo cité plus haut, contribuèrent d'une façon favorable à arriver à une solution.

La subvention de l'Etat fut ce qui contribua le plus à la solution, car sans elle on n'aurait pas pu suppléer la quote-part des contribuables qui n'avaient pas adhéré.

Il n'est pas logique de laisser tout à l'initiative des communes, car l'égoïsme, l'ignorance et le manque de moyens sont des facteurs que l'on ne peut vaincre que très difficilement, et ils empêchent bien des fois l'efficacité de l'opinion de la majorité.

Aujourd'hui, il faut avouer que tous sont entrés convaincus et avec plaisir dans cette entreprise, et les artilleurs montrent du goût et du zèle à l'accomplissement de leurs devoirs.

Le prix total des installations s'élèvera de 11 à 12,500 piécettes; car il faut encore construire quelques guérites pour arrêter les comptes, afin que tout soit terminé.

D'après les frais cités, il résulte une moyenne de 4 pesetas par hectare. Il faut y ajouter les frais d'entretien.

Les fortes tempêtes, qui produisent la grêle dans cette contrée, proviennent généralement de la partie montagneuse, soit de Torellas, de Foix, par conséquent du côté du couchant ; elles peuvent aussi venir d'autres côtés, mais elles sont moins dangereuses.

Depuis que les canons ont été installés, il s'est présenté les cas suivants dignes d'être mentionnés.

1er cas. — Dans la propriété de M. Champanany de Fontrubi, du 8 août au 10 septembre, survint pendant la nuit une forte tempête dans la direction du couchant; la grêle commençait à tomber intense, après avoir tiré deux coups de canons, elle cessa, mais on continua encore à tirer cinq ou six coups de plus.

2e cas. — Du 1er au 2 octobre, tandis que l'on vendangeait dans la propriété de Modesto Casanovas, qui se trouve dans la commune du Plà, il se forma une tempête qui venait du levant. Quand elle arriva sur le terrain, elle était furieuse et même il commençait à tomber de la grêle ; mais on tira cinq coups de canons qui obligèrent le nuage à reculer, et par conséquent la grêle cessa de tomber.

3e cas. — Au mois de septembre, il survint une tempête du côté nord : au moment d'arriver sur la lisière, on fit fonctionner les cinq ou six canons qui tenaient la superficie du nuage ; celui-ci, non-seulement ne continua pas de suivre la direction qu'il avait, mais encore il rétrograda et fut se décharger sur les communes immédiates de San-Jaime de Noya, et de San-Pedro de Ruidevilles ,qui n'étaient pas défendues contre la grêle, en détruisant la moitié de la récolte qui restait.

4e cas. — En août, une forte tempête survint pendant la nuit : on fit fonctionner tous les canons, moins un qui était dans une des baraques les plus éloignées du village ; l'artilleur ne put arriver à temps.

Dans cette zone il tomba de la grêle, quoique insignifiante, mais où les autres canons fonctionnèrent, il ne tomba même pas un grêlon.

Bien que l'installation des canons soit trop récente et quoiqu'il ne se soit pas présenté des cas de forte grêle, dans lesquels on ait pu prouver d'une manière complète, l'efficacité des canons, nous avons, néanmoins, vaincu d'une manière satisfaisante les petites tempêtes qui se sont présentées.

Tous sont satisfaits et orgueilleux de l'installation et du projet réalisé.

Jusqu'à présent, on n'a pas fixé l'organisation de la station par un règlement, mais bientôt les commissions provisoires, établies actuellement, auront accompli leur mission et alors on formera une commission définitive, qui aura pour but de former les statuts pour la bonne marche de la station, en prenant soin en même temps de la conservation et réparation des canons avec leurs accessoires ; solutionner l'affaire de l'acquisition de la poudre, car s'il est vrai que le Ministère de la Guerre nous a accordé une disposition qui rend plus facile l'acquisition de la poudre, il faudra lutter cependant avec le monopole des explosifs établi sous la garantie de l'Etat.

Cette commission définitive fixera le salaire qu'auront à percevoir les deux artilleurs qui seront chargés du maintien du canon, en les 'dédommageant ainsi de leurs dérangements pour le service.

Les châtiments qu'il faudra stipuler au personnel et l'amende qu'il faudra imposer aux négligeants, sont aussi des questions fort importantes.

Il est vrai que toutes ces questions ont un grand intérêt et doivent avoir une influence sur les résultats ; mais, en revanche, on prévoit la difficulté qu'il y a de pouvoir obtenir le total des frais nécessaires pour l'entretien de la station ; car les statuts ne peuvent avoir de la force coercitive pour les opposants, et l'on a prévu l'égoïsme de ceux qui se refusent à payer leur quote-part, comptant que les canons fonctionneront au bénéfice de tous.

M. Cameo apprit aux artilleurs le maniement des canons, si bien que déjà ils le connaissent à fond. Les canons de M. Cameo fonctionnent très bien, quoique l'on ait observé que la buccine aurait dû avoir plus d'épaisseur, car quelques canons ont souffert de ce défaut qui, du reste, peut très facilement s'arranger.

Le canon donne, dans beaucoup de cas, une détonation et un sifflement fort ; mais, dans d'autres cas, avec la même quantité de poudre, chargé par les mêmes ouvriers, il produit très peu de détonation et le sifflement est presque nul.

Ce fait est très important parce qu'on estime que ces coups de canon sont inutiles et ne font qu'augmenter les frais.

On suppose que la saturation de l'atmosphère a de l'influence sur ce fait, mais, cependant, on n'explique pas le motif d'une manière précise.

Les frais de poudre pour chaque canon sont de 0,15 à 0,20 piécettes.

Chaque canon a de la poudre pour 20 ou 30 coups ; 3 kil. à peu près, exigeant chaque charge 0.80 grammes.

Les villages d'alentours qui ne sont pas défendus contre la grêle, prétendent que nos canons envoient la grêle dans leurs propriétés et encore ils croient que, s'il ne pleut pas dans leurs contrées, c'est parce que l'influence de nos canons fait changer la direction des nues.

La guérite qui est la mieux construite de toute cette contrée, c'est celle de M. Jaime Cerda. Elle mesure 1.80 × 2.60 de superficie et elle peut très bien loger les artilleurs qui ne peuvent disposer d'une armoire pour les cartouches et la poudre. La buccine du canon est recouverte par un couvercle en bois doublé de zinc. Ce dernier s'enlève au moyen d'un escalier simple, construit en brique, que possède la guérite dans la partie extérieure. Le prix de cette guérite revient de 180 à 200 pesetas.

LA VID

La petite zone installée dans « La Vid » par quelques propriétaires de la contrée, forme une étendue d'environ 4 kilomètres.

Les canons sont du système Bori avec bombe. Les cas qui en ont motivé l'étude depuis leur installation sont les suivants :

Le 8 septembre 1900, en présence d'une forte tempête et un commencement de grêle, on tira le canon dont la bombe arriva à 300 ou 400 mètres environ ; au deuxième coup, la grêle cessa.

Le 21 mai 1901, se présenta un gros temps du sud au nord, sans qu'il tombât de la grêle, car on tira des coups de canon, une pluie congelée s'en suivit ; mais il grêla à Puigdalba et San-Pedro de Ruideville.

Le 6 septembre de cette année, un autre gros temps se présenta du sud-ouest au nord-est. Quand les nuages se trouvèrent assez près de l'action des canons, on tira les quatre que l'on avait montés, ce qui fit dévier la tempête de la petite zone défendue et la grêle alla tomber à San-Jaime de Noya et San-Pedro de Ruideville. Ce cas vient coïncider avec le troisième cité dans la zone du Pla.

M. Bori a conçu et construit un canon qui unifie les deux systèmes celui d'explosion avec sifflement et celui de la bombe. Il paraît pratique et son prix est de 200 piécettes.

Le coup pour la première action coûte 0.20 et 250 piécettes la bombe.

Il est probable que c'est avec ce système qu'on installera la nouvelle station dans « La Vid » si le gouvernement alloue la subvention demandée.

Parmi les installations isolées, on peut citer celle de M. Pladellorens dans sa propriété de Toya (Manresa), composée de cinq canons, système Redondi de la maison Alhes.

Celle de M. Torrens, dans sa propriété de Arles (Monresa), située à 320 mètres au-dessus du niveau de la mer, composée de cinq canons du système précité. On raconte de celle-ci que l'on fut surpris par une forte tempête pendant l'installation. Il grêla fortement sur le village environnant, mais le seul canon qui put fonctionner empêcha la grêle sur une zone de 580 mètres de circonférence, car il tomba des flocons de neige et ensuite de la pluie.

Le 27 juin, il se présenta encore une autre tempête, tous les canons fonctionnèrent, il fut prouvé que la tension électrique cessait et que la tempête sévissait. Les canons sont à 200 mètres.

La propriété de M. Fonolleda de Mollet est défendue par un canon et par un autre d'un voisin, on a observé le cas suivant :

Le 15 septembre, à 3 heures de l'après-midi, il se présenta une tempête dans la direction du nord-ouest à l'ouest; ces canons étaient placés à 2 kilomètres de distance et en direction transversale à la tempête, on tira 25 à 30 coups de canons, à deux ou trois minutes d'intervalle.

Les spectateurs ont observé qu'à chaque détonation il semblait que les nuages s'agitaient et roulaient, en laissant un vide au milieu perpendiculaire à la direction du canon et avec effet d'un certain vide produit par la masse d'air qui montait de la bouche du canon. La tempête se contint et ne passa pas l'action des canons, au contraire, elle rétrograda et la grêle alla tomber sur les villages immédiats, en direction à l'est.

M. Camer a, dans sa propriété de Carineno, un canon avec lequel il a fait des expériences pendant trois tempêtes ; s'il suspendait les coups de canons, la grêle tombait peu de temps après, et quand il tirait de nouveau, la grêle cessait.

Dans une propriété de Salamanca, on a fait des expériences avec le canon de M. Camer, pendant une tempête qui se présenta dans la nuit; pour ce motif, on commença à tirer tard. La grêle cessa pendant les premiers coups et la pluie augmenta ; mais, par manque de munitions, on ne put continuer à tirer, on observa néanmoins que dans la zone du canon les dommages étaient moindres.

A Catalatorra, il y a aussi un propriétaire qui possède un canon; il le fit fonctionner une seule fois, et le peu de dommage occasionné par la tempête fut attribué aux coups de canons tirés.

Au sujet de la question grêle il n'est que juste de rappeler les travaux que M. Plantada y Fonolleda de Mollet publia, il y a 20 ans, dans un article sur les théories ayant pour but d'empêcher la formation de la grêle.

Pour que l'on puisse apprécier l'importance des dommages causés par la grêle, nous devons faire connaître le montant des rabais de contributions alloués aux municipalités de la province de Barcelone :

Exercice 1897-98................ 13.470   piécettes
»   1898-99................ 18.496   »
»   1899-100.............. 2.229.78   »
»   1901 à................ 58.755.32   »
»   1902 à................ 43.339.93   »

En tenant seulement compte de ce qui s'est passé dans la province pendant un laps de temps relativement court, on peut calculer ce que coûte la grêle à l'Espagne.

CONCLUSIONS

Nous devons faire remarquer que les travaux d'organisation et d'installation de la zone de défense dans la contrée de Panades ont été faits d'une manière pratique, bien étudiée et qu'ils peuvent servir de modèle aux autres contrées.

Quant au résultat du réseau de défense, et quoiqu'il ne se soit pas présenté de fortes grêles dans lesquelles l'influence décisive des canons ait été démontrée, il y a eu du moins quelques cas qui font espérer de plus grand succès.

Le canon présenté par M. Cames a donné le résultat qu'on attendait; mais, afin d'arriver à une étude comparative de divers systèmes de canons, il conviendrait que les stations subventionnées par l'Etat, fussent obligées d'avoir une variété des canons les plus renommés.

L'intervention de l'Etat sous le couvert de la subvention est nécessaire, afin de pouvoir arriver aux meilleurs résultats dans lesdites stations.

A cet effet, la Direction Générale d'Agriculture, Industrie et Commerce devrait mettre à la disposition des stations le personnel technique agronomique qui, non seulement pourrait contribuer au succès, mais aussi étudier les conséquences qui pourraient servir d'exemple.

Afin d'aider à la création de nouvelles stations, il conviendrait de publier des dispositions en vertu desquelles chaque fois que, dans une contrée, composée d'une ou plusieurs municipalités, les trois-quarts des contribuables auront pris l'initiative de l'organisation d'une station, les conseils municipaux seront autorisés à imposer les moyens qui seront arrêtés et faire la distribution des frais d'installation entre tous les contribuables.

Afin que les frais d'entretien soient le plus réduits possible, il serait désirable de trouver une solution pour que la poudre fût gratuite, si c'était possible, ou du moins à un prix des plus réduits; pour cela il conviendrait de s'entendre avec la société monopolisatrice des explosifs.

Isidoro AGUILO,

Ingénieur agronome de la province de Barcelone.
Délégué au Congrès pour M. le ministre de l'Agriculture.

Je donne maintenant la parole à M. *Aguilo y Cortes* pour la lecture du rapport de M. *Garcia de Los Salmones*.

LES CANONS GRÊLIFUGES EN ESPAGNE

Rapporteur : M. P. GARCIA DE LOS SALMONES

Ingénieur-Directeur du Service d'agriculture du Conseil général
de la Navarre

MESSIEURS,

Les canons de tir contre la grêle commencent également, en Espagne, à appeler l'attention des agriculteurs des quelques régions où ce phènomène météorologique engendre d'ordinaire de fréquents dégâts aux cultures, et c'est une innovation qui, sans aucun doute, doit être bien accueillie par les propriétaires de ces régions en tant qu'elle peut amoindrir les effets d'une cause qui, en quelques instants, lui fait perdre les récoltes de l'année. Ce qui démontre le bien fondé de ce que nous avançons, c'est l'accueil favorable qui a été fait aux demandes qui ont été faites, lorsque nous nous sommes adressés aux différentes provinces d'Espagne pour avoir des renseignements de cette nature, demandes auxquelles, quoiqu'en général on y ait répondu par des renseignements négatifs, on découvre, néanmoins, dans toutes les réponses, le désir de voir se faire des essais qui manifestent l'efficacité des tirs. Il s'agit là d'idées qui ont déjà eu, dans notre pays et en d'autres temps, d'enthousiastes propagateurs dont les études n'ont pas eu, à cette époque, le don de fixer l'attention que l'on aurait dû apporter à une affaire d'une telle importance.

Nous citerons, à l'appui de notre dire, un travail qui nous est parvenu et qui, par l'esprit d'observation qu'il révèle, mérite d'être connu. Il est de M. Vicente Plantada y Fonolleda qui, dans une brochure publiée en 1880, expose de fort justes observations pour empêcher la formation de la grêle, émettant des opinions qui servent aujourd'hui de base aux théories les plus admises.

Actuellement, le sujet en question inspire un véritable intérêt au Ministère de l'Agriculture et la preuve en est dans ce fait que le ministre en personne est allé visiter, au mois de septembre dernier, un réseau complet de canons installés dans la commune de Plà del Panadès, et lui a accordé une subvention en argent.

Le Comité consultatif agronomique (Conseil supérieur de l'Enseignement agricole en Espagne) a émis, en outre, un vœu favorable à la continuation des expériences de ce genre, et enfin l'Espagne a nommé une délégation qui a la mission d'assister au Congrès actuel et d'y étudier de près toutes ces questions.

Notre pays est donc en voie d'entreprendre des travaux pratiques analogues à ceux qui se poursuivent avec tant de succès en Italie et en France, et il existe déjà des constructeurs de canons applicables au tir, et au premier rang, M. Jose Cameo, qui est aujourd'hui, en Espagne, l'un des champions les plus enthousiastes de cette idée.

L'année qui va se terminer nous laisse, malheureusement, un terrain bien préparé, car il est fort grand le nombre des localités qui, dans toutes les provinces, ont souffert des effets de la grêle.

Dans la province que nous habitons, beaucoup de villages ont perdu complètement leur récolte de cette année, à cause de la grêle qui, à la fin du mois d'août dernier, dévasta toutes les cultures en couvrant le sol d'une couche de grêlons de plus de 0,50 d'épaisseur.

Une seule commune, voisine de Denia, dans la province d'Alicante, a perdu pour plus de 500.000 pesetas en raisins seulement, selon détails que nous a remis notre collègue, l'ingénieur-agronome D. Vicente Ramos.

Nous pourrions encore citer un grand nombre de faits semblables, rien que pour cette année et dans notre région, mais, comme ce n'est pas le but de ce travail, il suffit de les mentionner pour que l'on comprenne quel bénéfice peut rapporter à chaque commune un bon réseau de canons bien distribués.

STATIONS DE TIR QUI EXISTENT

Elles sont peu nombreuses en Espagne, et ce n'est pas étonnant, étant donné que la question n'est pas encore bien comprise par l'agriculteur qui, en l'occurence plus qu'en tout autre cas, n'agira que par conviction et lorsqu'il aura vu.

Les données que nous allons transcrire sont le résultat de questionnaires que nous avons remis à tous les ingénieurs en chef du service agronomique (professeurs départementaux d'Agriculture en France) de chaque province d'Espagne et à divers propriétaires à qui nous nous sommes adressés dans l'espoir qu'ils pourraient nous fournir quelques renseignements.

Pour les réponses reçues il nous est un devoir de remercier nos correspondants et spécialement M. le comte de Hervias, MM. Alberto Ahles, M. Jose Cameo, et M. Marcos Mir, conseiller général de Barcelone, qui est la province où existe la plus belle installation que nous ayions.

STATIONS DE TIR EN CATALOGNE

STATION DE TIR DE PLA DEL PANADÈS (*Province de Barcelone*).

Cette station se compose de trente-cinq canons du modèle Cameo.

L'installation a été faite par le constructeur du canon employé et remónte au commencement du mois de juillet dernier.

Le réseau de canons a un rayon d'action qui atteint toute la superficie de la commune et les terrains avoisinants.

L'installation est subventionnée par le gouvernement et on compte qu'elle le sera bientôt par l'assemblée départementale.

Elle a été visitée par le Ministre de l'Agriculture qui, en septembre dernier, assista aux essais faits avec les canons et adressa des félicitations au constructeur, tant pour ses canons que pour l'installation.

C'est le seul réseau de canons ayant été établi par le système d'association. Tous les propriétaires des terrains protégés ont contribué aux frais d'établissement au moyen d'une cotisation qui a été fixée à 50 0/0 de ce que chacun d'eux paie d'impôt foncier.

Ce réseau de canons, malgré son installation récente, a fonctionné une fois déjà, le 22 septembre dernier, avec un résultat très satisfaisant, puisque dans toute la zone protégée il n'a fait que pleuvoir, tandis que la grêle causa des dégâts considérables tout à l'entour.

Il y a lieu de noter ce détail qui nous est transmis avec l'information qui précède, c'est qu'une section du réseau où, pour une cause quelconque, les salves ne furent pas faites, fut ravagée par la grêle comme celles non protégées.

STATION DE TIR DE TEYA

(Près de Mauresa, province de Barcelone.)

Elle se compose de cinq canons modèle Redondi (d'Italie) et a pour objet la défense de propriétés appartenant à M. Magin Pladellorens.

Elle a fonctionné avec succès et le bon résultat des salves a pu s'apprécier dès l'installation des canons. Un orage éclata au moment où un seul de ces canons était installé. On le tira et on observa, au bout de trois coups, que la grêle se changea d'abord en flocons de neige et en pluie ensuite.

STATION DE TIR DE ARTÈS

(Près de Mauresa, province de Barcelone.)

Elle se compose de cinq canons du système Redondi, comme celle décrite précédemment, et appartient au propriétaire, M. Jose Torrens.

C'est la première station installée en Espagne, car elle remonte au commencement de mai de l'année actuelle.

On nous assure qu'elle a fonctionné, par des temps d'orage, avec un résultat très satisfaisant.

STATIONS DE TIR DE MOLLET DEL VALLES

(Province de Barcelone.)

Elle n'est composée que de deux canons, l'un du système italien, Redondi, l'autre de Cameo. A l'occasion d'un violent orage qui se déclara vers la mi-septembre, elle fonctionna, et l'on put observer que, dès les premiers coups, la nuée orageuse laissa apercevoir l'horizon dans une éclaircie qui cessa aussitôt. Les détonations se suivirent et on arriva à dissiper les nuages et à éviter la grêle.

Ce fait eut ce résultat qu'il laissa parfaitement convaincus tous les témoins que, si l'on établissait un réseau, avec le nombre suffisant de canons, la superficie de son rayon d'action serait protégée complètement.

STATION DE TIR DE VILLANUEVA Y GELTRU

(*Province de Barcelone*)

Cette installation existe à l'état de projet, et nous la mentionnons parce qu'il est question de l'installer dans une forme semblable à celle du Pla del Panadès qui est, nous l'avons déjà dit, la plus importante de l'Espagne.

Le conseil général de Barcelone, dans son désir de participer à tout ce qui peut améliorer l'Agriculture régionale, accorde à Villanueva Y Geltru une subvention si la station projetée se monte avant toute autre.

STATIONS DE TIR EXISTANT DANS LA PROVINCE DE SALAMANQUE

Elles n'ont pas l'importance suffisante pour être mentionnées comme stations de tir, mais, dans ces sujets nouveaux, tous les détails sont intéressants.

Il n'y a, dans cette province qu'un seul canon du modèle Cameo. Il a fonctionné deux fois : la première de nuit, alors que la grêle avait commencé à tomber. On remarqua cependant qu'à la troisième détonation la pluie apparut. Comme l'on ne disposait que de dix cartouches, il fallut suspendre le feu avant la fin de l'orage. Malgré cette solution de continuité dans les décharges, les ravages causés dans la zone du canon furent bien moindres que ceux causés dans les surfaces environnantes

La deuxième fois, le canon fonctionna de jour et pendant une terrible tempête accompagnée d'un vent d'ouragan qui causa de grands dégâts dans quarante villages de la région.

Dès le commencement des décharges, on observa que la grêle cessait de tomber, mais, comme le canon n'avait pas, cette fois non plus, les munitions nécessaires pour que les coups se succédassent régulièrement et sans interruption, le résultat fut encore incomplet, mais, cette fois-ci, comme la précédente, on put apprécier que les effets du tir diminuaient considérablement le mal dans la zone protégée par le canon et, malgré les résultats incomplets, les faits observés par le propriétaire sont jugés par lui comme suffisants pour convaincre les esprits les plus incrédules de l'efficacité du tir.

STATIONS DE TIR EXISTANT DANS LA PROVINCE DE LOGRONO

Dans cette province, nous avons des renseignements au sujet des essais suivants :

A Calahorra, un canon du système Cameo a fonctionné une fois et les paysans ont pu se convaincre que les dégâts causés dans la zone d'action du canon ayant été moindres qu'ailleurs, ce résultat se doit évidemment à l'effet des détonations.

A TORREMONTALVO. — M. le comte de Herrias a fait des essais de tir de ce genre dans ses propriétés, mais il n'a pas employé de canons, car, partisan des fusées, il a réduit ses expériences à en lancer contre les nuages tempétueux, et il a été si satisfait des résultats obtenus dans ses essais, que, par ce seul fait, nous dit-il dans son récit, il a acquis la conviction de l'efficacité du tir, après lequel il a parfaitement pu observer la formation immédiate de la goutte d'eau qui, au bout de quelques secondes, est plus grande, sans doute à cause de la fusion des gouttes les unes avec les autres.

Comme ses propriétés ne se trouvent pas dans un endroit où la grêle tombe fréquemment, il n'a pas pu, pour cette raison, renouveler ses expériences.

STATIONS DE TIR EXISTANT DANS LA PROVINCE DE SARAGOSSE

Dans cette province il n'y a pas, non plus, d'installation qui mérite ce nom et, seul, M. Cameo, le constructeur des canons dont nous avons parlé dans ce travail, en a installé quelques-uns dans ses propriétés.

Ses expériences avec ces canons lui ont permis d'observer, pendant les jours d'orage où ils ont fonctionné, le fait de la dispersion et division de la nuée tempétueuse et d'obtenir, avec les décharges, l'arrêt de la grêle qui recommençait à tomber dès que les décharges cessaient.

STATIONS DE TIR EXISTANT DANS LA PROVINCE DE NAVARRE

Actuellement, il n'existe aucune station dans cette province, mais on a décidé d'installer quelques canons qui, en même temps qu'ils protègeront les terrains de la station viticole provinciale, serviront comme expériences aux agriculteurs.

STATIONS DE TIR EXISTANT DANS LA PROVINCE DE TOLÈDE

A Tolède il n'y a pas de station de tir proprement dite, mais, le 30 août dernier, il a été fait des expériences avec un canon dénommé *canon torpille*, en présence d'une Commission militaire à laquelle s'était joint l'ingénieur en chef du service agronomique provincial.

Ces expériences ayant eu lieu par beau temps, on n'est pas arrivé à pouvoir conclure d'une façon qui intéresse le but de ce travail ; nous les notons, cependant, car elles démontrent que l'on s'occupe avec intérêt de cette question dans la province de Tolède.

AUTRES MOYENS ESSAYÉS ET PROPOSÉS DANS LE MÊME BUT, D'ÉVITER LA FORMATION DE LA GRÊLE

Entre les premiers, nous citerons l'essai de bombes qui, lancées à une certaine hauteur avec un mortier d'artificier, éclatent en montant ou en descendant.

Cela ressemble un peu à ce qui a été proposé par le Dr Vidal, en France, et il a été fait des essais avec ces bombes dans le parc de Barcelone, sans que nous sachions qu'il en ait été fait d'autres qui méritent d'être cités.

Enfin, M. Plantada y Fonolleda, de qui nous faisions mention au début de ce travail, proposait, à l'occasion du Concours agricole qui eut lieu à Barcelone en 1898, l'essai de petits ballons captifs remplis de gaz hydrogène qui, se terminant à leur partie supérieure en pointes de paratonnerre, rempliraient, à leur arrivée dans les hautes régions de l'atmosphère, le même rôle que ceux-ci lorsqu'ils sont installés sur terre, sur les endroits que l'on veut protéger contre les décharges électriques.

Cependant, il n'est pas à notre connaissance que ce procédé ait été employé par personne.

Conclusion

Tels sont les faits que nous avons pu réunir pour l'accomplissement de l'honorable mission qu'a daigné nous confier la Commission organisatrice du Congrès international de tir contre la grêle qui doit avoir lieu à Lyon.

Nous croyons avoir consigné tout ce qui, jusqu'à ce jour, a été essayé en Espagne.

Nous qui, dans nos excursions agricoles de l'année 1900, avons eu occasion d'être témoin de quelques-unes des expériences faites en France et en Italie, et qui avons visité également quelques-unes de leurs stations de tir au canon, nous voyons, dans les expériences réalisées, des résultats très favorables à la solution d'un problème qui intéresse l'agriculture du monde entier et nous avons la conviction que les régions bien dotées de canons convenablement distribués dans l'extension que comprend leur rayon d'action, pourront, désormais, défendre leurs récoltes contre la grêle, surtout si, à une bonne organisation de tir, se joint l'enthousiasme et la foi qui, pour arriver au succès, sont nécessaires entre les agriculteurs de toute la zone protégée.

Pampelune, 20 octobre 1901.

Nicolas GARCIA DE LOS SALMONES,

Ingénieur, directeur du service d'agriculture
du Conseil général de la Navarre.

M. le Président. — Je remercie M. Aguilo y Cortes d'avoir bien voulu nous donner connaissance du rapport de M. Garcia de Los Salmones.

Personne ne demandant la parole, j'invite M. *Gogol Ianovsky* à nous lire son rapport sur les *Résultats obtenus en Russie*.

RÉSULTATS OBTENUS EN 1901
PAR LE TIR CONTRE LA GRÊLE EN RUSSIE

Rapporteur : M. G. Gogol-Ianovsky
Directeur de la cave centrale des Apanages Impériaux à Tiflis (Caucase)

MESSIEURS

Depuis plusieurs années le mouvement de défense contre la grêle se manifeste de plus en plus en Europe. C'est avec regret que je dois constater le retard sceptique de la Russie dans cette question si importante. Il va sans dire que la grêle, comme partout, est un des plus grands fléaux de mon pays. Plusieurs régions en souffrent chaque année à plusieurs reprises.

Ce n'est que pendant l'été de 1900 que les Apanages Impériaux ont autorisé mon voyage à l'étranger pour étudier sur place la question qui m'intéressait depuis longtemps et dont je suivais fiévreusement tous les mouvements.

Après avoir visité la Hongrie, l'Autriche, l'Italie du Nord, après avoir traité les différentes nuances de la question grêlifuge avec des autorités aussi éminentes que MM. Albert Stiger, Ed. Ottavi, Roberto, Suschnig, Houdaille, Kosinsky et autres, je suis revenu au Caucase, persuadé de la grande importance de toutes les épreuves déjà faites, avec pleine confiance dans l'efficacité du tir contre la grêle.

En avril 1901, 14 stations de tir étaient déjà installées au Caucase, dans le vignoble des Apanages Impériaux « Naparéouly » (en Kakchétie), dans une propriété où la grêle diminuait sérieusement la récolte chaque année sans exception.

L'étendue du vignoble est de 155 hectares, d'un seul tenant ; le canon que j'ai choisi est celui de Karl Greinitz Neffen, à Graz, avec une charge de 180 grammes de poudre de mine, et une hauteur d'entonnoir de 4 mètres. Les canons sont distribués en quinconce, avec l'écartement de 800 mètres.

La défense est renforcée au Sud-Ouest où les orages nous menacent le plus ; c'est pourquoi la première ligne des stations est avancée de 800 mètres dans la même direction.

La station centrale, auprès du cellier, était chargée de toutes les observations météorologiques et devait donner le premier coup de feu pour le commencement du tir. Pour la première foi, nous avons tiré le 3 mai, mais l'orage s'est déformé sur les montagnes; la seconde fois, le 10 mai, aussi sans que les orages s'approchent dans la région défendue par les canons et c'est seulement le 16 mai que l'orage était violent; puis nous avons tiré au mois de mai les 23, 25, 27, 31, puis les 4, 5, 7, 24, 25 juin et le 6, 7, 8, 19, 21, 25 juillet. En tout 18 fois.

Le 27 mai, 355 coups de canon ont été tirés, à 9 heures du matin, contre un violent orage, venant du Sud-Ouest. C'est le maximum de tout l'été, 25 coups pour chaque station.

L'orage s'est terminé par une forte averse ; pas de grêle pendant l'évolution de cet orage dans les vignobles des Apanages, ainsi que dans les jardins de nos voisins ; une forte grêle à cinq kilomètres dans les montagnes.

La journée de lutte la plus intéressante a été celle du 7 juillet, à 5 heures 15 de l'après-midi. 327 coups ont été tirés. Le sentiment unanime de tout le personnel et des habitants voisins était d'avoir échappé à un danger certain, grâce aux canons. Cette fois-ci, l'orage était venu aussi du Sud-Ouest. Quelques grêlons sont tombés dans le vignoble, du côté de l'arrivée de l'orage qui s'est terminé par une forte averse. Beaucoup d'arbres cassés par le vent, les vignes tombées par terre.

Sans m'arrêter à détailler les journées du tir chez nous, je ne puis m'empêcher de constater que les résultats de la première année ont été des plus encourageants et qu'ils ont dépassé toutes nos espérances. La propriété, qui était grêlée chaque année cinq ou six fois, est complètement sauvée cette année-ci et aucun grêlon n'est tombé sur le territoire défendu, tandis qu'aux alentours les récoltes étaient perdues, comme à l'ordinaire. Il est vrai qu'il est impossible de tirer une conclusion quelconque sur l'efficacité des tirs par l'expérience d'une année, dans une seule propriété, mais je suis très heureux de constater qu'aucun cas fâcheux n'a diminué la confiance du premier abord pour nos expériences.

A présent, la population est en état de prendre part à la défense sous notre direction et le mécontentement, très atténué, éprouvé au printemps, a disparu sans laisser de traces. Les mêmes paysans qui voulaient détruire nos cabanes avec les canons, parce qu'ils attribuaient la sécheresse du mois d'avril à ces machines menaçantes, venaient, au mois de juin, prier les gardiens de tirer dès que les nuages dangereux s'approchaient, le tonnerre grondant au loin.

Les frais d'installation et d'exercice n'étaient pas plus grands chez nous que dans d'autres pays et je compte qu'avec l'amortissement du matériel, les frais de défense annuelle d'un hectare ne dépasseront pas 6 francs. L'année prochaine, je vais installer les canons dans deux autres propriétés des Apanages Impériaux. Plusieurs propriétaires et des paysans se réunissent en syndicats pour lutter en commun contre la grêle.

Au moins de juin, nous avons reçu, pour les expérimenter, deux canons russes de St-Pétersbourg, système d'un artilleur, le baron Rosenberg, capitaine de la Garde Impériale. Son canon, à cartouche en cuivre, présente beaucoup d'avantages en construction, une certaine sécurité et ne coûte pas plus cher que les canons de Neffen.

En dernier lieu, je viens de recevoir la nouvelle qu'en Crimée, dans les vignobles de Karasoubazar s'est organisé un syndicat de tir contre la grêle qui est formé de 10 canons. Malheureusement on n'a commencé que le 29 juillet. Quand même, on m'annonce le grand succès du tir du 29 juillet, des 2, 7, 8, 20 et 22 août. Les vignobles défendus ont été sauvés, tandis que les voisins ont perdu leurs récoltes à cause de la grêle. L'année prochaine, Karasoubazar sera le centre de stations grêlifuges très nombreuses.

Il faut signaler que notre ministère d'Agriculture prend vivement part à la défense grêlifuge et viendra au devant de toutes les personnes qui veulent installer chez elles les mortiers.

Ainsi, vous voyez, Messieurs, que nous sommes encore à l'enfance de la défense de nos vignobles contre la grêle. Nos expériences ont un seul mérite, celui de montrer que le mouvement de défense par les canons grêlifuges a pénétré si loin et qu'il n'y a pas d'espace pour les idées vraies. Je suis persuadé, de mon côté, que l'affaire est sur une bonne voie.

Messieurs, je vous le dis avec joie et en toute sincérité, je suis heureux et fier de me sentir au milieu de vous, de pouvoir suivre de près les travaux du Congrès, sachant que nous unissons nos efforts et nos espérances pour défendre les richesses des pays et des peuples !

Georges GOGOL-IANOVSKY.

M. le Président. — Messieurs, je crois être l'interprète de toute l'assemblée, en disant que vos applaudissements s'adressent à l'alliée de la France, la noble nation russe, aussi bien qu'à son représentant dans ce Congrès, M. Gogol Ianovsky.

M. *S. Von Konkoly*, directeur de l'Institut royal de météorologie de Buda-Pest, étant absent, je prie M. Battanchon de vouloir bien nous donner lecture du rapport sur les *Expériences de tir faites en Hongrie.*

LES TIRS CONTRE LA GRÊLE EN HONGRIE

Rapporteur : STANISLAS VON KONKOLY

Directeur de l'Institut royal de Météorologie de Budapest

Le tir contre la grêle a commencé, en Hongrie, pendant l'été de 1899, pour faire des essais. On a expérimenté dans les comitats situés au Sud-Ouest au-delà du Danube, où on a — comme les expériences au cours des années nous l'ont fait connaître — le plus à craindre les dommages de la grêle.

Bientôt l'organisation des stations a pris de plus grandes dimensions, parce que les agriculteurs s'y intéressaient de plus en plus.

Je m'en aperçus, contraint que j'étais de faire des installations pour répondre aux demandes qui ont été adressées à notre Institut. Dans ce but, je chargeai un des employés de l'Institut météorologique de l'organisation des stations de tir et des travaux qui y sont joints. Cet employé s'occupe jusqu'à présent exclusivement de ces questions. De plus, il me parut nécessaire de faire rédiger une instruction, qui contînt la description de la manière de défense contre la grêle, pour faire la défense uniforme partout. Cette instruction a été distribuée à 6.000 exemplaires aux agriculteurs.

Pour avoir des informations propres à l'étude des résultats, je fis imprimer des questionnaires, contenant les questions les plus importantes, relativement aux résultats obtenus. Ces questionnaires ont été aussi distribués parmi les intéressés.

Dans le courant de trois années, 45 réseaux de stations de tir ont été organisés en Hongrie avec 2.500-3.000 canons.

Les réseaux de tir les plus étendus se trouvent au-delà du Danube. Un territoire de défense est à O'Buda, près de Budapest, où se trouvent

28 canons avec des tubes de 4 mètres. Nous faisons mention des territoires de défense qui suivent : Moor, avec 42 canons ; Polgardi, Szabad-Battyan et Jacz, avec 45 canons; la côte Ouest du lac Balaton avec 50, et le territoire Csasstorwya-Strido, avec 67 canons de moindre grandeur.

Dans les autres réseaux de tir se trouvent, selon l'étendue du territoire, 10, 15, 20 canons.

Nul réseau n'existe chez nous, qui n'ait au moins 10 canons, parce que nous considérons que chaque territoire défendu doit avoir un développement frontal de longueur d'au moins 4 à 5 kilomètres.

Les expériences que nous avons faites jusqu'à présent, nous ont démontré que le service pratique laisse beaucoup à désirer ; les hommes qui en sont chargés ne montrent pas assez de soin; l'ordre et la précision, qui sont absolument nécessaires, manquent entièrement dans quelques stations.

Ces faits justifient suffisamment notre réserve sur la valeur du tir contre la grêle, malgré les quelques réseaux que nous avons installés.

De différents lieux nous avons reçu, cette année, à peu près 600-700 rapports. La comparaison et la mise en œuvre de ces résultats seront accomplies dans le courant de cet hiver.

Enfin, je veux faire mention du secours efficace que l'Etat a offert à cette entreprise. Bien que le Ministère de l'Agriculture n'ait pas donné jusqu'à présent une subvention directe aux municipalités qui ont pris part à la défense, il concourt à la dépense par l'envoi d'un employé qui établit les réseaux de tir et procure les blancs nécessaires. L'Etat fait aussi des expériences sur ses domaines.

La poudre à canon pour la défense est fournie à un prix réduit aux intéressés. La direction de l'Institut météorologique a donné 19 certificats pour l'achat de 3.380 kilogrammes de poudre à canon.

Budapest, le 18 octobre 1901.

LA DIRECTION DE L'INSTITUT ROYAL HONGROIS
POUR LA MÉTÉOROLOGIE ET LE MAGNÉTISME
TERRESTRE.

M. le Président. — Personne ne demandant la parole sur le rapport de M. S. Von Konkoly, je prie M. *le Dr Vidal* de nous donner lecture de son rapport sur l'*Emploi des fusées grêlifuges.*

EMPLOI DES FUSÉES CONTRE LA GRÊLE
RÉSULTATS OBTENUS

Rapport présenté au Congrès

Par le Dr E. VIDAL

Président fondateur et honoraire de la Société d'Agriculture et d'Horticulture de la région d'Hyères; vice-président de la Société d'Agriculture, d'Horticulture et d'acclimatation du Var et de Toulon; correspondant national de la Société nationale d'Agriculture.

MESSIEURS ET CHERS COLLÈGUES,

Dès les premiers jours du mois de juin dernier, notre éminent secrétaire général, M. Silvestre, nous a fait la flatteuse proposition de présenter à ce Congrès international, un rapport sur le tir des fusées, considéré comme moyen de défense contre les orages chargés de grêle.

Ce n'est point sans une très vive appréhension que nous avons accepté cette mission qui nous semblait, à cette époque, pleine de dangers pour nous, et notre hésitation vous paraîtra bien légitime, si vous voulez bien considérer que nous étions en présence d'une situation sans précédents, et que nous nous exposions à vous présenter, sans une seule observation pouvant l'appuyer, la théorie que nous avions émise en août 1900, devant l'Académie des Sciences.

Pendant le courant de l'été les faits sont heureusement venus, de tous les côtés, nous donner raison et la question est entrée dans le domaine de la pratique; grâce à des expériences qui nous sont personnelles et à d'autres dont les relations nous ont été transmises par des personnes que nous n'avions pas l'honneur de connaître, mais qui, séduites par la simplicité de notre procédé, ont bien voulu l'employer.

Nous sommes donc autorisé à présenter au Congrès un rapport, dont les conclusions ont pour bases les résultats favorables, signalés dans ces diverses observations.

Pour plus de clarté, nous avons divisé notre travail ainsi qu'il suit :

1º Théorie de l'action des détonations sur la constitution des nuages orageux.

2º Expériences faites avec les fusées para-grêle et porte-pétards hydrofuges, sur divers points de la France.

3º Déductions tirées de ces expériences.

4º Technique du tir de nos fusées. Syndicats de défense contre les orages en général et la grêle en particulier.

5º Vœux à émettre.

PREMIÈRE PARTIE

La théorie de notre tir repose sur les perturbations que les ondes sonores, ou autres, font subir aux couches atmosphériques en général et, en particulier, aux nuages orageux qui s'y trouvent suspendus.

Nos ancêtres soupçonnaient-ils cette action, quand, pendant les orages, ils mettaient en branle les cloches de leurs villages ? Nous ne pourrions l'affirmer et la gloire de la démonstration scientifique de l'action des ondulations sonores sur la production des phénomènes météorologiques, revient toute entière à Charles Le Maout, pharmacien de Saint-Brieuc, dont la découverte remonte à 1854 et qui, pendant la guerre de Crimée, put annoncer, onze jours avant le télégraphe, que la bataille d'Inkermann venait d'être livrée.

A cette époque, déjà fort lointaine, et dans le cours de l'une des nombreuses traversées qu'effectua la corvette de guerre, la « Caravane », sur laquelle nous étions embarqué, nous avons pu voir couper par le milieu, à 400 mètres de distance, par un seul coup de canon chargé à poudre, une énorme trombe marine qui s'avançait menaçante, dans notre direction.

Nous avions presque oublié cet incident de notre existence maritime, quand il nous fut rappelé, par la publication des premières expériences de tir contre la grêle, faites par M. Albert Stiger, bourgmestre autrichien et des succès qu'il avait obtenus au moyen des détonations produites dans l'intérieur de six énormes tromblons, représentés par des cheminées de locomotives hors d'usage.

Les ondulations sonores partant du ras du sol produisent un très grand effet sur les nuages, cela est incontestable, mais ne pourrait-on pas, en améliorant le procédé, les rapprocher des couches orageuses qui nous menacent de la grêle ?...

Telle est la question que nous nous sommes posée et que nous avons pensé résoudre, en envoyant nos fusées paragrêle éclater à quelques centaines de mètres au-dessus du sol ; mais il nous faut auparavant rechercher comment se forment les grêlons dans le sein des nuages orageux.

Presque tous les météorologues qui ont émis des hypothèses sur la genèse de la grêle ont basé leurs théories sur une action de l'électricité.

Les uns croient que la congélation des petites sphères aqueuses contenues dans les nuages est produite par le vide subit, conséquence fatale de la détonation de la foudre, et par la vaporisation instantanée d'un certain nombre de gouttes à l'état sphéroïdal.

Mais nous avons tous vu parfois tomber de la grêle, sans avoir entendu le tonnerre, et cette grêle ne pouvait cependant pas venir de bien loin, car son poids l'eût empêchée de se maintenir longtemps dans les airs ; il faut donc chercher une autre explication.

D'autres pensent que les rayons du soleil, concentrés dans la masse épaisse des nuages, les échauffent assez pour produire de la vapeur, et que le froid consécutif à cette dilatation instantanée, suffit pour congeler les couches avoisinantes.

Cette séduisante théorie ne peut malheureusement pas nous donner l'explication de la chute de la grêle pendant la nuit et ce fait, bien que relativement rare, est pourtant certain.

L'hypothèse de R. Coulon (1) sur la genèse de la grêle par la congélation instantanée des goutelettes au moment de leur passage à travers une couche d'air glacé, puis à travers une autre couche d'air saturé d'une humidité qu'elles condensent à leur surface nous satisfait davantage, car elle s'applique à toutes les formes, souvent si différentes, de la congélation de l'eau dans les nuages ; mais elle ne nous explique point la cause de ce froid intense, dont elle permet de soupçonner avec raison la présence dans certaines couches de ces nuages ; du reste, que les goutelettes, une fois congelées, s'accroissent par le dépôt de couches concentriques, ainsi que le voulait R. Coulon, ou bien que, suivant lo théorie de M. Luvini (2),

---

(1) Voir bibliothèque Acad. des Sciences, t. XCII, p. 537.
(2) Deux Mémoires à l'Institut : commissaire M. Becquerel, et M. Faye, rapporteur. Voir bibliothèque Acad. des Sciences, t. C, p. 90.

les glaçons composés de fines aiguilles conglomérées, soient pra-
linés dans l'intérieur même des nuages, par suite d'un mouvement
giratoire, ces diverses hypothèses peuvent très bien se rattacher à
l'expérience fondamentale, réalisée vers la fin du XVIIe siècle par
l'ingénieur Quinquet, l'habile inventeur, dit-on, de la lampe qui
porte ce nom, et qui parvint à congeler une goutte d'eau en la
soumettant à des décharges électriques répétées.

Il n'existe pas de traces du mémoire de Quinquet, mais les preuves
de son invention abondent dans le livre de M. Luvini, qui est intitulé
« Mémoire sur la formation de la grêle », et qui est déposé dans la
bibliothèque de l'Institut. C'était aussi l'opinion de l'illustre Chaptal,
qui, après avoir exposé ses idées sur la formation de la grêle, ajoute :
« Les expériences de Quinquet ont confirmé cette thèse ».

Kant, dans sa géographie physique, dit explicitement que Quinquet
a, par le moyen de l'électricité, changé réellement quelques gouttes
d'eau en grêle.

Seiferheld, qui reproduisit l'expérience de Quinquet, se servit
d'une bouteille de Leyde, dont une armature était mise en communication avec le conducteur d'une machine électrique, en action
continue et dont les décharges se succédaient, à de courts intervalles
de temps, à travers une goutte d'eau. Il observa, qu'après quelques
décharges, la goutte devenait aussi blanche que du lait ; mais, en
considérant mieux la chose, il reconnut que la goutte était vraiment
gelée. Ayant répété plusieurs fois cette expérience, Seiferheld constata
toujours le même résultat.

Il est donc admissible que la congélation instantanée d'une partie
de l'eau contenue dans les nuages orageux peut être causée par les
courants électriques qui les sillonnent, et qu'il doit suffire de détruire
cet état de tension électrique pour empêcher la formation des grêlons.

C'est la théorie que nous avons adoptée et, la considérant comme
vraie, nous avons eu l'idée de faire éclater le plus près possible des
nuages chargés de grêle, des fusées, dont l'action réside, non seulement dans la puissance des ondes sonores produites par leur
détonation, mais encore dans l'expansion subite des gaz dégagés
par la déflagration de la poudre dont elles sont chargées.

L'expérience confirmerait-elle cette théorie dont la simplicité nous
avait séduit et que nous avions exposée, dans le courant du mois
d'août 1900, à l'Académie des Sciences ?... Nous n'osions l'affirmer,
et nous étions forcé d'attendre, car si l'on peut combattre la grêle,
on n'est point encore parvenu à la produire à volonté.

DEUXIÈME PARTIE

La situation n'est plus aujourd'hui la même; nous avons eu, depuis le mois d'août de cette année, plusieurs occasions d'employer nos fusées para-grêle et d'autres observateurs s'en sont aussi servi ; voici ces expériences telles qu'elles ont été constatées par de nombreux témoins, le Congrès jugera si elles sont concluantes et s'il doit adopter notre système de défense contre la grêle.

Iʳᵉ EXPÉRIENCE

Dans le courant de la journée du 27 avril 1901, la commune de Hyères (Var) a subi plusieurs fois la visite de la grêle ; à quatre reprises différentes des orages venant du Sud-Ouest et de l'Ouest-Sud-Ouest ont traversé son vaste territoire ; le premier a éclaté vers 2 heures 30 du matin, le deuxième vers 10 heures dans la matinée, le troisième à 3 heures de l'après-midi, et le quatrième à 6 heures 35 du soir. Ils ont tous été caractérisés par de nombreuses décharges électriques et par de la pluie mélangée, dans de très inquiétantes proportions, de grêlons de la grosseur d'un pois chiche; ils ont tous causé des ravages sérieux dans nos plantations et dans nos récoltes de primeurs, mais nous n'en avons bien observé que celui de 10 heures du matin et celui de 3 heures de l'après-midi ; ce sont aussi les seuls contre lesquels nous avons pu expérimenter nos fusées porte-pétards.

10 heures du matin. — Nous nous trouvons en plein centre de l'orage : le vent de Sud-Ouest souffle avec violence, des grêlons mélangés à de la pluie tombent par rafales et la foudre éclate à quelques centaines de mètres de nous, sur des vieux bâtiments qui dépendent de l'Ecole d'horticulture.

Le tir commence et, dès la première fusée, la grêle cesse brusquement, sans que pourtant il nous soit possible, en ce moment, de déterminer si ce résultat est produit par la détonation de notre projectile. Pendant une demi-minute, la pluie tombe encore, puis le sombre nuage s'entr'ouvre sous le vent à nous et, par une ouverture annulaire, parfaitement dégagée, on aperçoit le ciel bleu; cette déchirure disparaît bientôt, la pluie tombe de nouveau, mais la grêle a cessé tout à fait ainsi que les décharges électriques et l'orage s'éloigne rapidement de nous.

Dans le compte rendu de cette première expérience nous avons dû nous montrer très réservé au sujet du résultat obtenu par nos fusées, résultat qui nous surprenait. Nous ne pouvions, en effet, affirmer que ce violent orage était assez chargé de grêle pour occasionner des dommages sérieux. L'enquête que nous avons faite, depuis cette époque, nous a prouvé que l'explosion d'une seule fusée nous a préservé, ce jour-là, d'un grave danger et qu'à ce même moment la grêle tombait en couches épaisses tout autour de notre poste de tir. Voici, du reste, une lettre, qui nous a été adressée, quelques jours après cet orage, par un de nos voisins et qui, à elle seule, suffirait à dissiper tous les doutes.

Hyères, 2 mai 1901.

..... Je crois pouvoir vous donner quelques renseignements sur les orages de grêle du 27 avril.

Depuis le matin le vent menaçait, par un fort vent de Sud-Ouest, quand, vers 10 heures 1/4, un violent orage nous arrive de la mer et, pendant cinq minutes, nous subissons une épouvantable averse de grêle.

Les grêlons, d'un diamètre variant de 5 à 10 millimètres, fouettaient sous un angle d'environ 60°, ils recouvraient le sol d'une couche de plus d'un centimètre d'épaisseur et, le long des murs, ils s'amoncelaient à une hauteur de plus de 15 centimètres. Chez moi, comme chez tous mes voisins, les dégâts ont été considérables, car les fraises étaient en pleine floraison et les légumes divers bons à expédier.

Cet orage, venant du Sud-Ouest, se dirigeait rapidement et en droite ligne vers votre propriété, située au Nord-Est de la mienne.

L'orage de l'après-midi nous a fait moins de mal, parce que les grêlons, mélangés à la pluie, étaient moins nombreux que le matin et aussi parce que son centre était plus à l'Est par rapport à nous.

Dans les deux cas, nous avons parfaitement entendu, vers le Nord-Est, des détonations bien distinctes de celles du tonnerre et nous avons appris, le lendemain, qu'elles étaient produites par vos fusées para-grêle, qui ont complètement préservé votre propriété des Grès.

Veuillez agréer, etc... A. Pottier.

Cette lettre, qui émane d'un horticulteur du plus grand mérite, nous explique ce que nous n'avons pu observer nous-même pendant l'orage de 10 heures du matin ; elle nous prouve que, peu de minutes avant de nous arriver, la grêle avait gravement compromis les récoltes dans les domaines situés au Sud-Ouest de notre propriété.

Cet orage s'étendait, en outre, sur une vaste surface puisqu'au même moment il ravageait, dans le Sud-Est, les cultures de l'Ecole d'horticulture, notre voisine immédiate.

2ᵉ EXPÉRIENCE

A 3 heures de l'après-midi, l'orage nous arrive, cette fois de l'Ouest ; le vent est violent, les décharges électriques se succèdent rapidement, à environ 1.600 mètres au Sud-Sud-Est de nous et vers le milieu de la vaste plaine qui nous sépare de la mer ; la pluie est moins abondante que le matin, mais les grêlons qui l'accompagnent sont plus nombreux.

Dès la première fusée, nous constatons les mêmes effets que pour le tir précédent ; la grêle cesse immédiatement, la pluie persiste encore pendant une demi-minute ; elle cesse à son tour ; le nuage s'entr'ouvre ensuite et, comme ce matin, le bleu du ciel apparaît sous le vent à nous, par une ouverture annulaire qui se referme bientôt après ; la pluie recommence alors, de plus belle, et nous gratifie de bienfaisantes ondées exemptes de grêle.

Avec tous les témoins de cette deuxième expérience, nous avons acquis sur place la conviction que la production de la grêle, dans le nuage orageux, a été arrêtée par la détonation de la fusée et que ce résultat ne pouvait pas, comme le matin, être mis sur le compte d'une coïncidence fortuite, parce que, du petit monticule sur lequel se trouvaient les opérateurs, on voyait les grêlons continuer à tomber tout autour d'une zone de protection, qui leur paraissait avoir un rayon de 4 à 500 mètres.

Il résulte, d'après nous, de ces deux premières expériences :

1º Que le tir de nos fusées peut s'opposer à la production de la grêle ; 2º Que ce tir occasionne, dans le sein des nuages orageux, des déchirures considérables et de forme annulaire ; 3º que cette éventration a pour centre le point d'éclatement de la fusée ; 4º que malgré la violence de la tempête, nos fusées para-grêle ont atteint, pendant ces deux orages, une altitude fort difficile à déterminer exactement, mais qui s'est trouvée suffisante pour leur permettre d'agir efficacement.

Nous avons, en outre, remarqué une déviation assez accentuée de la fusée qui, le matin comme l'après-midi, a éclaté à près de 100 mètres plus à l'Ouest que son point de départ. Nous en avons conclu que, pour contre-balancer l'action du vent régnant sur la longue queue de la fusée, il faut incliner légèrement le pieu porte-fusée, même dans la direction de ce même vent. Cette action du vent sur la direction des fusées est connue en balistique, et nous a été confirmée depuis par divers artificiers.

Cette rectification du tir des fusées, que l'on peut obtenir avec un peu d'exercice, constitue un des plus grands avantages de notre système, car il permet de faire éclater, avec une certaine précision, ces projectiles sur un point déterminé et d'éviter, par conséquent, les effets désastreux produits par les vents d'orage sur les détonations parties du sol.

3ᶜ EXPÉRIENCE

Le 18 mai 1901, vers 11 h. du matin, un violent orage, avec une pluie torrentielle et mélangée de grêle, nous arrive du Nord-Nord-Ouest. Le vent souffle en tempête ; les décharges électriques sont nombreuses ; la température descend brusquement de 17 à 14 degrés, les nuages qui passent au dessus de la chaîne des Maurettes contre laquelle s'appuie au Nord la plaine d'Hyères, planent beaucoup plus haut que ceux des orages du 27 avril dernier qui venaient directement de la mer sans avoir franchi aucun obstacle de ce genre.

A 40 secondes d'intervalle l'une de l'autre, deux fusées para-grêle sont lancées au moyen d'un pieu légèrement incliné dans le sens de la direction du vent ; mieux dirigées que celles des deux premières expériences, elles éclatent presque sur nos têtes, juste au-dessous du nuage orageux, ce qui nous permet d'apercevoir très distinctement en ce point, deux flocons de fumée noire qui sont emportés par le vent avec une vitesse considérable.

Aussitôt après l'explosion de la seconde fusée, la grêle cesse et c'est à peine s'il tombe encore quelques gouttes d'eau sur les opérateurs, tandis que du monticule où ils se trouvent, ils voient très distinctement les ondées, mélangées de grêle, persister sur une zone circulaire éloignée d'eux de près de 500 mètres ; quelques minutes après la pluie reprend de plus belle, mais elle n'est plus mélangée de grêle.

Contrairement à ce qui s'est passé le 27 avril, le tir n'a pas produit de trouée annulaire dans le sein du nuage, mais, en suivant de loin les flocons de fumée produits par l'explosion de la poudre contenue dans les fusées porte-pétards, et alors qu'ils étaient déjà à plus de 300 mètres sous le vent, nous avons observé que deux déchirures se sont produites, presque intantanément, dans les parties du nuage situées au-dessus de chacun d'eux.

Ces deux déchirures ne traversaient pas toute l'épaisseur de la nue, puisque nous n'avons pas vu le bleu du ciel ; elles étaient, néanmoins, parfaitement distinctes et très profondes, car elles étaient complètement éclairées et, seules, dans un ciel très noir elles disparurent bientôt séparées, sous nos yeux, par la violence du vent.

Il nous est donc permis de conclure que les deux fusées para-grêle, bien que n'ayant pas pénétré dans le nuage orageux, ont agi sur lui assez énergiquement pour le déchirer et pour modifier son état particulier de tension électrique, **cause très probable de la production de la grêle.**

Nous avons aussi observé que la zone de protection que les fusées ont développée par leur explosion était plus étendue que celle obtenue dans les tirs précédents, et nous croyons pouvoir attribuer ce résultat à ce que, le 18 mai, les nuages chargés de grêle étaient plus élevés que ceux que nous avons combattus, par deux fois, dans la journée du 27 avril.

Cet orage du 18 mai a été d'une durée extraordinaire ; transporté par le vent qui a varié du Nord-Nord-Est à l'Est, il a tourné tout autour de nous de 10 heures du matin à 2 heures de l'après-midi, sans que, dans le cours de ces multiples reprises, la grêle ait reparu un seul instant dans le vaste territoire de notre commune. Pendant ces quelques heures, après avoir couvert d'une épaisse couche de grêle les superbes prairies de Solliès-Pont, il éclatait, après avoir passé sur nos têtes, sur les bords de la mer, dans l'île de Porquerolles, au Lavandou, au Dattier et à la Môle, semant partout la ruine sur son passage.

Au sujet des deux orages du 27 avril et du 18 mai, nous avons reçu, de M. de Roussenc, propriétaire de l'île de Porquerolles, la lettre suivante que nous croyons devoir reproduire, *in extenso*, dans ce rapport, bien qu'elle nous apporte plutôt une présomption qu'une certitude ; elle émane d'un observateur très sérieux et devra être classée parmi les documents dont l'ensemble permettra d'établir, plus tard, les lois qui régissent l'action des détonations sur les nuages chargés de grêle.

Mon cher Docteur,

Il est bon et utile, dans les expériences que vous faites avec tant de succès, que vous sachiez la répercussion qu'elles ont chez vos voisins.

Vous avez fait, le 27 avril et le 18 mai, deux expériences pour écarter la grêle de la région Est d'Hyères. Or, précisément ces deux jours, la grêle que vous avez détournée de votre propriété, a été rejetée du côté de la mer et est venue, quelques minutes après, s'abattre sur l'île de Porquerolles, ravageant une partie de mes vignes et celles de mes fermiers.

Si ce n'est pas là le résultat, la conséquence de vos expériences, il faut reconnaître que la coïncidence serait bien extraordinaire, car, depuis 20 ans que je suis à Porquerolles, mes récoltes n'ont jamais souffert de la grêle. Qu'allons-nous devenir, nous, malheureux insulaires, si vous nous renvoyez ce dont vous ne voulez pas sur le continent ?

Je ne vois qu'un moyen de parer à ce danger, c'est de faire ce que vous faites ; aussi je commande immédiatement une provision de fusées para-grêle...

Sans rancune pour votre cadeau, je vous envoie mon meilleur souvenir.

Signé : De Roussenc.

4ᵉ EXPÉRIENCE

Le 30 juin 1901, vers 9 heures du matin, nous nous rendons, mon fils et moi, ainsi que quelques membres de notre syndicat de tir des fusées para-grêle, dans notre champ d'expériences situé tout à côté et à l'est de la ville d'Hyères. Nous allons expérimenter des fusées de notre nouveau modèle, déterminer autant que possible la hauteur exacte que ces projectiles atteignent au-dessus du sol, et aussi étudier les angles qu'il faut donner au pieu pour que les fusées éclatent au-dessus d'un point déterminé.

Le temps est calme avec quelques bouffées de brise venant de l'Est ; le soleil brille dans une atmosphère légèrement embrumée ; le baromètre est à 762 millim. 0, par 24° de température ; nous sommes à 22 mètres au-dessus du niveau de la mer.

Après avoir réglé les dispositions ordinaires relatives au tir, nous lançons une première fusée qui éclate exactement dans le point vers lequel nous l'avons dirigée ; nous continuons le tir de 5' en 5' et nous brûlons encore trois fusées sans incident notable, quand, immédiatement après l'explosion de la quatrième, nous remarquons avec étonnement qu'il se forme sous nos yeux, un peu vers l'Est-Sud-Est du point d'éclatement de cette dernière fusée, et au moins à 250 mètres plus haut que ce point d'éclatement, un anneau composé de plusieurs couches concentriques de vapeur assez denses qui se teintent légèrement des couleurs de l'arc en ciel.

Cet anneau, comparable à un halo d'un très gros diamètre, mais n'ayant point, et pour cause, d'astre à son centre, est resté visible pendant près de dix minutes et s'est ensuite dissipé, sans plus s'élargir, en se dirigeant très lentement de l'Ouest-Nord-Ouest, vers l'Est-Sud-Est.

Nous avons encore lancé deux nouvelles fusées, qui se sont élevées, comme les précédentes, à une bonne moyenne de 350 mètres, mais nous n'avons plus rien noté qui puisse intéresser les météorologues.

Voilà donc une expérience qui vient « d'une manière fort inattendue » nous apporter une preuve nouvelle de l'action de nos fusées sur les parties supérieures de l'atmosphère.

Cette expérience nous paraît même encore plus concluante, si cela est possible, que les précédentes, puisqu'elle nous donne la preuve incontestable de cette action, en provoquant, à plusieurs centaines de mètres au-dessus du point d'éclatement des fusées, l'apparition d'un arc-en-ciel, au moyen de vapeurs dont l'intensité de la lumière solaire ne nous permettait pas de soupçonner la présence.

Trois heures après, la brise de l'Est était remplacée par un assez fort vent d'Ouest-Nord-Ouest dont la direction prise par l'anneau aurait pu nous faire prévoir l'arrivée, et le ciel se couvrait, sans que cependant nous puissions établir la moindre relation entre notre tir et ce brusque changement de temps.

5ᵉ EXPÉRIENCE

M. P. de Brémond d'Ars, propriétaire à Saintes (Charente-Inférieure), a bien voulu nous envoyer la relation suivante, d'une expérience de tir qui a été effectuée, le 9 juin dernier, dans son domaine de la Diximerie, au moyen de nos fusées para-grêle.

Je m'empresse de venir vous exprimer tous mes regrets et mes excuses les plus sincères, pour n'avoir encore pu vous donner les renseignements que vous m'avez demandés et que je comprends utiles, au point de vue de vos intéressantes expériences.

J'étais malheureusement absent de chez moi, lorsque vos fusées y ont été expérimentées et je l'ai beaucoup regretté ; c'est donc le rapport de mon maître domestique que je vais vous communiquer.

L'orage auquel je faisais allusion dans ma première lettre est celui du 8 juin ; il a éclaté, chez moi, à 8 h. du matin, avec une violence extrême. Dès 7 heures le temps était lourd et chargé de gros nuages, venant du Sud-Ouest. Aussitôt l'apparition des grêlons, on a lancé trois fusées, à une demi-minute d'intervalle, le tonnerre, la grêle et la pluie ont cessé immédiatement ; il s'est produit dans le nuage une déchirure de forme annulaire, laissant percevoir le bleu du ciel, qui a persisté pendant six minutes, après lesquelles l'eau est arrivée en grande abondance, mais on n'a pas revu trace de grêle.

Vers 3 heures du soir de la même journée un nouvel orage s'est levé ; ne voyant pas les grêlons très abondants, on a jugé inutile de lancer de nouvelles fusées.

C'est l'orage du matin qui a ravagé les communes environnantes et dont les détails ont été donnés dans la *Revue de Viticulture* du 22 juin dernier ; de mémoire d'homme on n'avait vu dans notre contrée une pareille abondance de grêle ; tous les champs en étaient couverts et l'on pouvait y ramasser les grêlons à la pelle.

Après nos expériences et l'essai fait chez moi je suis convaincu,

Monsieur, que vos fusées sont appelées à rendre de réels services aux viticulteurs ; c'est pour cela que j'en ai demandé un nouvel envoi à votre artificier.

Il résulte de la lettre de M. de Brémond d'Ars que nos para-grêle ont agi à Saintes comme à Hyères, et qu'il a suffi de trois fusées pour arrêter l'orage en une minute.

Du reste M.de Brémond d'Ars n'a pas été le seul a proclamer l'efficacité de nos fusées para-grêle ; elles ont été expérimentées avec un plein succès, par M. Alfred Sadoux, secrétaire-adjoint de la Société d'Agriculture d'Indre-et-Loire et propriétaire à la Grille-Perrusson. Notre distingué collaborateur ayant publié le résultat de ses observations dans le *Tourangeau* du 18 juillet 1901, nous ne pourrions mieux faire que d'en reproduire les parties qui ne nous sont point directement personnelles.

6ᵉ EXPÉRIENCE

Le 9 juillet, à 3 heures du soir, deux violents orages, zébrés d'éclairs, montaient simultanément du Sud et de l'Ouest et venaient se rejoindre au-dessous de mon vignoble à Saint-Germain, commune de Saint-Jean.

Une première fusée sépara les deux nuées, qui déjà se confondaient, et le ciel apparut dans une trouée ; une seconde fusée les refoula à une certaine distance l'une de l'autre ; là elles restèrent immobiles quelque temps, finirent par s'élargir et disparurent à l'horizon.

Le lendemain, 10 juillet, à 2 heures et demie du soir ; l'orage montait du Nord cette fois-ci. Nuée très étendue, embrassant la moitié de l'horizon teinte d'encre avec fond livide : toutes les apparences indiquaient la grêle.

Trois fusées, lancées à quelques minutes d'intervalle, ne trouèrent pas la nuée comme cela s'était produit la veille, mais le ciel si chargé que je viens d'indiquer s'éclaircit vers le Nord, dans le fond de la nuée qui commence à se dissiper ; une partie vient en long ruban transparent passer au-dessus de mon vignoble, me donnant à peine quelques gouttes d'eau, alors que le plus gros, en masses compactes, semblait s'effondrer vers l'Est où, m'a-t-on dit depuis, des désastres auraient été causés.

Tout ce qui de l'orage était passé par l'Ouest a fini par disparaître en nuages légers.

A noter que l'explosion de la fusée dans la nue amenait presque instantanément, à l'endroit où les flocons de fumée se percevaient, un violent coup de tonnerre sans éclairs.

Ce phénomène se produisit chaque fois dans les deux jours.

Il vous paraîtra comme à moi, M. le Directeur, que si des expériences semblables se généralisaient, nous serions promptement fixés sur la valeur réelle des fusées para-grêle contre des calamités qui, en ce moment surtout, nous inquiètent si fort.

Les résultats obtenus par M. le Dr Vidal et les miens indiquent que les nuées, tant chargées soient-elles, fondent en pluie en se dispersant et que, si elles étaient attaquées de tous les côtés à la fois et ne tournaient pas en grêle, on aurait, sans grosses dépenses et sans danger, rendu un grand service à nos campagnes si fréquemment ruinées par la foudre.

Tout le monde pourrait, à l'avance, se munir de fusées et être prêt à faire tête à l'orage, aussitôt son apparition.

En dehors des résultats ordinaires obtenus par M. Alfred Sadoux, résultats qui sont venus pleinement confirmer ceux de nos premières expériences, il en est un qui nous a frappé par son étrangeté : c'est le violent coup de tonnerre, sans éclair, qui suivait chaque fois l'explosion de la fusée. Comment expliquer ce phénomène extraordinaire ? La détonation de la fusée a-t-elle été amplifiée par un écho ? Ou, mieux, a-t-elle provoqué, dans les couches supérieures du nuage orageux, une décharge dont l'épaisseur de la nue a caché l'éclair ?

Cette expérience a été faite par un observateur très consciencieux, cette partie de sa relation est, dans tous les cas, fort curieuse et nous la soumettons, telle qu'elle nous a été donnée par M. Sadoux, aux méditations de nos collègues en météorologie.

7ᵉ EXPÉRIENCE

Notre dévoué correspondant, M. Jacques Tibbal, viticulteur et horticulteur à Rabastens-sur-Tarn, nous adresse, à la date du 1ᵉʳ août, l'observation suivante :

Depuis quelques jours, le temps était menaçant et la brusque variation de la température, qui de 35° était tombée à 18°, nous faisait craindre des orages chargés de grêle.

Aujourd'hui, 1ᵉʳ août, vers 2 heures du soir, deux orages se sont formés, l'un venant du Nord-Est, l'autre venant du Nord. Ce qui était à redouter, c'était la jonction des deux orages qui, comme je le prévoyais, s'est faite sur nos têtes. Les coups de tonnerre se succédaient sans interruption avec un fracas épouvantable, l'orage était prêt à crever, lorsque j'ai commencé à tirer, dans la direction Nord-Est, une première fusée. Immédiatement le tonnerre cesse et le vent s'apaise ; je lance une deuxième fusée l'orage s'éloigne vers le Sud.

Quelques minutes plus tard, l'orage, venant du Nord, s'avance à son tour, deux fusées le disloquent complètement. Une demi-heure après, troisième orage venant du Nord-Ouest, celui-là avec dans le lointain un roulement sourd ; deux fusées bien dirigées le déchirent et les cataractes s'ouvrent, donnant beaucoup de pluie, mais pas de grêle. Je ne puis vous dire si ces orages étaient chargés de grêle, mes renseignements ne me les permettant pas encore, mais il est un fait incontestable, c'est que vos fusées dissipent les orages ; cela est indiscutable et hors de doute pour tout mon pays, car les observations que j'ai faites ont été contrôlées par toute la population de Rabastens, qui a assisté à la dislocation des trois orages, mes pépinières étant au Nord et à 500 mètres de la ville.

Une seconde lettre de M. Tibbal, datée du 4 août, nous apprend que le dernier des trois orages, celui qui venait du Nord-Ouest, était fortement chargé de grêle et avait déjà ravagé, avant de menacer Rabastens, plusieurs communes voisines, entre autres celles de Montclar et de Négrepelisse.

En tout six fusées pour trois orages ; il faut avouer que, grâce à l'habileté de M. Jacques Tibbal, le sauvetage de Rabastens n'a pas coûté cher, aussi le Conseil municipal de cette ville vient-il de voter, à l'unanimité, l'achat de quelques douzaines de nos fusées paragrêle qui seront distribuées aux membres du syndicat de défense en voie de formation dans cette commune.

8ᵉ EXPÉRIENCE

Le 29 juillet, vers 10 h. 30 du matin, un orage violent, mais sans grêle, éclatait sur Hyères, il venait de l'Ouest-Sud-Ouest.

Au lever du soleil, le ciel était sans nuages, il s'était ensuite brusquement couvert, aussitôt après des salves très nombreuses exécutées à Toulon par l'armée navale et par les forts, en l'honneur des Ministres de la Marine et de la Guerre.

Les formidables détonations des grosses pièces d'artillerie de nos cuirassés ne sont probablement pour rien dans la formation de cet orage, mais il est certain qu'elles l'ont attiré sur le littoral et qu'elles ont accéléré sa marche de l'Ouest vers l'Est.

En suivant pas à pas la marche de cet orage, le Bureau Central météorologique de France, qui possède tant de moyens d'information et dont M. Mascart, de l'Institut, dirige les travaux avec tant de compétence, pourrait profiter de cette occasion pour faire des recherches, à coup sûr fort intéressantes, au point de vue de l'action des ondulations sonores sur les couches atmosphériques.

Nous avons dit, en débutant, que cet orage n'avait pas donné de grêle. Avait-il déjà subi l'influence des détonations produites sur la rade de Toulon par les canons de la marine ?... Nous ne pourrions l'affirmer, et nous n'aurions point relaté cette expérience, si elle n'avait une fois de plus confirmé la théorie que nous avons émise en août 1900, devant l'Académie des Sciences, au sujet de l'action probable de nos fusées para-grêle sur les orages en général.

Il ne grêlait donc pas à Hyères le 29 juillet dernier, mais il y pleuvait à torrents, les décharges électriques étaient fréquentes, la foudre tombait sur divers points de la ville ou de son territoire, et le temps paraissait si menaçant, que mon fils n'hésitait pas à lancer, coup sur coup, trois fusées para-grêle. Leur effet fut presque instantané, le tonnerre cessa de gronder, l'orage s'éloigna dans la direction du Nord-Est et une pluie modérée tomba sur notre champ d'expériences, tandis que, tout autour, à une distance circulaire que les spectateurs ont évaluée à 500 mètres, les ondées continuaient aussi denses qu'auparavant.

8ᵉ EXPÉRIENCE

Les nouveaux résultats qui nous sont signalés dernièrement par M. Jacques Tibbal, de Rabastens, dans le Tarn, et qu'il a obtenus le 9 août, viennent corroborer absolument ceux que nous avons attribués, dans l'observation ci-dessus, à l'action des fusées para-grêle sur la généralité des phénomènes orageux.

Hier au soir, à 11 heures, nous écrit cet habile viticulteur, nous avons un violent orage. Je me suis immédiatement rendu dans mes pépinières et au moment opportun, c'est-à-dire après un formidable coup de tonnerre et alors que l'orage était sur notre tête, j'ai lancé une fusée.

Immédiatement le tonnerre a cessé de gronder et nous avons eu une pluie fine et bienfaisante.

Ce matin, vers 4 heures, nouvel orage, mais je n'ai pas eu à intervenir voulant ménager mes munitions.

Le temps est très menaçant et je crains bien que nous devrons avant peu tenir tête aux orages, mais je vais me trouver désarmé et je vous prie de faire renouveler ma provision de fusées para-grêle par votre artificier.

Veuillez agréer, etc...

Jacques TIBBAL.

10ᵉ EXPÉRIENCE

Rabastens, 8 septembre 1901.

Mardi, dernier, 3 septembre, nous avons eu, ici, de terribles orages, les plus forts que nous ayons vus cette année.

Avant de vous rendre compte de mes expériences, j'ai voulu m'entourer de tous les renseignements pouvant vous être utiles et qui confirment mes notes personnelles. J'ai découpé dans plusieurs journaux de la région, la liste des départements voisins et des localités, où ces orages ont sévi avec intensité et y ont causé des dégâts importants.

Vous voudrez bien remarquer, que les orages qui ont éclaté à Rabastens, à 5 h. 1/2, avaient laissé de la grêle à Molière, Mas-Grenier, Valence d'Agen et, après nous avoir dépassés, sont allés s'abattre avec de la grêle à Carmaux, dans notre département, à 40 kilomètres sur la gauche.

Sur le parcours de ces orages, tous les endroits qui n'ont pas eu de grêle ont eu des trombes d'eau effrayantes, tandis que nous n'avons eu qu'une forte averse.

Voici maintenant la relation exacte de cette expérience et des résultats obtenus. Cette fois encore ces résultats ont eu toute la population pour les contrôler.

Mardi dernier, 3 septembre, vers 4 h.1/2 du soir, après plusieurs journées de chaleur suffocante, le ciel s'est subitement obscurci au point qu'on se serait cru à la nuit tombante, et simultanément deux orages venant du Nord et du Nord-Ouest se sont présentés avec des nuages d'un noir foncé mélangé de teintes livides et blanchâtres, précurseurs habituels des orages chargés de grêle.

Après 20 minutes de calme, le vent s'est levé avec une violence inouïe.

J'ai alors commencé à tirer quatre fusées, deux dans la direction de chaque orage, après chaque détonation une accalmie se produisait.

Une des quatre fusées a tellement pénétré dans un nuage que nous l'avions perdue de vue, et ce n'est qu'après la détonation que la fumée nous a indiqué l'endroit où elle avait percé le nuage.

Ces quatre fusées avaient été tirées pour prévenir les orages avant leur complète venue, tellement nous les redoutions.

Un quart d'heure après, c'est-à-dire au moment même de l'arrivée sur nous des deux orages, j'ai tiré encore trois fusées. Le vent, le tonnerre et tous les éléments faisaient rage, mais, après le deuxième coup, les deux orages ont été rejetés l'un à droite, l'autre à gauche, en continuant de poursuivre avec la même violence, leur trajet au Nord-Est et au Sud-Ouest pour se rejoindre à plus de 30 kilomètres au delà et y causer des dommages très grands en grêle et trombes d'eau.

Je crois toujours davantage à l'efficacité de vos fusées, mais cette fois j'ai dû combattre pied à pied, et je suis certain que si plusieurs postes avaient fonctionné, le résultat aurait été plus certain et surtout plus instantané.

Ce qui prouve encore la grande violence de ces orages, c'est qu'ils ont duré plus de deux heures, mais sans jamais revenir sur nous, ils se sont tenus écartés autour d'une zone variant de 2 à 3 kilomètres de rayon.

Il est vrai de dire aussi que j'ai employé sept fusées et étais prêt à en tirer d'autres s'il l'avait fallu. Dans cette relation, je vous donne textuellement, le plus possible, ce qui est le résultat de nos observations.

Veuillez agréer, etc...

J. Tibbal.

Voici, textuellement reproduits, les articles de journaux qui nous ont été envoyés par M. Jacques Tibbal :

Les Orages du 3 septembre 1901.

Après plusieurs journées de chaleurs accablantes, de violents orages, souvent mêlés de grêle, sont venus ravager les récoltes au moment même où elles mûrissaient et jeter la désolation chez bon nombre de propriétaires et de fermiers.

Dans l'Aude notamment, on nous signale de nombreux ravages dans les localités de Narbonne, Coursan, Saint-Marcel, Sombez, Samatan, l'Isle-en-Jourdain ; dans le Gers, Rieux, Plaisance du Touch ; Minet dans la Haute-Garonne ont été particulièrment éprouvés.

Dans l'Aveyron, la pluie est aussi tombée abondamment, transformant les rues et les chemins des campagnes en ruisseaux, accompagnée de terribles éclats de tonnerre.

Tout cela cependant n'a guère duré. Heureusement il n'y est pas tombé de grêle et les dégâts y sont bien moindres que dans les départements voisins.

Le temps, malgré quelques éclaircies ne semble pas se remettre au beau.

Molières (Tarn-et-Garonne). — Lundi soir, vers 5 heures, un grand orage s'est déchaîné sur notre ville et les environs. Approximativement, il a duré quarante-cinq minutes et a été caractérisé par un vent des plus furieux, d'épouvantables coups de tonnerre, des éclairs terrifiants et par une pluie diluvienne à laquelle étaient mêlés de nombreux grêlons de la grosseur d'une petite noisette. Fort heureusement ces grêlons n'ont causé que de légers dégâts.

Mas-Grenier (Tarn-et-Garonne). — Un orage épouvantable a éclaté sur notre ville, mardi soir, vers 5 heures. Pendant 20 minutes, une pluie mêlée de grêle s'est abattue sur notre contrée et ses environs. Les vignes ont beaucoup souffert ; dans certains endroits, elles ont été complètement dépouillées de leurs feuilles ; la moitié de la récolte est perdue. Tout le monde est dans la consternation.

Valence d'Agen (Lot-et-Garonne). — Mardi soir, vers 4 heures, un violent orage, accompagné d'une grosse pluie mêlée de grêle, s'est déchaîné sur notre ville, transformant en un clin d'œil nos rues et nos routes en de véritables lacs. Les grêlons, de la grosseur d'une noix, ont cassé quelques vitres et détérioré des ciels-ouverts.

Heureusement cet orage a été de courte durée.

Carmaux (Tarn). — Après quelques journées d'une chaleur tropicale, un orage s'est abattu sur notre région, dans la soirée de mardi, avec une pluie diluvienne mêlée de grêle et accompagnée de violents coups de tonnerre.

On a pu remarquer des grêlons de la grosseur d'un œuf de pigeon.

L'orage n'a causé, dans notre ville, aucune perte malheureuse.

Il n'en a pas été ainsi du côté d'Albi, dans les alentours de Saint-Martial, où la grêle est tombée en plus grande quantité et a détruit en partie les récoltes et notamment les vignes.

11ᵉ EXPÉRIENCE

J'ai encore d'autres expériences à vous communiquer, car nous subissons ici une période réellement désastreuse pour les vignobles. Depuis près d'un mois nous avons des alternatives de chaleurs étouffantes entremêlées d'orages fréquents et violents.

Hier mardi, 10 septembre, après une matinée excessivement lourde et orageuse, pendant laquelle de gros nuages n'ont cessé d'évoluer lentement autour de notre commune, vers 2 heures de l'après-midi, et malgré que rien ne le fît prévoir de sitôt, après un coup de tonnerre, nous avons eu une forte ondée.

Une accalmie s'est produite suivie de plusieurs décharges électriques, qui ont provoqué une autre averse mélangée de grêle de la grosseur d'un petit pois. Au premier grain de grêle que j'ai aperçu, j'ai envoyé une fusée dans la direction de l'orage ; immédiatement une pluie fine et serrée, mais sans grêle, est tombée pendant un quart-d'heure et une deuxième fusée a complètement dispersé ce grain.

Dans la nuit du 10 au 11 courant, vers 2 heures 1/2 du matin, deux nouveaux orages venant du Nord et du Sud-Ouest, tous deux d'une violence inouïe, ont éclaté sur notre territoire ; les décharges électriques étaient nombreuses et répétées. Ces deux orages ont opéré leur jonction sur notre localité.

Après m'être assuré, par les coups de tonnerre, que ces orages étaient à peu près sur notre tête, j'ai (quoique nous n'eussions pas vu de grêle), tiré une première fusée Résultat : instantanément, les orages se sont séparés et le tonnerre s'est. en moins de deux minutes, éloigné à peu près de deux kilomètres de nous.

Une deuxième fusée a suffi pour les tenir à l'écart.

Il est probable que j'aurai encore à intervenir, car le temps est toujours très menaçant. Je n'ai pas encore tous les renseignements au sujet des orages dont je viens de vous rendre compte, mais je viens d'apprendre que celui de cette nuit a porté dans ses flancs des trombes d'eau qui ont raviné tous nos environs.

Quant à celui d'hier, sur notre gauche, nous entendions distinctement un bruit continu qui nous a paru être celui que produit la grêle en tombant. Il est probable que demain je serai complètement fixé.

J. Tibbal.

12ᵉ EXPÉRIENCE

Je viens de lire dans la *Revue de Viticulture*, nº 406, votre dernier article.

Je regrette vivement de n'avoir pas reçu les échantillons de votre dernier modèle de fusées, que vous m'annonciez par votre honorée du 21 juillet.

Nous aurions été très heureux de les essayer. Malgré les défectuosités des fusées envoyées en juin, nous avons obtenu de réels résultats, aux portes de Boisset-Saint-Priest (résultats constatés par un grand nombre de mes administrés). Nous avons surtout constaté la suppression des éclairs et du tonnerre.

En fondant notre syndicat, j'avais surtout pour but, non pas de défendre un vignoble qui, depuis le phylloxéra, est par trop disséminé sur nos coteaux, mais d'essayer la défense générale de la plaine du Forez, en établissant nos batteries aux défilés des montagnes, là surtout où passent et se forment les orages.

Personnellement, je ne crois pas qu'on puisse défendre un vignoble contre un violent orage qui vient sur lui tout formé, mais je suis convaincu (par vos expériences) qu'on peut entreprendre la lutte au point où se forme l'orage ; je crois aussi que l'on peut disperser les nuages et empêcher la production de l'électricité nuageuse ; la preuve, c'est que vos tirs de fusées et de canons diminuent les éclairs et les tonnerres (quand ils ne les suppriment pas entièrement).

Nous serons très heureux d'assister à votre conférence, lors du Congrès de Lyon, et de vous appuyer énergiquement.

Veuillez croire, etc.

E. Nicolas,

Maire de Boisset-Saint-Priest,
Président du Syndicat du Forez contre la grêle.

13ᵉ EXPÉRIENCE

N'ayant reçu mes fusées para-grêle que depuis quelques jours, je n'ai guère eu l'occasion de m'en servir, j'ai cependant fait hier une petite expérience que je tiens à vous communiquer.

Nous avons eu hier une série continuelle de grosses averses, produites par des nuages orageux très épais, mais peu étendus et venant de l'Ouest. Ces avalanches d'eau accompagnées de quelques coups de tonnerre, ne duraient pas plus d'un quart d'heure à vingt minutes et se succédaient toutes les heures environ.

J'ai attendu qu'un de ces nuages noirs soit complètement au-dessus de ma tête et que la pluie tombe franchement pour lancer une fusée, la pluie a cessé aussitôt l'explosion, pour reprendre quelques minutes après. Le vent étant assez vif, j'ai renouvelé l'expérience une heure après pour obtenir exactement le même résultat.

Les fusées montent très haut, elles n'éclatent pas au sommet de leur course, mais en pleine descente. N'y a-t-il pas là une défectuosité dans leur montage ?...

Je me ferai un plaisir de vous signaler toute observation que je vous croirai utile et vous prie d'agréer, etc...

William Taylor.

Propriétaire à Tresses (Gironde).

14ᵉ EXPÉRIENCE

Salins (Jura), 24 octobre 1901.

J'ai l'honneur de vous faire savoir, Monsieur le Docteur, qu'au cours de la saison dernière, nous avons expérimenté vos fusées para-grêle, expérimentation déjà projetée en 1900 et qu'à cette époque les circonstances ne nous avaient pas permis de réaliser.

Bien que les résultats obtenus ici soient similaires à d'autres déjà rapportés, je me fais un devoir de vous les communiquer à titre de modeste contribution à l'étude de la question si importante de la défense contre la grêle.

Aussitôt les fusées reçues, nos sociétaires prenaient rendez-vous pour les essayer. Le jour arrivé, il se trouva qu'à l'heure convenue, par un heureux hasard, la pluie tombait, sous un ciel couvert, mais non orageux.

Sans aucun abri, et les fusées crânement arborées sur l'épaule, comme pour montrer que ni eux, ni leurs engins ne redoutent l'élément liquide, nos braves tireurs se rendent sur le lieu du tir, lequel commence sans désemparer en présence de nombreux curieux.

Or, après lancement de quelques fusées à intervalles non mesurés et quelque peu espacés, il arriva que la pluie cessa peu à peu et que, le tir achevé, Messieurs les spectateurs qui étaient accourus parapluies déployés, s'en retournèrent l'appareil protecteur sous le bras. « Coïncidence », disaient les sceptiques préalablement stylés par une coterie systématiquement hostile. Ce qui n'empêcha pas qu'une heure après la séance, la pluie tombait à nouveau.

15ᵉ EXPÉRIENCE

Le 3 septembre, vers 6 heures du soir, nous survint une de ces averses diluviennes qui font époque et dont on se souvient. Poussés par un sentiment de curiosité et dans la seule pensée de profiter d'une rare occasion de nous rendre compte de l'effet que produisait votre tir (si toutefois un effet quelconque pouvait être produit en tirant sur pareille avalanche), vite nous courons aux fusées. Après que nous en eûmes lancé cinq, à intervalles d'environ deux minutes, le torrent qui nous inondait s'apaisa sensiblement, non *absolument* cependant (il y avait tant d'eau en suspension), mais assez toutefois pour qu'à un moment donné quelqu'un des assistants proposât de quitter les abris.

A ce moment, et tandis qu'autour de notre rayon visuel l'averse continuait à faire rage, nous voyons à notre zénith se montrer une déchirure blanche tranchant sur le gris uniforme du ciel. Mais, entraînée par la bourrasque, cette déchirure disparaît bientôt à nos yeux, en même temps que la pluie se reprend à tomber comme avant. On comprendra combien notre curiosité fut surprise par la production de cette accalmie de quelques minutes au milieu d'une telle averse. Ce qu'il faut surtout retenir en la circonstance, c'est que, à l'extrémité opposée de la vallée, à un kilomètre tout au plus du point où nous nous trouvions, la quantité d'eau fournie par l'averse fut telle, que de nombreux ravinements se produisirent qui encombrèrent chemins et routes, tandis que, de notre côté, rien de semblable n'eut lieu, ce qui indique que, grâce au tir des fusées, l'intensité de l'averse y fut très notablement inférieure.

16ᵉ EXPÉRIENCE

Enfin, le 10 septembre, vers 3 heures 1/2 du matin, à la suite d'une nuit très orageuse dans la région, une formidable nuée, arrivant du Nord-Ouest, avec accompagnement de fréquentes décharges électriques, s'avançait sur notre vignoble, menaçant le flanc de la montagne qui le limite à l'Est. La crête de cette montagne court du Nord au Sud, direction que semble prendre la nuée attirée par ce sommet. La grêle, dont on distinguait le bruissement se rapprochant, commença tout-à-coup à tomber sur un de nos postes en bordure, chargé de défendre ce point avancé. Ce poste commença aussitôt son feu. A deux minutes environ d'intervalle, il lança quatre fusées qui éclatèrent en pleine grêle.

Sous l'action de ces tirs nous constatâmes les deux faits suivants : 1° Production, à trois reprises successives, du phénomène observé déjà, par M. Alfred Sadoux, à la Grille-Pérusson en Indre-et-Loire et que vous avez publié, du coup de tonnerre sans éclair apparent : 2° Changement de direction du nuage orageux qui, du Nord-Sud, évolua à l'Est, s'éloignant du point menacé. Les grêlons qui, avant le tir, avaient dépassé le poste, ne s'étendirent pas au delà de 5 à 600 mètres de ce point, ne causant, d'ailleurs, qu'un dommage de peu d'importance et l'orage qui, du reste, pendant toute sa durée, avait été calme, cessa tout à fait.

Les quelques témoins de ces faits sont unanimes, avec nous, à attribuer au tir la protection de cette partie du vignoble sérieusement menacée.

Voilà, Monsieur le Docteur, le résumé de nos observations. Si vous me le permettiez, j'ajouterais que, n'ayant pu parvenir à former une association de défense, qui aurait compris l'ensemble de notre vignoble, notre jeune Société de viticulture, réduite à ses seuls moyens pécuniaires, a pu, cependant, à l'aide de vos fusées, organiser une défense partielle qui en comprend près de la moitié. A cet effet elle a créé 25 postes de tir, qui ont été réglementés et munis, qu'elle a confiés à autant de tireurs titulaires, assistés, chacun, de un ou deux suppléants, de façon à assurer le service qui est volontaire et gratuit. Cette organisation ressemble à celles qui fonctionnent à l'aide des canons. Elle n'en diffère que par l'engin employé.

L'an prochain nous espérons être en mesure d'achever l'œuvre commencée, en étendant la défense sur le surplus du vignoble, ce qui demandera la créations de 25 nouveaux postes.

Suivant une statistique recommandable, qui porte sur quarante années, la seule culture de la vigne, chez nous, est tributaire de la grêle pour une moyenne annuelle évaluée, très modérément, à 200 francs par hectare.

Ce chiffre indique assez le prix attaché à la défense. Et, pourtant

(Horresco referens !), il s'est rencontré des personnages capables d exp
mer des vœux pour l'avortement du projet de défense ! ! !

Quand donc celle-ci deviendra-t-elle obligatoire?

Veuillez agréer, etc.

SUFFISANT,

vice-président de la Société de Viticulture
de Salins (Jura).

17ᵉ EXPÉRIENCE

M. Etienne Salomon, le viticulteur si connu de Thomery, et propriétaire à Chailly-en-Bière, a aussi préservé son vignoble de la grêle
avec nos fusées porte-pétards; on trouvera le récit de cette expérience dans le compte rendu des séances du Congrès.

TROISIÈME PARTIE

Analyse des expériences et déductions que l'on peut en tirer.

Les résultats constamment favorables des expériences que nous
venons de relater dans le chapitre précédent constituent, d'après
nous, le meilleur des plaidoyers en faveur du système que nous préconisons ; ils ont d'autant plus de poids qu'ils ont été obtenus dans des
localités fort éloignées les unes des autres et par des observateurs
dignes de foi. Nous allons faire devant vous le dépouillement méthodique de ces importants documents, mais, avant d'y procéder, nous
devons remercier nos collaborateurs de la première heure de
l'empressement qu'ils ont mis à nous faire part de leurs observations
et nous avons la conviction que le Congrès retiendra volontiers leurs
noms; ce sont MM. Pottier, horticulteur à Hyères ; de Roussenc,
propriétaire de Porquerolles, la mieux cultivée des Iles d'Or; Brémond
d'Ars, à Saintes, dans la Charente-Inférieure ; Alfred Sadoux, à la
Grille-Perrusson, dans l'Indre-et-Loire ; Jacques Tibbal, à Rabastens,
dans le Tarn; Élisée Nicolas, à Saint-Marcellin, dans la Loire; William
Taylor, à Tresses, dans la Gironde; M. Suffisant, à Salins, dans le Jura,
et M. Salomon en Seine-et-Marne.

Ce devoir étant accompli, voici les diverses constatations qui
résultent des seize observations que nous avons pu recueillir.

L'efficacité des fusées contre les orages de grêle, nous paraît suffisamment démontrée par les observations 1, 2, 3, 5, 6, 7, 10, 11, 16 et 17,

qui ont entre elles de nombreux points de ressemblance et dont quelques-unes semblent avoir été copiées sur les autres.

Pour toutes la marche est la même : le vent souffle par rafales, le tonnerre gronde, l'orage arrive, la foudre éclate, la grêle tombe menaçant les récoltes d'une entière destruction ; mais la fusée s'élance vers les nuages et, comme par enchantement, tous ces éléments constitutifs de l'orage se dissipent au-dessus de la tête des opérateurs, tandis qu'ils continuent à faire rage tout autour d'une zone de protection supérieure à 25 hectares. Le vent s'apaise ensuite, les éclairs s'éloignent, un calme saisissant succède au fracas de la tempête, une pluie bienfaisante arrive bientôt après et tout danger est évité pour cette fois.

Les moyens employés pour obtenir des effets aussi étonnants ont-ils été considérables ? Les sacrifices pécuniaires consentis par les propriétaires des champs menacés ont-ils été proportionnés à la perte qu'ils ont évité ? Non, mille fois non, puisqu'il ressort de la lecture attentive de ces dix expériences qu'il a partout suffi d'une dépense minime, représentée par le prix d'une, de deux ou trois fusées au plus, pour préserver des récoltes que la grêle allait impitoyablement détruire, soit de deux à six francs pour une surface de plus de 25 hectares !

On aura très probablement remarqué, que les sept autres documents imprimés dans ce rapport, sous les numéros 4, 8, 9, 12, 13, 14 et 15 ne doivent pas être comptés dans le nombre de ceux qui relatent des succès contre la grêle, puisque leurs auteurs n'en ont point mentionné la présence ; nous avons néanmoins cru devoir les soumettre au Congrès, parce que nous les considérons comme très précieux, au point de vue des renseignements généraux qu'ils contiennent et, du reste, qui pourrait affirmer que, dans ces temps d'orages quotidiens quelques-uns, sinon tous ces nuages à l'aspect si menaçant, n'ont pas été rendus inoffensifs par l'explosion des fusées préventivement dirigées contre eux ?

En dehors de la question de la lutte contre la grêle, mais parallèlement à elle, les faits signalés par tous nos collaborateurs établissent incontestablement l'action des fusées, non seulement sur les autres phénomènes orageux qui dépendent plus ou moins directement de l'état de tension électrique des nuages, mais encore sur la masse elle-même de ces orages dont les différentes couches passent, dans certains moments, à l'état de formidables accumulateurs.

Nous ne saurions trop insister sur cette action générale des fusées, que l'on a constatée sous des formes différentes, partout ou l'on a bien voulu les employer. On les a vues, en effet, montrer le bleu du ciel dans le milieu des plus sombres nuées, déchirer et disloquer les nuages les plus épais, s'opposer à la marche ordinaire des orages, les couper en deux, empêcher leurs fragments de se rejoindre et constituer au profit des opérateurs, une zone protectrice parfaitement tranchée.

L'une d'elle n'a-t-elle pas provoqué, cet été, par une matinée sans nuages, et fort au-dessus de son point d'éclatement la formation d'un anneau composé de plusieurs couches de vapeurs condensées, qui s'est subitement paré de toutes les couleurs de l'arc-en-ciel (1)? N'ont-elles pas enfin, à six reprises différentes, provoqué des coups de tonnerre que les observateurs déclarent n'avoir été précédés d'aucun éclair (2) ?

Ces observations, qui confirment toutes nos prévisions, sont donc très précieuses au point de vue de la science météorologique et nous aideront puissamment, quand nous voudrons organiser en France la lutte méthodique contre les orages. Déjà pour les régions du Lyonnais et du Beaujolais on sait, grâce aux patientes recherches de M. le docteur E. Clément, que de chaudes vapeurs y arrivent directement de l'Océan ; au moyen de la belle carte dressée par Fournet en 1861, on connaît depuis longtemps les points élevés autour desquels se forment leurs premières condensations ; on connaît aussi la marche presque invariable du fléau ; pourquoi ne pas appliquer partout le même principe et ne pas combattre les orages, soit au moyen de ces ingénieux para-grêle électriques dont l'invention appartient à M. le Docteur E. Clément (3), soit par des postes de tir qui se succèderaient depuis les parties les plus élevées des vallées jusque 'dans ces plaines périodiquement dévastées et qui neutraliseraient les nuages orageux au fur et à mesure de leur passage ?

Cette dernière idée a trouvé un ardent promoteur dans la personne de M. Elisée Nicolas, président du Syndicat 'de la lutte contre la grêle de la région Sud-Ouest du Forez ; nous ne saurions trop, pour notre

---

(1) Voir la 4e expérience.
(2) Voir 6e et 16e expériences.
(3) *Défense contre la grêle*, brochure. — Grenoble, impr. Vallier, 1900.

part, le féliciter de sa bienfaisante initiative et la pleine réussite de nos expériences qui, toutes, représentent des tirs individuels, nous donne la certitude que le succès couronnera les efforts collectifs de ce genre.

QUATRIÈME PARTIE

Les Fusées para-grêle, porte-pétard, hydrofuges et operculées. — Technique du tir de ces fusées. — Les Syndicats de défense.

« Il n'y a rien de nouveau sous les nuages ». M. V. Vermorel a bien voulu nous le rappeler et nous apprendre dans la *Revue de Viticulture* du 9 juin 1901 (p. 325), que MM. Guinand et Latière ont pu voir, comme lui, tirer des fusées para-grêle au Congrès de Casale et que ce moyen défense a été abandonné en Italie.

Cela nous étonne, mais cela est bien possible et nous ne ferons aucune difficulté de le tenir pour vrai, si le très honorable M. Vermorel ne s'est pas trompé et s'il n'a pas pris de loin des bombes pour des fusées ; nous n'avons pas lu de relation de ces expériences, mais il n'y aurait, après tout, rien d'étonnant qu'elles aient passé inaperçues, l'attention du public ayant été attirée un peu trop exclusivement par les fracas des canons-tromblons et par les brillantes discussions des physiciens sur le tore. Il est aussi bien possible que, faute d'observations probantes en faveur des modestes fusées para-grêle, un jury ait décidé que ce tir ne devait pas être pris en considération ; mais nous sommes en droit de nous demander dans quel but M. Latière a pu, quelque temps après la publication de nos expériences, écrire ce qui suit dans le journal *Alpes et Provence* :

« On ne peut s'empêcher de sourire quand on lit sur tous les jour-
« naux les très concluants résultats obtenus à Hyères (Var), *le pays*
« *du soleil par excellence*, avec les fusées porte-pétard du
« Dr Vidal. Ces fusées doivent être enchantées, puisque une seule
« d'elles est capable de dissocier les nuages à grêle et de faire
« apparaître le bleu du ciel ».

Nous ne pouvons savoir ce que le savant président du Syndicat de Berre pense aujourd'hui des fusées para-grêle, mais il est certain qu'à cette époque il aurait bien fait, au lieu de sourire, de prendre le train et de venir s'enquérir sur place de faits qu'il ne pouvait bien juger de si loin.

Nous ne prendrons pas la peine de répondre directement à d'autres attaques de même genre qui sortent des bornes d'une sage critique.

Une objection, qui pouvait avoir une grande importance, nous a été faite, par M. Vermorel, au sujet de l'altitude atteinte par nos fusées porte-pétards. Nos projectiles montaient-ils assez haut pour atteindre les nuages orageux ? Nous répondrons à la question de M. Vermorel en exposant la technique du tir des fusées et nous pouvons lui donner l'assurance que nous avons, avant nos premières expériences, partagé tous ses doutes à ce sujet.

Quant à la question de priorité, elle se dégagera par elle-même, au moyen des documents qui seront déposés par les intéressés, soit pendant les séances de ce Congrès international, soit dans sa prochaine session et, dans le cas où il serait bien établi que le tir par les fusées porte-pétard aurait été réellement représenté au Congrès de Casale, on ne pourra nous contester le mérite d'avoir repris ce procédé et d'avoir prouvé, par l'expérience, combien on avait eu tort de le repousser.

LE TIR DES FUSÉES

Avant d'avoir fait nos premières expériences, nous avions l'intention de combattre les orages avec des fusées porte-pétard et avec des bombes, ou marrons d'artifice. Nous avons, depuis lors, complètement abandonné ce dernier moyen, à cause du danger qu'il peut faire courir aux personnes qui l'emploient et parce que les projectiles lancés par les mortiers ne peuvent atteindre, dans les conditions ordinaires de fabrication, les mêmes altitudes que les fusées.

Nous avons donc porté nos efforts exclusivement sur les fusées porte-pétard et nous avons, de ce côté, obtenu des améliorations que le Congrès pourra constater, *de visu*, s'il désire que des expériences soient faites devant lui. Le type que nous lui montrerons s'élève à une hauteur bien supérieure à celle de 400 mètres et, pas plus que les précédents, il ne peut être dangereux pour le personnel agricole qui l'emploie. Il ne saurait, du reste, en être autrement, puisque les fusées ne peuvent, en aucun cas, sortir des anneaux qui les retiennent fixées au pieu et qu'elles s'élancent perpendiculairement vers les nuages, avec une vitesse primitive supérieure, en moyenne, à 190 mètres par seconde.

Il est inutile d'ajouter qu'elles n'ont rien de commun avec les fusées à la Congrève que l'on a sagement abandonnées, à cause des accidents qu'elles ont jadis provoqués.

Le tir des fusées exige, néanmoins, certaines précautions que nous indiquerons tout-à-l'heure, en répondant aux différentes demandes de renseignements qui nous ont été adressées et que nous avons classées dans l'ordre suivant :

1o Quelle est la superficie des terrains protégés par les fusées porte-pétard.

2o Quelle est l'altitude atteinte par les fusées ?

3o Quel est le prix de nos fusées du dernier modèle, et quelle est la dépense qui résulte de leur emploi pour protéger une surface de 25 hectares ?

4o Quel est le matériel, quel est le personnel qui sont indispensables pour effectuer le tir ?

5o De combien de fusées chaque tireur doit-il se munir ?

6o Le tir peut-il être dangereux pour les opérateurs ?

7o Quand faut-il commencer le tir, quand faut-il le cesser ?

8o Dans quelle direction faut-il tirer ?

9o Les agriculteurs intéressés doivent-ils se syndiquer ?

1o Surfaces protégées. — L'action de nos fusées porte-pétard étant, d'après nous, au moins égale à celle des meilleurs appareils employés jusqu'à ce jour dans la lutte contre la grêle, nous comptons qu'elles protègent une surface aussi étendue que celle qui est attribuée aux canons-tromblons les plus perfectionnés, c'est-à-dire tous les terrains compris dans une circonférence ayant cinq cents mètres de diamètre et contenant, par conséquent, près de vingt-cinq hectares.

Cette appréciation ayant été plus que confirmée par nos expériences, les agriculteurs qui désirent protéger leurs récoltes, au moyen des fusées, devront établir un poste de tir par vingt-cinq hectares, quatre postes par cent hectares, etc., etc.

Il doit être bien entendu que le centre des zones protégées correspond exactement, non pas au point de départ des fusées, mais au point où elles éclatent. On pourrait, en admettant ce principe, établir méthodiquement un cône de protection représenté par la figure ci-dessous.

Ce minimum de vingt-cinq hectares nous paraît résulter des nombreux tirs n° 5, que nous avons faits avec notre premier modèle de fusées porte-pétard. L'avenir seul nous apprendra si la base du cône de protection ne s'élargit pas en proportion de l'altitude du point d'éclatement du projectile ; *a priori* cela semble admissible, mais, pour d'autres raisons, que nous allons développer, cette solution du problème nous paraît avoir besoin d'être confirmée par l'expérience.

2° **Altitudes.** — Entre autres erreurs et sur l'affirmation d'un artificier, plein de bonne volonté, mais très mal outillé, nous avons dit, dans nos premières communications, que nos pétards atteignaient l'altitude de 400 mètres ; nous devons reconnaître qu'en réalité ils ont éclaté beaucoup plus bas et qu'en général les meilleurs d'entre eux n'ont pas dépassé 350 mètres ; on a pu leur reprocher aussi d'éclater parfois à quelques mètres au-dessus de leur point de départ, de fuser par leur culasse, de monter en spirale, d'éclater avant que leur force d'impulsion ait été épuisée, de faire panache, etc., etc., tous inconvénients que les fusées ne doivent présenter qu'exceptionnellement.

Ce sont là des défauts très sérieux que nos études nous ont permis de corriger, tout en obtenant, comme nous offrons d'en faire la preuve, une altitude d'éclatement bien supérieure à 400 mètres.

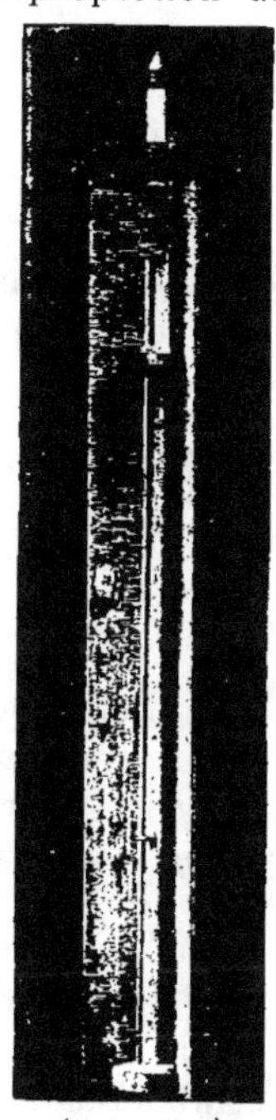

FUSÉE PARA-GRÈLE
CONE DE PROTECTION

Cette dernière modification était-elle indispensable et n'y aurait-il pas à redouter un échec, si l'on exagérait outre mesure la portée verticale des fusées? Les nuages chargés de grêle sont fort pesants ; semblables à de lourds oiseaux de proie, ils planent parfois à une faible distance du sol, comme ceux qui ont été perforés dans les expériences n° 1, 2, 3, 5 et 6; tous les autres ont été disloqués avec des fusées qui atteignaient à peine à 350 mètres et, si nous produisons les ondulations perturbatrices au-dessus et non pas au-dessous de la masse orageuse obtiendrons-nous des effets identiques?

GRÈLE. — 10

Toutes ces considérations nous ont conduit à ne pas dépasser, pour le moment, l'altitude moyenne de 500 mètres, qui nous paraît tenir un juste milieu et que nous viserons pendant la campagne prochaine.

3° Prix des fusées et dépense pour 25 hectares. — Jusqu'à ce jour, et grâce à la bienveillance de MM. les Ministres de l'Intérieur, de l'Agriculture et des Finances, la poudre indispensable au chargement de nos pétards ne nous a pas coûté plus de 30 francs les 100 kilog., ce qui nous a permis de rendre les fusées franco et à domicile, au prix moyen de vingt francs la douzaine.

Notre fusée nouveau modèle sera d'un prix plus élevé, mais qui, dans aucun cas, ne dépassera celui de trente-six francs la douzaine.

Chaque fusée coûterait donc trois francs, ce qui occasionnerait une dépense de :

Pour le tir de 1 fusée, de	3 fr.	pour 25 hectares et de	12 c. par hectare.
— 2 —	6 »	— —	24 » —
— 3 —	9 »	— —	36 » —
— 4 —	12 »	— —	48 » —

Et si l'on veut prévoir une moyenne de trois tirs de quatre fusées par saison dangereuse, notre procédé nécessiterait un débours de 36 francs pour 25 hectares, soit de 1 franc 44 centimes par hectare.

Nous voilà bien loin des prix de revient, plus ou moins fantastiques, qui ont été fort légèrement annoncés dans certains journaux et dans des brochures dont les lecteurs ont été induits en erreur et qui, sans cela, auraient peut-être évité la ruine !

A mérite égal, et sans qu'il soit nécessaire de faire remarquer combien la dépense occasionnée par les fusées est infime en regard du prix des récoltes préservées, les chiffres incontestables que nous venons de donner nous permettent de placer notre tir au premier rang des moyens économiques employés contre la grêle.

4° Matériel et personnel. — Rien n'est plus simple que l'établissement d'un poste de tir ; un homme, un pieu et douze fusées suffisent quand la maison d'habitation se trouve à peu près au centre de l'héritage ; le pieu est alors planté à côté de la porte ou d'une fenêtre et le tireur n'a pas à se déranger ; mais, si le centre de la surface à protéger se trouve en pleins champs, il sera nécessaire d'y construire une cabine, fort simple, pouvant abriter l'homme avec ses fusées, et dont le coût ne dépassera pas 25 francs. Le pieu sera toujours planté en dehors de la guérite à portée de la main, sur le côté droit de la porte, et sera, pour plus de précautions, placé au fond d'une gouttière formée par deux planches réunies en angle droit.

L'idée de cette gouttière destinée à préserver la fusée de la violence du vent, avant son départ, et le tireur du crachement provenant de la cartouche de la fusée, nous a été donnée par M. Elisée Nicolas ; elle nous a rendu les plus grands services et nous ne saurions trop en recommander l'usage aux tireurs n'ayant pas d'abri, sans en excepter même ceux qui peuvent rentrer vivement dans leur guérite aussitôt après qu'ils auront mis le feu à la mèche.

Il est inutile d'ajouter que le pieu doit être bien fixé en terre, que la fusée doit être soigneusement passée dans les deux anneaux du pieu et que l'extrémité inférieure de la baguette doit s'appuyer sur le sol ou, mieux, sur un petit sabot encastré dans le pieu.

5° Nombre des fusées nécessaires en temps d'orage. — L'intérieur de chacune des guérites, servant de poste de tir, sera muni d'un râtelier destiné à suspendre douze fusées. Cette provision de projectiles sera plus que suffisante, les orages ordinaires n'exigeant pas, dans la plupart des cas, une dépense de plus de trois ou quatre fusées ; mais il faut prévoir les perturbations atmosphériques exceptionnelles, les brusques sautes de vent et surtout les orages successifs, qui pourraient surprendre les tireurs avant qu'ils aient eu le temps de renouveler leurs munitions.

Quant aux postes improvisés en plein vent, les douze fusées seront facilement transportées avec leur pieu, sous le bras d'un homme ; elles seront alors déposées, la baguette inclinée vers la terre, sur deux fourches en bois piquées dans le sol et recouvertes avec un morceau de toile passé à l'huile de lin.

6° Le tir présente-t-il des dangers ? — Après tout ce que nous venons de dire, il peut paraître superflu de trop insister sur ce sujet ; nous tenons, cependant, à bien établir encore qu'avec quelques précautions rudimentaires, le tir des fusées ne présente aucun danger et l'on sera de notre avis si l'on considère que la mèche de notre fusée est la même que celle qui est adoptée pour les fusées d'artifice, que les fusées ne peuvent sortir des anneaux qui les fixent aux pieux, qu'elles sont forcées de s'élever directement vers les nuages et qu'après avoir mis le feu à la mèche avec une lance de un mètre de longueur, le tireur qui veut se garantir contre les crachements de la culasse n'a qu'à rentrer dans sa guérite, ou bien s'abriter derrière la gouttière en planches dont le principe a été imaginé par M. Elisée Nicolas.

Nous ne croyons pas non plus à la possibilité d'un accident causé par la chute de la fusée après son éclatement ; ce tir est donc inoffensif et peut être exécuté, après une ou deux leçons, par le premier cultivateur venu.

7° Quand faut-il commencer le tir, quand faut-il cesser ? — Cette question est très difficile à résoudre et ne comporte pas de règles fixes ; elle est pourtant d'une importance capitale, car si l'on ne doit pas s'exposer à laisser la grêle accomplir son œuvre de destruction, il ne faut pas non plus brûler sa poudre inutilement. Certains signes peuvent, cependant, guider le tireur et l'engager à commencer le tir ; ce sont les brusques et très sensibles abaissements de la température (1), la rapide invasion de ces énormes cumulus noirs, dans leur centre et à reflets cuivrés sur leurs bords ; c'est aussi le grondement lointain qui émane de la masse de certains nuages orageux et qui ressemble à celui que produirait une immense turbine pralinant des dragées, et surtout le bruit crépitant de la grêle qui tombe en quantité notable sur le sol.

Tout chef de poste qui constate l'un de ces différents phénomènes doit tirer une première fusée, sans attendre que la chute des grêlons vienne justifier ses appréhensions ; à partir de cet instant et si la grêle tombe, il devra tenir tête à l'orage et tirer encore deux ou trois fusées espacées de 30" en 30", sinon il cessera le feu jusqu'au moment où il se trouvera menacé par un nouveau grain.

8° Dans quelle direction faut-il tirer ? — Le chef de chaque poste, étant chargé de la protection d'un lot de 25 hectares de terrain, doit avoir pour objectif de faire éclater ses fusées en un point qui corresponde au zénith de leur point de départ. Toutes les personnes qui ont la pratique de ce tir savent combien ce résultat est difficile à obtenir sans écart appréciable, parce que la moindre brise relève l'extrémité inférieure de la baguette et tend à faire venir la fusée vers elle, vers le Nord, par exemple, si le vent souffle

---

(1) Voir les expériences n° 3 : abaissement brusque de 17° à 14° et l'expérience n° 7 : abaissement de 35° à 18°.

du Nord ; il faudra donc, pour les cas ordinaires, incliner légèrement le pieu dans le sens même du vent régnant ; mais, dans les grandes tourmentes, nous avons expérimenté qu'il faut lancer résolument la fusée contre le vent pour obtenir qu'elle éclate, quelques secondes après, dans un périmètre pas trop éloigné ; du reste cet inconvénient, qui peut avoir une certaine importance pour les tirailleurs isolés, disparaît quand le tir est méthodiquement organisé pour défendre tout le territoire d'une commune.

Ceci nous fournit un argument pour encourager les agriculteurs d'une même localité à se grouper en plus grand nombre possible dans le but d'organiser la défense commune.

Ce principe étant établi, il nous sera facile de répondre à la dernière question.

9° **Doit-on tirer individuellement ou se syndiquer ?** — Bien que la défense des récoltes contre la grêle soit de beaucoup simplifiée par notre procédé et que, mieux que tout autre, il favorise les efforts individuels, nous pensons que les propriétaires d'une même contrée ont tout intérêt à se syndiquer pour combattre en commun ce sinistre fléau. Plus ils établiront de postes de tir, plus ils agiront sur de grandes étendues, plus profondément ils perturberont les nuages orageux et mieux ils empêcheront, entre leurs couches superposées, les petites combinaisons électriques dont les innombrables décharges reproduisent, d'après nous, sur une grande échelle, la modeste expérience de Quinquet.

Nos collègues ne devront jamais oublier que certains orages couvrent des surfaces considérables et que si une seule fusée peut, en disloquant le nuage qui passe, empêcher la formation des grêlons dans son sein, son action ne s'étend probablement pas jusqu'à ces couches éloignées, qui se précipitent avec une vitesse vertigineuse pour les remplacer.

Syndiquons-nous donc sans retard, imitons le bon exemple qui nous a été donné jusqu'à ce jour par MM. Guinand, Joseph Châtillon, Benoît Blanc, E. Nicolas, Alfred Sadoux, Suffisant et tant d'autres dévoués fondateurs de sociétés de défense contre la grêle.

Dans cette lutte contre les éléments notre union, soyons en convaincus, fera notre force.

Il faut pourtant éviter soigneusement les organisations trop compliquées ; nous avons, pour notre part, fait exécuter la carte du territoire agricole de notre commune d'Hyères, sous forme d'un damier dont les degrés entre-croisés forment des cases numérotées de vingt-cinq hectares; chaque case est occupée par un chef de poste, membre en titre du syndicat, chargé de grouper autour de lui les propriétaires dont les héritages sont compris dans la case dont il répond. Le travail d'organisation est ainsi très simplifié, et la dépense devient insignifiante, par suite même du nombre des propriétaires qui doivent y concourir et de la valeur de leurs exploitations.

Quatre de nos chefs de poste, dont les propriétés sont situées sur les points par lesquels les orages pénètrent habituellement sur le territoire d Hyères, ont bien voulu accepter la mission de signaler l'arrivée probable de la grêle ; ce sont ces chefs de tir qui, en général, lancent une première fusée destinée à attirer l'attention de leurs voisins ; mais les autres membres du syndicat restent entièrement libres de commencer le feu quand ils le jugent nécessaire.

Notre syndicat est composé de toutes les personnes habitant la France qui prennent l'engagement d'acheter d'avance une douzaine des fusées para-grêle indiquées par le Conseil d'administration ; il réunit donc en un seul faisceau tous ceux qui ont adopté notre procédé de défense contre la grêle, et il permet aux agriculteurs qui doutent encore de son efficacité de faire les expériences qu'ils jugent indispensables pour éviter toute cause d'erreur.

Conclusions et Vœux

Nous pensons avoir suffisamment démontré, dans le cours de ce rapport, que le tir des fusées porte-pétard contre la grêle, tout en étant aussi efficace que ceux qui l'ont précédé, est aussi le plus simple et le plus économique ; qu'il favorise les défenses isolées ; qu'il permet de défendre les plaines aussi bien que les coteaux et qu'il évite en grande partie l'action si nuisible du vent sur les ondulations sonores ; mais nous n'avons pas la prétention d'imposer prématurément nos convictions aux partisans de tous les autres systèmes réunis en ce Congrès dans un but de défense générale. Nous n'avons point oublié que nous sommes les derniers descendus dans l'arène et, plus modestes dans nos aspirations, nous demanderons à nos aînés, dont l'œuvre a déjà été si féconde, de vouloir bien nous recevoir dans leurs rangs, tout en laissant les agriculteurs libres de choisir le moyen qui leur paraîtra le meilleur pour sauvegarder leurs récoltes.

Complètement d'accord sur le principe et dégagés de toute préoccupation personnelle, nous pourrons alors réunir nos énergies et demander avec plus d'autorité :

1º Aux compagnies qui assurent les récoltes, d'accorder pour le moment des subventions aux syndicats de défense contre la grêle et de consentir plus tard à une diminution du taux de cette assurance ;

2º A l'Etat, de délivrer à bas prix aux syndicats toutes les poudres qui leur seront nécessaires, ou, s'il le préfère, de les laisser libres de les fabriquer sans impôt ;

3º Au Parlement, de considérer la grêle comme un fléau public et d'obliger tous les propriétaires, agriculteurs d'une même région à se syndiquer pour le combattre ; il suffirait, pour cela, de leur appliquer les prescriptions de la loi du 21 juin 1865 sur les irrigations, les drainages, les colmatages, etc., etc., ou celles de la loi du 20 août 1881, sur les syndicats des chemins ruraux.

Ces vœux nous paraissent résumer nos besoins actuels et nous prierons cette section du Congrès de vouloir bien les voter.

Nous demanderons aussi à nos collègues si, avant de clore leurs travaux, ils ne sont point d'avis d'adresser leurs plus chaleureux remerciements à toutes les personnes qui ont concouru à la brillante réussite de cette réunion internationale et tout particulièrement à ceux qui en ont été les organisateurs : à M. Burelle, président de la Société régionale de Viticulture du Rhône, ainsi qu'à M. Silvestre, secrétaire général du Congrès.

Dr E. VIDAL,
Correspondant national
de la Société nationale d'Agriculture.

M. le Président. — Je remercie M. le Dr Vidal des paroles aimables à mon adresse et à celle de M. Silvestre, par lesquelles il a terminé son rapport, et je crois que vous serez heureux, comme moi, Messieurs, de remercier M. Vidal de son remarquable travail.

J'estime que, conformément aux habitudes adoptées dans les congrès, nous ne pouvons statuer sur les conclusions proposées par M. Vidal avant la fin du congrès, car c'est généralement à ce moment qu'a lieu la discussion sur la rédaction des conclusions.

Nous enregistrons néanmoins les propositions de M. Vidal, et nous le prions de vouloir bien, le moment venu, les rappeler au congrès, qui se prononcera.

Messieurs, avant de lever la séance, j'ai l'honneur de vous informer que, ce soir, après le dîner, la Société de Viticulture du Rhône offre, dans les salons du restaurant Monnier, un vin d'honneur aux Membres du Congrès et aux autorités civiles et militaires, qui ont si puissamment aidé à son succès. Nous vous prions de venir aussi nombreux que possible à cette réunion dans laquelle nous ferons plus ample connaissance et continuerons les aimables relations que nous avons commencées ce matin.

La séance est levée à 6 heures 15.

SÉANCE DU 16 NOVEMBRE 1901 (MATIN)

Présidence de M. Burelle, Président.

La séance est ouverte à 9 h. 15.

M. le président. — J'ai l'honneur, Messieurs, en ouvrant cette séance, de vous communiquer la dépêche suivante, que j'ai reçue, hier soir, de M. le Ministre de l'Agriculture :

Ministre Agriculture, à M. Emile Burelle, président Congrès International de défense contre la grêle, Lyon.

« Très touché par les sentiments que vous voulez bien
« m'exprimer au nom des membres français et étrangers
« du 3ᵉ Congrès international de défense contre la grêle, je
« vous traduis à nouveau les regrets que j'éprouve d'avoir
« été dans l'impossibilité de me rendre personnellement
« au milieu de vous. Je vous assure que j'examinerai avec
« soin les travaux du Congrès. J'ai transmis à M. le Pré-
« sident de la République, l'expression des respectueux
« sentiments du Congrès ».

Maintenant, Messieurs, nous allons continuer notre ordre du jour.

Je donne la parole à M. Vermorel, qui a manifesté, hier soir, le désir de présenter quelques observations sur le rapport de M. le Dr Vidal.

M. Vermorel. — Messieurs, j'ai écouté avec beaucoup d'attention la communication que nous a faite hier M. le

Dr Vidal, parce que la question du tir contre la grêle étant si peu avancée, il est bien possible que la solution se trouve, non pas dans l'emploi des canons, mais dans l'emploi de tout autre moyen.

J'ai, cependant, quelques objections à faire au procédé préconisé par M. Vidal. J'ai essayé ses premières fusées, et j'ai remarqué qu'elles n'atteignaient pas une hauteur supérieure à celle des simples fusées d'artifices, c'est-à-dire en moyenne 120 mètres et au plus 150 mètres. Je sais que M. Vidal nous présente aujourd'hui de nouvelles fusées qui, paraît-il, s'élèvent plus haut ; mais, alors que les premières valaient 1 f. 50, son nouveau modèle a le tort de coûter 3 fr. Or, s'il faut, pour arriver au même résultat, autant de fusées que de coups de canons, la dépense sera énorme. On compte, en effet, une moyenne de 300 coups de canons pour défendre 25 hectares, s'il faut utiliser 300 fusées, ce sera une dépense de 900 fr. Je crois que ce serait trop coûteux, étant donné le rendement actuel de la vigne, et je connais peu de vignobles qui pourraient faire de pareils frais.

M. Vidal m'a demandé si je ne m'étais pas trompé en affirmant que des fusées avaient été présentées au Congrès de Casale ; je fais appel, à ce sujet, au souvenir des délégués italiens qui sont présents ici. Il y a eu à Casale des fusées et des bombes, mais les études ont porté particulièrement sur les bombes ou marrons. On a cru pouvoir dire que l'éclatement s'était produit à 300 ou 400 mètres, mais cette évaluation a été faite au jugé, et je ne sais s'il ne serait pas prudent d'en retrancher les zéros.

Je ne prétends cependant pas qu'il faille abandonner les expériences, je crains seulement que le procédé de M. Vidal ne soit jamais applicable, en raison de son prix élevé.

Quoi qu'il en soit, je trouve que, plus on étudie cette question du tir contre la grêle, moins on est avancé.

Je regrette de ne pas avoir eu devant moi quelques

jours de plus, car j'aurais voulu vous soumettre un nouvel appareil, le canon Astern, que vous pourrez d'ailleurs voir au Parc de la Tête-d'Or. Ce canon est pourvu d'un petit gazomètre contenant quelques doses pour son alimentation, et un compteur qui distribue chaque fois la dose nécessaire pour une charge. En utilisant la télégraphie sans fil, on pourrait organiser des postes récepteurs, dont l'établissement coûterait moins de 1.000 fr. ; un homme placé à un poste transmetteur serait chargé de donner le signal de l'allumage dans un rayon de quelques kilomètres ; si les canons étaient placés dans un rayon de 10 kilomètres de ce poste, il faudrait une bobine de 10 centimètres, et la dimension de cette bobine varierait suivant l'espacement des postes récepteurs. L'établissement du poste transmetteur serait un peu plus coûteux que celui des autres postes, mais l'avantage de ce système résiderait dans ce fait qu'un seul homme dirigerait le tir, et ferait tirer soit tous les canons à la fois, soit seulement ceux qu'il jugerait utile de faire fonctionner. Il est vrai que ce procédé pourrait être appliqué aussi à l'allumage des fusées de M. Vidal. Je crois pourtant qu'avant de faire les frais de cette installation, il faut continuer les expériences commencées.

J'ai essayé les fusées de M. Vidal au milieu d'un gros orage, et je ne cache pas que j'avais quelque honte à les employer, car il me semblait que je cherchais à démolir une haute forteresse avec un pétard d'un sou.

J'estime que, jusqu'à présent, on a fait les canons trop petits, et je ne crains pas de dire que je doute fort de leur avenir. Le président du Syndicat de Saluces disait qu'il y en aurait pour trois ans avant d'être fixé sur leur efficacité; cette période est peut-être un peu courte, et les expériences doivent se continuer, surtout dans le Beaujolais. Il y a un intérêt primordial à le faire dans cette région et dans le département du Gers, qui est visité aussi très souvent par les orages. Il faut apporter beaucoup d'attention à la question de la discipline du tir, et payer les artilleurs, s'il le faut, afin qu'on ne puisse pas attribuer les insuccès aux infractions à la discipline. Mais ceux qui n'ont pas encore procédé à des installations de tir doivent, à mon avis, être prudents; ma conviction est que le tir par le canon ne durera pas. Je ne crains pas de le dire, quoique je vende des canons.

Je vous demande pardon, Messieurs, de m'expliquer avec cette franchise, mais j'ai l'habitude de dire ce que je pense.

M. Salomon. — Je tiens, Messieurs, à confirmer les dires de M. Vidal sur les expériences de fusées. Je suis propriétaire dans la Seine-et-Marne, et j'ai eu l'occasion d'expérimenter ce procédé sur un nuage qui s'avançait très menaçant et que les fusées ont très bien dissipé. Tout autour de la surface protégée, la grêle est tombée et a complétement ravagé des champs de betteraves, alors que ma pépinière n'a eu que des dégâts insignifiants. La conclusion est évidemment en faveur des fusées, auxquelles j'ai dû reconnaître une influence incontestable. Je ne cherche pas à expliquer comment le phénomène s'est produit, je cite simplement un fait que j'ai tenu à ajouter aux affirmations de M. Vidal qui, je le sais, a fait beaucoup d'expériences.

M. le Dr Vidal. — J'ai été obligé, hier soir, en raison de l'heure avancée, d'écourter un peu mon rapport, mais je crois, néanmoins, avoir établi la supériorité de mon système sur les autres. Remarquez que je ne condamne pas le canon, j'en pense autant de bien que les personnes qui le préconisent, mais, si je n'ai pas parlé des travaux antérieurs, si je n'ai pas rappelé les efforts de M. Stiger, ceux de l'école italienne et de l'école française, c'est parce que j'estimais que mon rapport était suffisamment long, et que je ne voulais pas abuser de votre attention.

Ceci dit pour me dégager de toute opposition systématique au canon.

Je tiens seulement à faire remarquer que je suis arrivé à agir sur la nuée, avec la fusée, comme le font les canons, et cela, au moyen du tir individuel ; c'est là le seul avantage du tir avec la fusée.

Je crois que si les canons n'ont pas réussi certaines fois, cela tient, comme le disait M. le professeur Roberto, aux différentes formes d'orages. Je crois comme lui qu'il est impossible aux forces humaines de lutter contre certaines forces de la nature, contre des ouragans terribles. J'ai eu l'occasion, moi qui suis un vieux marin, de voir à la Martinique un canon déplacé par un orage ; comment eût-il été possible de lutter contre cet orage avec un canon ? Je crois que la cause d'infériorité des canons tient à ce que les vibrations sonores n'arrivent pas assez haut ; c'est ce qui m'a amené au principe de ma fusée qui, elle, monte d'abord, et éclate ensuite dans le nuage même.

Maintenant, j'ai à répondre à l'objection faite par M. Vermorel au sujet de la hauteur qu'atteignaient mes premières fusées. Personne mieux que moi n'a conscience de l'infériorité de quelques-unes des premières fusées que j'ai fait fabriquer; sur la foi d'un artificier qui m'a trompé, j'ai, en effet, livré au public des fusées qui ne s'élevaient qu'à 150 mètres environ, et qui ont causé quelques désillusions aux partisans de mon système; ces fusées faisaient panache, montaient en spirale, éclataient même à la tête des personnes qui les lançaient, j'en sais moi-même quelque chose ; mais ai-je besoin de dire que j'ai cessé toute relation avec cet artificier que je croyais digne de toute ma confiance ?

Donc, tout ce qu'on peut dire de mes premières fusées est vrai, mais cet argument que M. Vermorel a soulevé contre de mauvaises fusées est tout à la faveur de mon procédé ; puisqu'avec de mauvaises fusées nous avions déjà réussi à désagréger des nuages, vous voudriez, après cela, soutenir que le principe de mon système est mauvais? Plaignez-vous des fusées qui vous ont été livrées, d'accord, mais non du principe.

Depuis les quelques déceptions que j'ai subies, je me suis attaché un technicien qui veille à ce que les fusées soient faites avec le plus grand soin ; je puis assurer qu'elles montent bien à 450 mètres et qu'elles n'éclateront pas dans la figure des tireurs ; il est vrai qu'au lieu de 1 fr. 50, j'ai dû en fixer le prix à 3 fr., mais qu'est-ce que cette différence en présence des résultats obtenus ? M. Vermorel a dit à ce sujet que le tir des fusées coûterait pour chaque orage 900 fr. par hectare ; oui, si l'on devait tirer autant de fusées que de coups de canons, mais remarquez qu'il suffit d'une fusée, ou de deux au plus, pour dissiper un orage. Si vous voulez bien relire mon rapport, vous verrez que la dépense est ainsi évaluée :

Pour le tir de 1 fusée, de 3 fr. pour 25 hect. et de 12 c. par hectare.

—	2	—	6	»	—	—	24 »	—	
—	3	—	9	»	—	—	36 »	—	
—	4	—	12	»	—	—	48 »	—	

« Et si l'on veut prévoir une moyenne de trois tirs de « quatre fusées par saison dangereuse, notre procédé « nécessiterait un débours de 30 francs pour 25 hectares, « soit 1 franc 44 centimes par hectare.

« Nous voilà bien loin des prix de revient, plus ou « moins fantastiques, qui ont été fort légèrement annon- « cés dans certains journaux et dans des brochures, « dont les lecteurs ont été induits en erreur et qui, sans « cela, auraient peut-être évité la ruine ! »

De plus, mon procédé favorise le tir individuel, et il est le moins dangereux de tous ceux qui ont été présentés jusqu'à ce jour. J'ai cette prétention !

Consultez les résultats des expériences mentionnés dans mon rapport, ils sont tous concluants, on les dirait presque copiés l'un sur l'autre, et je ne suppose pas que l'on conteste ma bonne foi. Dans chaque cas on s'est trouvé, après le tir des fusées, dans une espèce de puits en haut duquel on voyait le bleu du ciel, ce n'est donc pas en théoricien que je parle, mais en praticien.

Je ne suis pas venu à Lyon pour défendre un système plutôt qu'un autre, cependant je puis bien dire ceci : si quelqu'un, parmi les personnes présentes, a essayé mes dernières fusées et qu'il en ait été mécontent, qu'il ait la bonté de se lever et de venir le dire. Tant que je n'aurai pas de réponse à cette question, j'ai le droit de dire : Mon procédé est bon et il est le meilleur marché.

Quant à la question de priorité, M. Vermorel vous a dit que d'autres fusées avaient existé avant les miennes ; je le crois. Il a peut-être été fait, à Casale, des expériences de fusées, mais elles ont passé tellement inaperçues que pas une publication ne les a mentionnées. Puisqu'on me l'affirme, je le crois, mais je vous assure que je n'en savais rien. En tout cas, l'aurais-je su, que je n'en aurais pas moins le mérite d'avoir repris l'étude de quelque chose qui avait été jugé mauvais par un congrès.

Je n'avais jamais vu de fusées avant de faire mon rapport ; j'ai, d'ailleurs, écrit à M. le secrétaire général du congrès pour le lui dire ; je ne pouvais me présenter qu'avec ce rapport.

M. Vermorel. — Il existe, dans le Beaujolais, une petite dame qui prétend qu'en agitant une petite clochette d'argent, elle peut dissiper les orages ; elle affirme aussi que les nuages sont toujours détournés, et qu'elle voit un petit trou bleu dans le ciel.

Le temps est précisément couvert aujourd'hui, et je ne puis mieux faire que de demander à M. Vidal, pour nous prouver la valeur de son procédé, de tirer une de ses fusées, et de nous montrer un petit trou bleu.

M. le docteur Vidal. — L'expérience aura lieu ce soir au parc de la Tête-d'Or, mais je ferai remarquer que les nuages d'aujourd'hui ne sont pas orageux, et que nous n'arriverons pas, par conséquent, à les dissiper. Il s'agit, soit avec les canons, soit avec les fusées, de décharger les nuages de leur électricité ; il est donc probable que ce soir, nous ne ferons même pas un trou dans la lune, mais je vous démontrerai au moins que mes fusées montent bien à 450 mètres.

M. André. — J'appuie entièrement la proposition que vient de faire M. Vermorel, car au premier abord, les affirmations de M. Vidal sont faites plutôt pour surprendre que pour convaincre. Je demande donc, moi aussi, que l'on procède à une expérience sérieuse ; M. Vidal paraît en redouter le résultat, et cherche à se réserver une porte de sortie, je lui demande la permission de la fermer immédiatement, et je lui garantis qu'elle ne se rouvrira pas. Il faut, en effet, que l'on sache qu'il n'y a pas de différence entre des nuages quelconques, au point de vue de l'action possible des fusées ; si les fusées doivent avoir une action, elles agiront donc aussi bien sur les nuages d'aujourd'hui que sur ceux que M. Vidal dit avoir traversés.

M. le Dr Vidal. — Sachez, Monsieur, tout directeur d'observatoire que vous êtes, que j'ai, en effet, traversé des nuages, et personne n'a le droit de le contester ! Je le soutiens contre tous les directeurs d'observatoire possibles et imaginables, et j'ai le regret de constater qu'un directeur d'observatoire peut venir affirmer que les nuages ordinaires sont les mêmes que les nuages orageux ! N'y aurait-il que la différence d'altitude, que ce serait déjà quelque chose !

M. Plumandon. — J'ai entendu, déjà plusieurs fois, cette expression « traverser un nuage ». Qu'est-ce que M. Vidal entend par là ? Nous-même nous traversons quelquefois les nuages.

M. le Dr Vidal. — J'ai voulu dire que mes fusées disloquaient le nuage.

Le jour où je me suis livré à ma première expérience, le nuage orageux était très bas ; deux jours après, un autre nuage s'est produit dans d'autres conditions, il venait des contreforts de la Provence, nous ne l'avons pas traversé, si vous voulez, mais nous l'avons disloqué. En somme, nous avons arrêté la foudre.

Traverser un nuage est peut être difficile, quand ce nuage est trop haut, mais mes fusées montent à 450 mètres, ce qui est bien suffisant. Elles ont peut-être le défaut de monter trop haut, puisqu'avec les fusées de mauvaise qualité que j'ai employées au début, j'ai déjà obtenu de beaux résultats. Je me demandai même à ce moment s'il était bien nécessaire de monter plus haut. En tout cas, qui peut le plus peut le moins.

M. Séverin. — Je désire, Messieurs, vous entretenir à mon tour des marrons d'artifices contre la grêle. Je ne vous donnerai pas le détail des expériences faites, car l'ordre du jour de ce congrès est bien chargé, et je vois que les discussions se prolongent. Je me bornerai à vous donner lecture d'un article paru dans le *Journal de l'Agriculture*. Je me hâte d'ajouter que ce n'est pas un article de réclame.

M. Vidal dit qu'il tient ses expériences pour certaines ; je ne veux pas placer la bombe au-dessus de la fusée, je demande seulement qu'on la mette au même niveau.

MARRONS D'ARTIFICE CONTRE LA GRÊLE

« Un artificier de la Réole, M. Vissière, nous avait fait
« part, dès le printemps, de son idée de disloquer les
« nuages de grêle par le tir de simples marrons d'air ser-
« vant aux feux d'artifices. D'accord avec lui, nous n'avons
« pas jugé utile de faire connaître cette idée avant une
« expérience personnelle que, faute de nuages voulus, il

« n'a pu réaliser que le 3 septembre dernier et avec un
« encourageant résultat. Le tir de deux marrons d'air qui
« ont éclaté à 300 ou 350 mètres de hauteur a fait dans le
« nuage une large échancrure à travers laquelle apparut
« le ciel bleu ; deux autres marrons divisèrent le nuage
« en deux parties, qui prirent la direction des forces com-
« posant la résultante suivant laquelle se dirigeait sa
« masse. »

Au sujet de l'éclatement, il faut se demander si le marron n'agit pas seulement par le déplacement d'air qu'il
produit, mais aussi par les gaz d'explosion qu'il
développe.

Le culot du marron est composé d'argile très fine et, à
ce sujet, je vous rappelle que, dans ses dernières publications, M. Bombicci insiste sur l'importance qu'il y a à envoyer dans l'air des poussières. Le marron contient six
centimètres cubes de poussières ; cette poussière agit-
elle en fixant les molécules d'eau ? Je n'en sais rien. Je
n'apporte ici que des faits.

« Sur 500 mètres autour du lieu de tir, il ne plut pas ; à
« 800 mètres, il pleuvait à torrents et à 1.500 mètres, la
« grêle endommageait quelques plantations de tabac.
« C'est un succès à corroborer par de nombreuses expé-
« riences et à la portée de tous, tout artificier breveté et
« autorisé par le Ministère de la guerre, qui profite, par
« conséquent, pour ses pièces d'artifice, de la détaxe sur
« la poudre de guerre, pouvant livrer l'engin détonnant
« à un prix très réduit et sans formalités aucune. M. Vis-
« sière se sert, pour le lancement du marron d'air, d'un
« tube en fer de 0 m. 07 de diamètre, placé verticalement
« et d'une hauteur de 1 m. 40, que tout magasin de fer
« livre au prix de 5 à 6 francs. C'est la longueur du tube
« qui, en donnant au marron d'air une force ascension-
« nelle proportionnelle à sa hauteur, assure la rectitude
« du tir, la trajectoire de l'engin étant rectifiée par sa
« vitesse de progression dans l'air. »

Avec un tube de 1 m. 40, ce n'est qu'à une centaine de
mètres que le marron pourrait changer légèrement de
direction.

« Les marrons d'artifice employés étaient chargés de
« 120 grammes de poudre chloratée, solidement ficelés
« et soigneusement vernis, en sorte qu'ils peuvent sans
« inconvénient aucun rester exposés à une humidité
« prolongée.

« Avec l'avantage sur le canon de produire, comme la
« fusée paragrêle, l'explosion beaucoup plus près du
« nuage et, s'il est à une hauteur moyenne, d'éclater à son
« intérieur même, le marron d'air présente sur la fusée
« paragrêle l'avantage d'une sûreté de tir beaucoup plus
« grande, en dehors de la supériorité de sa puissance
« explosive. En effet, le marron d'air, qui a la forme d'une
« pelote de ficelle, constitue un projectile massif ne pré-
« sentant pas, comme la fusée, une surface verticale et
« rectangulaire de plus de 0 m. 20 de hauteur et de
« 0 m. 03 de largeur, sans compter celle du roseau-guide,
« surface sur laquelle agit le vent pour faire dévier la
« fusée pendant son ascension vers le nuage et la faire
« éclater souvent en pure perte en dehors du point visé.

« Personnellement sceptique sur la valeur des procé-
« dés de lutte contre la grêle par la force balistique, nous
« ne faisons connaître ce nouvel engin de défense que
« pour provoquer son essai par les nombreux agricul-
« teurs qui suivent expérimentalement la question, et
« parce qu'il ne constitue pas, pour son inventeur, un pré-
« texte à spéculation ni à réclame. Tout artificier pourra,
« comme lui, fabriquer et vendre, s'il est breveté et auto-
« risé par la Direction des poudres et salpêtres, le mar-
« ron d'air au même titre que d'autres pièces d'artifice. »

M. le Président. — Vous venez d'entendre, Messieurs,
des indications sur un moyen de combattre la grêle différent de ceux qui étaient portés à notre ordre du jour. Si
quelqu'un a d'autres moyens à présenter, je lui donnerai

la parole immédiatement, car nous sommes désireux de clore la discussion sur les questions de faits.

Je constate qu'en dehors du procédé primitif de la clochette d'argent, dont a parlé M. Vermorel, personne ne préconise d'autres nouveaux moyens de combattre la grêle.

M. le Dr Vidal. — Je ferai simplement remarquer que le marron de M. Séverin est le même que celui qui se trouve dans ma fusée; le moyen de le lancer diffère seul. M. Séverin nous a dit aussi que les gaz pouvaient jouer un certain rôle sur les nuages; j'ai déjà signalé ce fait dans mon rapport. Les marrons ne développent, d'ailleurs, qu'un mètre cube de gaz, et il n'est pas possible avec cela de traverser un nuage. Nous entendrons les rapporteurs qui traiteront la question des projectiles; ils nous diront sans doute que les projectiles agissent surtout par les ondes sonores qu'ils produisent, comme le son des cloches.

M. le Président. — Personne ne demandant plus la parole, je déclare close la discussion sur le rapport de M. Vidal.

Le rapport de M. le Dr Vidal est adopté.

Je donne maintenant la parole à M. *André, directeur de l'Observatoire de Lyon.*

M. André. — Messieurs, avant de commencer la lecture de mon rapport, je demande à M. le président la permission de vous communiquer une série de cartes que j'ai fait dresser à l'intention des membres de ce congrès. Le but que j'ai poursuivi est le suivant : si l'on veut apprécier l'efficacité du tir au canon contre la grêle, il est absolument indispensable, au point de vue scientifique, de comparer les effets observés depuis que l'on fait usage des canons à ceux qui se produisaient avant l'emploi de ces canons. Je dis que cette méthode est indispensable, car, en effet, celui qui est chargé d'étudier, de contrôler, de vérifier l'efficacité du tir au canon, ou d'un autre tir quelconque, se trouve dans une situation différente de celle de l'artilleur qui tire à la première vue d'un nuage. Dans ce dernier cas, les observations que l'on fait séance tenante sont soumises à l'impression du moment, et les rapports peuvent être moins réfléchis, plus enthousiastes ; au contraire, quand on n'a qu'à comparer après coup les effets observés, on le fait avec sérénité et, par conséquent, avec sécurité.

Je vais prendre des exemples qui s'échelonnent sur les différentes périodes pendant lesquelles s'est développé le tir contre la grêle. J'ai choisi un orage type qui se rapporte à celui du 28 juillet, qui a fait dans notre département tant de dégâts. Si vous consultez les cartes que je vous soumets, vous verrez que, le 7 août 1899, époque à laquelle il n'y avait encore aucun canon installé dans le département, l'orage type dont je parle a sévi sur Limas et Cogny, communes qui ont aujourd'hui des stations de tir, et qu'il n'a pas atteint Denicé ; je vous dirai tout à l'heure pourquoi. Si nous examinons maintenant ce qui s'est passé pour l'orage du 29 juillet 1900, époque à laquelle sont installés des canons à Denicé, nous voyons qu'il a grêlé à Limas et à Cogny, et qu'il n'a pas grêlé à Denicé. Prenons enfin l'orage du 28 juillet 1901 ; à cette date, il y a des canons partout, cette fois la défense par l'artillerie agricole est complète ; eh ! bien, il a grêlé à Limas et à Cogny, et il n'a pas grêlé à Denicé. Pourquoi n'a-t-il pas grêlé à Denicé ? Ce n'est pas à cause des canons qu'on y a mis, mais bien grâce à la situation orographique de Denicé. Pour qu'un orage atteigne Denicé, il faut qu'il passe par un col que les gens du pays connaissent bien. Voilà les raisons pour lesquelles, Messieurs, sceptique j'étais avant l'établissement des canons, sceptique je suis encore aujourd'hui.

Je vous affirme que j'ai apporté toute mon attention et tous mes soins à cette question ; mes collaborateurs et moi, nous avons étudié tous les orages qui sont survenus dans le département depuis 1818, et nous avons toujours trouvé les mêmes lois. Donc le tir au canon n'a rien changé. Voilà ce que vous pourrez voir sur les trois cartes que j'ai fait établir et que je mets à votre disposition.

Je ne conclus pas, cependant, qu'il faut cesser toute expérience ; rien n'est impossible et tout le monde peut se tromper, mais ce que je demande, c'est que le contrôle de ces expériences soit fait d'une façon autre que celle qui a été employée jusqu'à présent. Ce ne sont pas les rapports des présidents de syndicats, faits [immédiatement après les orages, qu'il faut consulter ; il faut le témoignage de personnes complètement désintéressées dans la question et étrangères au tir. Je compte faire ce contrôle l'année prochaine, et j'espère pouvoir arriver à dire si, oui ou non, les canons font quelque chose contre les orages. Mais, en attendant, je vous en prie, ne vous emballez pas, soyez prudents. Je dis que, pour le moment, vous avez assez de canons, n'en mettez pas davantage ! Voilà mon opinion.

Quant à la prévision du temps, la question qui m'a été posée par le Conseil général du Rhône et les syndicats du Beaujolais était très précise. On m'a demandé si je pouvais envoyer une dépêche une demi-heure avant le moment où devait commencer le tir, pour dire s'il grêlerait ou non. Si nous pouvions obtenir ce résultat, ce serait parfait ; malheureusement, cela n'est pas possible, et vous allez voir pourquoi. Tous les orages, soit à grêle, soit sans grêle, se rattachent, pour les 80/100, à des dépressions se produisant sur l'Océan Atlantique et dans le golfe de Gascogne ; ces dépressions nous sont annoncées par le bureau central météorologique, et les cartes nous montrent que la baisse qui se produit n'est pas bien sensible, que le baromètre ne varie pas. Nous savons donc seulement qu'à partir de ce moment, nous sommes sous le coup d'un orage, mais nous nous trouvons dans la situation d'un monsieur qui sait que quelqu'un veut lui tirer un coup de fusil, mais qui ignore à quel moment on appuyera sur la gachette. Suivez toutes les cartes du Bureau central, elles sont manifestement identiques.

Si le Portugal, par l'intermédiaire de la station météorologique des îles Açores, voulait se servir à notre égard d'un système de dépêches plus régulier, la question se résoudrait très facilement, mais les dépêches du Portugal, je ne sais pourquoi, arrivent toujours en retard et, parfois, elles n'arrivent pas du tout ; de sorte que le bénéfice que nous pourrions retirer de cette station capitale nous échappe complètement.

C'est en raison de l'organisation que je viens d'indiquer que la première fois que nous avons envoyé une dépêche au syndicat agricole, nous n'avons pu que lui dire : « Prenez garde », ce dont on nous a critiqué, parce que le renseignement manquait de précision et qu'il était donné trop à l'avance. Il faut donc tenir compte de ce fait que, dans la majeure partie des cas, nous sommes obligés de nous en rapporter aux phénomènes locaux, révélés par nos seuls instruments.

On peut, cependant, dire d'une façon générale qu'il fait toujours plus chaud le matin sur les hauteurs que dans la plaine ; ici, il y a toujours une différence de 7 à 8 degrés ; c'est ce qui résulte des observations faites au mont Sauvage et au mont Verdun ; c'est un fait certain, bien connu des habitants de notre région, qui disent qu'il fait un vent blanc, et c'est ce qui permet d'apercevoir les Alpes.

Lorsque cette différence de température s'accentue, lorsque les nuages se transforment en *cumulus*, nous voyons la situation s'aggraver, mais, en temps ordinaire, nous ne pouvons que dire que l'orage se produira le jour même.

Nous avons essayé, pour remédier à cette situation défectueuse, d'employer les récepteurs de la télégraphie sans fil, notamment le 18 septembre, mais l'emploi de ce procédé s'accompagne de grosses difficultés. L'appareil principal, celui qui est chargé de recueillir les décharges atmosphériques lointaines, est un instrument dont la précision n'est pas constante, de sorte que ses indications sont variables, et que, dans des cas atmosphériques semblables, il donne des indications différentes. Il y a là une difficulté expérimentale considérable à résoudre. On doit, sans doute, continuer les études, mais ces appareils ne rendront des services qu'après un travail assez long.

La deuxième question que nous avaient posée les syndicats agricoles est celle-ci : Quelles sont les parties du département qui seront le plus particulièrement atteintes par la grêle? C'est là un simple problème d'observations journalières. D'une façon générale, les orages se rattachent à des dépressions venant de l'Océan et sont causés par des mouvements tourbillonnaires secondaires envoyés en avant par les dépressions principales; ces tourbillons sont divisés par les montagnes qu'ils traversent en petits tourbillons différents les uns des autres qui suivent la topographie du pays, et déterminent des lignes ou bandes de grêle, de sorte que tel pays appartient à une ligne, à une bande déterminée. Donc, pour savoir si un pays doit être grêlé souvent, il suffit de savoir si les orages doivent passer par l'une de ces bandes de grêle.

Ces bandes de grêle ont généralement une assez faible largeur, un kilomètre environ ; une bande de 15 kilomètres de largeur est un phénomène rare. Les effets sont évidemment différents suivant que le point considéré se trouve soit au milieu de la bande, soit sur ses limites. Dans ce dernier cas, les grêlons sont plus petits, et l'artilleur placé à cet endroit verra forcément tomber ces petits grêlons mélangés d'eau que l'on a comparés au sirop d'orgeat; il sera donc porté à attribuer ce fait à l'action de son canon.

J'avais proposé, dans le but de renseigner les artilleurs sur la direction et l'importance des bandes de grêle, ce qui est difficile, d'emprunter le service intercommunal; je ne vois que ce procédé qui soit réellement sérieux. En supposant, bien entendu, que ce service soit parfaitement installé et que nous arrivions à avoir une connaissance exacte des bandes de grêle, il suffirait de choisir sur chacune de ces bandes une station qui transmettrait le signal aux autres stations intéressées; de la sorte, on pourrait prévenir les intéressés un quart d'heure ou une demi-heure à l'avance.

Je me résume, Messieurs, en disant que, cette année, nous avons annoncé les orages en temps utile, quelquefois même trop tôt, aux stations de tir. Nous espérons faire mieux l'année prochaine et, si la télégraphie sans fil peut être débarrassée des difficultés actuelles, nous arriverons à donner toute satisfaction aux viticulteurs.

En tout état de cause, je puis vous affirmer que notre désir est de nous rendre utiles, dans la mesure du possible, pour résoudre cette grave question du tir contre la grêle, mais notre indécision reste, jusqu'à présent, considérable.

LA PRÉVISION DU TEMPS
APPLIQUÉE A LA DÉFENSE CONTRE LA GRELE

Rapporteur : M. ANDRÉ.
Directeur de l'Observatoire de Saint-Genis-Laval

Le Conseil général du Rhône et les Syndicats grélifuges du Beaujolais nous ont demandé cette année, d'organiser un service d'avertissements des **orages à grêle**, qui permît aux stations grélifuges d'effectuer et de limiter leur tir aux époques où les territoires qu'elles se proposent de défendre sont réellement menacés.

Dans ces termes précis, le problème à résoudre est difficile, et pour en faire comprendre la difficulté actuelle, il est nécessaire de résumer les faits d'observations qui constituent pour nos régions les **lois de la formation et de la propagation des orages à grêle**, dans la période où ces orages peuvent influencer le rendement de nos vignobles, c'est-à-dire de mai à la fin de septembre.

Pendant cet intervalle de temps et pour la presque totalité des cas (quatre-vingt-cinq sur cent), les chutes de grêle observées en un point quelconque sont dues à des mouvements tourbillonnaires dérivés d'une dépression principale nous venant du golfe de Gascogne, tourbillons qui se déplacent comme elle, du Sud-Ouest au Nord-Est et dont les points de formation et les dimensions latérales, rarement égal à quinze ou seize kilomètres, mais souvent n'en dépassant pas un ou deux, sont déterminés, dans chaque cas, par l'orographie de la région atteinte. A une même situation orageuse correspondent donc, pour notre département, un certain nombre de **trajectoires** distinctes, parfois peu éloignées, de tourbillons orageux, trajectoires que nous appelons **lignes ou bandes de grêle**, et sur chacune desquelles les phénomènes orageux peuvent, suivant la profondeur et la vitesse de translation de la dépression principale et surtout la configuration topographique de la région, avoir, au point de vue **grêle**, des caractères bien différents.

Il y a plus : sur une même bande de grêle et pendant le même orage, les phénomènes observés peuvent aussi être bien différents suivant que le lieu d'observation se trouve vers la partie centrale de la bande ou vers ses limites Nord et Sud, en plaine ou au voisinage d'une haute colline.

La solution du problème qui nous a été posé suppose donc la connaissance complète de trois questions différentes :

1° A partir de quel moment une situation orageuse pour le Sud-Ouest de la France, devient-elle menaçante pour nous ?

2° Quelles portions du département seront plus particulièrement atteintes ?

3° Sur lesquelles des bandes dont nous venons de parler, les phénomènes orageux se traduiront-ils en grêle et quelles seront les limites de celle-ci ?

Etudions successivement ces trois questions ?

1° A PARTIR DE QUEL MOMENT UNE SITUATION ORAGEUSE POUR LE SUD-OUEST DE LA FRANCE DEVIENT-ELLE MENAÇANTE POUR NOUS?

La situation devient menaçante pour nos régions, dès que la dépression secondaire atteint les montagnes qui les bornent au Sud et à l'Ouest. Si, à partir de l'apparition de la baisse barométrique sur les côtes de l'Océan, la dépression principale se déplaçait régulièrement, il serait bien facile de calculer ce moment; mais, en réalité, dans la plupart des cas, la baisse barométrique, généralement très faible, deux à trois millimètres au plus, qui nous est signalée à Biarritz, n'indique que l'arrivée d'un premier tourbillon secondaire, avant-garde de la dépression principale; et, pendant que celle-ci, encore au loin dans le Sud, se rapproche de nos côtes plus ou moins vite, le même phénomène se reproduit pendant plusieurs jours, suffisant à entretenir un régime réellement orageux sur la région Sud-Ouest de la France, mais sans que cependant ces différents tourbillons secondaires aient la force vive nécessaire pour franchir les montagnes qui nous protègent au Sud et à l'Ouest. En général, les phénomènes orageux ne nous atteignent que lorsque le centre de la dépression principale a dépassé les îles Açores; malheureusement, l'envoi des dépêches de ce pays est trop irrégulier pour que l'on puisse faire sur elles un fond sérieux.

Pour déterminer ce moment critique, on doit donc, la plupart du temps, s'en rapporter exclusivement aux **instruments météorologiques** et aux **phénomènes locaux**.

Pendant cette période préparatoire, le baromètre est stationnaire vers 760 millimètres; la girouette oscille entre le Sud et le Sud-Ouest avec vent faible; le ciel est généralement clair ou peu nuageux avec quelques cirrus épars; l'horizon un peu embrumé le matin, surtout au Sud ou à l'Ouest; les minima de température plus élevés sur les hauteurs, au **mont Verdun** et **aux Sauvages**, par exemple, que dans les stations plus basses, Saint-Genis-Laval et Lyon, et le maximum de l'après-midi est toujours très élevé.

L'arrivée du moment critique est marquée par une accentuation générale des caractères précédents : l'interversion des températures minima avec la hauteur est plus marquée, la brume matinale est plus forte, les cirrus plus abondants se déplacent plus vite, le ciel commence à être envahi par les cumulus, la girouette devient instable, la température s'élève beaucoup, le vent se lève et peu à peu prend de la force en même temps que le baromètre baisse lentement.

Bientôt des éclairs sillonnent le ciel, le tonnerre gronde et les chutes de pluie ou de grêle suivent.

Mais ces modifications progressives se succèdent en général assez lentement et, en moyenne, il faut attendre onze heures ou midi pour pouvoir affirmer la production de l'orage pour le jour en question. Quand l'évolution du régime climatérique a été **lente**, la situation à laquelle elle aboutit dure un certain temps ; pendant plusieurs jours des dépressions secondaires continuent à se détacher de la dépression principale, produisant sur nos régions une série successive d'orages qui d'ailleurs éclatent pour la plus grande partie (80 pour 100), dans la seconde moitié de la journée, surtout entre 3 heures et 6 heures du soir et traversent le département avec une vitesse moyenne de 25 à 35 kilomètres à l'heure. De plus, suivant une remarque faite par l'illustre Volta pour les régions de la haute Italie (Pavie), l'apparition des phénomènes orageux en un lieu déterminé **retarde d'environ une heure chaque jour.**

Les phénomènes purement météorologiques ne nous indiquent donc à coup sûr la production du premier des orages de la série qu'un petit nombre d'heures à l'avance. Aussi a-t-on cherché à utiliser pour une prévision à plus longue échéance un certain nombre de phéno-mènes latéraux tels que les coups secs des sonneries des postes télé-graphiques, la chute des annonciateurs des postes téléphoniques ; enfin, on a proposé l'emploi des appareils récepteurs de la télégra-phie sans fils pour recueillir les décharges atmosphériques Il semble, en effet, que cette idée émise il y a quatre ans par M. Ducretet puisse conduire à une solution convenable du problème qui nous occupe et qu'on puisse de cette façon annoncer l'orage une douzaine d'heures à l'avance. Aussi l'Observatoire a-t-il cru devoir la soumettre à un essai pratique sérieux ; malgré des difficultés dont nous ne sommes pas encore maîtres, ces appareils nous ont cependant rendu service cette année dans quelques cas particuliers, pour l'orage du 10 septembre par exemple.

2° QUELLES PORTIONS DU DÉPARTEMENT SERONT PLUS PARTICULIÈREMENT ATTEINTES ?

L'arrivée des tourbillons orageux est signalée par l'apparition d'une série de cumulus, au delà et au-dessus des montagnes qui nous bornent au sud et à l'ouest ; progressivement, ces cumulus se réunissent en quelques groupes assez compacts d'où vont sortir les phénomènes orageux.

Lorsque **leur concentration** se fait sur le massif du Pilat, l'orage intéresse le *Sud* du département jusqu'à Saint-Genis et Lyon; la portion centrale sera atteinte si le groupement paraît se faire au-dessus des monts du Lyonnais, jusque vers le mont Boussièvre ; enfin, c'est la région nord, le Beaujolais, qui sera compromise lorsqu'il se produit au nord des sommets dont nous venons de parler. Inutile d'ajouter que, dans certains cas où les phénomènes ont une grande intensité, ils sévissent sur l'ensemble du département, ce qui se reconnaît à ce que les cumulus envahissent tout l'horizon ouest.

3° SUR QUELLES BANDES DITES DE GRÊLE, LES PHÉNOMÈNES ORAGEUX SE TRADUIRONT-ILS EN GRÊLE EFFECTIVE, ET QUELLES SERONT LES LIMITES DE CELLE-CI ?

Une réponse précise à cette question est actuellement impossible : l'expérience montre que certaines bandes de grêle sont plus fré-quentées les unes que les autres ; d'un autre côté, cette fréquence semble soumise à une certaine périodicité qui fait que des régions non atteintes autrefois, ou rarement atteintes, le sont fréquemment aujourd'hui, ou inversement ; mais la loi de cette périodicité nous est encore inconnue ; de même, les limites d'une bande de grêle dans différents orages d'une même année ou d'années successives, sont assez variables et s'étendent parfois du simple au quintuple, mais c'est tout ce que nous pouvons dire à priori.

Dès que le service téléphonique intercommunal se sera plus déve-loppé dans notre département, il sera facile de choisir sur chaque bande de grêle, vers son extrémité sud-ouest de ce côté des mon-tagnes, une station chargée de nous annoncer la nature de l'orage. Avec un choix judicieux de cette *station-signal*, on aura de grandes chances de faire parvenir tout le long de la bande, et en temps utile, des avertissements précieux. Mais il faut, pour cela, que, pendant la saison orageuse, les transmissions relatives à ces avertissements aient un droit absolu de priorité, car alors, pour les viticulteurs, les minutes elles-mêmes ont alors une grande importance. Peut-être le *Congrès* jugera-t-il bon d'émettre un vœu dans ce sens ; il ferait, je crois, œuvre très utile pour le but qu'il poursuit.

En résumé, nous avons pu, dès cette année, prêter un appui sérieux aux efforts tentés par nos viticulteurs pour chercher à résoudre cette question qui les intéresse au plus haut point : « Le tir du canon assure-t-il la protection des vignobles contre la grêle ? ». Les quelques orages **importants** qui ont traversé le département cette année, ont en effet tous été annoncés télégraphiquement, en temps utile, aux syndicats grélifuges.

D'ici à l'année prochaine, les conditions de transmission des avertissements auront été modifiées ; la prévision des orages par les appareils récepteurs de la télégraphie sans fils aura reçu les améliorations qu'il est nécessaire de lui apporter ; et, par conséquent, notre concours aux viticulteurs sera plus productif encore que cette année.

M. le Président. — Avant d'ouvrir la discussion sur le rapport de M. André, je tiens à retenir l'observation qu'il a bien voulu faire sur le défaut d'avertissement de la station des îles Açores.

M. le Président. — Messieurs, je joins mes remerciements à ceux que vous venez, par vos applaudissements, d'adresser à M. André.

M. Alpe. — Messieurs, je vous demande pardon, moi qui ne suis qu'un modeste professeur d'agriculture, de présenter des observations à la suite du rapport d'un savant éminent.

Dans la première partie de son rapport, M. André a dit que, pour savoir si le tir contre la grêle est efficace, il est nécessaire de comparer les faits qui se produisaient avant l'organisation des stations de tir à ceux que l'on constate depuis cette organisation. Je pensais, à ce moment, à ce qui s'est produit dans mon pays, et surtout en Lombardie. Dans certains endroits où nous avions des orages de grêle toutes les années, ces orages ne se sont pas produits pendant cinq ou six ans avant l'installation des canons. Je demande à M. André s'il peut résoudre cette question qui nous intéresse ; je crois qu'il lui sera difficile de se prononcer.

Au Congrès de Padoue, que j'ai eu l'honneur de présider, M. le professeur Perntner, l'éminent directeur du service météorologique en Autriche, a dit que, pour savoir si le tir était efficace, il fallait faire des observations sur une grande étendue de pays et en dehors des syndicats de tir. Selon lui, si l'on constate que la grêle est tombée partout, sauf dans les endroits défendus, l'efficacité du tir ne sera pas douteuse; au contraire, si la grêle est tombée partout, par ci par là, on ne pourra avoir aucune certitude sur cette efficacité. Je demande à M. André de vouloir bien manifester son opinion à cet égard.

M. le Président. — Je prie M. André de vouloir bien laisser prendre la parole à tous les orateurs qui ont des observations à présenter; il leur répondra ensuite.

M. Châtillon. — Je déclare tout d'abord, Messieurs, que je ne suis pas un savant, mais un praticien, et que je ne suivrai pas M. André dans les explications scientifiques qu'il vient de nous donner. Je tiens seulement à rectifier les affirmations qu'il a apportées et qui résultent des trois cartes qu'il a dressées sur les orages de 1899, 1900 et 1901.

En premier lieu, M. André a dit que, le 28 juillet 1901, il avait grêlé à Limas et à Cogny, et qu'il n'avait pas grêlé à Denicé. C'est là une erreur absolue; il n'a grêlé ni à Limas, ni à Cogny, ni à Denicé. Il n'a grêlé nulle part dans les dix-huit champs de tir du Beaujolais, et ce fait est incontestable.

Deuxième rectification. M. André a dit que les rapports sur les expériences de tir, dressés après les orages, étaient généralement, grâce à l'impression du moment, enthousiastes et irréfléchis. Il a fait, sans doute, allusion aux expériences du Beaujolais. Eh! bien, Messieurs, tout le monde a été mis à même de prendre connaissance des rapports rédigés par les syndicats agricoles, et personne n'est venu faire la moindre observation. Bien plus, le 14 octobre dernier, j'ai convoqué, au Syndicat de Villefranche, les commissions administratives de nos dix-huit sociétés de tir ; ces commissions, qui sont composées de cent cinquante personnes, ont adopté, sans observation, les conclusions présentées par M. Guinand sur les résultats obtenus en 1901.

Nous ne demandons pas mieux, d'ailleurs, que M. André vienne contrôler nos rapports et, l'année prochaine, toutes les fois que nous nous réunirons, nous l'appellerons parmi nous.

Ma troisième observation sera relative aux dépêches de l'observatoire. Le syndicat du Beaujolais a, en effet, demandé à M. André de vouloir bien le prévenir de l'arrivée des orages, mais j'ai dit à mes collègues : « Je crois fort que les dépêches de l'observatoire ne nous serviront à rien, qu'elles arriveront trop tôt ou trop tard ». Ce n'est pas un reproche que j'adresse à M. André, car je sais que les directeurs ne peuvent pas faire autrement, mais il faudrait que nous soyions avertis quelques instants à l'avance et d'une façon sûre. Or, j'ai le regret de le dire, et je ne mets la faute que sur la fatalité, les dépêches de l'observatoire ne nous ont servi à rien.

Enfin, il y a une chose que je ne m'explique guère. M. André nous a dit qu'il ne croyait pas à l'efficacité du tir contre la grêle, à quoi bon, dès lors, se donne-t-il tant de peine pour arriver à nous prévenir à temps des orages ?

M. le Dr Vidal. — Je ferai simplement remarquer à M. André qu'il a omis de parler des travaux du Dr Clément sur les orages. Quant au bureau central météorologique de France, je crois qu'il pourra nous donner des renseignements utiles.

M. André. — Les remarques que j'ai faites sont, en définitive, le seul moyen que l'on ait à sa disposition pour arriver à découvrir la vérité.

Quoi qu'il en soit, c'est dans le rapport de M. Guinand que j'ai trouvé le passage suivant :

« Il n'y a pas eu de chute de grêle sur toute l'étendue
« des dix-huit champs de tir organisés par le syndicat de
« Villefranche, excepté le 28 juillet.

« A plusieurs reprises, la grêle est tombée......... »

M. Châtillon. — Pardon, Monsieur André, vous tronquez
ce rapport. Vous vous êtes arrêté à ces mots : « Excepté
le 28 juillet » : Voici le passage qui suit :

« Ce jour-là, à Theizé, la grêle a causé un dégât estimé
« à 2/10 autour d'un poste en bordure qui n'avait pas tiré,
« et un dégât insignifiant sur le reste du champ de tir.

« Ce même jour, à Lachassagne, la grêle a causé un
« dégât estimé à 1/10 autour de cinq postes qui n'ont
« point tiré, ou qui ont tiré trop tard, et se trouvaient en
« bordure du côté de l'orage ».

M. André. — C'est dans un journal de Lyon que je viens
de lire, sans en rien omettre ....

M. Châtillon. — Vous avez dit que c'était dans le rapport
de M. Guinand !

M. André. — Je ne veux pas supposer que vous mettiez
en doute ma bonne foi ; l'omission que j'ai pu faire est
involontaire, car je n'avais pas le texte même du rapport
de M. Guinand sous les yeux. En tout cas ma démonstration n'en subsiste pas moins : aussi bien après qu'avant
l'installation des champs de tir, nous avons constaté les
mêmes phénomènes.

Je réponds maintenant à M. Alpe. Quand nous constatons les dégâts qui se sont produits après un orage, nous
ne nous contentons pas de dire qu'il a grêlé. Il y a, en
France, une habitude qui consiste à faire dresser par les
communes une liste des dégâts occasionnés par les
orages ; cette liste est envoyée à l'administration préfectorale, à l'appui d'une demande en dégrèvement d'impôts,
et donne, par conséquent, une idée exacte de l'importance
des orages. Je crois qu'en centralisant les renseignements

de cette nature, on arriverait à des résultats pouvant donner d'utiles indications.

M. Roberto. — Je répondrai un seul mot à MM. Alpe et André. On peut diviser les nuages, à un autre point de vue que ceux qui ont été considérés, en deux catégories : il y a d'abord les orages qui frappent toujours et régulièrement une région donnée, telle est la région des collines situées à l'est de Turin ; tous les orages qui viennent de l'ouest, de l'est et du nord frappent ces collines. Si, après les expériences de tir dans ces régions, la grêle n'est pas tombée, on peut dire que les canons ont évidemment été utiles. J'ai étudié les expériences faites dans la région dont je viens de parler, et j'ai trouvé que la défense avait été bonne.

Mais il y a d'autres orages, plus intermittents, moins réguliers ; tels sont ceux qui, en Italie, viennent du nord, et frappent Camina et Montferrat. Avec ces orages, ce n'est pas seulement quelques expériences qui suffisent pour avoir la certitude que le tir a été efficace.

On ne peut donc pas dire qu'en général, il faut faire ceci ou cela ; chaque région a des conditions particulières qui doivent être étudiées séparément.

Dans la vallée du Rhône, vous n'avez pas, si je ne me trompe, des régions dans lesquelles vous êtes sûrs que la grêle tombera régulièrement ; c'est presque toujours incertain, et c'est ce qui différencie la Lombardie et le Piémont de la vallée du Rhône. Cette vallée est limitée à l'est et à l'ouest par les Alpes et les Cévennes, et les troubles de l'atmosphère peuvent y trouver certaines conditions favorables qu'ils ne trouvent pas ailleurs. Vous devez donc étudier la question par une série d'observations plus longue qu'il ne serait nécessaire de le faire dans le Piémont.

Le rapport de M. André est adopté.

M. le Président. — Personne ne demandant plus la parole sur le rapport de M. André, je donne la parole à M. *Porro*, pour la lecture de son rapport.

M. Porro. — Avant de vous donner connaissance de mon rapport, je vous dirai, Messieurs, que je me suis placé au point de vue pratique, et que je ne suivrai pas M. André dans ses considérations savantes. J'ajouterai aussi une observation à celle de M. Alpe. En Italie, on a déjà essayé d'appliquer la méthode de l'association dont M. Benedetti est président et dont M. Alpe a parlé. Nous possédons des cartes dressées par plusieurs associations de défense contre la grêle et dans plusieurs stations on a reconnu qu'on pouvait détourner les orages de leur direction rectiligne. Je tenais à citer ce fait, qui démontre que l'on avait déja suivi à l'avance les conseils qui viennent de nous être donnés.

LA PRÉVISION DU TEMPS
APPLIQUÉE A LA DÉFENSE CONTRE LA GRÈLE

Rapporteur : M. PORRO
Professeur d'astronomie à l'Université royale de Gênes.

Le développement considérable de la nouvelle méthode de défense contre la grêle dans la Haute-Italie date du printemps 1899 ; de la même époque date aussi le début de mes études sur le problème scientifique et pratique de la prévision des orages à grêle, dont la liaison intime avec la défense n'a peut-être pas été considérée avec une attention suffisante par les associations de tir et par les gouvernements.

Les syndicats agricoles ont cru que l'organisation des réseaux de canons n'exigeait qu'une coopération tout à fait locale, bornée à la surface étroite de la contrée qu'il s'agissait de protéger.

De leur côté, les gouvernements, ou — pour mieux dire — les bureaux météorologiques des différents pays, tels que l'Autriche, l'Italie, la France, les Etats-Unis, ont jugé convenable de ménager leurs encouragements à une méthode empirique, qui se présentait sans l'appui d'une théorie scientifique acceptée par tout le monde savant.

A une seule exception près, ces bureaux ont jugé plus pressant de vérifier les hypothèses et de contrôler les résultats, que d'améliorer les services de signalement des orages.

Il ne faut pas trop se plaindre de cette réserve des bureaux météorologiques, car nous lui devons des travaux remarquables, qui ont amené à des constatations très intéressantes et très utiles pour les progrès du tir au canon contre la grêle.

L'étude approfondie de MM. Peratner et Trabert a été conçue à ce point de vue tout à fait critique, dont l'importance et l'utilité ne sauraient être méconnues par les agriculteurs et par les savants.

Malheureusement, ces mêmes bureaux scientifiques, qui ont appliqué beaucoup de talent et de patience à la critique de la méthode Stiger, n'ont pas accepté avec la même sérénité philosophique les critiques des praticiens à leur organisation lourde et centralisée.

Il y a eu, dès les premiers débuts, un malentendu qui a plané sur les rapports entre ces établissements scientifiques et le monde agricole.

D'abord, on a jugé l'essor inattendu des associations de tir et l'enthousiasme des cultivateurs pour la nouvelle méthode, comme des phénomènes qu'il était trop légitime d'attribuer à un engouement transitoire et presque superstitieux du monde agricole.

On a même essayé, de l'autre côté de l'Atlantique, de réduire notre mouvement si magnifique à une impulsion des « populations paysannes peu éclairées de l'Europe » et cette grossièreté, dont l'inconsidération n'est pas atténuée par la haute position scientifique et officielle de son auteur, a été reproduite avec trop de complaisance dans nos cercles savants et dans nos journaux politiques.

J'ai cru, au contraire, depuis mes premières études sur cette question, qu'il ne s'agissait pas tant de juger, ni de contrôler vos efforts Messieurs, que d'apporter à leur aide l'appui et les ressources de la science météorologique.

A ce point de vue, j'ai proposé une organisation régionale de signalement des orages sur la ligne du parallèle moyen, qui est suivie à peu près par le plus grand nombre de ces météores dans la Haute-Italie.

Mon projet a été développé dans une conférence que j'ai eu l'honneur de tenir au théâtre de la ville de Chieri, près de Turin, au mois de juillet 1899. Il a reçu tout de suite l'accueil le plus sympathique des agriculteurs du Piémont, et de l'excellente revue de

M. Ottavi, *Il Collivatore*, dont l'éminent directeur a bien voulu, en organisant le premier Congrès, m'appeler à Casale-Monferato, comme rapporteur sur le thème de la *prévision du temps*.

Le but pratique du Congrès étant donné, j'ai borné mon rapport à la considération des orages à grêle et j'ai déposé sur le bureau une série de sept résolutions que le Congrès, sur la proposition de M. Roberto, accepta par acclamations.

Les points les plus saillants des vues que j'ai exposées à Chieri, Casale et, peu de mois après, à Turin, dans une conférence au Comice agricole, peuvent se résumer de la manière suivante :

1. La prévision des phénomènes météorologiques qui intéressent l'agriculture, et particulièrement celle des orages à grêle, forme l'objet d'un problème scientifique, indépendant du problème de la prévision générale du temps, dont la solution est confiée aux bureaux centraux des différents pays, et dépend presque exclusivement de la connaissance des lois de la circulation atmosphérique.

2. Dans le but spécial de la météorologie agricole, l'annonce télégraphique de la marche des dépressions barométriques doit avoir son accomplissement parfait dans l'étude détaillée des influences locales et des conditions climatologiques qui ressortent des accidents géographiques de chaque région, ainsi que dans la considération attentive de toutes les cultures qu'il s'agit de protéger.

3. Cette étude ne saurait se faire et s'appliquer directement à l'agriculture, sans l'organisation de centres secondaires d'information et de signalement liés avec le bureau central, et entre eux. Je revenais ainsi à la tradition honorée du fondateur de la météorologie italienne, mon vénéré maître Giovani Cantoni, qui, déjà, en 1875, avait préconisé le développement autonome de la météorologie agricole. L'exemple admirable qui nous est donné par le service météorologique du département de l'Hérault, organisé et dirigé avec une si haute compétence et un si brillant entrain par M. Houdaille, est plus que suffisant pour faire voir que dans votre noble pays de France cette idée féconde est bien comprise et appliquée.

4º La diffusion, parmi les agriculteurs, des dépêches météorologiques issues du bureau central est inutile, et peut-être nuisible. Il est difficile, en effet, d'appliquer les indications générales et les pronostics vagues de ces dépêches à la prévision sûre des nombreux phénomènes intéressant l'agriculture, sans un ensemble de connaissances théoriques et pratiques qu'il n'est pas raisonnable d'exiger ailleurs que chez les météorologistes de profession. La double organisation, dont j'ai eu l'honneur de vous parler tout à l'heure, permettra de borner la distribution des dépêches centrales aux observatoires de premier ordre, avec une économie considérable de temps et d'argent. Ce sera la tâche de ces observatoires de lancer dans un réseau secondaire, aussi étendu que possible, avec la plus grande rapidité, toutes les informations qu'on jugera particulièrement applicables aux nécessités du lieu et du moment.

5º Au point de vue restreint de la défense contre la grêle, il faut avant tout affirmer que cette méthode exige plutôt d'être appuyée que d'être contrôlée par la science ; pour mieux dire, le contrôle définitif n'est possible autrement qu'à la condition d'admettre encore comme une hypothèse (*a working hypothesis*, selon le mot si exact des Anglais) l'**utilité des tirs**. Il n'est pas certainement dans mon intention d'ouvrir de nouveau la discussion si vive que j'ai eue, à ce sujet, avec M. Pernter, au second Congrès ; dans ma conférence à la Société des Arts de Genève, j'ai eu l'occasion d'établir exactement la portée de mon ordre du jour qui, à Padoue, ne pouvait pas être assez clairement expliquée. J'ai affirmé, et j'affirme, que la méthode statistique seule est capable de nous donner la démonstration positive de l'efficacité des tirs ; que la méthode physique, selon l'aveu des délégués du gouvernement italien, à Novare, ne leur a donné que des résultats négatifs et ne pourrait assurément nous obliger à attendre plus longtemps ses conclusions incertaines et contradictoires. Dans la période empirique de la question, où nous nous trouvons à présent, ce qu'il faut d'abord, c'est la constatation des faits ; or, le premier fait à constater, c'est le nombre énorme de stations de tir qu'on a placées partout dans nos campagnes. Cela prouve une foi, qu'il est bien facile de juger folle et absurde, mais qui aboutit néanmoins à un effort superbe d'argent, de travail et de talent, dont il n'est plus permis, désormais, de faire abstraction.

6. L'organisation de la défense est intimement liée avec la prévision des orages ; trop souvent, en effet, le mauvais temps a éclaté soudainement et l'insuccès des tirs a pu s'expliquer par le retard des artilleurs à rejoindre leurs pièces ; quelquefois même, l'averse a renversé les canons ou empêché le tir. Dans mes premiers essais sur la question, j'ai bien envisagé cette nécessité d'un pronostic sérieux ; mais, d'un côté, on a cru que l'observation directe des nuages qui approchent était suffisante pour la pratique ; de l'autre, on a affirmé peut-être avec trop de sécurité, que la science ne possède pas encore les moyens aptes à une prévision rationnelle des orages à grêle. La

première objection — hélas ! — a été démontrée par plusieurs insuccès des tirs ; et l'ordre du jour du congrès de Novare, que M. Ottavi a porté ici, est la constatation officielle que ces insuccès peuvent bien être la conséquence du manque d'un signalement au vrai moment.

7. Est-il possible, dès à présent, d'obtenir, en temps utile, une prognose assez fondée d'un orage à grêle ? Plusieurs savants nient cette possibilité, ou ils se bornent à l'admettre pour les **orages de dépression**, en l'excluant pour ceux qu'on appelle **orages de chaleur** (plus proprement, on pourrait dire **orages généraux** et **orages locaux** ou **autochtones**). Or, cette distinction même prouve que ces savants sont opiniâtres dans l'idée que la dépêche de Rome, de Vienne ou de Paris, soit la seule et unique source autorisée de tout signalement météorologique, c'est-à-dire que la connaissance de l'état général de l'atmosphère exclut l'emploi de tout autre moyen pour prévoir le temps. Il suffit de rappeler les brillants succès qu'on a obtenus dans la prévision des gelées blanches, pour montrer que la science a ouvert, dans ces dernières années, une voie tout-à-fait nouvelle, avec l'observation et l'étude attentive des éléments locaux du temps. Pour nous borner strictement aux orages à grêle, permettez-moi de vous résumer ici les moyens que j'ai proposés il y a deux ans :

I. — L'observation de la forme et de l'aspect des nuages. — Les savants ont insisté beaucoup, dernièrement, sur l'importance de cette étude ; il suffira de rappeler ici les travaux si remarquables de MM. Teisserenc de Bort, Hildenbrandsohn, Abercromby, von Helmholtz, von Bezold. Mais, à côté des conclusions acquises à la science par la théorie et par la mesure directe et photographique des nuages, il y a le fruit modeste, humble de l'observation vulgaire que la science a eu peut-être le tort de trop négliger. Mon distingué collègue, M. Marangoni, a rapporté à Padoue des exemples frappants de la certitude avec laquelle des paysans sans instruction annoncent la grêle à l'avance ; et M. l'abbé Stoffalato a eu l'obligeance de me confirmer dernièrement ses déclarations si curieuses à ce sujet.

II. — L'application des lois sur la marche des orages. — Pour me borner à la Haute-Italie, je rappellerai les admirables recherches de mon éminent maître, M. le sénateur Schiaparelli, et de MM. Frisiani, Pini, Ferrari.

III. — Le signalement régulier de perturbations dans les lignes télégraphiques, dont la liaison avec les prochains orages m'a été annoncée par mon ami, M. Sasserno, directeur technique des télégraphes à Turin, ainsi que j'ai eu l'honneur de le dire au premier congrès. M. L. Cadet, dont les études profondes sur cette matière sont bien connues par le monde savant, pourrait très utilement envisager ce côté pratique de la question.

IV. — Le signalement direct des orages par les observatoires de montagne. — Ce n'est ni le lieu, ni le moment de parler de l'utilité générale de ces observatoires pour la météorologie agricole ; M. Houdaille pourrait vous expliquer avec quelle sagacité il a su appliquer à la prévision du temps, dans l'Hérault, sa station à l'Aigoual. Je me borne à constater que des sommets du Mont-Blanc et du Mont-Rose, par exemple, on découvre un horizon assez étendu, pour nous permettre de saisir la formation et le développement des orages qui éclatent sur une grande partie de la France, de la Suisse et de l'Italie ; ma proposition d'établir un service régulier de signalement des orages en été dans les observatoires qu'on y a bâtis à grands frais, n'était donc pas si absurde qu'on a eu l'air de le croire dans certains milieux savants.

Messieurs,

En considération du but pratique de cette imposante assemblée, il serait peut-être inutile et même dangereux de nous engager dans une discussion des vues personnelles que j'ai eu l'honneur de vous exposer, et des moyens techniques qu'on doit appliquer à la prévision des orages à grêle. Mais il serait aussi vain d'attendre la réalisation de nos vœux par l'initiative spontanée des corps scientifiques. Une réunion libre et publique de tous les savants intéressés à la question pourrait établir les bases pour une solution acceptable.

J'ai donc l'honneur de soumettre à votre approbation l'ordre du jour suivant :

Le Congrès mande à son bureau de nommer une Commission de sept membres, chargée d'organiser, pour le printemps prochain, une conférence météorologique internationale libre, dans le but de proposer les moyens les plus convoquables pour la précision du signalement des orages à grêle.

Fr. Porro.

Le rapport de M. Porro est adopté.

M. le Président. — Je remercie M. Porro de son intéressante communication, dans laquelle il a bien voulu signaler les travaux et les observations de M. Houdaille, notre compatriote. Nous avons le regret de ne pas le posséder parmi nous, où sa place était indiquée entre les astronomes et les praticiens.

Je demande à M. Porro de vouloir bien remettre à la fin du Congrès l'examen de l'ordre du jour qu'il propose. Il voudra bien, à ce moment, le soumettre de nouveau au congrès, qui se prononcera en toute connaissance de cause.

Je donne maintenant la parole à M. *Gastine.*

SUR LE PROJECTILE GAZEUX OU « TORE »

ET SUR SA POSSIBILITÉ D'ACTION DANS LE TIR CONTRE LA GRÊLE

Rapporteur : **M. GASTINE**

Délégué au service phylloxérique par le Ministère de l'Agriculture
Vice-Président de la Société départementale d'Agriculture
des Bouches-du-Rhône

Deux manifestations apparaissent pendant le tir des canons à grêle :

1º Un ébranlement sonore dû à la déflagration de la poudre.

2º La formation d'un projectile gazeux dont la progression dans l'atmosphère produit un sifflement plus ou moins prolongé.

Avec des canons de grande taille, inusités d'ailleurs dans les tirs contre la grêle, ce projectile se manifeste, en outre, très nettement à la vue sous la forme d'un anneau tourbillonnant que l'on peut même photographier en se plaçant dans les conditions favorables.

C'est à l'un ou l'autre de ces deux phénomènes que l'on rapporte actuellement et par de pures conjectures, l'action favorable, d'ailleurs encore bien problématique, de l'artillerie agricole.

Nous essayerons de résumer dans ce rapport l'état de la question, en faisant connaître les opinions émises au sujet de l'action des canons, en particulier ce qui a trait aux tores, auxquels, plus légitimement qu'à toute autre manifestation, ou pourrait rapporter cette action, si elle existe.

Il est bien évident que nos connaissances très imparfaites sur la genèse, l'évolution et la nature même des orages, sur la formation de la grêle, qui les accompagne fréquemment sous nos climats, ne permet pas de concevoir autrement que par de pures hypothèses le mode d'action de l'artillerie agricole. Des recherches patientes, des observations soutenues pourront peut-être élucider graduellement ces problèmes difficiles, à peine effleurés jusqu'ici, et, par là, confirmer ou infirmer la méthode empirique sur laquelle on se fonde actuellement pour entreprendre une lutte aussi audacieuse que peu banale.

I. — EBRANLEMENTS SONORES

Les chocs et l'ébranlement sonore causés par les détonations peuvent-ils avoir une action sur les nuées orageuses ? Une foule de traditions anciennes ont perpétué en divers pays et jusqu'à nos jours cette idée, sans toutefois qu'aucun fait démonstratif ait témoigné en sa faveur. Les sonneries de cloches, les détonations d'artillerie, voire même de mousqueterie, dont a souvent parlé dans ces derniers temps, à propos des tirs agricoles, n'étaient plus en usage nulle part ce qui n'implique guère leur efficacité. En Amérique, il y a peu d'années, des expériences furent faites dans une plaine aride du Texas par le général Dyrenforth pour provoquer la pluie par des détonations d'artillerie. Appuyés par le gouvernement des Etats-Unis, ces essais ont soulevé de violentes polémiques sans apporter les éléments probants que l'on recherchait.

C'est cependant sur ces ébranlements sonores que repose l'ingénieuse théorie de M. le professeur Bombicci, l'initiateur des tirs agricoles. La cristallisation de l'eau sous forme de grêlons sphériques ou en d'autres formes agrégées, serait, d'après ce savant, empêchée par les ondes vibratoires et un second mode de cristallisation en plumules neigeuses prévaudrait pendant les tirs de canons.

Il n'existe, malheureusement, aucun fait expérimental permettant d'affirmer de tels changements, et l'éminent minéralogiste de Bologne n'a pu fournir une démonstration de son hypothèse. On connaît bien la sensibilité que certains corps endothermiques, tels que l'iodure d'azote, présentent aux ondes vibratoires qui provoquent leur décomposition. Mais il s'agit, là, d'une décomposition chimique pour des corps extrêmement instables, explosifs. Rien de comparable n'a été signalé pour de simples agrégations moléculaires ou modes de cristallisation.

Pour être édifié sur l'action des ondes sonores, ne suffit-il pas de comparer les éclats violents et majestueux du tonnerre qui ébranlent profondément l'atmosphère et qui provoquent généralement une recrudescence de pluie ou de grêle, aux minimes détonations des canons à grêle ? Rien à cet égard ne rend aussi sceptique que d'assister à un combat des canons contre l'orage. Et, cependant, ces ébranlements du tonnerre devraient, en vertu de l'hypothèse et surtout en présence des recrudescences de pluie et de grêle qu'ils provoquent, mettre fin à l'orage. Il n'en est rien : celui-ci se déplace durant des heures avec son cortège de manifestations bruyantes, sans cesser de déverser sur les localités qu'il traverse, la pluie, la grêle. Nous pensons donc qu'il est illusoire de compter sur des ébranlements sonores pour empêcher ou pour atténuer les chutes de grêle. L'orage lui-même nous fournit l'ample démonstration de la complète inefficacité d'ébranlements, infiniment plus intenses que ceux qu'il nous serait possible de provoquer.

II. — ACTION POSSIBLE DES TORES OU PROJECTILES GAZEUX DES CANONS A GRÊLE

1° Historique, découverte et propriétés de ces projectiles.

La méthode de défense actuelle contre la grêle diffère de ce qui a été fait anciennement en matière de canonnades agricoles par la présence de ces projectiles gazeux si curieux, les tores des canons actuels. C'est en cela que se résume son caractère de nouveauté. On sait que ce projectile est constitué par un tourbillon qui prend naissance par la compression de la masse d'air contenue dans la trombe des canons à grêle, au moment de l'expansion subite des gaz de la poudre. Ce tourbillon affecte la forme d'un anneau d'air animé d'un mouvement de rotation sur lui-même, d'une excessive rapidité, mouvement qui l'isole du milieu ambiant. Il se forme à une petite distance au-dessus du pavillon conique ou cylindrique de la trombe des canons et par la différence de vitesse dont se trouvent animées les particules de l'air, comprimées par l'explosion ; cette vitesse étant maxima au centre, dans l'axe de la trombe et minima le long de ses parois, en vertu de la résistance que cause leur frottement.

En considérant l'anneau qui s'élève verticalement, sa section à droite tourne dans le sens des aiguilles d'une montre, tandis que sa section à gauche offre une rotation de sens inverse. Quoique la vitesse prodigieuse de ce mouvement tourbillonnaire doive créer, par l'effet de la force centrifuge, dans le centre de l'anneau, un vide plus ou moins complet, l'anneau, pris en masse, est plus dense que le milieu atmosphérique qu'il traverse. Sa progression seule suffirait à accuser cet état de plus grande condensation, qui va en diminuant à mesure que sa vitesse de rotation s'épuise, ainsi que sa vitesse de progression, par les frottements et la résistance du milieu. L'anneau refoule devant lui l'atmosphère qu'il parcourt et cela avec une pression qui est considérable pour les premières partie de sa trajectoire. Si on examine le sens de sa rotation, telle qu'elle est plus haut indiquée, on voit qu'il roule dans l'atmosphère par sa surface extérieure et qu'ainsi sa vitesse de progression est dans un rapport constant avec sa vitesse de rotation. Le tore emmagasine une part notable de la force vive engendrée par les gaz de la poudre et la quantité d'énergie qu'il emporte ainsi peut être mesurée sur une cible pendulaire comme on mesure celle des projectiles ordinaires des armes à feu. C'est bien là le phénomène très particulier et nouveau qui se produit avec les canons à grêle et en vertu de leur mode de construction. L'idée du colonel Mundy, d'ajouter aux mortiers à poudre un pavillon conique, a conduit à ce résultat de créer un instrument nouveau dans ses effets, car on ne trouve rien d'analogue dans le tir des pièces d'artillerie ordinaires. C'est aussi et uniquement ce phénomène qui suggère une action possible des canons à grêle. Ce ne sont pas, comme on le voit, de simples appareils à détonation. Aussi, tous les expérimentateurs qui se sont occupés des tirs contre la grêle, se sont-ils attachés, dès que ce projectile a été connu, à en étudier les propriétés et à en déterminer la portée.

La découverte du tore engendré par les canons à grêle est due à M. le professeur Roberto, le savant directeur des Études de la province d'Alexandrie. En 1899, au Congrès de la grêle tenu à Casal-Montferrato, il en démontra publiquement l'existence en tirant sur une digue élevée du Pô contre des cibles garnies de papier. C'est M. le professeur Roberto qui établit aussi que le sifflement des canons était dû à ce projectile.

Deux expérimentateurs viennois, MM. Perntner et Trabert, se sont attachés à déterminer le pouvoir de pénétration de ce projectile dans l'atmosphère. Leurs recherches, faites à l'usine de Greenitz à Sainte-Catherine, en Styrie, avec le concours de M. G. Suschnig, directeur de cet établissement industriel, aboutirent à la conclusion d'une portée assez minime de ces projectiles, portée comprise, suivant les formats et les charges des canons usités en Styrie, entre 300 et 400 mètres. Reprenant les données expérimentales et les calculs des savants expérimentateurs de Vienne, M. Vicentini, professeur de physique expérimentale à l'Université de Padoue, conclut à une portée d'environ 400 à 450 mètres. Le tir vertical accuse des pénétrations un peu plus grandes que le tir horizontal. Toutes ces mesures sont extrêmement difficiles, car la portée des tores ne peut être déduite d'observations directes, le tir rectiligne horizontal étant très incertain et presque impossible pour ses distances extrêmes, et le projectile disparaissant dans le tir vertical, avant la fin de sa trajectoire. Ces portées ont été déduites de la loi du ralentissement de la vitesse du projectile, en l'observant à quelque distance du pavillon du canon, pendant les premiers stades de son parcours. Les vitesses initiales ont été de 80 à 100 mètres par seconde, suivant le format et la charge des canons. Pour chaque forme et grandeur de canon il existe une charge qui donne les meilleurs résultats pour la durée du sifflement la portée et la vitesse du tore. Une charge trop élevée ou une charge insuffisante diminuent ce rendement optimum, si on peut s'exprimer ainsi. On voit que la vitesse est réduite, ce qui se comprend pour un projectile d'une aussi faible masse.

Les espérances que l'on avait fondées sur la puissances de ces projectiles gazeux, dont on avait au début escompté à plus de mille mètres la trajectoire, furent en quelque sorte ruinées par la publication, au Congrès de Padoue, du travail de MM. Pernter et Trabert. Par une réaction exagérée, certains auteurs voulurent dès lors considérer ce phénomène du tore des canons à grêle comme purement accessoire et ils imaginèrent, pour expliquer l'effet affirmé des canons, l'hypothèse d'un projectile central, indépendant du tore, plus puissant et plus pénétrant que lui.

Dans une communication présentée à l'Académie des Sciences (5 nov. 1900), puis, plus tard au Congrès de Padoue, nous avons, M. Vermorel et moi, exposé le résultat des essais que nous avions faits à Villefranche pour étudier expérimentalement les effets des canons, essais qui réduisaient à néant cette hypothèse. Le tore des canons est bien le seul projectile qui se manifeste pendant le tir. Ce fait est accusé, sans contestations possibles, par les tirs effectués sur des cibles convenablement résistantes, telles que celles formées d'un réseau de fils de fer, tendus et croisés dans des directions perpendiculaires, sur un cadre de bois, de manière à constituer un grillage à mailles serrées. De part et d'autre de ce grillage, sur chaque face de la cible, des feuilles de papier sont collées de façon à emprisonner le réseau des mailles métalliques. Si on tire sur de tels écrans, que nous avons appelés analyseurs, avec un canon pourvu d'une trombe, on obtient des perforations annulaires dont **le centre est toujours respecté**. Ces effets sont réalisés même avec une petite carabine, munie d'une trombe conique ou cylindrique, chargée avec quelques grammes de poudre. En supprimant la trombe il n'y a plus de projectile et l'action sur les cibles est nulle.

L'anneau tourbillon découpe donc sa forme et trace approximativement ses dimensions dans nos cibles. Les parties perforées montrent, par la netteté de leurs déchirures, la puissance mécanique du projectile. Les fragments de papier sont réduits en morceaux minuscules; ils sont lancés partie en arrière, partie en avant des cibles, dans le sens de la portion rotative de l'anneau qui les attaque. Pour un projectile doué d'une masse si faible, ces effets sont relativement considérables. Sur le parcours du tore les branchages, les feuilles des arbres sont arrachés et déchiquetés en lambeaux réduits. L'anneau présente une grande résistance à la rupture; sa puissance s'exerce sur les obstacles les plus minimes. C'est ainsi que les haubans en fil de fer servant à maintenir verticalement nos cibles étaient fortement détendus après le choc accidentel d'un tore de canon et il était vraiment curieux de voir un obstacle de si faible surface attaqué d'une manière aussi énergique par un projectile gazeux, offrant ainsi la dureté d'une masse solide. Les effets du tore des canons rappellent tout à fait l'action destructive des trombes ou tornades qui sont aussi des tourbillons gazeux.

La progression de l'anneau tourbillon est relativement lente, comme l'ont montré les mesures de MM. Perntner et Trabert. Dans le tir vertical il subit la dérive sous l'action du vent et dans le tir horizontal il est dévié par la résistance inégale des couches d'air qu'il traverse, cette résistance étant augmentée par le voisinage d'obstacles bordant le champ de tir. Si ces obtacles sont dissymétriques l'anneau s'infléchit du côté où ils sont les plus importants et les plus rapprochés, et il décrit une courbe très accusée. Aussitôt qu'un des côtés de l'anneau frise ou touche un obstacle l'anneau tout entier tourne et vient frapper normalement cet obstacle. C'est là ce qui arrive si l'on tire horizontalement trop près du sol, on voit l'anneau frapper à plat le sol en soulevant une masse de poussière qui s'étale du côté opposé au canon. Aussi est-il indispensable, pour le tir horizontal, de supporter le canon à 4 mètres au moins au-dessus du terrain. Si le tore frappe un obstacle le sifflement cesse aussitôt, ce qui démontre, comme les traces laissées par lui sur les cibles, qu'il n'existe point d'autre projectile.

Dans le tir horizontal, l'air étant en repos, l'anneau décrit une courbe descendante puis, plus loin dans sa trajectoire, la courbe devient montante et l'anneau tend finalement à s'élever en l'air en perdant toute vitesse. Ces inflexions montrent que sa densité d'abord supérieure à celle de l'air, décroît peu à peu, à mesure que l'anneau s'ouvre, et augmente de dimensions, et qu'à la fin de sa courbe, il devient plus léger que l'air, au moment où son mouvement de progression et son mouvement de rotation s'annulent. Ces deux mouvements s'éteignent graduellement par la résistance du milieu.

Le sifflement de l'anneau est produit sans doute par sa vibration très rapide. M. le professeur Roberto pense qu'il vibre à la manière d'une lame de Cladni et il attribue les zones alternativement claires et obscures, qu'il présente à la vue, à l'existence des nœuds de vibration.

Eclairé par le soleil, l'anneau se détache nettement en blanc sur le fond bleu du ciel. Il offre, en outre de ces bandes ou segments alternativement clairs ou sombres, un aspect strié, et un éclat soyeux particulier.

La dimension initiale des tores, varie avec celle des canons qui les ont produit. Sur une partie assez longue de leurs trajectoires, elles varient peu. Avec le canon du type syndical, usité dans le Beaujolais charge 80 grammes de poudre et trombe de deux mètres, le tore a environ deux mètres de diamètre extérieur et un mètre 60 à l'intérieur. Son épaisseur est ainsi d'environ 20 centimètres.

L'épaisseur du tore, mesurée sur les épreuves photographiques, varie entre 1/7,4 ou 1/8 du diamètre extérieur de l'anneau.

2° HYPOTHÈSES, THÉORIES, AU SUJET DE L'ACTION DU TORE CONTRE LA GRÊLE.

Après cette description sommaire du projectile gazeux et de ses principales propriétés, nous devons aborder la partie la plus délicate j'allais dire la plus scabreuse de ce rapport, celle qui a trait à l'action possible du tore dans la lutte contre la grêle.

Action mécanique. — La faible portée des anneaux tourbillons, l'énergie minime qu'ils renferment, lorsqu'ils arrivent à la limite de leur trajectoire, ne permettent guère d'invoquer une action mécanique efficace de leur part. Il faudrait que la formation de la grêle ait lieu bien bas dans l'atmosphère, pour justifier une pareille action, qui serait une action directe. Rien ne nous autorise à y croire et les théories les mieux accréditées sur la genèse de la grêle, ne la représentent pas comme ayant une origine assez rapprochée du sol pour que les projectiles puissent déranger sa formation.

Action électrique. — On a pensé à une action électrique des tores et cette hypothèse pouvait avoir quelque fondement, quoique l'électricité dans les orages paraisse plutôt un effet qu'une cause, et que l'ancienne théorie de Volta, au sujet de la formation de la grêle n'ait plus aujourd'hui qu'un intérêt historique. Mais les expériences réalisées avec les plus grands soins au laboratoire, n'ont en rien confirmé une action électrique des tores. M. Vicentini, professeur de physique expérimentale à Padoue, a fait agir des tores d'air, des tores de fumées, obtenus même par explosion de la poudre, sur des conducteurs isolés, reliés à un électroscope sans pouvoir observer ni une production d'électricité ni une variation de la charge de l'électroscope primitivement électrisé. On aurait pu penser que les tores déchargeaient de leur électricité les nuages orageux et facilitaient l'égalisation du potentiel entre les couches d'air traversées par eux. Ces hypothèses ne paraissent nullement justifiées, d'après ces essais du savant professeur de Padoue.

Rôle des poussières. — Pour expliquer l'action des anneaux tourbillons on a dit qu'ils pouvaient transporter dans l'atmosphère humide et chaude qui prépare l'orage, au moment des grands calmes atmosphériques, des particules de poussières facilitant la condensation de l'eau. Cette théorie est née des remarquables expériences du savant météorologiste écossais, M. Aitken, qui a fait connaître le rôle des poussières dans la formation du brouillard et de la pluie. L'air exempt de toutes poussières peut être refroidi sans que sa limpidité soit troublée; l'eau qu'il renferme se dépose au contact des objets solides. Au contraire, dans l'air ordinaire, toujours plus ou moins chargé de poussières microscopiques, même aux plus hautes altitudes, le refroidissement provoque le brouillard et la pluie. M. Aitken a démontré que chaque gouttelette d'eau condensée renfermait une parcelle de poussière.

L'opalescence de l'anneau tourbillonnant, sa striation marquée a été attribuée aux filaments de fumée, renfermant des produits solides ou poussières, qu'il emporte avec lui. Cette quantité de fumée doit être toutefois bien minime, car il est à remarquer que le premier coup tiré avec un canon à grêle, alors que sa trombe ne renferme pas de fumée, fournit un tore aussi apparent que les coups qui suivent. On sait d'ailleurs que la fumée ne sort de la trombe du canon que bien après la formation du tore, qui est déjà très loin dans l'espace lorsque cette fumée apparaît. Toutefois, si on photographie l'anneau tourbillonnant au moment même où il prend naissance au-dessus de la trombe du canon, à peu de distance de son pavillon, on remarque souvent que des grains de poudre en combustion traversent l'anneau ou l'entourent et qu'ils sont projetés en partie en avant de lui avec les légères traînées de fumées qu'ils produisent. Nous avons obtenu à Villefranche plusieurs épreuves photographiques du tore dans lesquelles le fait signalé ici est très apparent. Or, certains de ces filaments de fumée sont assurément absorbés par le tourbillon, enroulés par lui et assimilés, cela, même au premier coup de feu, de telle sorte que son aspect strié peut provenir de l'inégale répartition de ces filaments de fumée dans sa masse en rotation.

Un transport de particules solides peut donc avoir lieu par le tore et jusqu'aux limites de sa course ; il n'est pas impossible que cet apport réalisé dans une couche d'air humide, en voie de refroidissement, dans un brouillard, par exemple, ne soit de nature à favoriser la chute, de la pluie. Cette condensation hâtive aurait pour résultat de soustraire au processus grélifère une partie de l'eau qui aurait pu être transformée en grêle. Le brassage, par le passage des tores, de ces parties d'air en équilibre instable, au point de vue de leur saturation hygrométrique, faciliterait en outre cette action des poussières.

Nous avons remarqué, en effet, qu'en temps de brouillard humide le tir de quelques coups de canon amenait la chute de gouttes de pluie. Le phénomène cessait peu après le coup tiré.

Il ne semble pas, toutefois, que ce mode d'action des canons puisse rendre compte de leur utilité contre le processus grélifère, car cette action, plutôt faible, reste limitée aux couches basses de l'atmosphère. Elle ne peut se produire que dans une zone sursaturée d'humidité.

M. le professeur Roberto, dans un travail récent des plus remarquables, a formulé d'une manière toute nouvelle la théorie des orages à grêle et a conclu à une action directe et favorable du tir des canons agricoles. D'après ce savant, les orages à grêle seraient constitués par des tourbillons avec axe horizontal se formant et évoluant beaucoup plus bas dans l'atmosphère qu'on ne le croit généralement. Il a décrit dans son mémoire, très documenté, les caractères de nombreux orages observés en Italie et nés dans la vallée du Pô, aux pieds des Alpes, orages qui offriraient cette particularité que leur partie la plus active, siège de la formation de la grêle, serait à moins de 700 mètres de hauteur. Le plus grand abaissement de la température, d'après le professeur Ferrari, dont M. Roberto rapporte et invoque les observations sur les orages, est compris entre 0 et 600 mètres. La couche où auraient lieu les plus grandes variations de la température se trouverait comprise entre 200 et 500 mètres. D'après M. Roberto, la partie centrale du tourbillon serait le siège du refroidissement intense produisant la grêle, car le vide s'y formerait et l'eau serait ainsi rapidement condensée et congelée par son évaporation. L'axe horizontal des orages à grêle existerait entre 100 et 1.000 mètres; le diamètre vertical du tourbillon varierait de 200 à 2.000 mètres, tandis que son diamètre horizontal aurait de 300 à 5.000 mètres. La largeur de l'orage excéderait ainsi très notablement sa hauteur, en d'autres termes le tourbillon présenterait une coupe elliptique.

Les tourbillons avec axe horizontal auraient toujours le même sens de rotation, de la région la plus froide vers la région la plus chaude, pour le courant inférieur formant le front de l'orage et inversement pour le vent supérieur. Le déplacement de ces orages tourbillonnaires aurait lieu de la région la « plus froide vers la région plus chaude et « plus humide et cela dans la direction du vent inférieur.

« Si l'orage, en se déplaçant, rencontre des régions de plus en plus « chaudes et humides, il croit en force et en vitesse ; si, par contre, il « remonte vers des régions moins chaudes et moins humides, il « s'affaiblit peu à peu et disparaît ».

M. Roberto cite nombre de faits qui établiraient que les orages à grêle sont arrêtés par les montagnes, même de faibles altitudes, de 500 à 800 mètres, et que leur translation suit le cours des vallées. Aucun orage de cette nature ne pourrait traverser les Alpes. Seules, les dépressions cycloniques, formées de tourbillons verticaux, seraient susceptibles de se propager par dessus les montagnes et même au dessus des Alpes.

L'auteur distingue trois types d'orages à grêle :

1º Les petits orages formés localement par le choc de deux vents opposés ; ils n'offrent qu'une faible vitesse de translation et ne sont dangereux que dans une zone très limitée. La grêle qu'ils forment est petite. Le tourbillon prend naissance pour un instant, s'évanouit, et soudainement se reforme encore pour s'évanouir bientôt après.

2º Les orages qui se forment sur la pente des monts, s'avancent vers la plaine et se propagent avec plus ou moins de vitesse. Ce sont là les orages redoutables qui ravagent nos campagnes. Ils sont constitués par un tourbillon à axe horizontal qui s'avance dans la direction du vent inférieur. Ils éclatent à la suite des journées chaudes, lorsque le baromètre accuse, depuis quelque temps, une pression moyenne correspondant au calme de l'atmosphère sur une vaste étendue. Alors les brises diurnes prennent leur développement le plus actif, entre la plaine surchauffée et les monts encore recouverts de neige. Si la brise inférieure, dirigée des monts vers la plaine, est quelque part perturbée par un échauffement local, l'orage avec tourbillon horizontal se forme et cause la grêle.

3º Les plus redoutables orages à grêle se forment dans le centre d'une dépression, ou cyclone. Si la partie centrale d'un cyclone est relativement très étendue et si le cyclone, dans son mouvement de translation, rencontre des régions chaudes et humides, il se forme alors, dans la dépression, un tourbillon **avec axe horizontal**, cause d'une tempête de grêle.

La longueur des tourbillons de cette espèce varie dans d'énormes limites, depuis un demi-kilomètre jusqu'à 300 kilomètres.

M. le professeur Roberto insiste sur le caractère mécanique commun des cyclones ou tourbillons à axe vertical et des tourbillons avec axe horizontal ou orages à grêle. Dans les deux cas, entre la vitesse de chaque molécule et sa distance au centre du tourbillon, il existe une relation telle que la force centrifuge, près de l'axe, devient infiniment grande. Alors le vide tend à se former jusqu'à une certaine distance de l'axe et par lui se produisent les phénomènes d'évaporation et de refroidissement rapide, de congélation et de grêle.

Dans les anticyclones, dans les brises, au contraire, le mouvement rotatoire est tel que la force centrifuge près de l'axe est nulle.

Dans les orages, suivant le même auteur, la vitesse de chaque molécule en mouvement serait probablement, **inversement proportionnelle** à la racine carrée de sa distance à l'axe, tandis que, dans les brises, la vitesse de chaque molécule serait **directement proportionnelle** à la racine carrée de sa distance à l'axe.

Les vitesses de translation des orages seraient très variables, depuis quelques kilomètres jusqu'à 20 ou 30 à l'heure. Dans la vallée du Pô, 40, 50 et exceptionnellement jusqu'à 70 kilomètres par heure.

Avec cette théorie nouvelle et très originale des orages à grêle, M. Roberto explique aisément l'action favorable des tirs contre la grêle. Les projectiles gazeux, ou tores, auxquels il attribue essentiellement cette action, montent assez haut, en effet, pour atteindre les tourbillons horizontaux qui détermineraient les chutes de grêle.

« Il suffit, en effet, dit-il, que ces tourbillons soient troublés par ces « projectiles jusqu'à la moitié de leur rayon pour que leur section « soit réduite de 4 à 1 ; s'ils sont entamés jusqu'au tiers de ce rayon « la section est réduite de 9 à 4 et ainsi de suite, car les sections sont « proportionnelles aux carrés des rayons ».

Ainsi les orages ayant leur axe horizontal à moins de 700 mètres pourront être sectionnés en tronçons par le tir soutenu des canons et comme, dans ces conditions, l'air peut pénétrer par les brèches et garnir le vide central du tourbillon, le processus grélifère prend fin.

Pour produire de tels effets, il faut que les canons soient assez rapprochés, environ 600 mètres, dans le sens perpendiculaire à la marche générale des orages et que les séries de canons se suivent à moins de 800 mètres, afin de sectionner la trombe et d'empêcher ses fragments de se rejoindre.

Jusqu'à 35 kilomètres de vitesse de translation à l'heure pour les orages, les canons du format ordinaire (charge 80 grammes et trombe de 2 mètres) seraient suffisants, Au delà de ces vitesses les formats supérieurs sont nécessaires (charge 160 grammes, trombe 4 mètres). Mais ces canons eux-mêmes deviennent insuffisants, d'après M. Roberto, pour les orages, très rares il est vrai et presqu'exceptionnels, qui parcourent 40 kilomètres à l'heure et qui se forment généralement dans la partie centrale d'une dépression cyclonique.

La théorie de M. le professeur Roberto est séduisante, mais elle s'écarte beaucoup des conceptions et des opinions régnantes quant à la genèse des orages et à la formation de la grêle. La plupart des météorologistes assignent à la formation de la grêle une origine très élevée. Ils la placent sous la dépendance des grands courants de l'atmosphère et des conditions que crée la répartition de ces courants au-dessus de vastes étendues de pays. Nous avons résumé la théorie de M. Roberto parce qu'elle se rattache étroitement à l'action possible du tir des canons. Mais nous n'entreprendrons point le même travail pour la théorie générale des orages et celles relatives à la formation de la grêle. Ce serait sortir du cadre réduit de ce rapport. Nous n'aurions, d'ailleurs, que des chances trop réduites d'arriver à une conception satisfaisant aux données si complexes de ces phénomènes.

On comprend, toutefois, que l'action des canons à grêle devient impossible à concilier avec une origine élevée pour la formation de la grêle. C'est le motif pour lequel la créance en cette action n'a pas été partagée, jusqu'ici, par la plupart des météorologistes.

Sans entrer dans la discussion des théories relatives au mode de formation des orages, il est permis de dire, cependant, que les phénomènes tourbillonnaires en font partie intégrante et que si ceux-ci prennent leur origine dans les mouvements supérieurs de l'atmosphère, sur lesquels nous ne pouvons avoir aucune action, il n'en est pas de même, peut-être, de l'extrémité de ces tourbillons, prolongements des énergies supérieures dont ils ne sont que les remous profonds, atteignant seulement par moments les couches inférieures de l'atmosphère.

Tels sont les tourbillons descendants de la célèbre théorie de Faye, tourbillons qui, suivant cette théorie, causeraient les orages et la grêle en apportant dans les couches basses de l'atmosphère le froid des régions supérieures, la force mécanique de giration et, comme conséquences, les violentes condensations, la grêle, les manifestations électriques.

Cette théorie rend bien compte de l'étroitesse des zones de territoire frappées par la grêle et de l'irrégularité de cette répartition sur le trajet de l'orage. Dans cette théorie, la formation de la grêle peut avoir lieu à un niveau peu élevé, sinon aussi bas que ne l'expose M. Roberto, avec la conception des tourbillons horizontaux. La lutte contre la grêle trouve donc encore quelques motifs de créance si elle dépend de phénomènes tourbillonnaires avec axe vertical.

Nous avons présenté à cet égard, M. Vermorel et moi, l'hypothèse d'une action indirecte des tores des canons, en remarquant que ces phénomènes des trombes descendantes, telles qu'on les observe le mieux en mer, sont, au moment de leur formation, extrêmement fragiles et instables. Les marins les détruisent à coups de canon.

Or, le tir soutenu des canons à grêle pourrait, sinon directement, du moins indirectement, en soulevant peu à peu les couches d'air dans le champ de tir, par la friction des tores, écarter, gêner la descente de ces pointements tourbillonnaires, empêcher leur amorçage jusqu'à la terre. Les expériences si remarquables de Weyher nous montrent en petit et avec une netteté admirable la genèse de tels tourbillons qui, en fait, constituent une circulation fermée, descendante et montante, et ces expériences nous prouvent aussi leur grande fragilité et instabilité avant que le circulus soit fermé et complet, avant que l'amorçage soit, si l'on peut ainsi s'exprimer, réalisé.

De plus, cette couche d'air chaude et humide, refoulée et soulevée par les tores, subit, en s'élevant, une expansion qui la refroidit ; si cette couche est voisine du point de saturation hygrométrique, cette dilatation doit amener la pluie, condition favorable pour diminuer le processus grélifère et l'action nocive de la grêle concomittante. Enfin, si l'air inférieur est parcouru par les tores, ces derniers doivent agir encore en vertu de leurs trajets rectilignes, pour empêcher un mouvement tourbillonnaire de se propager jusqu'au sol. Au commencement ce mouvement ne peut être que lent et progressif. Les tores, agissant comme des gyrostats, font obstacle à un tel mouvement et peuvent jouer le rôle de freins retardateurs. On peut donc émettre l'hypothèse que l'effet de tirs soutenus, avec des canons suffisamment rapprochés, peut empêcher un mouvement tourbillonnant de s'établir jusqu'au sol et de s'amorcer en un circulus complet qui semble indispensable pour faire apparaître les effets mécaniques des tempêtes tournantes.

Le soulèvement d'une couche d'air chaud doit finalement favoriser la fusion des grêlons pendant leur chute, si l'épaisseur de cette couche chaude se trouve notablement augmentée par l'effet soutenu des tirs.

Il manque à ces hypothèses les observations qui pourraient leur donner corps et valeur. Aussi ne les présentons-nous que comme de pures explications, appelant des recherches correspondantes. Si elles tendent, ces explications, à justifier le rôle possible des canons, elles ne permettent en aucune manière, jusqu'à présent, d'affirmer ce rôle et par suite d'établir la moindre preuve quant à leur efficacité.

Une hypothèse très ingénieuse est celle de M. Rosensthiel. Nous ne pouvons l'oublier car elle renferme un aperçu digne d'être retenu et contrôlé, aperçu qui rendrait bien compte de la soudaineté de la grêle en expliquant d'une manière plausible la provenance des grandes quantités de froid dont elle implique la brusque mise en liberté.

L'auteur a émis sa théorie en observant une chute de forts grêlons dont il a été le témoin et en remarquant qu'ils présentaient des caractères très nets de cristallisation sur un petit noyau primitif de glace ou de neige. Cette observation de grêlons possédant un noyau central a été faite fréquemment et n'est pas, en elle même, nouvelle. Mais les conséquences que M. Rosensthiel tire de son observation sont, au contraire, très originales.

Il a été amené à supposer que certaines couches de l'atmosphère pourraient renfermer un brouillard d'eau liquide en état de surfusion, c'est-à-dire à une température notablement inférieure à 0°. Si, sous l'influence d'un tourbillon tel que ceux réalisés expérimentalement par Weyher, ou ceux de la théorie de Faye, des cristaux de neige ou des grains de grésil se trouvent transportés et mélangés à ce brouillard en surfusion, la cristallisation de l'eau pourra s'amorcer et s'effectuer en quelques instants. Les grêlons iront en s'accroissant rapidement et pourront atteindre de fortes dimensions.

Cette formation des grêlons sera en tous points comparable à celle des cristaux dans une dissolution saline sursaturée où la cristallisation se fait instantanément lorsqu'on y introduit une minime parcelle cristalline du même sel en dissolution.

M. Rosensthiel fait remarquer qu'avec son hypothèse, l'origine du froid nécessaire pour déterminer la formation d'une grande masse de grêle, ne nécessite plus l'intervention d'un refroidissement dû à des actions mécaniques très puissantes. Le phénomène de la grêle est, en quelque sorte, préparé d'avance par l'existence de nuages en surfusion aqueuse et, en quelques instants, la grêle surgit, avec son caractère connu de soudaineté.

Les tirs agricoles auraient pour effet de troubler la cristallisation et d'empêcher ainsi les grêlons d'acquérir de grandes dimensions. C'est le résultat que l'on obtient également dans les dissolutions salines sursaturées en agitant le liquide lorsqu'on y projette les parcelles cristallines qui provoquent la cristallisation. Toutefois, M. Rosensthiel ne précise point la manière dont les tirs peuvent, suivant lui, agir pour produire ce trouble et, sous ce dernier rapport, son explication du rôle des canons reste incomplète.

D'après M. Plumandon, le savant météorologiste de l'observatoire du Puy-de-Dôme, auquel on doit de remarquables études sur les hydrométéores et, en particulier, sur la grêle, la plumule de neige, le grain de grésil formés dans les hautes régions de l'atmosphère conduiraient insensiblement et par gradations au grêlon, cela sans faire intervenir d'autres causes que celles de leur chute à travers les couches alternativement humides et sèches de l'atmosphère.

Refroidis par évaporation en traversant les zones d'air sec, les grêlons pourraient s'accroître dans les zones humides en congelant l'eau sur leur passage.Ce mécanisme,très simple, rendrait compte de la plupart des chutes de grêle. Les grosses grêles seraient, toutefois produites dans les mouvements tourbillonnaires qui brassent ces couches si diverses et qui, par leur force mécanique, peuvent maintenir longtemps en suspension les grêlons, leur permettant ainsi d'acquérir des dimensions parfois considérables. L'auteur attribue également à ces mouvements tourbillonnaires et à la raréfaction très marquée que l'on observe souvent dans leur centre de rotation, un rôle prépondérant pour la production du froid nécessaire à la genèse des grandes tempêtes de grêle. Dans un ouvrage récemment paru il cite de nombreux et remarquables orages à grêle qui ont offert les caractères des trombes ou tornades. Quant à l'action des canons à grêle elle lui paraît très problématique.

Conclusions

Dans l'état actuel de nos connaissances il est impossible de se former un jugement sur la valeur des tirs agricoles.

Nombre d'hypothèses ont été faites pour justifier l'utilité de ces tirs et leur mode d'action possible; des théories extrêmement ingénieuses ont été créées pour donner corps aux tirs agricoles. Mais la sincérité oblige à reconnaître que les preuves vraiment décisives en faveur de cette action font jusqu'ici défaut. Nous ne sommes pas plus avancés que l'an dernier à Padoue, avec peut-être de l'enthousiasme en moins, et le succès des tirs reste aussi hypothétique.

Toutefois, l'action des vibrations sonores doit être écartée de prime abord, comme contredite par les observations les plus élémentaires.

Il reste l'action des tores ou projectiles des canons, qui paraît être à peine suffisante pour entretenir l'espoir d'une lutte efficace.

Il est très désirable que des observations méthodiques et soutenues puissent mieux nous fixer sur les orages et sur la formation de la grêle. C'est surtout, en effet, notre défaut de connaissances précises sur ces phénomènes qui perpétue le doute sur les effets à attendre des tirs.

La statistique des tirs et des orages ne pourra que bien lentement nous conduire à un jugement fondé, étant donné les difficultés de contrôle qu'offrent les appréciations sur l'effet des tirs dans l'application pratique ; c'est donc surtout aux travaux d'ordre scientifique et technique, aux observations météorologiques, dirigées vers l'étude du problème, qu'il convient de faire appel, cela sans décourager la défense commencée, en l'aidant, au contraire, de tout le concours que peut lui apporter la méthode expérimentale.

Je voudrais ajouter quelques mots encore à ma communication.

Pour vérifier l'efficacité des tirs, un contrôle sévère apparaît comme nécessaire. Ne pourrait-on pas l'obtenir d'une manière plus sûre qu'on ne l'a fait jusqu'à présent, en réservant, par exemple, au centre des territoires défendus, un espace suffisant sans aucun canon, dans lequel les effets des orages seraient observables ? Actuellement fortuites, les comparaisons prêtent trop souvent à l'erreur. On les rendrait moins discutables en réservant ces zones témoins. Les associés auraient naturellement à indemniser, en cas de dégâts, les parties ainsi laissées sans défense. D'ailleurs, dans bien des cas, ces parties pourraient être occupées par des cultures autres et moins précieuses que la vigne, pourvu qu'elles présentent des conditions topographiques en concordance avec celles de ces dernières.

Je pense que le congrès voudra bien appuyer de sa grande autorité le projet de semblables épreuves destinées à mieux fixer le rôle encore incertain des tirs agricoles.

G. GASTINE.

M. le Président. — Vous venez d'entendre, Messieurs, le rapport de M. Gastine, qui paraît avoir des idées quelque peu différentes de celles de M. Vermorel, quoiqu'il soit son collaborateur. Le congrès examinera la proposition faite par M. Gastine.

M. le Dr Vidal. — Je demanderai à M. Gastine ce qu'il pense du tir par les fusées. Si, comme il vient de le dire, les ondulations ne signifient rien, comment explique-t-il l'action des fusées ? La fusée produit-elle un « tore » ? Je serais bien aise d'avoir des explications à ce sujet.

M. Gastine. — La fusée ne produit pas de « tore », mais elle donne lieu à des vibrations sonores et, contrairement aux canons, produit de la poussière.

J'ai fait, avec M. Vermorel, plusieurs expériences de fusées, et j'ai été frappé du peu de hauteur qu'atteignent ces instruments, qui semblent presque grotesques contre la grêle.

Je dois ajouter que nous sommes en complète communion d'idées avec M. Vermorel, pour n'avoir pas grande confiance dans la lutte contre la grêle. J'ai fait mon possible pour justifier l'emploi du canon, mais je dois déclarer que je ne partage pas complétement la confiance générale.

M. Roberto. — J'ai beaucoup étudié le « Tore » ou bien anneau gazeux. J'avais, tout d'abord, dit que le « tore » était un projectile et, après, l'expérience a démontré très clairement que c'était réellement un projectile. On a dit alors : c'est un projectile gazeux qui ne peut pas produire d'effet ; l'expérience, comme j'avais prévu, a démontré qu'il avait une grande énergie. La question a été ensuite approfondie, par un savant consciencieux, M. Suschnig, procureur de la maison Greinitz et Neffen, et par M. Perntner, directeur du bureau central de météorologie de Vienne, et par d'autres savants. Ces messieurs sont arrivés à des conclusions tout imprévues ; ils ont démontré, avec une certitude mathématique, que ce projectile ne s'élevait pas à plus de 350 mètres. On a dit alors : la théorie Roberto est mauvaise. Je dois avouer qu'au premier abord, je l'ai cru moi-même ; je me promenais dans les rues de Casale comme un homme vaincu, la tête penchée sur la poitrine ; mais, après huit jours de réflexion, j'ai pensé que cette hauteur était suffisante, et j'ai fait ce calcul très simple : les orages, dans le Piémont, ne s'élèvent pas à plus de 800 mètres ; donc le lieu où se forme la grêle n'est pas plus élevé de 400 mètres et ce n'est pas une hauteur que l'on ne puisse atteindre. Si l'anneau monte à 350 mètres seulement, il a produit son effet utile, et a percé les nuages bien au-dessous. Je crois que c'est seulement jusqu'à 200 mètres qu'il a un effet utile ; mais cette hauteur est la moitié de 400, rayon de l'orage.

Or, si le rayon du mouvement propre du tourbillon est réduit à la moitié, l'orage est réduit au quart, et voilà qu'on a empêché la formation de la grêle. L'effet de l'anneau serait encore très appréciable s'il montait seulement au 1/3 du rayon de l'orage, car celui-ci serait alors réduit au 4/9.

Nous pouvons donc dire : nous avons rompu les orages ; voilà mon idée. Il fallait le démontrer avec l'expérience ; j'ai fait un tourbillon dans un verre d'eau, et j'ai démontré que c'était ainsi ; l'expérience était simple et nouvelle : pour moi elle est tellement évidente que personne ne peut la nier. Et voilà comment ma théorie sur le « tore » a résisté.

Il y a encore une chose. Comment ce projectile se comporte-t-il ? Pourquoi peut-il rompre un orage avec une faible somme d'énergie ? Autrement dit, si nous comparons la force d'un orage à celle d'un projectile, comment s'expliquer que le projectile puisse vaincre l'orage ? Voilà une demande qui m'a été faite avec beaucoup d'insistance, il y a peu de jours. Les orages sont très forts, très énergiques, il est vrai, mais ils ont un point faible qui est le côté ; si nous étudions les tourbillons, nous voyons que la force qu'ils produisent dans leur axe est considérable ; mais si, au lieu de les prendre dans cette direction, nous les prenons sur le côté, la victoire sera facile, parce que nous dérangerons leur mouvement. Voilà comment il se fait qu'un petit projectile de peu d'énergie peut vaincre la grande énergie d'un orage. Qu'il s'agisse, d'ailleurs, du projectile de M. Vidal ou de tout autre, ce sera la même chose. Pour arriver au résultat, il faut simplement changer le mouvement qui produit la formation de la grêle.

Je n'ai qu'une objection à faire aux fusées et aux marrons. Tous les corps solides s'élèvent très bien et produisent beaucoup d'effet, mais il faut se rappeler qu'après avoir monté, ils retombent, ce qui peut occasionner des accidents. Dans la fusée de M. Vidal, il y a une baguette ; dans le marron, il y a une enveloppe qui est ou végétale ou métallique ; quand elle est végétale elle est combustible,et si elle retombe au moment où elle est enflammée, elle peut allumer des incendies. Un corps métallique peut également donner lieu à des accidents.

Un projectile quelconque peut servir à empêcher la formation de la grêle ; il suffit qu'il monte à une hauteur suffisante. A ce sujet, le rapport qui sera présenté sur le matériel de tir sera intéressant, et je me réserve, à ce moment, de faire connaître la suite de mes expériences.

M. Buisson. — Que pense M. Roberto de la composition des nuages ? Croit-il que les nuages ordinaires sont de la même composition que les nuages produisant les orages de grêle ?

M. Roberto. — Je ne parlerai pas de la composition physique et chimique des nuages, je parlerai seulement de leurs mouvements. Il y a orage toutes les fois qu'il y a tourbillon, et il y a grêle toutes les fois que ce tourbillon est à axe horizontal. Voilà mon opinion. Je crois que ma théorie peut, plus facilement que les autres, expliquer tous les phénomènes.

M. le comte de Chabannes. — Je demanderai soit à M. Roberto, soit à M. Gastine, comment il se fait que longtemps avant que le tir contre la grêle ait été organisé, on avait constaté les effets du tir avec de simples mortiers qui ne produisaient qu'une simple détonation et pas de « tore ? ».

M. Gastine. — Evidemment, le mortier ne produit pas de « tore », mais les savants météorologistes, tels que M. André et M. Plumandon, vous diront que, bien longtemps avant l'usage du canon contre la grêle, on a constaté des chutes de grêlons mous, à demi-fondus. Les documents historiques qu'a retrouvés M. Battanchon signalent aussi ce fait, mais rien ne dit, dans ces documents, que le mortier était inefficace.

M. le Président. — A propos de la question de M. le comte de Chabannes, je dois dire que, ce matin, j'ai reçu une lettre, dans laquelle M. Burdin, fondeur à Lyon, me propose de soumettre au Congrès deux modèles de mortiers fondus vers 1810, et affectés à la défense de Vauxrenard.

M. le comte de Chabannes. — Il y a eu, en Italie, une discussion très courtoise entre M. Roberto et M. Leveri, officier d'artillerie. Ce dernier a dit qu'il avait constaté souvent le « tore » dans les guerres d'artillerie, et croit aux vibrations sonores.

M. le Président. — Personne ne demandant plus la parole, nous allons renvoyer la suite de nos travaux à ce soir.

La séance est levée à 11 heures 45.

SÉANCE DU 16 NOVEMBRE (SOIR)

Présidence de M. Burelle, Président

La séance est ouverte à 2 heures 40.

M. le Président. — Messieurs, je donne la parole à M. *Deville*, professeur départemental d'Agriculture du Rhône.

STATISTIQUE DES ORAGES DE GRÊLE
DANS LE RHONE

Rapporteur : **M. DEVILLE**
Professeur départemental d'Agriculture à Ecully.

MESSIEURS,

Dans tous les pays et à toutes les époques, la grêle a été un des fléaux les plus redoutés des populations rurales.

Cette crainte, qu'on pourrait, sans témérité, qualifier de frayeur, se justifie pleinement quand on sait avec quelle rapidité ce fléau s'abat sur une région, anéantissant le plus souvent les récoltes et détruisant même des existences. Quelques instants suffisent, en effet, pour annihiler les efforts d'une année de laborieux travail et pour semer la ruine dans les localités sillonnées par l'orage. Nous avons encore présent à la mémoire le désastre causé, dans le Rhône, par l'orage à

grêle du 2 juillet 1897, qui parcourut 75 communes de l'arrondissement de Villefranche, causant 3.000.000 de dégâts. Le lendemain nous
avons visité une partie de la zone atteinte. Certes elle était triste.
Presque partout les blés, à la teinte jaune d'or, qu'on admirait la
veille, étaient couchés et semblaient collés au sol. La vigne ne por-
tait plus aucune trace de verdure. Çà et là des oiseaux, de petits
animaux, de la volaille même, surprise dans les terres, avaient été tués.

Les grêlons étaient tombés avec une telle violence que des tables
en tôle forte, placées devant un café de la rue principale de Villefranche, avaient été percées et portaient des trous de 4 à 7 centimètres de diamètre.

Généralement les dégâts causés par la grêle ne se limitent pas à une
année. C'est le cas pour la vigne ; le cep atteint a le plus souvent
sa récolte détruite et son bois mutilé. Celui-ci s'aoûte mal et est peu
fructifère l'année suivante.

La rapidité avec laquelle la catastrophe se produisit, justifie l'empressement qu'on a toujours mis à chercher les moyens efficaces
pour dissiper l'orage dès qu'il apparaît et avant qu'il ne fonde sur
les récoltes.

Quelques-uns de mes collègues vous ont montré, dans des rapports
savants, toutes les tentatives faites et les procédés mis en œuvre pour
enrayer le mal. Les autres vous ont entretenu des résultats obtenus,
qui malheureusement n'ont pas toujours été probants.

Nous n'ajouterons rien à ce qui a été dit avec tant d'autorité sur
ces différents points ; nous nous contenterons d'enregistrer les
pertes causées par la grêle, dans le département du Rhône, pendant
les vingt dernières années.

Ce travail est assurément fort ingrat et nous ne connaissons pas
de recherches plus fastidieuses que celles qui ont pour but de
mettre en évidence les pertes occasionnées par une cause quelconque. Les chiffres ne sont jamais intéressants ; ils le sont encore
moins quand ils enregistrent des déficits. C'est pourquoi nous solli-
citons toute votre indulgence pour l'aridité du sujet que nous avons à
traiter et que nous diviserons comme suit pour être moins monotone :

1º Direction des orages à grêle ;

2º Distribution des orages dans l'année ;

3º Distribution des orages à grêle et nombre de communes grêlées ;

4º Distribution des orages dans la journée de 24 heures ;

5º Statistique générale des orages.

6º Pertes occasionnées par la grêle.

Ajoutons que, pour rendre plus facile l'interprétation des chiffres réunis dans les tableaux qui suivent, nous avons tracé plusieurs graphiques que nous allons successivement vous présenter.

Les documents que nous avons consultés pour les établir nous ont été fournis par la Commission de Météorologie présidée par notre sympathique et distingué collègue M. André, directeur de l'Observatoire de Lyon.

DIRECTION DES ORAGES A GRÊLE

Le département du Rhône, de forme allongée, est limité à l'ouest par une arête montagneuse sensiblement orientée du nord au sud et de laquelle émergent les monts du Lyonnais et du Beaujolais. De cette chaîne se détachent plusieurs vallées et de nombreux contreforts dont la plupart sont couverts par la vigne. Au delà est la vallée de la Saône qui coule du nord au sud. La vallée du Rhône lui fait suite. Celle-ci est couverte par une végétation des plus luxuriantes ainsi qu'en témoignent les cultures des plaines de Loire, Ampuis et Condrieu.

En examinant l'orographie du département, il semble, *a priori*, que les mouvements atmosphériques doivent s'y produire du sud au nord et vice versa. Il n'en est rien. La presque totalité des orages, qui ont sillonné le territoire du Rhône, ont suivi jusqu'à ce jour la direction du sud-ouest au nord-est.

La preuve en est fournie par la carte des orages dressée par Maxime Benoît et sur laquelle sont consignées les observations d'un demi-siècle (de 1819 à 1878).

Toutes les trajectoires inclinent du Sud-Ouest au Nord-Est. De 1879 à ce jour, les observations faites par M. Morel, secrétaire de la Commission de Météorologie de Lyon, confirment celles de Maxime Benoît. Nous les avons résumées dans les quatre cartes que nous vous présentons. En les examinant on constate que, seul, l'orage du 4 août 1890 a suivi la direction Sud-Nord, parallèle au cours de la Saône. Sans nous arrêter plus longtemps sur l'uniformité de ces courants, disons, toutefois, que les différents orages qui franchissent la chaîne montagneuse de l'Ouest entrent par les cols nombreux qui séparent les points culminants. C'est pourquoi la plupart des communes, adossées à ces monts, sont en parties protégées et grêlées moins souvent que celles sur lesquelles convergent les orages à grêle.

Grêle. — 12

L'examen des graphiques **A** et **B**, dressés pour l'arrondissement de Lyon et l'arrondissement de Villefranche, le confirment. En établissant ces graphiques, nous avons remarqué qu'en général les localités couvertes par des arbres de haute futaie, tels que pins, sapins, épicéas, etc., etc., étaient moins atteintes que celles qui en étaient dépourvues.

Cette constatation importante témoigne en faveur du reboisement des montagnes qu'on dénude beaucoup trop.

La même immunité semble exister pour les communes (Lyon excepté) qui bordent la Saône et le Rhône de l'extrémité Nord du département jusqu'à Givors.

Le territoire immédiatement parallèle à ces deux grands cours d'eau a été très peu grêlé dans l'espace de soixante-dix ans.

Le parallélisme qui existe entre deux ou plusieurs orages qui sévissent sur une région donnée, dans le courant de la même année, nous a paru intéressant à relever. Nous avons, du reste, souvent observé qu'au début de la période orageuse, lorsqu'un orage sillonne une zone donnée, il est généralement suivi par d'autres dans le courant de l'année.

Ces remarques nous autorisent à dire que toutes les fois que les viticulteurs auront été visités de bonne heure par un orage, ils devront être vigilants.

DISTRIBUTION DES ORAGES DANS L'ANNÉE

La distribution des orages dans l'année n'est pas moins intéressante à suivre. Au printemps la période orageuse suit une marche ascendante qui semble correspondre à l'intensité lumineuse du moment, puis elle diminue, jusqu'à l'arrivée des jours sombres.

Le graphique **C** résume le tableau ci-dessous. Il montre que c'est en juin, juillet et août qu'a lieu le maximum de fréquence des phénomènes orageux, et en décembre et janvier le minimum. Dans la période de dix ans, qui s'étend de 1888 à 1897, nous constatons, en juin, 136 jours orageux dont 115 avec tonnerre. En juillet, 137 jours orageux dont 111 avec tonnerre et, en août, 131 jours orageux dont 109 avec tonnerre.

Avant cette période, comme après, les chiffres sont inférieurs.

ANNÉES	Janvier		Février		Mars		Avril		Mai		Juin		Juillet		Août		Septembre		Octobre		Novembre		Décembre	
	Orage	Avec tonnerre	Orage	Avec tonnerre	Orage	Avec tonnerre	Orage	Avec tonnerre	Orage	Avec tonnerre	Orage	Avec tonnerre	Orage	Avec tonnerre	Orage	Avec tonnerre	Orage	Avec tonnerre	Orage	Avec tonnerre	Orage	Avec tonnerre	Orage	Avec tonnerre
1888	»	»	»	»	8	5	4	4	8	7	15	13	18	14	16	11	10	9	3	2	3	2	1	1
1889	»	»	»	»	3	2	9	8	17	13	22	17	14	11	14	8	5	3	5	4	1	1	»	»
1890	»	»	»	»	»	»	10	8	15	14	10	10	12	11	22	19	7	5	3	2	3	1	»	»
1891	»	»	»	»	4	4	7	5	11	11	14	12	18	17	9	8	9	6	8	5	5	4	»	»
1892	»	»	»	»	2	»	5	2	5	5	13	10	9	6	5	5	4	4	2	2	»	»	»	»
1893	»	»	»	»	2	1	1	1	6	6	10	10	7	6	5	5	5	5	3	2	»	»	»	»
1894	»	»	»	»	1	1	10	9	15	13	11	9	15	8	10	6	12	8	3	2	»	»	»	»
1895	2	1	»	»	2	2	7	7	19	18	13	13	13	12	10	10	5	4	3	3	»	»	1	1
1896	»	»	»	»	4	4	3	3	10	5	12	10	18	14	17	16	11	8	4	4	»	»	»	»
1897	»	»	1	»	5	4	12	11	11	9	16	11	13	12	23	21	6	6	»	»	»	»	»	»
Totaux	2	1	1	»	33	23	68	58	117	101	136	115	137	111	131	109	74	58	34	26	12	8	2	2

DISTRIBUTION DES ORAGES A GRÊLE ET NOMBRE DE COMMUNES GRÊLÉES

Le graphique **D**, qui résume le tableau qui suit, confirme que c'est bien en juillet que se produit le plus grand nombre d'orages à grêle et que les dégâts causés aux récoltes atteignent leur maximum d'intensité. Pendant la même période décennale de 1888 à 1897, il y a eu, dans le mois de juillet, 52 orages à grêle, qui ont dévasté 385 communes, soit une moyenne, pour ce mois et par an, de 5 orages, 2 dixièmes et 38 communes 5 dixièmes de grêlées. Pour le même laps

Distribution des Orages à grêle et Nombre des Communes grêlées

ANNÉES	AVRIL		MAI		JUIN		JUILLET		AOUT		SEPTEMBRE		OCTOBRE		NOVEMBRE	
	Nombre d'orages à grêle	Nombre de Communes grêlées	Nombre d'orages à grêle	Nombre de Communes grêlées	Nombre d'orages à grêle	Nombre de Communes grêlées	Nombre d'orages à grêle	Nombre de Communes grêlées	Nombre d'orages à grêle	Nombre de Communes grêlées	Nombre d'orages à grêle	Nombre de Communes grêlées	Nombre d'orages à grêle	Nombre de Communes grêlées	Nombre d'orages à grêle	Nombre de Communes grêlées
1888........	»	»	1	3	4	5	6	10	9	62	1	1	»	»	»	»
1889........	1	6	6	8	10	25	10	64	4	22	4	22	»	»	»	»
1890........	»	»	1	3	»	»	3	7	12	53	»	»	1	1	1	1
1891........	»	»	7	8	4	10	5	5	4	49	2	2	»	»	1	0
1892........	»	»	»	»	2	7	4	39	1	12	»	»	»	»	»	»
1893........	»	»	»	»	5	52	5	32	1	21	»	»	»	»	»	»
1894........	2	7	3	8	1	3	7	31	2	3	2	4	»	»	»	»
1895........	1	3	4	21	2	3	8	34	4	11	1	»	»	»	»	»
1896........	»	»	2	4	6	22	5	65	8	25	»	»	»	»	»	»
1897........	»	»	»	»	1	13	3	98	»	»	»	»	»	»	»	»
Totaux......	4	16	24	65	35	140	52	385	45	258	10	30	1	1	2	1

de temps nous avons, en juin, 35 orages à grêle et 140 communes grêlées, et, en août, 45 orages à grêle et 254 communes grêlées.

L'enseignement à tirer des chiffres qui précèdent est, qu'en juillet notamment, les artilleurs ne doivent pas trop s'éloigner de leurs pièces.

DISTRIBUTION DES ORAGES DANS LA JOURNÉE DE 24 HEURES

La distribution des orages, dans la journée de 24 heures, est intéressante à connaître et nous fournit d'utiles indications. On trouvera dans le tableau suivant les divers chiffres que nous avons recueillis et qui nous ont servi à la confection du graphique **E**.

ANNÉES	de minuit à 3 heures	de 3 heures à 6 heures matin	de 6 heures à 9 heures matin	de 9 heures à midi	de midi à 3 heures soir	de 3 heures à 6 heures soir	de 6 heures à 9 heures soir	de 9 heures à minuit
1888......	3 orages	2 orages	1 orage	8 orages	17 or.	21 or.	18 or.	5 orages
1889......	3 »	3 »	2 »	3 »	20 »	25 »	8 »	5 »
1890......	4 »	5 »	» »	1 »	10 »	16 »	10 »	7 »
1891......	2 »	3 »	3 »	4 »	7 »	13 »	12 »	7 »
1892......	» »	2 »	2 »	3 »	19 »	25 »	14 »	3 »
1893......	» »	3 »	4 »	8 »	22 »	30 »	9 »	» »
1894......	2 »	4 »	2 »	7 »	11 »	21 »	16 »	5 »
1895......	» »	1 »	2 »	7 »	5 »	17 »	7 »	4 »
1896......	4 »	2 »	1 »	3 »	12 »	15 »	10 »	7 »
1897......	4 »	1 »	1 »	4 »	16 »	19 »	10 »	7 »
Totaux....	22 »	26 »	18 »	49 »	139 »	202 »	114 »	50 »

En le parcourant, nous lisons que le maximum de fréquence des orages a lieu de 3 à 6 heures du soir. Pour la période décennale de 1888-1897, déjà signalée, nous avons la répartition suivante :

De minuit à 3 heures matin........ 22 orages   moyenne 2.2
De 3 heures matin à 6 heures....... 26   —   —   2.6
De 6 heures matin à 9 heures....... 18   —   —   1.8
De 9 heures à midi................ 49   —   —   4.9
De 12 heures à 3 heures soir........ 139   —   —   13.9
De 3 heures à 6 heures soir......... 202   —   —   20.2
De 6 heures à 9 heures soir......... 114   —   —   11.4
Et enfin de 9 heures à minuit....... 50   —   —   5.0

Notre conclusion sera que c'est tout spécialement de 3 heures à 6 heures que les artilleurs doivent veiller.

STATISTIQUE GÉNÉRALE DES ORAGES

Nous avons résumé ci-dessous la statistique des orages et leurs dégâts que représente le graphique **F**. On y trouve consignés les résultats généraux par année, pour 10 ans, et enfin pour l'année moyenne. On constate, en résumé :

1º Que le total des journées orageuses est, pour 10 ans, de 765, soit de 76.5 pour l'année moyenne.

2º Que le nombre d'orages avec tonnerre est, pour la même durée, de 612, soit 61.2 en moyenne.

3º Que le nombre d'orages à grêle, avec dégâts, se trouve de 173 soit 17.3 en moyenne.

4º Enfin, que le nombre de communes grêlées, pour 10 ans, atteint le chiffre élevé de 895, soit 89.5 par année moyenne.

Ajoutons que les noms des communes viticoles reviennent le plus fréquemment dans les listes que nous avons relevées. C'est donc la vigne qui souffre le plus des atteintes de la grêle.

Statistique générale des orages
(1888-1897 inclus)

	1888	1889	1890	1891	1892	1893	1894	1895	1896	1897	Totaux	Moyennes
Total des jours orageux..	86	90	82	85	45	39	97	75	79	87	765	76.5
Nombre d'orages avec tonnerre...............	68	67	70	72	34	36	56	71	64	74	612	61.2
Nombre d'orages à grêle..	21	35	17	24	7	11	17	16	21	4	173	17.3
Nombre de communes grêlées...............	81	157	64	75	58	105	55	73	116	111	895	89.5

STATISTIQUE DES PERTES

Les pertes occasionnées par la grêle, dans le département du Rhône, sont importantes. Nous les réunissons dans le tableau ci-dessous. Nos recherches ne portent que sur 20 années, soit de 1880 à 1899, nous n'avons pas cru nécessaire de les pousser plus loin.

Le graphique **G**, que voici, les résume. Son irrégularité témoigne combien les dégâts occasionnés par ce terrible fléau sont susceptibles de varier.

Pour l'année 1884, ils sont pour l'ensemble du département, de 443.000 francs ; ils atteignent le chiffre énorme de **12.853.000**, en 1897.

1880	1 305.000
1881	5 217.000
1882	4 381.000
1883	6 394.000
1884	443.000
1885	6 155 000
1886	10 963.000
1887	7 195.000
1888	3 216 000
1889	2 455.000
1890	3 180.000
1891	5 313.000
1892	4 007.000
1893	9 267.000
1894	3 565 000
1895	5 589.000
1896	5 995.000
1897	12 853.000
1898	1 210.000
1899	512 000
Total général	99 195.000

La perte totale, pendant ces 20 années, est de 99.195.000 francs, soit de 4 959.750 francs, année moyenne. Dans nos recherches nous avons essayé de déterminer la perte éprouvée par la vigne et celle faite par la culture proprement dite.

L'écart entre les deux est fort important. Il provient d'une part de la différence qui existe entre la valeur des produits ; mais il résulte aussi de la différence du nombre, et de l'intensité des orages qui sévissent sur les deux zones.

En général, la zone agricole est moins grêlée que la zone viticole.

Cette situation explique combien les viticulteurs ont raison de s'associer pour lutter contre les orages, afin de réduire à son minimum le mal qu'ils causent.

Nous osons espérer que leurs efforts seront couronnés d'un plein succès.

DEVILLE.

M. le Président. — Messieurs, vos applaudissements ont prouvé à M. Deville tout l'intérêt que vous attachez à la statistique des orages.

Le rapport de M. Deville est adopté.

Personne ne demandant la parole, je prie M. Battanchon de vouloir bien nous donner lecture du Rapport de M. Marangoni, qui n'a pu se rendre à notre congrès.

UTILISATION DES CANONS GRÊLIFUGES
CONTRE LES GELÉES DU PRINTEMPS

Par M. Ch. MARANGONI

Professeur à l'Institut royal de Florence

Les expériences faites dans le printemps de 1900 par M. le comte Emile Balbi, d'Asti (1), pour combattre les gelées par les *tirs horizontaux* avec les canons grêlifuges, étaient très encourageants, comme on peut le voir par le cliché ci-après.

Les cercles représentent les canons. Dans la première figure les

---

(1) Atti del 2° Congresso internazionale dei consorzi di tiro contro la grandine. Padova, 1900, pag. 205.

tirs ont été faits par le seul canon plus bas, et il a produit trois rayons de **rosée** au milieu de la **gelée**.

Dans la seconde figure les deux canons, placés à 500 mètres l'un de l'autre, ont produit la rosée sur une aire en forme de 8.

Dans la troisième figure, où les canons étaient à la distance d'un kilomètre, la rosée a recouvert une aire en forme de fuseau, de la largeur d'un quart de kilomètre.

Enfin, dans la dernière figure il s'est produit de la **gelée mouillée** qui est moins dangereuse que la sèche. L'aire tachetée représente la gelée mouillée.

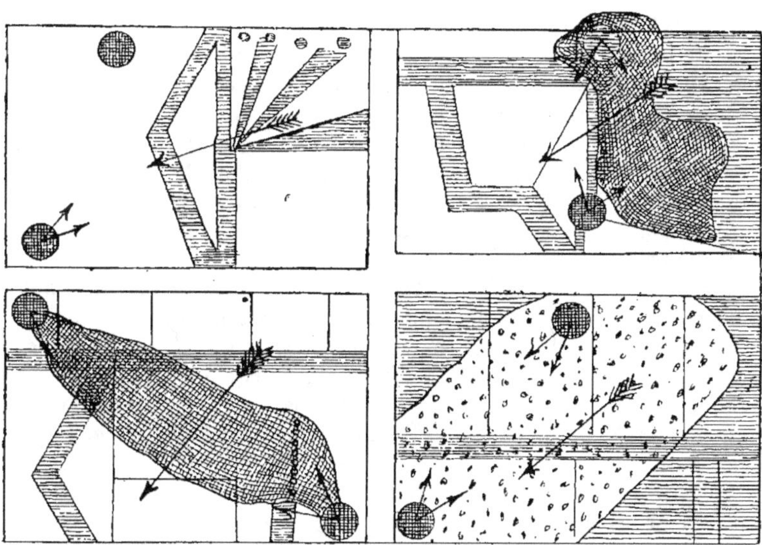

Plusieurs agriculteurs s'étaient préparés en Italie à répéter ces expériences, ainsi que M. Antonin Guinand, l'âme des tirs grêlifuges des Syndicats du S.-E. Mais heureusement les gelées du printemps n'ont sévi presque nulle part cette année.

Cependant le comte Balbi m'informa que les tirs contre la gelée **en sens vertical** ont donné, cette année aussi, un résultat négatif,

---

(1) Gli spari contra la brina e la neve. *Acc. dei Georgofili*, 27 genn. 1901.
(2) Voir: *Atti Acc. dei Georgofili*, Firenze, 5 maggio 1901, p. 172.

mais que dans le **sens horizontal** ils ont continué à donner de bons résultats.

L'essai des tirs verticaux a été remarquable, pendant qu'il neigeait à gros flocons. Au cinquième coup, et dans un diamètre d'environ 300 mètres, la neige tombait en eau, mêlée à de microscopiques fragments de cristaux de glace.

J'ai rapporté cette année (1) une expérience semblable, faite par le professeur Leoni, à Mantoue, et je proposais les tirs verticaux dans les grandes villes, pour éviter les énormes frais du balayage de la neige.

Je me félicite de voir la confirmation de ce fait, et je n'ai plus qu'à répéter : Essayez !

Mais par amour de la vérité, je dois dire que j'ai eu connaissance de deux expériences qui démentiraient les précédentes, les voici :

M. l'avocat Hippolyte Pestellini essaya, dans ses vignobles, près de Florence, le **vent artificiel**, en manœuvrant une turbine à air ; mais il observa qu'autour du point d'où l'air sortait, sur un rayon de 6 mètres, il tomba une abondante rosée qui bientôt se transforma en gelée. Cette gelée apporta des dégâts plus forts qu'ailleurs.

Enfin, M. le Professeur P. Marconi, de Vicence, m'informa qu'à Contarina (Rovigo) M. le docteur G. Correr avait établi deux batteries de canons horizontaux, vis-à-vis l'une de l'autre, à la distance de 300 à 400 mètres, et qu'on avait fait le tir avec la même fréquence que contre la grêle ; mais que la gelée s'est formée tout comme ailleurs.

Ces deux insuccès, les seuls que j'ai pu recueillir, mettraient en doute l'efficacité du tir contre la gelée ; mais cela ne doit pas dissuader ceux qui peuvent le faire, de répéter les expériences, en variant les circonstances.

On devra cependant préférer, là où elle est possible, la production artificielle des nuages par la fumée spécialement humide, vu surtout que les rapports de MM. Foëx en France et Bretschka en Autriche, en confirment le splendide succès.

PRÉVISION DES GELÉES

MM. Foëx et Bretschka ont indiqué certains instruments pour pronostiquer la gelée ; à ces instruments, on peut ajouter les deux

---

(1) La difesa contro le brine primaverili. — *Acc. Georgofili*, 18 marzo 1900.

suivants : le psicromètre de M. Maresch, construit par M. Kappeler,
et le thermographe de Richard.

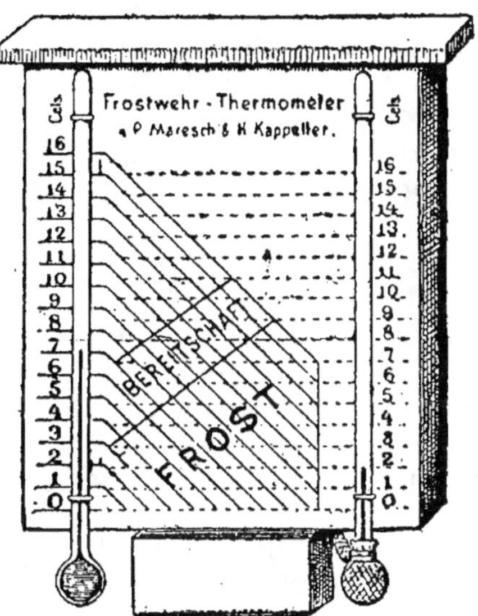

Dans le psicromètre de Maresch l'espace entre les deux thermomètres est divisé en trois champs : le supérieur est *blanc*, le moyen
jaune, et l'inférieur bleu. On observe l'instrument entre les 5 et
6 heures du soir : si les lignes qui portent des degrés qu'on a lus sur
les deux thermomètres se rencontrent sur le champ blanc, il n'y a
pas à craindre la gelée ; si le point d'intersection tombe dans le champ
jaune, il y a de la disposition à la gelée ; tandis que si l'intersection
a lieu sur le champ bleu, la grêle est certaine.

J'ai observé avec le thermographe de M. Richard, que dans les
nuits de gelée les courbes étaient dentelées, ce qui fait un contraste
avec le calme qui domine. Cette dentelure peut commencer vers
minuit, et même avant.

Je conseille aux agriculteurs de faire à ce propos des observations qui
pourraient rendre de grands services, eu égard au fléau des gelées.

M. Duplessis, professeur départemental d'Agriculture du
Loiret. — A propos du rapport de M. Marangoni, je voudrais, Messieurs, exprimer un vœu.

J'habite une région qui est exposée, comme d'ailleurs la plupart des départements, aux gelées de printemps ; j'ai moi-même tenté plusieurs expériences pour combattre ces gelées, mais sans obtenir de résultats pratiques, et je m'attendais à voir étudier et discuter cette question dans le présent congrès. J'exprime le vœu qu'elle soit inscrite à l'ordre du jour des prochains congrès, car j'estime qu'elle est connexe à la question de la défense contre la grêle.

La défense contre les gelées de printemps présente, en effet, un grand intérêt ; rien que dans mon département, les pertes se chiffrent par une somme variant entre 25 et 40 millions, et l'on peut dire que presque tous les départements ont intérêt à s'éclairer sur cette question. Nous avons parmi nous des savants météorologistes qui pourraient nous faire part de leurs travaux à ce sujet.

M. Duport. — J'ai une simple observation à faire au sujet du rapport de M. Marangoni. Je suis étonné d'apprendre que M. Marangoni, qui a été le premier à combattre les gelées par le canon, préconise aujourd'hui, pour se préserver de ces gelées, la production artificielle de nuages par la fumée humide. Je ne veux pas combattre cette théorie ; mais, puisque la question est posée dans ce rapport sous une double face, il y aurait intérêt à appeler l'attention de ceux qui veulent faire des expériences sur l'utilité des poudres donnant des fumées assez compactes, assez épaisses pour qu'au moment du tir, ils obtiennent ce double effet : l'ébranlement de l'air et la diminution de l'intensité des rayons solaires; qui causent les gelées. Je pense qu'il y a avantage à prévenir les expérimentateurs sur ce point. Je me propose, d'ailleurs, si l'occasion se présente, d'employer ce procédé.

M. le Président. — Personne ne demandant plus la parole, je prie M. *Châtillon* de vouloir bien nous donner connaissance de son rapport.

ORGANISATION DES ASSOCIATIONS DE DEFENSE CONTRE LA GRÊLE

MESURES DE PRÉCAUTIONS A PRENDRE POUR GARANTIR LES ARTILLEURS CONTRE LES ACCIDENTS

Rapporteurs : MM. Chatillon et Blanc

Messieurs,

Depuis deux années, au Syndicat agricole des cantons de Villefranche et d'Anse, nous avons apporté tous nos soins à l'organisation rationnelle et méthodique de la défense contre la grêle des vignobles du Beaujolais par le tir du canon, en profitant de l'expérience de nos devanciers, principalement des Italiens, nos maîtres en la matière, et aussi en innovant un peu nous-mêmes.

Les nombreuses sociétés que nous avons organisées, forment, à l'heure actuelle, le plus vaste champ de tir qu'il existe en France et les succès que nous avons remportés ont été remarquables. C'est sans doute ce qui nous a valu, à M. Blanc et à moi, l'honneur d'être chargés d'un rapport aussi important que celui que nous allons vous présenter.

Pour la clarté des renseignements, nous parlerons successivement de l'organisation de la défense, de la discipline du tir et des mesures de précaution à prendre pour la sécurité des artilleurs.

ORGANISATION DE LA DÉFENSE

CONSIDÉRATIONS GÉNÉRALES

La défense contre la grêle par le tir du canon ne peut donner de bons résultats que si elle est organisée avec le plus grand soin. Le choix des appareils, leur installation, la discipline des artilleurs, les précautions à prendre pour prévenir les accidents, sollicitent toute l'attention des organisateurs.

En principe, il convient de n'entreprendre la défense que des récoltes les plus exposées aux ravages du terrible fléau, les plus faciles à préserver et qui peuvent le mieux supporter ces frais. Aucune récolte ne redoute plus la grêle que celle de la vigne. Elle est compromise par ses moindre atteintes et court des risques pendant tout l'été, mais ses produits ont une grande valeur et, dans la plupart des cas, sa défense est facile parce qu'elle couvre de vastes territoires.

Les régions le plus souvent visitées par les orages sont celles qui réclament le plus impérieusement d'être protégées.

Les circonstances les plus favorables à la défense dépendent du mode de culture, de la densité et de l'éparpillement de la population sur la zone à préserver. Ainsi, les pays où l'on cultive à moitié fruits, où la propriété est très divisée et où les habitations sont disséminées au travers des champs ont bien plus de chances de réussir parce que le recrutement des artilleurs y est plus facile et que leur discipline sera meilleure.

Enfin, la défense doit être entreprise en commun. Ici, plus qu'ailleurs, s'applique le proverbe : « L'union fait la force », Si l'esprit de solidarité manque, la lutte est impossible.

Il faut s'unir pour se protéger mutuellement, pour payer ensemble toutes les dépenses, pour se procurer de la poudre, pour obéir à une impulsion uniforme qui supprimera beaucoup d'ennuis et assurera le succès.

CONSTITUTION DES SOCIÉTÉS DE TIR

Les sociétés de tir devront s'organiser **par commune** et comprendre tous les intéressés sans exception qui participeront proportionnellement aux frais de la défense.

Il nous paraît, en effet, très difficile de comprendre plusieurs communes dans la même association : les gens ne se connaîtraient pas assez bien, des contestations pourraient s'élever sur la proportionnalité des dépenses et leur réglement ; de plus, que d'embarras pour trouver des organisateurs dont les responsabilités seraient trop lourdes ?

Au reste, rien n'empêchera des sociétés voisines de s'entendre dans le but de simplifier bien des choses, comme par exemple, pour répartir les canons sur les terrains limitrophes ou se procurer de la poudre.

Chaque société devra se préoccuper d'acquérir la capacité juridique nécessaire à son fonctionnement.

A cet effet, elles pourront, ou se placer sous le couvert de la loi du 21 mars 1884, sur les syndicats professionnels, ou se conformer aux dispositions de l'article 5 de la loi du 1er juillet 1901, sur le contrat d'association.

Dans l'un et l'autre cas, elles acquéront une capacité juridique restreinte mais suffisante et les formalités à remplir seront très simples.

D'après la loi de 1884, il suffit de déposer, en double exemplaire, à la mairie de la localité où le syndicat est établi, les statuts et la liste des personnes qui, à un titre quelconque, sont chargées de l'administration ou de la direction de la société.

D'après la loi de 1901, il faut adresser à la préfecture du département ou à la sous-préfecture de l'arrondissement, où la société a son siège social, une déclaration faisant connaître le titre et l'objet de l'association, le siège de son établissement et les noms, professions et domiciles de ses administrateurs ou directeurs. Deux exemplaires des statuts sont joints à la déclaration et, du tout, il est délivré récépissé.

Mais là où il existe des syndicats agricoles, qui généralement seront les promoteurs des associations de tir, les dirigeront ou leur viendront en aide, il convient de se soumettre aux formalités prescrites par la loi de 1901 : 1º afin de ne point établir, entre syndicats, une confusion regrettable ; 2º parce qu'un syndicat ne peut faire partie d'un autre syndicat, ce qui serait une union de syndicats déguisée et que les unions de syndicats n'ont point la capacité juridique accordée à un simple syndicat, tandis qu'une société régie par la loi de 1901 peut s'affilier à un syndicat et jouir de tous ses avantages.

Avant la création des sociétés, il serait bon, à notre avis :

1º De fixer préalablement l'emplacement des canons de manière à connaître le nombre qui sera nécessaire et de marquer chaque station par un jalon.

Cet emplacement sera déterminé d'abord sur le plan de la commune, après sur le terrain.

2º D'opérer le dépouillement de la matrice cadastrale des propriétés non bâties sur un registre *ad hoc* que nous nommons **registre-matricule**, pour savoir le nombre d'hectares ou de fractions d'hectares appartenant à chacun, qui doivent être protégés.

Ces deux opérations pourraient à la rigueur être renvoyées après la constitution des sociétés. Mais, si elles sont faites auparavant, elles permettront de faire connaître de suite toute la zone protégée et de renseigner tout le monde sur la dépense.

Les organisateurs convoqueront ensuite tous les intéressés en assemblée générale.

Ils donneront lecture des statuts qui doivent régir la société.

Puis, après avoir fourni les explications nécessaires, ils recueilleront les adhésions de préférence sur le registre-matricule ou sur un registre spécial.

L'assemblée nommera la commission administrative.

Elle fixera le taux de la cotisation pour l'année.

Et elle se prononcera sur toutes les questions qui lui seront soumises.

Nous conseillons vivement aux commissaires de profiter de la faculté qui sera accordée par les statuts, de se faire aider par une ou plusieurs personnes salariées.

Cette mesure nous paraît fort sage, parce que les travaux d'organisation et d'administration de la société seront assez nombreux et qu'on ne peut imposer autant d'embarras à ceux qui accepteront de la diriger gratuitement.

UN MOT SUR L'ASSOCIATION SYNDICALE OBLIGATOIRE

Quelques personnes pourraient objecter que nombre d'intéressés, pour des raisons diverses, refuseront de payer les cotisations qui leur seront demandées et qu'il serait désirable qu'on pût les y contraindre.

Mais les lois du 21 juin 1865 et du 15 décembre 1888 ne prévoient l'association syndicale obligatoire que dans des cas spéciaux, comme par exemple pour la défense contre la mer, les fleuves, les torrents, etc., ou pour la défense des vignes contre le phylloxéra.

La loi de 1865 stipule encore un autre avantage : c'est que les taxes ou cotisations sont recouvrées sur des rôles dressés par le syndicat et rendus exécutoires par le projet. Le recouvrement est fait comme en matière de contributions directes, c'est-à-dire par les soins du percepteur.

Sans doute, l'extension de ces lois à la défense contre la grêle rendrait un grand service et aiderait puissamment à son développement, mais actuellement elles ne sont point applicables. Seulement, quand l'efficacité du tir sera bien démontrée chez nous, le législateur pourra intervenir et donner satisfaction à cet égard.

En Italie, c'est chose faite. La loi du 9 juin 1901 a comblé les vœux des viticulteurs italiens Cette loi dispose que le Syndicat de défense deviendra obligatoire pour tous les propriétaires compris dans son périmètre, lorsque ses promoteurs auront obtenu l'adhésion d'au moins les **deux tiers** des intéressés, payant au moins la moitié de l'impôt foncier sur les terrains compris sur le périmètre.

En attendant que le législateur français se soit prononcé, nous n'avons aucun moyen de tourner la difficulté. Les municipalités, qui ont eu l'idée de payer les frais de la défense avec le produit de centimes additionnels imposés à tous les contribuables de la commune, se trompent. C'est un droit qu'elles n'ont point. Les centimes additionnels ne peuvent être votés que pour des dépenses obligatoires ou facultatives prévues par les lois ou règlements. Toutefois, elles peuvent accorder aux sociétés de tir de larges subventions qui certainement seront toujours agréées par l'Administration.

Il ne faut pas s'imaginer cependant que les défections seront bien nombreuses, surtout si nous en jugeons par l'exemple du Beaujolais. Tout, au contraire, porte à croire que les viticulteurs paieront facilement les frais, en somme bien minimes, d'une défense qui les préservera d'un si grand fléau.

LIVRES ET REGISTRES A TENIR

Pour le bon fonctionnement des sociétés, on devra avoir les livres et registres suivants :

1º Un livre pour les procès-verbaux d'Assemblée générale.

2º Un livre pour les procès-verbaux des séances de la commission administrative ;

3º Un livre pour les adhésions, à moins qu'elles ne soient reçues sur le registre-matricule.

4º Un registre-matricule sur lequel seront inscrites en bloc, si la cotisation est uniforme, ou séparément, si elle varie selon les cultures, toutes les contenances à protéger des propriétaires de la commune. Une colonne y peut être réservée pour la signature des adhérents.

Ce registre n'est autre chose que le dépouillement de la matrice cadastrale des propriétés non bâties appartenant à chaque intéressé et comprises dans la zone de la défense.

En ayant soin de le tenir constamment à jour, c'est-à-dire en y inscrivant chaque année les mutations qui surviendront, sa durée sera indéfinie.

Il servira de base pour l'établissement de la cotisation.

5° Un livre pour inscrire les recettes et les dépenses.

6° Un carnet à souches pour la distribution de la poudre et des autres accessoires du tir.

7° Un carnet à souches pour chaque poste ou station de tir, afin d'y noter la date des orages, l'heure et la durée du tir, le nombre de coups tirés et les observations particulières.

8° Encore un carnet à souches pour inscrire les renseignements généraux sur les résultats du tir après chaque orage.

ÉTENDUE DU CHAMP DE TIR ET ESPACEMENT DES CANONS

Pour fixer l'étendue d'un champ de tir, il convient tout d'abord de parler des orages.

Les orages à redouter sont de deux sortes : les orages locaux et les orages généraux. Les premiers peuvent être efficacement combattus avec un groupe de canons relativement faible, une vingtaine au moins, mais pour lutter contre les orages généraux et *violentissimes*, il faut — nous en avons fait l'expérience en Beaujolais — une vaste organisation. C'est parce que nos 18 champs de tir couvraient près de 10.000 hectares et étaient soudés les uns aux autres que nous avons pu triompher des plus violents ouragans. Seules, alors, les limites du côté des orages risquent d'être un peu entamées, si l'on n'a soin de porter la défense en avant avec une ligne supplémentaire de canons.

Un champ de tir ou une société, comme nous l'avons expliqué plus haut, ne doit embrasser que le territoire de la commune à pré-server ; mais, nous le répétons, pour assurer le succès dans tous les cas, il convient que plusieurs champs de tir ou plusieurs sociétés voisines entreprennent ensemble de se protéger.

C'est pourquoi nous condamnons formellement toute défense isolée et insuffisante. Ceux qui la tentent, en allant au devant d'échecs presque certains, s'exposent par surcroît à décourager les autres.

Nous pensons aussi que le système qui consiste à ne pratiquer la défense que du côté des orages, ou sur les cîmes où se forment les nuages afin de garantir les récoltes placées plus loin et en-dessous, est un système mauvais et condamné par l'expérience.

Sans doute, dans une grande organisation, il arrivera souvent que les canons en bordure, où les sociétés tirant les premières auront à soutenir une lutte plus opiniâtre et à entretenir un feu plus nourri, dispensent ainsi les autres de tirer autant qu'eux. C'est en ce sens seulement que les canons d'avant-postes protègeront, dans une certaine mesure, les territoires plus éloignés, mais la défense de ces derniers ne sera complète et assurée que si la lutte y est aussi soigneusement organisée.

Pour nous, les canons doivent être uniformément répandus sur toute la zone à préserver et sans tenir compte ni de l'altitude ni de la configuration du sol.

Mais à quelle distance doivent-ils être placés les uns des autres ?

Pour répondre à cette question délicate, nous devons auparavent donner notre avis sur les canons de gros, de moyen et de petit calibre.

Nous croyons sincèrement que les expériences de cette année n'ont en rien modifié, pour la grosseur des appareils à employer, les conclusions du Congrès de Padoue. Dans une vaste organisation, y a-t-on dit, il convient de disposer quelques lignes de gros canons aux extrémités, du côté des orages, et pour le surplus de la zone à défendre, les petits — ceux dont on s'est servi le plus jusqu'à ce jour — semblent suffisants. C'est encore, pensons nous, ce qui mérite d'être fait.

Mais les gros canons peuvent-ils garantir un plus grand nombre d'hectares et, par conséquent, apporter une diminution notable dans les frais ?

Il est encore bien difficile, de se prononcer sur ce point. A nos yeux, il convient d'attendre une expérience plus longue et plus décisive. Selon nous, en l'état actuel, un canon, quelle que soit sa grosseur, ne doit pas protéger plus de 25 à 30 hectares.

La prudence commande donc de disposer, dans un champ de tir, tous les canons à 500 mètres d'intervalle ou à 600 mètres au plus pour ne s'exposer à aucun mécompte.

CHOIX DES CANONS ET INSTALLATION DES POSTES

Les systèmes de canons employés dans les tirs contre la grêle sont fort nombreux. Aussi ne voulons-nous entrer ici dans aucune description.

Les canons à cartouches ont, dès le début, conquis toute la faveur des artilleurs agricoles français et ce sont les seuls usités chez nous.

Nos fabricants — c'est une justice à leur rendre — nous ont d'emblée muni d'appareils très perfectionés et très solides qui rendent le choix fort difficile.

On devra rechercher, de préférence, ceux qui se manœuvrent le plus facilement.

Nous parlerons plus loin des mesures prescrites par l'Administration pour la vérification de leur solidité, afin de prévenir des accidents toujours posibles.

Quant aux cabanes des postes, il faut pouvoir y placer très commodément les douilles, la poudre et tous les accessoires du tir, à l'abri de l'humidité. Elles doivent aussi être suffisamment grandes pour que deux artilleurs y soient à leur aise, et posséder un avant-toit garantissant le plus possible contre la pluie. Les cabanes adoptées en Beaujolais ne laissent rien à désirer.

POUDRE ET POUDRIÈRES

Quelle est la meilleure poudre pour les tirs contre la grêle et quel est son prix ?

Quelle quantité faut il par charge ?

Quelles sont les formalités à remplir pour l'obtenir ?

Où doit-elle être gardée ?

Autant de questions, qui offrent le plus grand intérêt et auxquelles nous allons essayer de répondre.

1º La poudre qui convient le mieux aux tirs contre la grêle est celle susceptible de brûler tout entière dans l'âme du canon et ayant la plus grande force explosive.

Ainsi, la poudre de guerre est bien supérieure à la poudre de mine dont la déflagration est trop lente : ce qui fait qu'une partie est projetée en dehors du canon, enflammée ou non, sans avoir produit aucun effet, sans compter encore que sa force explosive est bien moindre. On a calculé que 100 grammes de poudre de mine équivalaient à peine à 60 grammes de la poudre dite **de démolition**, mise cette année par l'Etat à la disposition de nos sociétés-grêle. Il est, du reste, facile d'en juger par la différence dans la durée du sifflement qui accompagne chaque coup de canon.

La poudre à combustion rapide n'a qu'un inconvénient, c'est d'être plus brisante. Mais on y remédiera en exigeant une plus grande solidité, soit des canons, soit des cônes.

La poudre **de démolition** convient très bien à nos tirs. Ce n'est pas, comme son nom semble l'indiquer, une poudre avariée. Elle a, telle qu'on la livre, conservé toutes ses qualités premières ; seulement, l'usage auquel elle était destinée ayant disparu, nos arsenaux s'en débarrassent. Nous ne pouvons que souhaiter que son stock ne soit point trop vite épuisé.

L'Etat, qui est le premier intéressé à notre défense, afin de ne plus avoir à accorder des dégrèvements d'impôts et des secours après une grêle, a consenti à nous livrer cette poudre au prix du salpêtre qu'il en retire après lessivage, c'est-à-dire à 0.30 cent. le kilogramme.

Mais quelle poudre remplacera la poudre de démolition, quand il n'en existera plus et quel sera son prix ?

Nous ne le savons pas encore exactement. Notre collègue, M. Lucien Picard, très compétent en cette matière, a déjà fait des démarches à cet effet, auprès de la commission des substances explosibles, au Ministère de la guerre. Le nouveau type de poudre qui nous sera fourni aura, nous en avons l'assurance, toutes les qualités requises, et son prix sera déterminé uniquement par le prix de revient de la matière première et celui de la fabrication, car nous comptons bien que l'Etat, vu son propre intérêt et ses bonnes dispositions actuelles, ne la frappera d'aucune taxe de consommation intérieure.

2° Quelle quantité de poudre faut-il par charge ?

Cela dépend de la nature de la poudre employée.

A titre d'exemple, nous citerons ce qui a été fait en Beaujolais, au cours de la dernière campagne, avec la poudre de démolitions. Pour les canons de gros calibre, la charge était de 120 grammes, pour les moyens, de 90 grammes, et pour les petits, de 60 grammes. Ces charges, bien suffisantes, correspondaient respectivement à 200, 150 et 100 grammes de poudre de mine.

3° Quelles sont les formalités à remplir pour se procurer la poudre ?

Elles sont assez nombreuses et assez compliquées.

M. le Ministre de l'Agriculture a, dans une circulaire du 25 avril dernier, donné aux préfets des instructions générales à cet égard. Les préfets, dans chaque département, détermineront exactement les conditions à remplir. A la date du 4 octobre dernier, M. le préfet du Rhône a pris un arrêté sur la matière. C'est cet arrêté, qui servira probablement de modèle aux autres préfets, que nous allons analyser.

Les associations de tir contre la grêle devront adresser leurs demandes de poudre à la préfecture, au commencement de chaque année, en faisant connaître la quantité consommée dans l'année écoulée et les stocks restant, soit dans leurs magasins, soit dans les postes de tir.

Ces demandes sont transmises par le préfet au Ministre de la guerre, qui autorisera la délivrance de la poudre, s'il y a lieu, et avisera le département des finances pour lui permettre d'adresser les instructions nécessaires au service des contributions indirectes, chargé de la livraison de la poudre et du contrôle de son emploi.

Ce contrôle s'exercera avec le carnet à souches pour la distribution de la poudre et les carnets de renseignements aux mains des artilleurs, qui devront être tenus constamment à jour.

La poudre est envoyée directement à la poudrière départementale où les sociétés ne sont autorisées à la retirer qu'au fur et à mesure de leurs besoins.

Pour chaque livraison, un bon de poudre doit être délivré par le préfet, sur le vu d'une demande formée par le président de l'association, ladite demande revêtue de l'avis favorable du maire de la commune.

La quantité de poudre que chaque société peut avoir chez elle ne doit jamais dépasser plus de 100 charges par poste et 250 k. en stock.

Enfin, lors de chaque livraison, les convois devront être accompagnés d'une escorte militaire, si la quantité de poudre transportée dépasse 100 kilogrammes, ou de deux personnes désignées par l'association, si la quantité est moindre.

4° Où la poudre devra-t-elle être gardée ?

Jamais dans les habitations particulières, mais dans un magasin constitué par un baraquement ou bâtiment solide, isolé de toute habitation et consacré exclusivement à cet usage, à l'exception de celle qui sera répartie directement dans les postes.

Le bâtiment, ou plutôt la poudrière dont il est parlé, sera munie d'un paratonnerre, d'une porte solide fermant à clef et entourée d'une palissade, à moins qu'elle ne soit située dans un enclos complètement fermé.

De plus, les locaux destinés à servir de poudrière, devront toujours être agréés par l'Administration après un rapport favorable de M. l'ingénieur des mines.

ASSURANCE CONTRE LES ACCIDENTS

Quelles que soient les précautions prises et quels que soient le nombre et la valeur des règlements, il y aura toujours à redouter des accidents par imprudence ou par cas de force majeure. D'où la nécessité de recourir à l'assurance.

Les accidents à craindre sont de deux sortes : les accidents matériels et les accidents corporels.

Les premiers — du moment que la poudre ne doit jamais être gardée dans les maisons d'habitation où son explosion pourrait déterminer des sinistres importants, tels que l'écroulement des bâtiments où l'incendie, en ce cas, non garanti par les Compagnies d'assurances, à moins de stipulation expresse — ne seront jamais bien graves. Ils ne pourront atteindre que le local des poudrières où les cabanes des postes. Mieux vaut les laisser de côté que d'essayer de les garantir en s'exposant à payer une prime trop élevée.

Les seconds, au contraire, sont les plus redoutables. Et si nous avons la conviction qu'ils ne seront jamais bien fréquents avec nos engins perfectionnés et grâce à la prudence habituelle de nos artilleurs — il ne s'en est produit qu'un seul, au cours de cette année, dans nos 18 sociétés de tir du Beaujolais — on doit néanmoins, en ce qui les concerne, se préoccuper avec le plus grand soin de mettre sa responsabilité complètement à couvert. C'est pour cela que la rédaction d'une police d'assurance est fort délicate. Au syndicat de Villefranche, nous avons trouvé, croyons-nous, une formule qui donne pleine satisfaction. Mais son établissement a été laborieux et nous avons longuement consulté à cet égard notre comité de contentieux de l'Union du Sud-Est des syndicats agricoles. Enfin, après d'ardues négociations, nous avons pu traiter avec une Compagnie d'assurance, moyennant le paiement d'une prime relativement faible.

Les accidents corporels occasionnés par le tir, soit aux artilleurs, soit à des tiers, qu'ils proviennent d'un cas de force majeure, comme l'éclat d'un canon, ou qu'ils soient dûs à l'imprudence dans la manipulation de la poudre ou la fabrication des cartouches, tombent tous sous le coup des lois des 9 avril 1898 et 30 juin 1899, sur les accidents du travail. Ce sont, à coup sûr, des accidents agricoles, mais les accidents agricoles résultant d'explosifs sont assimilés aux accidents du travail. (Circulaire ministérielle du 21 août 1899).

Il convient néanmoins de prévoir le cas où la responsabilité civile de la société serait engagée seulement en vertu du droit commun, comme dans les accidents pouvant survenir à l'occasion du transport ou de l'installation du matériel.

De plus, il y a certains accidents qui n'engagent la responsabilité civile de la société, ni d'après le droit commun, ni d'après les lois des 9 avril 1898 et 30 juin 1899, et qu'il est cependant, à notre avis, indispensable de garantir, car nos paysans ne comprendraient point qu'ils soient exclus du bénéfice de l'assurance. Ce sont tous ceux pouvant survenir par le fait ou à l'occasion d'un travail quelconque inhérent à la défense contre la grêle et même ceux qui peuvent atteindre, à la suite d'une explosion de poudre à tort détenue dans les maisons d'habitation, les parents ou serviteurs habitant sous le même toit. Pour eux, il faudra, par une convention particulière et expresse, exiger la garantie de la Compagnie.

Lorsque la responsabilité civile de la société résultera du droit commun, on devra stipuler le maximum des indemnités auxquelles la Compagnie pourra être tenue. Cela n'est point nécessaire lorsque les lois de 1898 et de 1899 sont applicables, car ces lois ont elles-mêmes prévu les indemnités à payer selon les cas.

ÉVALUATION APPROXIMATIVE DES DÉPENSES ET PAIEMENT DES COTISATIONS

Les dépenses doivent être divisées en deux catégories : dépenses d'installation et dépenses annuelles.

Les dépenses d'installation, en supposant l'usage de canons de moyen calibre, comprennent pour chaque station de tir :

Un canon	150ᶠ
Vingt douilles en acier	50
Accessoires du tir et autres, boîte pour enfermer les douilles : bourroir, chasse-capsules, lanterne, etc.	15
Une cabane	75
Pose et transport, imprévus	10
Total	300ᶠ

Si les stations sont réparties tous les 25 hectares, le prorata de ces dépenses par hectare sera de 12 francs.

Les dépenses annuelles par poste ou station sont celles qui suivent :

Poudre à 0,40 le kilog. compris les frais de transport et de livraison	16ᶠ
Capsules, bourres, etc., entretien du matériel	16
Assurance	8
Total	40ᶠ

Soit 1 fr. 60 par hectare.

Nous supposons bien entendu l'emploi de la poudre de démolitions. Lorsqu'elle sera épuisée, la nouvelle poudre devant coûter plus cher, il y aura une légère augmentation.

La charge prévue est de 100 grammes, avec 400 coups par canon, de quoi combattre seize orages avec une moyenne de 25 coups par orage.

Toutefois, comme dans chaque champ de tir il y aura des non-valeurs, telles que les chemins de la commune et les terrains appartenant à quelques récalcitrants qui ne participeront point aux frais, il convient de prévoir quelque chose pour combler ce déficit. En ajoutant 3 francs aux dépenses d'installation et 1 fr. 40 aux dépenses annuelles, on aura 15 francs pour les premières et 3 francs pour les secondes. De cette façon on risque bien peu de se tromper.

Nous observerons qu'il y a tout lieu d'espérer que l'Etat continuera d'accorder des subventions aux sociétés nouvelles, et que les départements leur viendront aussi probablement en aide.

En résumé, la dépense coûtera la première année 18 francs par hectare, si on amortit en une seule fois toutes les dépenses d'installation et 3 francs les années suivantes.

Quant au salaire des artilleurs que nous n'avons point fait entrer en ligne de compte, nous estimons que la question n'a d'intérêt que pour les pays où l'on ne cultive pas à moitié fruits. Partout où l'association du capital et du travail existe, on trouvera, nous en sommes certains, un concours dévoué et gratuit de la part de tous les intéressés.

Nos calculs ont encore été établis pour des terrains de même nature et de même valeur compris dans le champ de tir et participant d'une manière uniforme aux frais. Il est clair que, dans certaines communes, où des terrains de peu de valeur, tels que bois ou broussailles, seront englobés dans le périmètre à protéger, seuls les terrains portant des récoltes qui redoutent la grêle auront à se partager les dépenses. Et, dans ce cas, la proportion qu'ils auront à supporter pourra être plus forte.

Mais que l'on considère combien, en somme, les frais de la défense sont peu élevés en regard des désastres qu'il s'agit de conjurer. Dans un champ de tir comprenant exclusivement des vignes, ces frais, la première année, équivaudront à peine à ceux d'un seul sulfatage et les années suivantes ne sont-ils pas une quantité négligeable ?

La répartition des dépenses entre tous les intéressés ne présentera point de difficultés, quand elle sera uniforme dans toute la zone protégée. Il n'en adviendra pas de même lorsqu'on établira des distinctions entre les diverses cultures. A cet égard, nous ne pouvons qu'indiquer ce qui s'est fait dans quelques communes du Beaujolais limitrophes de la montagne et comprenant des terres, des prés, des bois ou des vassibles en même temps que de la vigne.

Tantôt tous les terrains situés dans le périmètre défendu ont été imposés à tant pour cent de leur revenu cadastral, en même temps qu'on frappait spécialement les vignes, les vergers, les jardins et quelquefois les terres d'une imposition supplémentaire; tantôt c'est la vigne seulement, avec d'autres cultures dans des proportions diverses, qui ont été appelées à payer tous les frais de la défense.

Pour l'établissement des cotisations, chaque société devra donc se comporter selon les circonstances.

Mais pour rendre leur perception facile, il est nécessaire d'inscrire sur un registre spécial, le **registre-matricule**, toutes les contenances imposées avec les distinctions adoptées.

Quant à leur recouvrement, nous conseillons de le faire dès le commencement de l'exercice.

ROLE DES SYNDICATS AGRICOLES

Si la défense contre la grêle devait être entreprise par les intéressés eux-mêmes, sans le secours de personne, on ne rencontrerait que bien peu d'initiative.

Combien de fois ne se heurterait-on pas à des obstacles insurmontables ? Il faut, en effet, avoir été aux prises avec les nombreuses difficultés qu'on trouve au début de toute organisation, pour se rendre compte que leur aplanissement n'est point toujours facile. Au reste, tout le monde ne peut être apte à les résoudre. Si, aujourd'hui, il y a beaucoup d'expérience acquise, les nouvelles sociétés en profiteront sans doute, mais, que de fois encore le courage des organisateurs risquerait d'être abattu, s'ils manquaient d'une direction générale leur permettant d'agir sans tâtonnement et sans peine. En cette matière, plus qu'en toute autre, il convient d'être uni, associé, pour triompher de tous les obstacles.

Ce sont les syndicats agricoles qui opèreront ce trait d'union entre tous les intéressés. A eux de jouer le rôle le plus actif dans l'organisation générale de la défense.

Sans eux, que d'hésitations pour commencer, que de craintes à avoir, que de responsabilités à courir !

Mais, s'ils sont là pour donner d'utiles conseils, indiquer la marche à suivre, procurer des avantages nombreux, notamment en fournissant les livres, registres et règlements nécessaires, en négociant l'assurance, en faisant venir la poudre en commun, en s'entremettant auprès des pouvoirs publics en cas de besoin, les difficultés disparaissent et l'organisation se trouve simplifiée.

Ce devoir n'est point au-dessus de leurs forces et tous sont prêts à l'accomplir.

Sans doute, c'est une nouvelle et bien lourde charge qui leur incombe; mais les a-t-on jamais vus reculer quand le bien général est en cause?

Puissent tous nos braves cultivateurs être pleins de confiance dans leur concours et y trouver un stimulant autant qu'un encouragement pour la lutte!

DISCIPLINE DU TIR

Si, pour assurer le bon fonctionnement de chaque société il convient de ne négliger aucun détail de l'organisation, il est encore plus vrai de dire que, pour garantir l'efficacité du tir, la discipline des artilleurs ne doit rien laisser à désirer.

A quoi servirait en effet, d'avoir le nombre nécessaire de canons bien espacés ou bien répartis sur le périmètre à défendre, s'ils n'étaient desservis par des hommes intelligents et dévoués, toujours là au moment du danger?

Mais, pour obtenir ce résultat, que faut-il faire? C'est ce que nous allons examiner.

Nous parlerons successivement du recrutement et de l'instruction des artilleurs, de l'organisation des postes, des signaux, de l'exécution du tir de l'approvisionnement de la poudre et des règlements indispensables.

RECRUTEMENT ET INSTRUCTION DES ARTILLEURS

Les artilleurs seront choisis autant que possible dans les familles les plus voisines des stations de tir afin de pouvoir être mobilisés, à chaque alerte, avec la plus grande rapidité.

Les hommes jeunes, intelligents et zélés seront désignés de préférence.

Enfin, si on le peut, on confiera spécialement ces fonctions à ceux qui sont directement intéressés à la défense, propriétaires, vignerons ou métayers cultivant à moitié fruits. Car, avec ces derniers, non seulement la société n'aura aucun salaire à payer, mais la discipline sera meilleure.

L'instruction de tous ceux qui seront préposés aux tirs, mérite une attention particulière.

On les réunira autant de fois que cela sera nécessaire pour leur apprendre la manœuvre du canon et les soins à lui donner, pour leur montrer la manipulation de la poudre et le chargement des cartouches.

Chaque artilleur devra avoir conscience de la gravité et de la responsabilité de sa mission, car, de son activité et de sa diligence, dépendent le succès de la défense.

ORGANISATION DES POSTES

Chaque poste est desservi par deux artilleurs qui ne peuvent se faire remplacer qu'en cas de **nécessité absolue**. Il convient même que les suppléants soient désignés d'avance. Si un artilleur doit s'absenter ou ne peut remplir ses fonctions pour une cause quelconque, il doit prévenir celui qui le remplacera en temps d'orage.

Les postes seront divisés en plusieurs sections placées sous la surveillance de personnes nommées par le bureau de la société.

Les chefs de section inspecteront les postes aussi souvent que cela sera nécessaire. Ils veilleront principalement au bon entretien du canon, de sa culasse, de son percuteur et de toutes ses pièces essentielles. Ils vérifieront les approvisionnements de poudre. Ils tiendront la main à ce que les douilles soient toujours chargées et en bon état.

Les artilleurs devront leur signaler toutes les réparations et les fournitures utiles pour assurer le bon fonctionnement de leur station, aussi bien que les avaries ou détériorations produites par des étrangers.

Ils se conformeront à toutes les observations et à tous les conseils qui leur seront donnés.

Et, en cas de désaccord, il en sera référé au président de la Société.

SIGNAUX

Les signaux ont une réelle importance, soit pour prévenir du danger, soit pour faire exécuter le tir.

On se sert généralement, comme signaux, des drapeaux ou des cloches et quelquefois des deux combinés.

Les drapeaux sont hissés au sommet d'un mât placé sur le point le plus culminant du champ de tir, de façon à être aperçus de tous les postes ou de la plupart d'entre eux. Ils constituent le meilleur signal pour avertir d'avance les artilleurs de se tenir sur leur garde.

Les cloches, au contraire, permettent de diriger plus facilement le tir, mais il conviendrait d'en user dans chaque société pour que tous les artilleurs les entendent. La nuit, où les drapeaux ne peuvent fonctionner, on ne peut se servir que d'elles.

Il arrive encore quelquefois qu'on donne le signal du tir par un coup de canon au poste central.

Dans une organisation un peu vaste, les signaux sont principalement utiles aux sociétés situées aux extrémités, du côté des orages. Les autres sont prévenues par les premiers coups de canon tirés par elles.

Dans tous les cas, c'est aux directeurs des tirs qu'il appartient de faire exécuter les signaux qui sont adoptés.

Nous disons ici, en passant, que les avertissements donnés par les observatoires sont sans grande importance. Nous en avons fait l'expérience en Beaujolais. Ils arrivent trop tôt on trop tard et ne constituent qu'une dépense inutile.

M. Châtillon. — Je vous demande la permission, Messieurs, à la suite de la discussion qui a eu lieu ce matin entre M. André et moi, de vous donner mon idée à ce sujet. Je n'ai pas voulu dire que les dépêches de l'observatoire nous soient tout à fait inutiles, mais je prétends qu'en l'état actuel des choses, les renseignements qu'elles nous donnent ne nous permettent pas de prévenir à temps nos artilleurs. Ainsi, cette année, les dépêches nous sont parvenues trois ou quatre jours avant ou après l'orage. Vous comprenez, Messieurs, que si, lorsque nous recevons une dépêche de cette nature, nous faisions hisser nos drapeaux, notre appel serait obéi une fois, mais pas deux. Nos artilleurs ne se gêneraient pas pour dire, et ils auraient raison, que nous ne savons pas ce que nous voulons faire.

Les dépêches de l'observatoire ne peuvent donc nous être utiles que si elles nous préviennent quelques heures à l'avance, et d'une façon sûre, de l'arrivée de l'orage ; ce n'est que dans ces conditions que nous pouvons avertir nos directeurs de tir.

M. André disait, ce matin, qu'il était impossible de nous prévenir de l'heure exacte de l'arrivée d'un orage, je le regrette et nous le regrettons tous, car ce n'est que de cette façon que les dépêches pourraient nous rendre des services. Je ne conteste pas, cependant, leur utilité relative, en ce sens que les directeurs de tir étant avertis, ils peuvent prévenir les postes qui auraient à fonctionner le cas échéant.

EXÉCUTION DU TIR

A quel moment faut-il commencer le tir ?

Nous ne pouvons mieux faire, pour répondre à cette question, que de citer M. Houdaille :

« Les uns, dit-il, conseillent une action plutôt préventive, les autres une action plutôt défensive.

« Le tir préventif, exécuté pendant la formation de l'orage à grêle et un peu avant son développement, paraît le plus rationnel. Car, le tir n'a pas pour but d'empêcher la chute de la grêle déjà formée, mais bien la transformation des éléments qui doivent la former. Dans plusieurs orages à grêle, la chute de celle-ci est précédée par une période de grand calme avec température élevée, accompagnée d'une sensation de lourdeur ou d'oppression assez particulière. C'est pendant cette période qu'il convient de commencer le tir dès l'apparition des premiers nuages menaçants.

« La forme des nuages qui précèdent l'orage peut souvent aussi servir d'utile avertissement.

« Ou bien, lorsqu'on entend le grondement des premiers coups de tonnerre en même temps que les nuages sont chassés des sommets montagneux voisins, c'est souvent encore le signal du commencement de la lutte.

« Enfin le bruissement spécial dû à la formation où à la chute des grêlons à une certaine distance des champs de tir, constitue de même un avertissement qui sera mis à profit bien qu'il précède quelquefois de trop peu de temps la chute de la grêle sur la zone protégée.

« Les observateurs, auxquels incombe la délicate mission de donner le signal du tir, devront agir avec grande circonspection, mais ne point manquer d'une certaine hardiesse. Car, si on tire souvent trop tôt, plus souvent encore on tire trop tard, surtout quand l'orage à grêle se développe pendant la nuit. Et comme, d'autre part, en cette matière. **mieux vaut prévenir que guérir**, il y a plutôt intérêt à commencer les tirs de bonne heure, alors même que le développement de l'orage n'est pas certain ».

Au début, généralement, le tir sera lent. Un coup toutes les deux ou trois minutes.

Dès que l'orage éclatera, on devra accélérer le tir ; mais l'artilleur ne doit jamais tirer plus de deux ou trois coups à la minute, parce qu'il brûlerait inutilement de la poudre et obtiendrait une défense moins efficace. Avant de tirer un second coup, il faut attendre que le canon ait cessé de vibrer et qu'il se soit vidé en grande partie de la fumée ; l'air doit aussi ne plus être ébranlé par le coup précédent.

Il ne faut pas interrompre le tir, **au contraire**, si la grêle vient à tomber.

A la longue ceux qui sont préposés aux tirs acquerront certainement une grande expérience. L'essentiel, répétons-le, est qu'ils ne se laissent jamais surprendre.

Lorsque le danger de la grêle sera écarté et que les tirs auront cessé, les artilleurs resteront encore quelque temps dans leur cabane de peur que l'orage ne se reforme et, avant de quitter leur poste, ils remettront tout en ordre, démonteront la culasse du canon et rechargeront les douilles.

APPROVISIONNEMENT DE LA POUDRE.

Chaque poste doit toujours se tenir approvisionné de 100 charges au moins, non seulement pour faire face aux plus violents ouragans, mais encore pour lutter contre des orages successifs avant d'avoir pu renouveler ou compléter les munitions.

Après chaque orage, ou le lendemain au plus tard, les artilleurs se rendront à la poudrière pour recevoir autant de nouvelles charges qu'il y en aura eu de consumées par les tirs.

RÈGLEMENTS.

En vue d'assurer la bonne discipline du tir, un règlement contenant tout ce qu'il convient de faire dans chaque cas déterminé, sera remis à tous les artilleurs et, de plus, affiché dans les postes.

Il en sera de même pour les instructions relatives à l'interprétation des signaux.

Après chaque tir, l'un des artilleurs notera soigneusement sur le carnet du poste le jour et l'heure de l'orage, la direction du vent et sa force, le nombre de coups tirés et les observations particulières. Il remettra ces renseignements au chef de section qui les portera au directeur du tir chargé du rapport général.

PRÉCAUTIONS A PRENDRE POUR LA SÉCURITÉ DES ARTILLEURS

Nous appelons, d'une façon toute particulière, l'attention des Commissions administratives sur les mesures de précaution à prendre pour prévenir les accidents.

Bien des échecs signalés, l'année dernière, en Italie, ont été dus — comme on l'a dit au Congrès de Padoue — à la crainte qu'avaient les artilleurs de se servir d'engins souvent construits trop à la légère ou trop à la hâte et qui avaient déterminé de nombreux et graves accidents. Dans plusieurs **consortium** on avait cessé de tirer ou bien l'on n'avait plus tiré que fort peu et fort mal, parce que la confiance dans la solidité des appareils faisait défaut.

Si, d'autre part, les accidents dus aux imprudences se renouvelaient trop fréquemment, on ne trouverait plus facilement des artilleurs. A ce point de vue encore, il importe donc — sans parler des sentiments d'humanité — de prendre les plus grandes précautions et de ne rien négliger pour qu'ils soient très rares.

Cela nous amène à parler ici de l'essayage et de l'entretien des canons, des accessoires du tir et de l'agencement des cabanes, de la manipulation de la poudre et de quelques instructions particulières.

ESSAYAGE ET ENTRETIEN DES CANONS

Les canons doivent être d'une solidité à toute épreuve. C'est la principale qualité à leur demander. Mais comment vérifier et contrôler cette solidité que tout fabricant ne manquera point de promettre ? Les sociétés ne peuvent le faire elles-mêmes. Il faut donc s'adresser soit à l'État, soit aux établissements placés sous son contrôle. Dès le début de nos organisations en Beaujolais, nous y avions bien pensé et nous avions eu le soin, dans tous nos contrats avec les fournisseurs, de stipuler que nos canons seraient soumis au **banc d'épreuve**. Mais, avec les règlements existants, les culasses de nos divers appareils ne permettant point l'emploi des charges de poudre et de plomb prescrites, cet essayage fût impraticable.

Alors nous intervînmes auprès de l'Administration pour obtenir d'elle qu'un règlement nouveau fût élaboré, afin de rendre possible cet essayage. Après de longs pourparlers et de pressantes démarches nous avons obtenu satisfaction. Une circulaire de M. le Ministre de l'Agriculture, en date du 6 juin dernier, prescrit que tous les canons agricoles, avant d'être mis en service, doivent être essayés au banc d'épreuve des armes du commerce de Saint-Etienne. Et la Commission des substances explosibles, au ministère de la guerre, a été chargée de fournir à cet établissement un règlement indiquant les conditions dans lesquelles les épreuves seraient faites.

Aujourd'hui, il est donc défendu de se servir d'un canon quelconque, avant qu'il soit muni du poinçon du banc d'épreuve. En sont seuls dispensés les appareils livrés par les fabricants antérieurement à la circulaire ministérielle du 6 juin. Sur ce dernier point, la circulaire du ministre n'était point très explicite, mais, depuis, sur notre demande, il a précisé davantage. Du reste, pour les canons ayant déjà servi, on peut dire que la preuve de leur solidité résulte des nombreux tirs qu'ils ont effectués.

Quant à l'entretien des appareils, il nécessite les plus grands soins non seulement pour que la manœuvre soit plus facile, mais aussi pour prévenir les accidents. Ils devront être tenus constamment très propres, indemnes de rouille et bien graissés. Après chaque orage on démontera culasse et percuteur et on rentrera le tout dans la cabane. Les chefs de section exerceront à cet égard une surveillance très active.

ACCESSOIRES DU TIR ET AGENCEMENT DES CABANES

Chaque poste doit être pourvu de tous les accessoires du tir nécessaires. Il faut que les artilleurs aient à leur disposition tout ce qui leur permettra de faire leur service de la façon la plus commode, pour ne jamais être exposés à commettre des imprudences. A ce point de vue, aucune économie à réaliser. Ainsi, il y aura un caisson pour recevoir les douilles et la poudre et même un seau à munitions pour la réserve. Ce seau, du reste, servira pour aller au réapprovisionnement. Le nombre des douilles sera aussi élevé que possible, la perfection consistant à ne jamais être obligé de recharger pendant l'orage.

Les cabanes, enfin, seront spacieuses et garnies de rayons où tout sera placé en ordre.

MANIPULATION DE LA POUDRE

On ne badine pas avec la poudre. Voilà ce dont il faut se souvenir constamment.

Nous allons indiquer les principales précautions à prendre :

1o La poudre sera distribuée en charges dosées contenues dans de petits sacs en papier pouvant servir de bourron pour la charge.

Cette sage mesure supprimera tout à la fois le gaspillage et des accidents.

2o Pendant le tir, tenir la poudre éloignée des étincelles et flammèches qui peuvent retomber autour du canon.

Le seau à poudre et le caisson à munitions seront rigoureusement tenus fermés.

Le chargement des cartouches ne pourra s'opérer que dans l'intérieur de la cabane, la porte étant fermée ou l'artilleur ayant tout au moins le dos tourné à la pièce.

3o Pendant toute manipulation de la poudre, éviter soigneusement d'en répandre à terre pour éviter tout danger.

4o Le seau contenant la réserve de poudre ne sera ouvert qu'à la dernière extrémité, et en cas de besoin absolu, c'est-à-dire quand les cartouches et les sachets de poudre (30 environ) contenus dans le caisson auront été tirés.

5o Le caisson à munitions ne sera ouvert que pour les besoins du service ; il devra être refermé immédiatement et chaque fois.

6o Ne jamais placer une capsule à une cartouche déjà chargée, ni chercher à enlever une capsule ratée avant d'avoir, au préalable, sorti la bourre et toute la poudre contenue dans la douille.

7o En chargeant la cartouche, ne jamais appuyer la douille sur un corps dur ; la tenir suspendue horizontalement dans la main.

gauche ; de la main droite, introduire la bourre en appuyant fortement avec le bourroir.

8º En bourrant ne pas frapper avec ou sur le bourroir. Une simple pression vigoureuse de la main doit suffire.

9º Ne jamais employer comme bourre, de la terre, de la brique pilée, ou d'autres bourres que celles fournies par la société.

10º Avoir le soin de recharger immédiatement toutes les douilles, après chaque orage.

11º Ne jamais aller se réapprovisionner de poudre sans le seau à munitions.

12º Ne rien toucher à la poudrière et ne faire que recevoir la poudre du gardien.

13º S'abstenir complètement de tirer en dehors des orages, parce que, dans ce cas, les accidents ne sont pas garantis par l'assurance.

14º Enfin, observer à la lettre le règlement pour la fabrication des cartouches et la manipulation des munitions, qui est affiché dans les postes.

INSTRUCTIONS PARTICULIÈRES

Voici, en outre, quelques instructions plus générales :

1º Il est rigoureusement interdit de fumer dès que la cabane est ouverte, et aussi pendant les approvisionnements et les transports de poudre et de munitions.

2º La nuit, les artilleurs devront allumer leur lanterne en dehors de la cabane et la porte étant fermée.

Rejeter au loin l'allumette complètement éteinte.

3º Ne pas admettre d'étrangers ni de curieux, lesquels ne seraient pas garantis en cas d'accident; les éloigner pendant le tir.

Il ne doit jamais y avoir que les deux artilleurs de service présents dans la cabane.

4º S'abstenir absolument d'apporter dans le poste : vin, eau-de-vie, liqueurs, etc.

5º Ne jamais abandonner le canon chargé et ne pas quitter la batterie sans avoir préalablement retiré la cartouche chargée pour l'enfermer dans le caisson.

Ne jamais quitter le poste sans avoir fermé à clef le caisson et la porte de la cabane.

M. Châtillon. — Avant de vous donner lecture des conclusions de mon rapport, permettez-moi, Messieurs, après avoir entendu les différents rapports qui ont été présentés et les discussions qui les ont suivis, de vous dire en deux mots mon sentiment sur la défense contre la grêle.

Je ne suis pas le moins du monde découragé, je suis aussi convaincu que je l'étais au commencement de ce congrès, et l'opinion que j'ai rapportée du congrès de Padoue, que je partage avec beaucoup de mes collègues, ne s'est pas modifiée.

Qu'avons-nous appris l'année dernière, à Padoue? Que, pour pouvoir lutter efficacement contre la grêle, il ne faut négliger aucun détail de l'organisation du tir, et que les principales conditions à remplir sont les suivantes : établir de vastes organisations, placer dans chacun des champs de tir des canons en nombre suffisant, et, enfin, par dessus tout, obtenir des artilleurs une bonne discipline. Voilà les trois conditions principales qui, à Padoue, ont été reconnues indispensables. Lorsque nous avons été de retour chez nous, qu'avons-nous fait? Nous avons cherché à réaliser ces conditions, et la preuve en est dans l'organisation qui existe aujourd'hui dans le Beaujolais, et qui comprend nos 18 sociétés soudées les unes aux autres par leurs canons placés à 400, 500 et rarement 600 mètres d'intervalle. Quant à la discipline, qui est rigoureuse, nous sommes très bien parvenus à la faire accepter par nos artilleurs. Et voilà pourquoi nous avons remporté de véritables succès.

Vous avez entendu ici plusieurs rapports signalant des insuccès, eh ! bien, Messieurs, je vous demande de juger ces rapports avec impartialité, et vous reconnaîtrez avec moi que ces insuccès étaient le fait d'organisations insuffisantes, c'est-à-dire ne disposant que de 4 ou 5 canons, ou d'organisations n'ayant pas tiré à temps, ou n'ayant aucune discipline. Dans ces conditions les insuccès ne sont pas faits pour nous étonner.

Retenez bien ceci, Messieurs : la défense contre la grêle n'est pas une tâche facile, elle est au contraire très difficile, eton ne doit l'entreprendre que dans les régions où l'on peut la mener à bien, c'est-à-dire en remplissant les conditions indispensables que j'ai indiquées. Ce n'est que de cette façon que vous serez assurés du succès.

Pendant les dix dernières années, sauf en 1894, toutes les communes de notre région ont été visitées par la grêle ; la deuxième exception s'est produite cette année.

Est-ce le fait du hasard ? Je n'en sais rien, mais, si l'année prochaine et pendant plusieurs années, nous ne revoyons pas la grêle, nous n'admettrons pas que l'on dise que c'est toujours grâce au hasard. Et si les savants viennent nous reprocher de ne pouvoir expliquer comment agissent nos canons, nous leur répondrons : Commencez donc à vous mettre d'accord vous-mêmes sur la théorie de la formation de la grêle.

Je me souviens d'avoir lu, dans un ouvrage de M. Houdaille, qu'il y a 7 ou 8 théories différentes sur la formation de la grêle ; soyez tranquilles, je ne veux pas vous les développer, car je n'y comprends absolument rien ; chaque savant à la sienne propre, il emprunte un peu à l'une, un peu à l'autre pour en faire une nouvelle. Peut-on reprocher aux praticiens, comme nous, de ne pouvoir expliquer les effets des instruments qu'ils ont entre les mains, lorsque soi-même on est si peu d'accord sur une théorie aussi importante que celle de la formation de la grêle ?

Je vous demande pardon, Messieurs, de cette digression, mais je l'avais sur le cœur et il fallait que je vous la communique.

CONCLUSIONS

Nous avons donné, dans ce rapport, de longs et nombreux détails sur toutes les questions que nous avions à traiter. C'est l'exposé de tout ce qui a été fait dans les sociétés de tir contre la grêle du Beaujolais, organisées par nos soins. Si, nous le répétons, nous avons parfois innové, le plus souvent, nous avons emprunté à d'autres, et principalement aux Italiens, ce que nous trouvions de bon dans leurs méthodes.

Voici maintenant comment nous formulons nos conclusions :

1º Les sociétés de tir contre la grêle devront être organisées avec les plus grands soins.

M. Châtillon. — J'ouvre ici, Messieurs, une parenthèse. Certaines personnes m'ont fait l'honneur de me consulter en vue de l'établissement d'organisations de tir pour 1902 ; je leur ai dit : si vous voulez marcher tout seuls, si vous ne devez posséder qu'un consortium de 20, 30 ou même 40 canons, ce n'est pas la peine, restez tranquilles, parce que vous ne pourrez vaincre que les orages locaux et non les orages généraux. Vous voyez que nous ne préconisons que les organisations qui, à notre avis, peuvent donner de bons résultats.

2º Chaque Société ne comprendra qu'une commune; mais plusieurs Sociétés peuvent s'entendre en vue d'une défense générale.

3º Pour lutter efficacement contre les orages généraux, il faut une vaste organisation englobant un grand nombre de sociétés.

Les sociétés isolées ne peuvent triompher sûrement que des orages locaux, encore faut-il qu'elles soient un peu étendues.

M. Châtillon. — Je vous ai dit à ce sujet ce que nous avions fait dans le Beaujolais. S'il faut donner aux canons de plus gros calibres et tirer avec des charges plus fortes, nous sommes prêts à nous rendre.

4º Deux lignes au moins de gros canons seront placées en bordure du périmètre à défendre du côté des orages. Pour le surplus, les petits semblent jusqu'à ce jour suffisants.

5º Les canons doivent être répartis sur toute la zone à protéger et ne jamais être espacés de plus de 500 à 600 mètres.

6º Il faut tirer avec des charges de poudre convenables.

7º Les canons seront tous essayés au banc d'épreuve et l'agencement des postes ne laissera rien à désirer.

8º Les signaux, ayant une réelle importance, seront partout adoptés.

9º On maintiendra parmi les artilleurs une discipline parfaite, afin qu'ils ne se laissent jamais surprendre et pratiquent le tir avec intelligence.

10º Les plus grandes mesures de précaution seront prises pour prévenir les accidents — ce qui ne dispensera jamais de contracter une assurance.

11º Des instructions ou des règlements très précis pour la manœuvre des canons, pour le tir et pour les précautions à prendre en vue d'éviter les accidents, seront remis aux artilleurs et affichés dans les postes.

12º Dès que la preuve de l'efficacité du tir résultera de nombreuses expériences en France, il conviendra de demander au Parlement une extension des lois des 21 juin 1865 et 15 décembre 1888, pour pouvoir rendre obligatoire la défense contre la grêle.

13º L'Etat devra toujours fournir aux sociétés de tir la poudre la plus convenable et exempte de toute taxe de consommation intérieure.

<table>
<tr><td>Joseph CHATILLON,</td><td>Benoît BLANC,</td></tr>
<tr><td>président du Syndicat agricole des cantons de Villefranche et d'Anse, président de la Société de tir contre la grêle de Limas.</td><td>vice-président du Syndicat agricole des cantons de Villefranche et d'Anse, président de la Société de tir contre la grêle de Denicé.</td></tr>
</table>

M. le Président. — Messieurs, vos applaudissements donnent à M. Châtillon la plus belle récompense qu'il puisse désirer pour son inaltérable dévouement à la cause de la défense contre la grêle. Il nous a dit sa foi dans les canons lorsque l'organisation est parfaitement établie, et il nous a montré que cette dernière condition était indispensable pour obtenir le succès.

La discussion commence maintenant à prendre une forme décisive ; ce matin nous avons entendu un savant éminent, ce soir c'est le tour d'un praticien émérite, qui vient nous affirmer sa foi dans le tir contre la grêle. Vous vous trouvez donc en présence de deux éléments du problème que nous nous sommes posé, et bientôt vous aurez à vous prononcer, en formulant des conclusions sur lesquelles j'appelle toute votre attention et aussi toute votre impartialité.

Quelqu'un demande-t-il la parole?

Les faits rapportés par M. Châtillon sont tellement précis que je ne m'étonne nullement de ne voir surgir aucune observation. La discussion se produira, sans doute, à propos des ordres du jour et des vœux qui seront présentés à la fin du congrès.

Le rapport de MM. Châtillon et Blanc est adopté.

Je donne maintenant la parole à M. *Chardiny*, pour la lecture de son rapport sur la question des assurances.

LES TIRS CONTRE LA GRÊLE
DANS LEURS RAPPORTS AVEC LES COMPAGNIES D'ASSURANCES

Rapporteur: M. CHARDINY

MESSIEURS,

Le rapport dont le Comité d'organisation du Congrès m'a fait l'honneur de me charger comporte l'étude de deux ordres de questions très distincts. Le tir contre la grêle intéresse, en effet, et les Compagnies d'assurances-accidents, et les Compagnies d'assurances grêle.

Sans vouloir émettre ici une opinion personnelle, il me semble résulter de l'ensemble des travaux qui vous ont été soumis que, d'une façon générale, les tirs contre la grêle sont efficaces, lorsque les consortium fonctionnent régulièrement, rationnellement et avec des moyens suffisants, et lorsqu'il ne s'agit pas d'orages d'une exceptionnelle gravité.

De ce fait primordial de l'efficacité générale du tir dans les conditions sus-indiquées, il y a lieu de tirer une double conséquence:

1º Les stations de tir vont être multipliées. Malgré toutes les améliorations apportées au matériel et aux installations, il y aura certainement des accidents. Ne faut-il pas assurer les artilleurs contre ces accidents du tir? Dans quelles conditions doit être faite cette assurance ?

2º La croyance à l'efficacité du tir poussera beaucoup d'agriculteurs à renoncer à s'assurer contre la grêle. N'y a t-il pas lieu de maintenir cette assurance, et dans quelles conditions? A côté du tir, qui cherche à écarter le fléau, n'y a t-il pas place pour l'assurance qui en répare les effets, lorsque le tir n'a pu être suffisamment préventif?

Quelle doit donc être l'influence de l'installation des tirs contre la grêle sur l'assurance-grêle?

De là deux parties bien distinctes dans ce rapport :

1º De l'assurance-accidents de tir.

2º De l'assurance-grêle.

DE L'ASSURANCE CONTRE LES ACCIDENTS DU TIR

I. — Des Accidents du tir. — Malgré toutes les précautions préventives, et en dépit du sang-froid et de l'expérience des artilleurs, il n'est pas douteux que certains accidents ne soient appelés à se produire dans le tir.

Il n'y a pas de victoire qui ne comporte des deuils. Après l'éloge du tir vainqueur des éléments, il vous faut donc entendre le réquisitoire prononcé au nom des victimes humaines qu'il blesse ou qu'il tue, et chercher avec moi, dans l'assurance, le remède nécessaire à ces douloureuses infortunes.

A ne s'en rapporter qu'à l'expérience de cette année des Sociétés beaujolaises de défense contre la grêle, il semblerait que le nombre des accidents dût être minime : pour 500 canons, en chiffres ronds, il n'y a eu, cette année, en Beaujolais, qu'un seul sinistre, et encore d'une importance relativement peu grave ; on espère qu'il n'y aura pas incapacité permanente. — Je ne parle pas d'un second accident qui n'a même pas entraîné d'incapacité temporaire ni de déclaration. — Les 3 ou 400 canons qui existent en France en dehors du Beaujolais, notamment et surtout dans le département de Saône-et-Loire, n'ont également causé que 2 sinistres avec incapacité temporaire de quelques jours seulement. — En 1900, dans notre région, pour une soixantaine de canons, il y avait eu 4 sinistres, dont 3 incapacités temporaires et un accident grave.

.Il faut croire que les Sociétés de tir françaises ont joui, pour cette année, d'une bonne fortune exceptionnelle, favorisée, sans doute, par les qualités de leur matériel et la prudence de leurs artilleurs.

L'expérience, plus ancienne, de l'Italie accuse des moyennes bien supérieures.

Au Congrès de Casale-Montferrat de 1899, M. Rapetti, rapporteur de cette question, exposait qu'ensuite de l'enquête à laquelle il avait procédé, il avait reçu des réponses de douze groupes de stations de canons; que dans six groupes il n'y avait pas d'accidents, mais que, dans les six autres, on avait compté huit blessés, dont deux très grièvement. Il ajoutait, il est vrai, qu'avec un peu plus de prudence, la plupart de ces accidents auraient été évités.

Au Congrès de Padoue de 1900, on ne s'est pas occupé de cette question; mais je lis, dans le fascicule-supplément du *Mondo Industriale*, de Milan, paru à l'occasion de ce Congrès, que le nombre des accidents a été très considérable. Il est vrai que le *Mondo Industriale* semble, d'une façon générale, hostile à l'organisation du tir contre la grêle.

Mais, voici des statistiques certaines qui me paraissent aussi précises que graves.

La Société d'assurances à primes *L'Assicuratrice Italiana*, de Milan, m'écrit qu'en 1900, pour 6.000 assurés, elle a eu 97 sinistres, dont 2 cas de mort, 17 cas d'invalidité permanente et 78 cas d'invalidité temporaire.

La campagne de 1901 a été aussi désastreuse. Pour un peu moins de 6 000 assurés, il y a eu 102 sinistres, soient: 2 cas de mort, 13 cas d'invalidité permanente et 87 cas d'invalidité temporaire.

Mgr Gottardo Scotton qui, dans son Journal sur la grêle, a combattu et réfuté certaines statistiques du *Mondo Industriale*, et qui a fondé personnellement à Breganze, province de Vicence, une Société d'assurances mutuelles contre les accidents du tir, m'écrit, que, par suite des défectuosités d'un canon (il est vrai, aujourd'hui réformé), sa Société a eu à payer, en 1901, 7.000 francs d'indemnités pour 2.000 canons et 4.000 artilleurs. Ces 7.000 francs d'indemnités doivent correspondre à un chiffre relativement élevé de sinistres.

Les Compagnies suisses, la *Zurich* et la *Winterthur*, auxquelles je me suis adressé pour demander des renseignements analogues sur les accidents dans leur pays, m'ont écrit que le nombre des assurés, en Suisse, est encore trop restreint, et l'assurance trop récente pour qu'elles puissent m'envoyer des statistiques sérieuses.

L'expérience incomplète de cette année a pourtant permis de constater, chez la *Zurich*, une moyenne de plusieurs accidents temporaires par 100 canons.

II. — IL FAUT S'ASSURER. — LOI DE 1898. — En présence de ces incontestables conséquences du tir, l'hésitation n'est donc pas possible. L'assurance contre les accidents du tir, déjà très répandue en Italie, doit s'établir en France concomitamment avec l'installation des stations de tir.

L'assurance est d'autant plus nécessaire que l'on peut se demander si la loi du 9 avril 1898, sur les accidents du travail, n'est pas applicable en la matière.

La question est discutée.

D'une part, l'art. 1er de la loi du 9 avril 1898 la déclare applicable à « toute exploitation ou partie d'exploitation dans laquelle sont fabriquées ou *mises en œuvre* des matières explosives ». — Sans doute on a pu soutenir que l'accident résultant de l'emploi du sulfure de carbone dans les vignes ne tombait pas sous le coup de la loi, parce que cet emploi n'était pas une véritable *mise en œuvre* de la matière explosive, le viticulteur employant la sulfure non pas à raison de sa vertu explosive, mais à raison de sa vertu insecticide. — Mais, pour les poudres des canons paragrêles, c'est précisément leur caractère explosif qui en motive l'emploi ! Et, si la loi de 1898 était restée seule, il n'y aurait pas de doute que la cabane de tir et la vigne qui l'entoure ne soient une *partie d'exploitation* dans laquelle est *mise en œuvre* une *matière explosive*.

Mais, depuis la loi de 1898, est intervenue la loi du 30 juin 18 9, qui déclare formellement qu'en dehors de l'emploi de machines agricoles mues par des moteurs inanimés, la loi du 9 avril 1898 *n'est pas applicable à l'agriculture*.

Ce dernier texte nous semble décisif. Les commentaires qui ont accompagné et motivé son vote au Parlement sont absolument formels. La loi de 1899 a modifié celle de 1898 qui, dès lors, n'est pas applicable aux artilleurs agricoles.

Et, pourtant, certains tribunaux, encouragés par les avis du Comité consultatif établi auprès du Ministère du Commerce, ont essayé, à plusieurs reprises, de maintenir, en dépit de ce texte, l'application de la loi de 1898 à certaines exploitations agricoles. — Ils l'ont fait notamment pour les exploitations forestières importantes, sous prétexte qu'elles constituaient des chantiers et que les chantiers étaient visés d'une façon générale par la loi de 1898. — La jurisprudence n'a pas eu encore à se prononcer sur les accidents du tir. Mais il est prudent, dès à présent, de se mettre en garde contre les conséquences éventuelles d'une interprétation abusive qui, à côté du texte formel de 1899, paraîtrait vouloir maintenir celui de 1898.

Si cette interprétation était faite contre l'agriculture, il y aurait lieu de se demander, en second lieu, si les artilleurs chargés du tir doivent être considérés comme de véritables ouvriers ou salariés du propriétaire, dans le sens de la loi de 1898.

L'affirmation me paraît évidente pour les domaines où les vignerons-artilleurs sont de simples domestiques, travaillant moyennant salaire à la culture de la vigne, dont le propriétaire retire pour lui seul les produits.

Mais il en pourrait être autrement dans les régions.comme le Beaujolais, où le vigneron est métayer. Le métayage est une véritable société, dans laquelle le colon partiaire est un associé du propriétaire et non un ouvrier de ce dernier. Les pertes, comme les gains, devant être partagées par moitié, il semblerait que les indemnités d'accidents devraient être supportées par l'association, le propriétaire devant en définitive n'en payer que la moitié.

Cette dernière solution paraîtrait certaine, si le matériel de tir était fourni en commun. Mais, dans la pratique, le plus souvent, le matériel sera fourni par le propriétaire ou par un syndicat de propriétaires, constitué sous forme de société de défense contre la grêle. On pourra donc soutenir que le propriétaire ou la société de défense sont entièrement responsables des conséquences de l'emploi du matériel confié aux métayers. D'où la nécessité de se garantir éventuellement, par l'assurance, contre cette tentative possible d'application de la loi de 1898.

Notons,à cet égard, qu'en Italie, où une loi du 17 mars 1898 a établi 'assurance obligatoire pour les ouvriers employés dans les industries qui traitent ou appliquent les matières explosives, une circulaire du ministère de l'Agriculture, en date du 21 juillet 1899, a déclaré que la loi était inapplicable aux tirs contre la grêle.

Le comité consultatif des assurances établi en France auprès du ministère du Commerce n'a pas encore émis d'avis sur cette question.

III. — Il faut s'assurer (art. 1382 du Code civil). — Si la loi de 1898 nous paraît inapplicable, il est incontestable que le texte général de l'article 1382 du Code civil peut être appliqué en notre matière comme en toute autre. Il est ainsi conçu :

« Tout fait quelconque de l'homme qui cause à autrui un dommage « oblige celui par la faute duquel il est arrivé à le réparer ».

L'article 1383 ajoute que « chacun est responsable du dommage qu'il a causé non seulement par son fait, mais encore par sa négligence ou par son imprudence ».

Enfin l'article 1384 porte que « l'on est responsable non seulement « du dommage que l'on cause par son propre fait, mais encore de « celui qui est causé par le fait des personnes dont on doit répondre « ou des choses que l'on a sous sa garde ».

Il n'y a rien de plus élastique que la faute, et il est bien rare que l'on ne puisse pas, avec un peu d'ingéniosité, relever, dans un accident quelconque, une apparence de faute même très légère, à la charge du patron.

Les tribunaux français ont, depuis un certain nombre d'années, une tendance croissante à élargir indéfiniment les cas de prétendue faute ; la moindre défectuosité dans le matériel confié à l'ouvrier, l'absence de certains perfectionnements, alors même qu'ils ne sont pas encore entrés dans la pratique ordinaire, l'inexpérience relative de l'ouvrier auquel le travail a été confié, le fait qu'antérieurement les prescriptions les plus impératives du patron n'ont pas été rigoureusement observées, tout, dans une matière où le tribunal juge souverainement en fait, peut devenir matière à responsabilité du patron.

Pour couvrir, à cet égard, la responsabilité éventuelle des sociétés de tir et de leurs adhérents, vis à vis de leur personnel, l'assurance contre les accidents s'impose comme une mesure de prudence indispensable.

Elle s'impose également, sans qu'il y ait lieu d'insister à cet égard, pour couvrir la responsabilité vis-à-vis des tiers voisins, spectateurs ou passants.

On pourrait se demander à cet égard si l'article 1382 pourrait être invoqué par un propriétaire qui, habitant une région où il n'a jamais grêlé auparavant, se plaindrait de ce que, par l'effet du tir de son voisin, un nuage de grêle est venu s'abattre sur ses récoltes. En admettant que le fait fût établi, il ne semble pas que l'article 1382 fût applicable en l'espèce. Pour invoquer cet article, il faut non-seulement justifier d'un préjudice, et d'une relation de cause à effet entre ce préjudice et le fait du voisin, mais encore établir à la charge de ce dernier une véritable faute, un quasi-délit. Or le fait de se défendre ou de défendre son bien contre un ennemi quelconque, animal ou élément naturel, constitue l'usage d'un droit ; *qui suo jure utitur, neminem lœdit.*

IV. — IL FAUT S'ASSURER. — INTÉRÊT SOCIAL. — Enfin, en dehors de ces considérations d'ordre *juridique* et *économique*, il y a un puissant *intérêt social* à stipuler contractuellement des indemnités réparatrices en faveur des agents du tir, pour le cas même où les accidents qui viendraient les frapper seraient attribuables, soit à leur faute ou imprudence, soit au cas fortuit.

Les propriétaires ruraux, les vignerons et leurs aides divers, constituent une véritable famille agricole; ils ont les mêmes intérêts, et ils doivent être unis dans le malheur comme dans le succès. L'artilleur-vigneron fait preuve d'un véritable entrain dans l'organisation et l'exécution du tir. Il importe qu'il sache qu'en cas de malheur, la collectivité viendra en aide, soit à lui-même, soit à sa famille ou à ses enfants. En un temps où l'on oppose trop souvent la classe ouvrière à la classe patronale, il est bon que les propriétaires ruraux montrent, par leur exemple, que patrons et ouvriers agricoles ont des intérêts solidaires et que les premiers entendent, grâce à l'assurance, largement secourir les infortunes de leurs dévoués collaborateurs (1).

V. — COMMENT S'ASSURER ? — ASSURANCES MUTUELLES. — ASSURANCES A PRIME. — Il faut donc s'assurer.

Comment s'assurer ?

Il n'entre pas dans le cadre de ce rapport de comparer en détail les avantages réciproques des assurances mutuelles et des assurances à primes.

Théoriquement, il n'est pas douteux que l'assurance mutuelle basée sur les généreuses idées de fraternité et de coopération, ne soit socialement supérieure. Elle écarte toute pensée de lucre et, si elle comporte, le plus souvent, des frais généraux équivalents à ceux des sociétés à primes, elle n'a pas à rémunérer un capital-actions; ce qui lui permet de diminuer les primes annuelles.

On peut croire que, dans l'avenir, les syndicats agricoles, au fur et à

---

(1) Le conseil d'Etat du canton de Vaud (Suisse) a décidé de participer pour un quart dans les frais d'installation des tirs contre la grêle, à condition que les artilleurs soient assurés.

mesure de leur développement si merveilleusement progressif, pourront constituer, soit dans leur propre sein, soit à l'aide de leurs Unions, des assurances mutuelles de diverses natures et, notamment, l'assurance-accidents. Ils pourront même le faire à des conditions particulièrement avantageuses, étant donnée la loi nouvelle de juillet 1900, qui accorde certaines faveurs aux Coopératives gérées gratuitement. L'Union du Sud-Est des syndicats agricoles, sous l'impulsion des hommes d'initiative et de dévouement qui la dirigent, est déjà entrée dans cette voie pour certaines branches d'assurances.

Nous ne croyons pas, néanmoins, qu'il soit prudent de s'y engager dès à présent, en ce qui concerne l'assurance contre les accidents et spécialement les accidents du tir. Les statistiques sont actuellement trop incomplètes, l'expérience est trop récente pour baser sérieusement une mutualité de ce genre. Seules des sociétés ayant par derrière elles des capitaux ou des réserves importantes, et répartissant leur portefeuille en des risques de natures différentes, peuvent tenter l'expérience et donner aux assurés une sécurité que ne comporterait pas une mutualité récente.

Je sais bien que Mgr Gottardo Scotton a créé, à Vicence, une Société mutuelle qui a assuré, cette année, 2.000 canons pour le prix minime de 3 fr. 50 par canon. Avec ses 7.000 francs de recettes il a pu indemniser toutes les victimes des graves accidents qui se sont produits. Mais je me demande quel a pu être le quantum de ces indemnités, et si elles ont constitué une réparation suffisante du préjudice subi ? Je serais très désireux d'entendre ce généreux et hardi novateur nous exposer les détails de cette œuvre excellente de fraternité chrétienne et sociale. Mais je crains qu'elle ne soit trop neuve pour être considérée par le Congrès comme une expérience absolument décisive.

Vous voulez être assurés largement, complètement contre les conséquences de votre responsabilité. Vous voulez que, dans tous les cas, vos collaborateurs aient la certitude d'une réparation sérieuse. Vous voulez enfin que les budgets de vos jeunes sociétés de tir puissent, à l'avance, être prévus et soient assurés que rien ne viendra en compromettre l'équilibre.

Seules, à l'heure actuelle, à notre avis, les grandes sociétés avec capitaux peuvent vous procurer cette sécurité. Si, après une étude de quelques années, lorsque vous aurez constitué un matériel présentant des garanties définitives de sécurité, lorsque l'expérience de vos artilleurs les aura mis à l'abri des imprudences que comporte l'emploi si délicat des poudres ; si, à ce moment, votre risque se classe comme peu dangereux, alors seulement vous pourrez songer à constituer des mutualités qui devront, pour réussir, d'une part comprendre, dès le début, un nombre important de sociétés de tir et, d'autre part, chercher d'abord le succès moins dans la diminution des primes que dans la constitution de fortes réserves.

Cette nécessité de s'assurer, et de s'assurer à des compagnies présentant de sérieuses garanties, a été parfaitement comprise jusqu'ici par les Sociétés de tir organisées en France depuis 18 mois. Diverses polices, auxquelles nous faisons allusion plus loin, ont été contractées avec les compagnies l'*Océan*, la *Zurich*, la *Préservatrice*, la *Foncière*, l'*Urbaine-Seine*, le *Patrimoine*, la *Mutuelle Générale Française*, la *Prévoyance*. — D'autres compagnies d'assurances importantes, consultées à cet égard, m'ont répondu qu'elles avaient préféré, jusqu'ici, ne pas assurer ce risque nouveau, d'une part, parce qu'il leur semblait, d'après l'expérience italienne, dangereux et aléatoire ; et, d'autre part, parce que cette branche nouvelle d'assurances ne leur paraissait pas, pour le moment, appelée à un développement bien considérable.

VI. — Durée de l'assurance. — En raison de l'incertitude actuelle de la fixation d'un taux normal de prime, il importe de ne pas faire avec les Compagnies d'assurances des contrats de longue durée, ou, ce qui revient au même, de stipuler des facultés de résiliation réciproques. La plupart des contrats d'assurances-accidents ordinaires stipulent qu'après chaque sinistre la Compagnie a le droit de résilier le contrat à quinze jours de date, sans que l'associé ait, de son côté, un droit de résiliation facultative pour certains cas ou pour certaines échéances données. D'après les renseignements qui nous sont parvenus de plusieurs Compagnies étrangères, ces Compagnies paraissent avoir maintenu cette clause dans leurs contrats-accidents de tir. Nous croyons que les syndicats de tir français ont bien fait de stipuler, dans la plupart de leurs polices, la faculté, pour les deux parties, de résilier le contrat à l'expiration de chaque période annuelle, en se prévenant réciproquement un mois d'avance.

VII. — Des risques a assurer. — Type spécial de police. — Les Compagnies d'assurances à prime étrangères, (sous réserve de renseignements complémentaires ou rectificatifs que je prie mes collègues étrangers de vouloir bien nous donner) ne paraissent pas avoir adopté un type spécial de police pour cette branche nouvelle d'assurance.

Les exemplaires de polices que quelques compagnies, et notamment l'*Assicuratrice Italiana* de Milan, la *Zurich* et la *Winterthur* ont bien voulu m'envoyer, rentrent dans le type général des assurances collectives admis par les Compagnies d'assurances françaises avant la loi de 1898, et maintenu, depuis, par elles dans les cas où la loi de 1898 n'est certainement pas applicable.

Elles garantissent ainsi les accidents survenus au personnel, en promettant d'allouer aux victimes certaines indemnités prévues d'avance, suivant la gravité du sinistre et la situation des ayants-droit.

En France, les divers syndicats de tir ont contracté des polices d'assurances très variées, suivant des types fort divers.

Les uns, paraissant considérer que la loi de 1898 était plutôt applicable en la matière, ont adopté le type nouveau créé depuis deux ans par les Compagnies, pour la garantie des conséquences de l'application de cette loi. Puis, prévoyant le cas où le sinistré, au lieu de se prévaloir des dispositions de la loi de 1898, invoquerait la responsabilité civile de l'article 1382 du Code civil, ils ont, soit par la même police, soit par avenant, stipulé cette seconde garantie. Mais ils n'ont prévu ni les accidents causés aux tiers ne faisant pas partie du personnel, ni l'allocation d'une indemnité contractuelle accordée en tout cas à la victime pour l'hypothèse où ni la loi de 1898, ni l'article 1382 ne seraient applicable. — C'est dans ces conditions qu'ont été contractées certaines polices avec l'*Urbaine-Seine*, la *Préservatrice* et la *Mutuelle Générale Française*.

D'autres syndicats ont stipulé d'abord la garantie de leur responsabilité civile, suivant le type ordinairement admis lorsque la loi de 1898 n'est pas en jeu, et se sont ainsi assurés d'une façon générale, et contre les accidents causés à leur personnel, et contre les accidents causés aux tiers. Puis, par un avenant, ils se sont faits relever de l'application éventuelle de la loi de 1898. Mais ils n'ont pas cru devoir stipuler pour tous les cas en faveur des victimes l'indemnité de réparation contractuelle. — Telles sont les polices contractées avec la *Zurich* et la *Foncière*.

D'autres, enfin, en traitant avec la *Prévoyance*, ont prévu la loi de 1898, l'article 1382, l'indemnité contractuelle, mais n'ont songé qu'aux accidents causés à leur personnel, sans se garantir contre les accidents causés aux tiers. Rentrent dans cette catégorie certaines polices collectives agricoles de l'*Urbaine-Seine*, contractées non pas par des Sociétés de tir, mais par des propriétaires isolés qui, en assurant leur personnel contre les accident ordinaires de leurs exploitations, ont déclaré avoir des canons paragrêles.

Nous estimons que, pour se couvrir complètement, et pour remplir en même temps leur devoir social, les propriétaires isolés et les Sociétés de tir doivent suivre l'exemple tracé par les Sociétés du Beaujolais dans leur contrat avec l'*Océan*, et adopter un *type spécial de police mixte* visant les quatre principaux éléments d'assurance que nous avons indiqués :

1° Responsabilité civile de la Société et de chacun de ses membres vis-à-vis du personnel du tir.

2° Application éventuelle de la loi de 1898.

3° Responsabilité vis-à-vis des tiers autres que le personnel.

4° Allocation au personnel de certaines indemnités contractuelles, pour le cas où l'accident serait dû soit au cas fortuit, soit à la faute même ou à l'imprudence de la victime.

Les Compagnies d'assurance fixent en général un maximum de garantie pour le cas de responsabilité de l'article 1382. En présence des tendances de la jurisprudence actuelle à allouer de fortes indemnités, nous croyons prudent de ne pas descendre à cet égard au-dessous de 15.000 ou 20.000 francs par personne, et de 50.000 francs par sinistre.

Les indemnités contractuelles peuvent être soit en *capital*, soit en *rentes*.

Les Compagnies italiennes paraissent accorder, dans tous les cas, un capital.

Ce capital qui, à l'*Assicuratrice Italiana*, est de 3.000 francs, est payé intégralement à la victime, en cas d'invalidité permanente totale, ainsi qu'à la femme ou aux enfants en cas de décès. Si l'invalidité est partielle, le *quantum* de l'indemnité est diminué et varie de 60 % à 3 % du capital total de 3.000 francs, suivant une série de degrés d'infirmité prévus au contrat.

Les Compagnies suisses allouent, en cas de décès, un capital dont le chiffre varie suivant la qualité des ayants-droits, femmes, enfants ou parents dans l'indigence. En cas d'invalidité permanente totale, la victime a droit à une *rente* viagère correspondant à la somme assurée et calculée conformément à une table de rentes reproduite dans le contrat. En cas d'invalidité permanente partielle, la rente est réduite en conséquence, proportionnellement au degré d'infirmité.

Le paiement d'un capital au lieu de la rente peut avoir lieu après entente entre les parties.

Les contrats français d'assurances collectives extra-loi, admettaient en général l'allocation d'un *capital* variable suivant l'infirmité, et représentant de 100 à 1.200 fois le salaire, avec un maximum.

Les Sociétés de tir du Beaujolais ont préféré dans leur contrat éviter ces distinctions et stipulations diverses. Elles ont convenu qu'en cas où l'accident n'engagerait leur responsabilité ni en vertu du droit commun, ni en vertu de la loi de 1898, les victimes auraient néanmoins contractuellement le bénéfice de la loi de 1898.

Il est certain que les indemnités éventuelles qui en résulteront sont, d'une façon générale, fort élevées, ce dont nous ne pouvons que nous féliciter dans l'intérêt des victimes.

On peut, néanmoins, faire à ce système une double objection.

Lorsque, dans le contrat, on a stipulé tant pour une main, tant pour une jambe, pour un œil, etc., on est sûr que l'infirmité une fois constatée, il n'y aura pas de procès. Il est à craindre, au contraire, que le renvoi à la loi de 1898 qui, à la différence des lois italiennes et autrichiennes, ne fixe pas d'échelle légale des infirmités, ne donne lieu à des procès, au moins pendant quelques années, jusqu'au jour où la jurisprudence, déjà si nombreuse, aura permis d'établir un tarif moyen de chaque infirmité.

D'autre part, on peut regretter, que, conformément à la loi de 1898, à laquelle on s'en est référé, les indemnités soient toujours payées en *rentes* (sauf rachat, au bout de trois ans, du quart de cette rente par un capital (art. 9 de la loi). Il est telles circonstances où l'allocation immédiate d'un petit capital rendrait à la victime plus de service que le paiement annuel d'une rente minime.

Il faut espérer que les parties tomberont facilement d'accord dès la consolidation de la blessure sur le rachat de tout ou partie de la rente.

A côté de l'invalidité permanente, ou de la mort, il y a lieu de prévoir le cas, heureusement bien plus fréquent, de simple incapacité temporaire.

Les polices étrangères allouent en général une indemnité fixe pour chaque jour d'incapacité (2, 3 ou 4 francs). Les polices collectives françaises extra-loi accordent le plus souvent le demi-salaire. Dans le système qui prend pour base de l'indemnité contractuelle la loi de 1898, le demi-salaire est de droit; mais comme beaucoup d'artilleurs sont des métayers, et non des salariés, il importe de stipuler qu'on s'en référera au salaire moyen agricole de la commune.

Notons en dernier lieu, que l'assurance devra couvrir non seulement le personnel desservant les canons, mais encore toutes personnes, officiers ou soldats, remplissant des fonctions accessoires ; qu'elle devra, notamment viser, tout travail exécuté en vue de l'organisation de la défense : transport du matériel et des poudres, détention, réparations ou manipulations diverses, etc... Elle devra aussi garantir les accidents survenus aux parents ou serviteurs des artilleurs. Vous entendez venir en aide à tous les membres de la grande famille agricole, qui pourraient être victimes des conséquences quelconques de vos installations nouvelles. Il faut le stipuler d'une façon précise, afin d'éviter dans l'avenir toute contestation possible.

A côté des dommages *corporels*, n'y a-t-il pas lieu de garantir les dommages *matériels* ?

Si les entrepôts de poudre étaient placés dans des habitations particulières, il n'y aurait pas d'hésitation à conseiller l'assurance des conséquences matérielles d'une explosion éventuelle. Mais, d'après les instructions ministérielles, la poudre ne peut être détenue que dans les poudrières ou dans les postes de tir ; la multiplicité des foyers de danger eût en effet compromis la sécurité publique et eût, d'autre part, élevé considérablement les primes.

Il n'y a donc à se préoccuper que des accidents matériels occasionnés à la poudrière ou aux postes, ainsi qu'au matériel de transport des engins et poudres. Mais, d'une part, ces accidents ne peuvent être bien graves et, d'autre part, les Compagnies qui assurent contre les accidents de personnes ne garantissent pas, généralement, les accidents matériels (1), ce qui obligerait à une double assurance. Nous nous contentons donc de signaler la question, en reconnaissant, d'ailleurs, que les précautions prises soit spontanément, soit en vertu des règlements administratifs (Voir notamment l'arrêté du préfet du Rhône du 5 octobre 1901) rendent les accidents graves peu probables en cette matière.

Il nous reste à dire quelques mots de la fort importante question du mode de calcul et du taux de prime.

---

(1) La police spéciale canons-grêle de la *Foncière* garantit les accidents matériels.

Il serait difficile de prendre pour base de la prime le *chiffre des salaires*, pour un double motif : d'abord, un certain nombre d'assurés ne sont pas des salariés. Puis cette base acceptée aurait pour conséquence des déclarations, tenues de livre de paie, vérifications qui sont inacceptables en matière agricole.

Vaut-il mieux calculer la prime à *tant par homme*, comme l'ont fait l'*Assicuratrice Italiana* et la *Winterthur*, ou à *tant par canon*, suivant le système de la *Mutuelle de Vicence*, de la *Zurich*, de l'*Océan* et de la plupart des *Compagnies Françaises* ?

Nous croyons ce second système préférable. Il est bien difficile de fixer, d'une façon exacte, le nombre des agents divers qui doivent être garantis, officiers et soldats du tir, artilleurs, observateurs et remplaçants, transporteurs ou manipulateurs d'engins. Des difficultés pourraient surgir sur la qualité de telle ou telle victime. Mieux vaut traiter sur la base fixe de tant par canon.

Quant au montant de la prime par canon, il est absolument impossible d'indiquer, même très approximativement, ce qu'il doit être. Il s'agit, en effet, d'un risque complètement nouveau ; il s'agit d'appareils très variés, présentant des conditions de sécurité différentes ; il s'agit, enfin, jusqu'ici, de contrats très divers, visant des cas de responsabilité non identiques et allouant des indemnités variables. En présence de cette variabilité des contrats, il n'y a pas de commune mesure qui permette même de préciser les prix moyens stipulés. — Je croirais, au surplus, sortir de mon rôle impartial de rapporteur en indiquant les tarifs que chacune des Compagnies a bien voulu me faire connaître.

Nous ne pouvons que souhaiter, en terminant, dans l'intérêt des assurés, des assureurs, et des victimes, que la perfection du matériel, la multiplicité des précautions prises et la prudence des artilleurs permettent de conserver longtemps l'excellente moyenne de sinistres constatée en France en l'année 1901.

M. le Président. — M. Châtillon désirant présenter quelques observations sur cette première partie du rapport de M. Chardiny, je lui donne la parole.

M. Châtillon. — M. Chardiny nous a dit que les accidents causés par le tir ne tombent sous l'application ni de la loi de 1898 ni de celle de 1899, mais nos paysans ne comprendraient pas que certaines catégories d'accidents ne soient pas assurées, et nous avons voulu que toutes les fois qu'un accident survient, il soit assuré, alors même qu'il ne rentrerait pas dans le cas de l'article 1382 et suivants du code civil ou des lois de 1898 et de 1899.

Il y a lieu de prévoir des indemnités contractuelles pour le cas où la loi de 1898 ne serait pas applicable, et même des indemnités analogues en faveur de ceux dont le cas ne tombe ni sous l'application de cette loi ni sous le droit commun.

Voilà la première observation que j'avais à faire et, puisque j'ai la parole, j'en profiterai pour dire aussi deux mots au sujet des accidents matériels.

Je me rappelle qu'au début, lors de la réunion du comité du contentieux du Sud-Est, qui comprenait six ou sept avocats, parmi lesquels se trouvait M. Chardiny, j'attachais une grande importance à ce que les accidents matériels fussent garantis; mais nous ne savions pas encore dans quelles conditions nous serions autorisés à détenir la poudre et à établir les poudrières. Vous n'ignorez pas, Messieurs, que, pour pouvoir conserver la poudre dans des endroits déterminés, il faut, au préalable, se prêter à de longues enquêtes et à de nombreuses formalités administratives; si l'Administration avait voulu exiger de nous l'accomplissement de toutes ces formalités, nous n'aurions jamais pu arriver à avoir la poudre nécessaire à nos tirs. Au commencement de cette année, nous avions donc dû envisager le cas où la poudre serait conservée chez nos artilleurs et nous avions, dès lors, deux sortes d'accidents à prévoir, les accidents corporels et les accidents matériels, ces derniers comprenant l'écroulement ou l'incendie des bâtiments que les polices d'assurances ne garantissent pas, lorsqu'ils sont déterminés par l'explosion de la poudre. Vous voyez combien la question était compliquée. Nous avons donc été appelés, avec le comité du contentieux, à examiner cette question des accidents matériels, telle que je viens de l'exposer; mais, au mois de mars, nous nous sommes rendus à Paris, pour accomplir les formalités qui nous étaient nécessaires pour commencer la campagne à la saison des orages, et la question de la poudre nous a conduits au Ministère de l'Intérieur, où nous avons été présentés à M. Cavart qui, n'ayant jamais entendu parler du tir contre la grêle, était assez étonné de ce que nous lui disions; nous lui avons exposé les dangers qu'il s'agissait de prévenir et la nécessité qu'il y avait à ce que l'Administration laissât fléchir un peu ses règlements en notre faveur.

Il est certain que, pour pratiquer le tir contre la grêle, il faut laisser disséminer la poudre un peu partout, et que les règlements ne peuvent pas être appliqués rigoureusement. M. Cavart a reconnu qu'il y avait un danger considérable à laisser détenir la poudre dans les habitations particulières; en effet, si une commune a 50 artilleurs, autant dire que toutes les habitations sont exposées à sauter. J'ai fourni à M. Cavart des explications à la suite desquelles il nous a indiqué que la poudre devrait être détenue dans des endroits déterminés, et c'est le 26 avril que M. le Ministre de l'Agriculture, ayant reçu de son collègue de l'Intérieur les renseignements nécessaires, nous a envoyé des instructions qui devaient régir la détention de la poudre. A partir de ce moment, les difficultés avaient toutes disparu, et voilà pourquoi nous n'avons plus songé aux accidents matériels, et pourquoi aussi nous ne les avons pas prévus dans nos polices d'assurances.

M. Chardiny. — Voici, Messieurs, la deuxième partie de mon rapport:

DE L'ASSURANCE CONTRE LA GRÊLE

1. — Le congrès de Padoue — Le compte rendu du Congrès international de Padoue relate les vives discussions auxquelles a donné lieu le rapport de M. Rapetti sur la question de l'Assu-

rance-grêle. M. le professeur Rapetti, avait exposé que, par suite de l'efficacité partielle des résultats du tir, il y avait lieu tout d'abord de demander à toutes les compagnies d'assurances-grêle une réduction de primes de moitié, en exigeant des consortium de tir l'engagement de ne s'assurer que dans ces conditions. Puis, prévoyant une certaine résistance des Sociétés par actions, il avait vivement attaqué leur caractère de sociétés de lucre, et relatant les diverses tentatives d'assurances mutuelles, il avait conclu à la création d'une vaste *Mutuelle de la Vallée du Pô*.

Ces conclusions furent combattues de divers côtés, d'une part par ceux qui pensaient que la création d'une pareille société impliquait un défaut de foi dans le succès du tir, et d'autre part, par certains partisans des sociétés d'assurances existantes qui redoutaient sans doute le préjudice causé à leur importante industrie.

Après le rejet de plusieurs ordres du jour divers, on aboutit à un ordre du jour de conciliation ainsi conçu :

« Considérant qu'en matière d'assurance, avec ou sans canons, pour des raisons culturales et économiques, les intérêts et les habitudes des régions sont différents, le Congrès affirme la nécessité d'une étude ultérieure des arguments qui tiennent compte des dites circonstances, et conclue à la présentation d'un projet concret à la réunion de l'année prochaine. »

II. — Les compagnies d'assurances grêle en italie et en France. — Je crains bien, Messieurs, que le Congrès de Lyon n'apporte pas la solution définitive de la question soulevée à Padoue par le rapport de M. Rapetti. Aussi bien, la situation des compagnies d'assurances-grêle, soit par actions, soit mutuelles, n'est pas en France la même que la situation des compagnies italiennes, telle que l'indique le compte rendu de Padoue.

En ce qui concerne d'abord les *Sociétés par actions*, Mgr Scotton affirmait que, sur 11 millions de primes encaissées, les dix ou douze Sociétés italiennes n'avaient payé que 6 millions de sinistres, et avaient ainsi soustrait 5 millions à l'agriculture pour les employer en frais généraux et dividendes.

Tout autre est la situation des Sociétés par actions françaises. Leur nombre est aujourd'hui réduit à quatre. — Deux d'entre elles, relativement récentes, l'*Éternelle* (1883) et le *Conservateur* (1897) ne servent à leurs actionnaires qu'un dividende de 3 1/2 et de 5 0/0; et encore, ces deux compagnies pratiquant aussi l'assurance-accidents, on ne peut pas dire que ces dividendes soient intégralement prélevés sur l'agriculture. Leurs bénéfices respectifs, en 1900, ont été seulement de 150.000 et de 45,000 francs.— La troisième compagnie, la *Confiance*, qui date de 1878, a payé en 1900 plus de 500.000 fr. de sinistres, pour un bénéfice de moins de 100.000 francs et un dividende de 2,50 0/0.— Seule, la Compagnie *l'Abeille*, après 45 années d'existence, et après avoir payé en 1900 près de 2 millions 200.000 fr. de sinistres, a pu accuser un bénéfice d'environ 450.000 francs, qui lui a permis de répartir à ses actionnaires, à raison de 18 francs par action, un somme inférieure à 300.000 francs. On dit que cette année les bénéfices sont supérieurs.

En résumé les Compagnies par actions françaises n'ont eu depuis 10 ans qu'une moyenne annuelle d'excédent de recettes de 650.000 fr., et encore faut-il noter qu'en 1895 et 1897 l'excédent des dépenses a été supérieur à 1 million. Nous sommes bien loin des millions soustraits à l'agriculture italienne pour enrichir d'avides actionnaires.

En ce qui concerne les *Sociétés d'assurances mutuelles*, M. le professeur Rapetti exposait à Padoue qu'un grand nombre de Sociétés italiennes avaient dû liquider après avoir épuisé leur fonds de réserve; d'où la conclusion que d'une façon générale et sauf exceptions, dans cette Italie où les coopératives de crédit sont si prospères, les coopératives-grêle, malgré l'excellence de leur principe, céderaient de beaucoup le pas aux Sociétés par actions.

Il n'en est pas de même en France, où les vingt principales mutuelles ont réglé, en 1900, près de 4 millions de sinistres, contre 3 millions payés par les Sociétés à prime. — La plus importante mutuelle, la *Ferme*, a encaissé à elle seule 827.000 francs de primes et possède 810.000 francs de fonds de réserve. — Les valeurs assurées par l'ensemble de ces vingt mutuelles atteignent près de 400 millions, contre moins de 300 millions assurés par les Sociétés à prime.

Je ne veux pas renouveler ici le débat, soulevé par M. Rapetti à Padoue, concernant le mérite respectif des Sociétés par actions et des Sociétés mutuelles. J'ai déjà fait allusion à cette question à propos de l'assurance-accidents. Les sociétés par actions offrent en général plus de sécurité, mais ont des tarifs plus élevés. Les sociétés mutuelles, quand elles n'ont pas de fortes réserves, risquent, dans les mauvaises années, de ne payer que partie des sinistres; mais elles ont l'avantage d'assurer à plus bas prix. — J'estime, pour mon compte, que lorsqu'il y a lieu de lutter contre un fléau comme la grêle, toutes les bonnes volontés doivent être acceptées, et qu'il y a place pour toutes sous le soleil de la liberté.

III. — LE RISQUE VIGNES. — RARETÉ RELATIVE DE L'ASSURANCE. — Une observation générale qui s'applique à toutes les Sociétés d'assurances-grêle, mais surtout aux mutuelles, c'est qu'en présence d'un risque aussi dangereux que le risque-grêle, il importe que l'assurance rayonne sur une surface de pays aussi étendue que possible, afin que les sinistres d'une région frappée soient compensés par les primes des régions restées indemnes. Il ne faut donc pas croire au succès prolongé des petites mutuelles locales, communales, cantonnales et même départementales.

Une seconde observation générale, c'est qu'étant donné que le dommage causé par la grêle aux vignobles est, à raison de la valeur même de leur produit, plus important pour une superficie donnée que le dommage causé aux autres récoltes de la même superficie (sauf le tabac), il paraît utile, pour arriver à des moyennes compensatrices, que les Sociétés qui assurent les vignes assurent en même temps des récoltes d'une autre nature.

Ce n'est pas à dire qu'une mutuelle exclusivement viticole soit nécessairement appelée à ne pas réussir. L'exemple de l'ancienne *Vinicole Lyonnaise*, actuellement *La Vinicole*, qui depuis 14 ans a pu une dizaine de fois payer l'intégralité des sinistres, est la meilleure preuve du contraire. Mais si *La Vinicole* a pu obtenir de pareils résultats, c'est d'une part parce que son action s'étend non seulement dans la région lyonnaise, mais bien dans la France entière et notamment dans le Midi et le Bordelais, et c'est d'autre part parce qu'elle refuse d'assurer certaines régions particulièrement éprouvées par la grêle et spécialement une grande partie du Beaujolais.

Ceci nous amène à constater, qu'en dépit des progrès effectués, la majeure partie du vignoble français reste en dehors de l'assurance. Les régions de l'Est et certaines régions du Midi de la France sont sujettes à des orages de grêle plus fréquents et plus graves qu'ailleurs. L'assurance qui devrait y être plus répandue y est, au contraire, moins en usage, et cela s'explique facilement :

D'un côté, en effet, le risque est trop dangereux. La plupart des compagnies, les mutuelles comme les autres, préfèrent ne pas assurer les vignes, même à des taux élevés. Il y a dans le département du Rhône des communes et même des cantons entiers où l'assurance non seulement de la vigne, mais des récoltes de toute nature, est interdite aux agents par des instructions formelles. Dans d'autres, on n'assure la vigne qu'à condition d'assurer en même temps, au même propriétaire, d'autres récoltes en quantité suffisante pour compenser le risque.

D'un autre côté, lorsque les Compagnies veulent bien assurer, les primes sont très élevées. Si la moyenne des primes dans l'ensemble des vignobles français est de 6 0/0 de la valeur de la récolte, elles atteignent dans certaines communes les taux élevés de 10 et même de 15 0/0. Plutôt que de payer de pareilles sommes, beaucoup de viticulteurs préfèrent ne pas s'assurer.

Notons que pour ces très mauvais risques, on ne peut espérer que la concurrence ordinaire puisse dans l'avenir amener un abaissement sérieux des tarifs. Ces tarifs sont, en effet, établis rationnellement, d'après des statistiques exactement mises au point après chaque exercice.

A côté de ces causes naturelles de restriction de l'assurance des vignes, il ne faut pas oublier que, dans certaines régions où l'assurance serait possible à des taux modérés, l'indifférence ou l'apathie d'un grand nombre de viticulteurs, certaines idées d'économie mal comprise, les empêchent d'apprécier les avantages de la prévoyance par l'assurance.

Quoiqu'il en soit de ces divers motifs, il est certain qu'à l'heure actuelle la très grande majorité des vignes françaises reste en dehors de l'assurance mutuelle, aussi bien que de l'assurance à prime.

IV. — Combinaison du tir et de l'assurance-grêle. — En présence de cette constatation certaine, je me demande pourquoi il existerait, entre les promoteurs du tir contre la grêle et certaines sociétés d'assurances-grêle, une sorte d'antagonisme?

On a dit que si le tir contre la grêle est efficace, l'assurance-grêle n'a plus sa raison d'être. C'est une erreur profonde que de poser ainsi un principe absolu ; et cette erreur a eu l'inconvénient de pousser certains partisans des assurances à contester a priori les résultats indiscutables, obtenus dès à présent par le tir.

Un pareil antagonisme ne devrait pas exister. Sans doute il vaut mieux prévenir que réparer un dommage. Mais là où les mesures préventives ne sont pas possibles, il y a place pour les mesures réparatrices, et réciproquement. Bien plus, les unes et les autres peuvent et doivent être appliquées concomitamment.

On peut, à cet égard, classer les vignobles en trois catégories :

1° Ceux où la grêle est rare.
2° Ceux où la grêle est fréquente.
3° Ceux qui se placent entre ces deux extrêmes.

Pour les premiers, il n'est pas probable que de longtemps on songe à y effectuer des installations de canons paragrêles. Les frais de ces installations, les embarras et les obligations diverses qu'elles comportent ne seraient pas en rapport avec le risque couru. L'assurance y est d'ailleurs à bas prix, et s'y maintiendra sans difficulté.

Pour les communes où la grande fréquence du fléau a été constatée, l'installation des canons paragrêles s'impose. Mais ces mêmes communes étaient frappées par les compagnies d'assurances d'une véritable interdiction, ou tout au moins d'une demi-interdiction qui, par ses taux de primes fort élevés, écartait les viticulteurs de l'assurance. Il n'y a pas ici davantage antagonisme.

Reste la masse des risques moyens.

Pour ceux-là, il semble qu'en l'état des résultats obtenus, soit par le tir, soit par l'assurance, il y ait place pour l'un et l'autre pendant longtemps encore et que, bien loin de se combattre, leurs partisans réciproques devraient s'unir contre l'ennemi commun dans l'intérêt du viticulteur.

Le tir préventif bien organisé sera le plus souvent efficace. Mais il semble établi que, pour certains orages d'une gravité ou d'une rapidité exceptionnelle, ou bien dans le cas fréquent d'une organisation imcomplète du tir, le succès ne répond pas aux espérances et aux efforts des tireurs. C'est alors que doit intervenir l'assurance réparatrice. Cet orage exceptionnel, que l'on n'aura pu prévenir, suffit à lui seul pour détruire toute la récolte ! L'assurance indemnisera de cette perte. Et qu'on ne dise pas que le viticulteur ne pourra pas s'assurer à cause de l'élévation des tarifs ! Le risque étant amélioré, les tarifs seront considérablement réduits.

M. Rapetti nous a appris, dans son rapport de Padoue, que certaines sociétés d'assurances italiennes ont admis des restitutions de primes de 20 à 30 0/0, pour les membres de consortium, dans le cas où le tir a été complètement efficace.

Quelques-unes, plus convaincues, sont allées plus loin et, quel que fût le résultat futur du tir, ont réduit à l'avance leurs tarifs

d'un tiers ou d'un quart pour les membres des consortium régulièrement installés (1).

Une compagnie enfin a concouru aux dépenses d'établissement
des procédés nouveaux.

Il y a là une voie nouvelle, dans laquelle les compagnies d'assurances françaises contre la grêle (surtout celles par actions),devraient
résolument entrer.

En matière d'accidents du travail industriel, les compagnies françaises accordent d'importantes réductions de primes, aux industries,
qui soumettent leurs appareils ou usines à certaines inspections de
comités spéciaux.

De même, les compagnies d'assurances-incendie réduisent leurs
tarifs pour usines, lorsque les machines à vapeur sont munies de
certains appareils protecteurs.

C'est le même principe qu'il s'agit d'appliquer ici, mais dans une
plus large mesure, puisque les appareils de protection sont bien plus
largement protecteurs. — L'assurance-grêle, en France, n'a pas le
développement qu'elle devrait avoir. Elle a l'occasion de multiplier
les contrats dans des régions où son abstention ou l'élévation de ses
tarifs laissait la viticulture sans défense. Quand moyennant une
prime de 3 ou 4 0/0, un propriétaire déjà protégé par les canons
pourra obtenir un surcroît de sécurité, il n'hésitera pas à le faire,
afin que cette sécurité soit complète.—D'après les renseignements qui
nous sont parvenus, le nombre des contrats d'assurances-grêle, en
Italie, aurait augmenté depuis quelques années. Ce succès peut être
dû, soit à l'abaissement des tarifs, soit aussi au mouvement d'idées
provoqué par les Congrès, qui ont réveillé l'apathie de certains propriétaires jusque-là réfractaires à l'assurance.

On fera sans doute une objection à cette combinaison du tir et de
l'assurance, c'est que le zèle des canonniers assurés aura chance de
se relâcher.

Nous ne croyons pas à ce relâchement. Les canonniers sont embri-
gadés, au moins dans le Beaujolais, sous la direction de chefs dont
l'infatigable zèle entretiendra le leur. — On pourrait, au surplus, stipuler dans le contrat que, si après transmission des ordres, le tir

---

(1) On nous dit qu'en 1901, ces réductions auraient été diminuées au lieu
d'être augmentées comme le demandait M. Rapetti, et que certaines compagnies d'assurances ne les auraient maintenues que pour lutter contre la
concurrence.

n'a pas été exécuté, et si la perte de la récolte par la grêle en a été la conséquence, il n'y aurait pas lieu à réduction de prime. — Les compagnies pourraient également convenir que le viticulteur restera pour partie son propre assureur, et admettre une sorte de large franchise de 1 ou 2 dixièmes, afin d'intéresser le vigneron à la bonne exécution des tirs.

Pour arriver à cette entente de tous en vue de lutter contre le terrible fléau, nous ne croyons pas qu'il soit besoin de créer en France cette grande mutuelle des consortium, dont M. Rapetti a esquissé le plan dans son rapport de Padoue.

Les cultures, les intérêts et les usages de l'ensemble de la vallée du Pô peuvent présenter une certaine homogénéité. Les cultures, les usages et les intérêts de la vallée du Rhône sont trop variés pour se plier aux exigences d'une institution de cette nature.

Nous avons en France plus de 20 sociétés mutuelles-grêle répandues sur l'ensemble du territoire. Pourquoi en créer une vingt-et-unième?

La grande mutuelle obligatoire de la vallée du Rhône, étant donné l'esprit français, risquerait d'avoir bientôt un caractère presque administratif, avec tous les inconvénients qu'on attache ordinairement à ce mot.

Je ne puis admettre que l'on fasse prendre aux consortium de tir l'engagement d'en faire partie, ou l'engagement de ne traiter qu'à tel ou tel taux avec les compagnies existantes. Nous sommes déjà surchargés d'obligations de diverses natures. Pourquoi nous forger de nouvelles chaînes? La liberté, la concurrence, mettant en jeu la lutte des intérêts réciproques, sont les meilleurs facteurs des progrès économiques.

La liberté, d'ailleurs, n'exclue pas l'entente de certaines sociétés de tir, en vue de traiter aux meilleures conditions possibles avec les assureurs. Si les expériences de tir sont de plus en plus favorables, les sociétés obtiendront progressivement des conditions plus avantageuses.

Espérons que, dans quelques années, elles arriveront à faire réduire les primes de moitié et même des trois-quarts. Pour le moment, je ne crois pas qu'elles puissent obtenir une réduction de plus d'un quart ou d'un tiers. Que, de part et d'autre, on prenne d'ailleurs la précaution de ne signer que des polices de courte durée! Nous sommes en présence d'un risque singulièrement modifié. Chacun, assureur et assuré, doit étudier les conséquences rationnelles de cette modification. C'est à cette étude que je vous convie, Messieurs, mais sans oser prétendre que vous puissiez dès à présent aboutir à un résultat absolu et définitif, pour lequel il faudra les longs tâtonnements de l'expérience.

M. le Président. — Je remercie M. Chardiny du brillant rapport qu'il vient de présenter au Congrès sur la question des assurances contre les accidents résultant du tir contre la grêle, et sur les modifications que la pratique du tir peut apporter dans les contrats d'assurance contre la grêle ; il a envisagé cette question sous un jour qui n'avait pas encore été étudié, et je crois que ses idées nouvelles apporteront une modification sensible dans l'attitude que les compagnies d'assurance contre la grêle avaient prise vis à vis des associations de défense.

Personne ne demandant la parole je déclare close la discussion sur le rapport de M. Chardiny.

Le rapport de M. Chardiny est adopté.

M. le Président. — Avant de donner la parole à M. le député Decker-David, qui a bien voulu se charger de lire le rapport de M. Chevalier en l'absence de ce dernier, je tiens à lui dire combien le Congrès lui est reconnaissant d'avoir bien voulu suivre ses séances et s'intéresser à ses études et à ses discussions.

M. Decker-David. — Messieurs, je suis tout confus des remerciements que veut bien m'adresser M. le président pour l'intérêt que je porte à vos travaux, car je ne conçois pas que l'on puisse rester indifférent à un congrès dont l'organisation est tout à l'honneur de la Société de Viti-culture de Lyon.

Il est, d'ailleurs, assez naturel que le parlement se préoccupe des associations de défense contre la grêle. Cette question a peut-être fait naître, au début, un peu trop d'enthousiasme, mais il n'est pas inutile de la reprendre sur un terrain neuf. Le remarquable rapport de mon excellent ami et collègue M. Chevalier résume la

législation italienne et prépare la législation française…
Je vous demande la permission de le lire en entier et,
après, je me permettrai d'apporter une modification aux
conclusions qu'il contient.

OPPORTUNITÉ DE DISPOSITIONS LÉGISLATIVES SPÉCIALES
RÉGLANT LA MATIÈRE DES

TIRS CONTRE LA GRÊLE
ET LA CONSTITUTION DES ASSOCIATIONS DE DÉFENSE

Rapporteur : M. Emile CHEVALIER
Député de l'Oise.

Des méthodes récentes de lutte contre divers fléaux des agriculteurs, tels que la grêle, la gelée, le phylloxéra ou d'autres maladies,
ont fait leur apparition et se sont développées depuis quelques
années dans plusieurs pays agricoles. Ces méthodes ont nécessité
pour leur application l'union et l'association des agriculteurs ; le
système de l'association a pris, pour ce but spécial, une importance
exceptionnelle dans ces contrées et l'attention des gouvernements a
déjà été maintes fois appelée sur la forme la plus heureuse à donner
à ces sociétés de défense et sur les facilités à leur accorder pour leur
complet développement.

De nombreuses lois ont consacré et facilité l'application des
méthodes de lutte contre le phylloxéra, depuis la loi du 15 juillet 1878,
jusqu'à celle du 15 décembre 1888. Une législation spéciale lui est
propre.

Mais, à part le phylloxéra, les autres et nombreux fléaux qui
atteignent l'agriculture n'ont pas été spécialement visés par le législateur et bien qu'à la plupart d'entre eux correspondent cependant
des procédés de défense particuliers, aucune loi ne régit ces nouvelles entreprises, aucune loi analogue à celle du 15 décembre 1888
n'en précise l'organisation légale. Le législateur, qui avait reconnu
l'insuffisance de la loi de 1865 sur les associations syndicales au
sujet du phylloxéra, avait tiré de cette loi une organisation
applicable aux entreprises de défense contre les maladies de la vigne,

mais la spécialisation nécessaire n'a pas été étendue plus loin et on n'a pas légiféré sur les procédés de lutte contre les autres fléaux.

Les entreprises contre la grêle par les nuages artificiels et contre la grêle, notamment par les tirs d'artillerie, ne sont encore aujourd'hui ni régies, ni, à plus forte raison facilitées par aucune loi, et l'on est en droit de dire que le tâtonnement, le hasard presque ont seuls présidé à l'organisation de ces sociétés, chaque jour plus importantes et plus nombreuses.

Cette question, à laquelle les divers gouvernements seront appelés à donner une solution dans un délai plus ou moins rapproché a déjà été étudiée par le gouvernement italien.

A la suite du Congrès de Padoue, en 1900, où l'Etat et l'armée étaient représentés et ou le ministre de l'agriculture français et plusieurs sociétés agricoles françaises avaient envoyé des délégués, l'efficacité du tir contre la grêle avait été officiellement reconnue. Parmi les vœux formulés au sujet des conditions de nécessité et au sujet du mode d'association, ceux-ci étaient à remarquer :

1. Que le gouvernement rende obligatoire la constitution de consortium là où la majorité des intéressés le réclame.

2. Que le gouvernement rende obligatoire le contrôle des appareils de tir, comme il le fait pour les armes à feu.

3. Qu'il n'y ait qu'un seul type de poudre à grain fin, spéciale pour le tir contre la grêle avec la plus grande réduction possible.

Un projet de loi dans ce sens a été déposé à la Chambre italienne, approuvé pleinement par la Commission parlementaire chargée de son examen.

La création d'un consortium de tir est facilitée singulièrement par cette loi, car il suffit que la proposition émane des terrains représentant le 1/10 de l'impôt foncier, quel que soit le nombre des propriétaires de ces terrains et l'admission du projet est définitive si une partie relativement minime des propriétaires donne son adhésion (1/4 payant 1/2 de l'impôt ou 3/5 payant 2/5 de l'impôt), entraînant ainsi obligatoirement le reste des propriétaires qui doivent, par arrêté préfectoral, coopérer, volontairement ou non, à la défense contre la grêle.

Il faut remarquer, en outre, que l'autorité gouvernementale n'oppose aucune restriction à la création de ces consortiums et la facilite même d'une façon remarquable, puisqu'il supprime toute espèce de procédures et de formalités, par une déclaration purement orale au maire de la commune. L'Etat se borne ensuite à garantir les diverses conditions de bon fonctionnement, comme la fixation du maximum du budget et la proportion des dépenses pour les diverses cultures de la région, le règlement des contestations au sujet des redevances, et leur recouvrement par les agents du fisc, il assure ensuite à l'association divers bénéfices comme l'expropriation obligatoire, l'exemption de taxe sur les poudres, la vérification et l'essai des appareils employés, l'assurance contre les accidents, toutes choses essentielles au développement et à la prospérité de cette sorte particulière d'association qu'est un consortium de tir.

Cette loi, ainsi comprise, répond parfaitement au rôle de l'État vis-à-vis de l'association : liberté de création, facilité de développement, garantie de bon fonctionnement ; l'ingérence de l'État est ici essentiellement utile ; l'Italie semble avoir apporté déjà la solution heureuse à la question.

Si nous examinons la situation en France, nous voyons que les progrès ont été plus lents.

Les sociétés en formation, depuis l'année dernière, dans la région du sud-est (celle de Limas entre autres dans le département du Rhône) sont régies par l'art. 291 du Code pénal, elles ont, à la vérité, une existence légale. Mais de l'aveu même de ceux qui les ont fondées, ce choix du droit commun n'a été fait qu'à défaut d'autre loi pratique.

Aucune de nos lois existantes en France ne s'approprie parfaitement aux associations de tir contre la grêle et nos régions agricoles attendent encore la coopération légale de l'État qui leur permette de lutter véritablement contre ce fléau de l'agriculture d'une manière efficace et certaine.

Le Comité du contentieux et de législation de l'Union du Sud-Est des Syndicats agricoles, qui s'est occupé particulièrement de la question, avait pensé tout d'abord à placer ces sociétés de défense contre la grêle sous le régime de la loi du 4 juillet 1900 ; mais on a remarqué avec raison que ces sociétés ne sont pas des caisses d'assurance mutuelle. Le contrat d'assurance suppose, en effet, trois éléments : 1º Le risque, événement futur et incertain ; 2º Le sinistre, réalisation de l'événement ; 3º L'indemnité, compensation de la perte occasionnée par le sinistre. La défense contre la grêle n'a pas pour but de procurer la réparation de conséquences dommageables qu'un événement futur et incertain peut entraîner, mais de prévenir, au contraire, de l'empêcher.

Le comité de l'Union du Sud-Est a écarté aussi la forme du Syndicat professionnel régi par la loi du 21 mars 1884, car on voulait fonder des sociétés ayant uniquement pour but la défense des récoltes, et la forme du syndicat agricole leur aurait laissé la faculté de se livrer à d'autres opérations et d'y ajouter d'autres buts que celui de la défense contre la grêle, cause d'imperfection et peut-être d'insuccès. « De plus, la loi de 1884 autorise tout membre d'un « syndicat professionnel à se retirer à tout instant. Dès lors, si ce « lien-syndical n'est que d'un an, comment entreprendre une telle « organisation qui nécessite des dépenses sérieuses, qu'on ne peut « songer à amortir dès la première année? Il faut que les sociétaires « soient engagés pour plusieurs années si l'on veut que la défense « soit durable et que les frais soient couverts en se répartissant « entre tous. »

En l'espèce, ces associations ne pouvaient pas non plus être soumises à la loi du 21 juin 1865, modifiée par la loi des 15 et 22 décembre 1888 sur les associations syndicales. Le paragraphe 10 de l'art. I indique bien comme pouvant faire l'objet d'une association syndicale « toute amélioration agricole d'intérêt collectif », mais il n'y a pas, à vraiment parler, d'amélioration agricole, dans le but poursuivi par les sociétés de défense contre la grêle. Les nombreuses formalités à remplir pour la constitution d'associations syndicales firent en outre hésiter un peu les membres du comité du contentieux chargés d'élaborer un mode d'organisation.

La législation de droit commun restait donc, et c'est sous l'art. 291 du Code pénal que les membres du Comité ont placé les sociétés en formation.

Cette organisation est loin de présenter les conditions nécessaires aux associations de défense contre la grêle, conditions qui ont été pleinement remplies, nous l'avons vu, en Italie, et qui font la raison d'être de la participation de l'Etat et même un des principaux éléments de succès. Si l'art. 291 du C. P. n'impose d'autre obligation que l'agrément du gouvernement, lorsque l'association comprend plus de 30 personnes et s'il est facile dans ces conditions d'élaborer des statuts qui soient en harmonie avec les habitudes des intéressés et les nécessités nouvelles, l'organisation ainsi comprise ne donne pas cependant la personnalité morale à l'association, comme le reconnaît elle-même l'Union des Syndicats du S.-E., et elle ne peut être par suite responsable des dommages et des accidents. La réparation de ces dommages et accidents est problématique. S'il est aisé de parer à cette imperfection en payant une prime à une Compagnie d'assurance, cette faculté ne constitue nullement une obligation et les membres de l'association ne sont pas garantis forcément contre les conséquences de la loi du 9 avril 1898 et du 30 juin 1899 sur les accidents de travail (Circulaire ministérielle du 21 août 1899, assimilant les accidents agricoles résultant d'explosifs aux accidents du travail).

L'association ainsi fondée ne peut également obliger tous les intéressés à contribuer aux dépenses nécessaires. Or il est cependant indispensable que, pour avoir une efficacité réelle, des postes soient créés dans toute la région sans qu'il y ait de solution de continuité dans les zones de protection. Enfin les membres de l'association peuvent se retirer quand bon leur semble et compromettre ainsi le succès des efforts tentés par la Société. Le caractère de l'obligation de l'association des propriétaires, condition essentielle de succès, n'est pas consacré dans le régime de l'art. 291 du C. P.

D'autres régions de la France, où quelques sociétés de tir contre la grêle se sont fondées, ont adopté le régime de la loi de 1884. Les syndicats de défense contre la grêle de la Chapelle-de-Guinchay (S.-et-L.) et de Saint-Gengoux-le-National (S.-et-L). sont entre autres dans ce cas. Ces associations possèdent, par l'effet de la loi, la personnalité civile et garantissent aussi leurs membres contre les accidents du travail. Mais la spécialisation du but cherché est imparfaitement atteinte, et la faculté reste entière, pour chacun des membres, de se retirer à tout instant.

La voie suivie jusqu'à présent en France a donc été, en comparaison des résultats poursuivis par nos voisins, plus hésitante et les régions qui se sont occupées des associations de tir contre la grêle en sont encore, au point de vue de l'organisation légale, dans la période de tâtonnements. Aucune solution n'a été jusqu'à présent étudiée et proposée par le gouvernement, et les diverses associations de tir qui se sont formées se sont placées principalement, à défaut d'autre chose, sous le droit commun, sans qu'aucune législation précise soit venue les aider, comme en Italie, dans leur développement.

La loi de 1865, modifiée par celle de 1888, si elle comprenait dans un de ses paragraphes le genre de travaux particuliers à la défense contre la grêle, serait celle qui s'adapterait le mieux au genre spécial de ces associations.

Il suffirait, dans ce cas, de modifier ainsi le § 10 de l'art. 1 de cette loi :

10° De chemins d'exploitation et de toute autre amélioration *ou procédé de défense* agricole, ayant un caractère d'intérêt collectif.

La loi assurerait ainsi aux associations naissantes le minimum de formalités nécessaires (associations libres) et le maximum de garanties, au point de vue du bon fonctionnement et du libre développement (associations autorisées).

La faculté de passer de l'une à l'autre forme est un point essentiel dans l'espèce, et qui mérite toute l'attention du Congrès de Lyon.

M. Decker-David. — D'accord avec M. Couanon, inspecteur général de l'Agriculture, je me permets de conclure d'une façon différente de celle de M. Chevalier. Je dépose, à titre particulier, un amendement tendant à la modification non pas de la loi de 1865, mais de l'article 1er de la loi de 1888, qui vise la défense contre le phylloxéra. Je demande qu'on enlève à cet article son caractère purement phylloxérique et qu'on lui donne aussi le caractère grêlifuge, en y ajoutant les mots « la grêle ».

M. Châtillon. — Messieurs, j'ai deux observations à présenter à propos du rapport que vous venez d'entendre. Il y a d'abord à envisager la base juridique de nos associations de défense contre la grêle, ensuite la question de la défense obligatoire.

Lorsque nous avons, l'année dernière, constitué nos sociétés du Beaujolais, nous avions une hésitation. Nous pouvions, en effet, les placer sous le couvert de la loi du 21 mars 1884 sur les syndicats professionnels, mais cette solution présentait l'inconvénient d'établir une confusion et de nous placer en face d'un empêchement véritable. Pour pratiquer le tir comme nous voulions le faire, il fallait unir les différents syndicats entre eux et créer une union de syndicats, laquelle union n'aurait pas eu la capacité juridique qui n'est pas refusée aux simples syndicats. Telles sont les raisons pour lesquelles nous avons écarté la loi de 1884. Nous n'avions plus devant nous que le droit commun, c'est-à-dire l'article 291 du Code pénal qui, comme le disait M. Decker-David, est imparfait, mais nous n'avions pas l'embarras du choix. Aujourd'hui, cette difficulté a disparu, depuis la loi du 1er juillet 1901 sur le contrat d'association et cette loi nous fournit une base excellente pour nos sociétés. Elle prévoit, en effet, trois sortes de sociétés: les sociétés libres, les sociétés déclarées et les sociétés reconnues d'utilité publique. Les premières peuvent se former librement, leurs adhérents ne sont tenus d'accomplir aucune formalité, mais elles n'ont aucune capacité juridique. Les sociétés déclarées se forment moyennant l'accomplissement de certaines formalités simples et peuvent acquérir une capacité juridique restreinte indiquée à l'article 6 de la loi en question. Or, cette capacité nous est suffisante et il ne nous reste plus qu'à devenir associations déclarées en remplissant les formalités énumérées à l'article 5 et qui consistent à aller à la préfecture ou à la sous-préfecture déposer deux exemplaires des statuts et faire la déclaration du nom des personnes qui doivent diriger les sociétés, formalités dont les bureaux donnent un récépissé. Il est donc très simple de trouver une base juridique à nos sociétés.

Le deuxième point que je voulais examiner est celui relatif à l'extension de la loi du 21 juillet 1865 ou de celle du 15 décembre 1888 pour arriver à la défense obligatoire. Eh! bien, j'estime que le législateur français ne pourra être saisi de cette question que lorsque nos expériences auront été plus nombreuses et plus concluantes. Par conséquent ce deuxième point a, pour le moment, beaucoup moins d'intérêt.

M. le Président.— Personne ne demandant plus la parole, je déclare la discussion close sur le rapport de M. Chevalier.

Le rapport de M. Chevallier est adopté.

M. le Président. — Le jury des canons n'ayant pas encore terminé son travail, je prie M. Roberto de vouloir bien nous donner lecture du rapport de M. *le major Pistoï,* sur *le Matériel de tir.*

ÉTUDE TECHNIQUE DU MATÉRIEL DE TIR

Rapporteur : M. Pistoï

Major attaché à l'Inspectorat de l'Artillerie de campagne
au Ministère de la Guerre, à Rome

Les perfectionnements immenses que les armes à feu ont subis, dans les dernière quarante années du XIXᵉ siècle, ont pu s'accomplir uniquement parce que l'art métallurgique et mécanique a résolu, de la manière la plus simple, les problèmes les plus difficiles devant lesquels le génie des inventeurs jusqu'alors s'arrêtait.

Ces problèmes ont été, cependant, posés depuis longtemps en termes précis et clairs.

Dans l'étude des armes nouvelles, destinées à lutter contre les nuages apportateurs de la grêle, le problème se présente, au contraire, d'un côté, sous la forme la plus indéterminée qu'on puisse s'imaginer, puisqu'il s'agit, en somme, de construire une arme propre à produire un effet dont la nature se soustrait encore aux investigations de la science.

Les premiers éléments nous font donc défaut pour juger de la bonté de cette arme, et l'inventeur ou le constructeur restent d'un autre côté sans savoir à quelles exigences se conformer.

Le canon grêlifuge, originaire de la Styrie, n'a subi aucun changement dans ses parties essentielles, en passant par l'Italie, pour arriver en France et en Espagne.

Mais, si je dis qu'il est resté tel qu'il nous est venu de la Styrie, j'entends parler de son essence et pas de son apparence.

Cette dernière a été sujette à bien des modifications desquelles personne — et peut-être pas même les inventeurs — ne saurait donner une raison scientifique. Il nous arriva de la Styrie, sous forme d'un pavillon capable de contenir une certaine quantité d'air dont les molécules, mises en mouvement, produisent, moyennant une explosion, l'effet de susciter une commotion dans les régions où se forment les nuages menaçants.

Le pavillon était la partie matérielle de l'appareil. Rien de plus facile que de le copier dans ses formes extérieures, mais ce que je voudrais appeler *l'esprit* de la chose, c'est-à-dire la question : quelle espèce de commotion vient se produire par l'explosion ? Là est encore l'inconnu.

Cette ignorance durera jusqu'au jour où la science nous dira de quelle manière les nuages se forment.

Alors seulement nous pourrons logiquement étudier le problème : quelle est la commotion qu'il faut porter au sein de l'atmosphère?

Ceci une fois établi, il serait facile de définir une arme qui réponde à ces conditions. C'est alors seulement qu'on pourrait parler de la théorie technique d'un canon grêlifuge, tandis qu'à présent il m'est impossible — à moi, comme à tout autre — de traiter la chose autrement qu'à un point de vue entièrement empirique.

*_**

L'étude que la bienveillance des organisateurs de ce congrès a bien voulu me confier n'est pourtant pas sans importance, même dans ces limites modestes.

Je n'ai qu'un regret · celui que mes connaissances soient si limitées, et celui de ne pouvoir accomplir ma tâche aussi bien que d'autres, à ma place, auraient pu le faire.

*_**

Donc, comme je viens de le dire, le canon grêlifuge a deux organes principaux :

Le pavillon et le mortier, ou canon proprement dit.

*_**

Le pavillon. — Son emploi est de diriger l'action dans la direction la plus convenable et de conférer, en même temps, à cette action la plus grande efficacité possible ; c'est comme qui dirait que l'action se multiplie par l'effet du pavillon. Mais nous ignorons quelle doit être cette action et nous en ignorons même la portée ; comment pourrions-nous donc définir les proportions qui peuvent être plus convenables à donner au pavillon ?

Nous voilà donc forcés d'entrer dans le champ de l'hypothèse, pas trop vaste, heureusement, parce que de n'importe quelle manière qu'on veuille expliquer l'effet du tir sur les nuages apporteurs de la grêle, on finira toujours par y trouver un effet dynamique.

La différence des opinions se manifeste relativement à la nature de ces effets.

Quelques-uns veulent les attribuer aux ondes sonores, d'autres au choc d'un vrai projectile de gaz, et d'autres encore à une action susceptible de modifier la force électrique des nuages.

En toute manière, le problème de la construction raisonnée des pavillons se réduit à l'art de les construire d'une façon propre à fournir le plus grand rendement dynamique.

Il n'y a que la voie expérimentale pour ces recherches et je m'étonne du petit nombre d'expériences qui sont venus à ma connaissance à ce sujet.

Mais, entendons-nous bien, ce n'est pas la plus grande efficacité dynamique, à une certaine distance, qu'il faut obtenir, mais la moindre consommation d'énergie pour une étendue déterminée à parcourir.

Si ces recherches pouvaient nous conduire à des résultats pratiques, nous serions dans le cas de dire que nous avons trouvé un pavillon qui répond parfaitement à son but, c'est-à-dire un pavillon qui est capable de porter le plus loin une plus grande énergie de l'explosion de la poudre.

Celui qui croit que cette énergie dépend des ondes sonores, formera son pavillon selon les exigences de l'acoustique; celui qui croit au projectile de gaz produit par l'air que le pavillon contient, donnera à ce dernier une petite inclinaison sur la génératrice du cône de l'axe; celui qui croit à l'action de l'électricité choisira une autre forme encore; celui, enfin, qui croit à l'action de l'anneau tourbillonnant, étudiera les causes qui pourraient en faciliter la formation.

Quant à moi, sans exposer ici mes raisons plus explicitement, je déclare d'être du nombre des partisans de l'anneau de gaz.

Mais je ne suppose pas que cet anneau fonctionne comme un projectile, quoique cette similitude avec ce qui arrive dans les armes de guerre puisse flatter mon amour-propre d'artilleur.

A mon avis, l'anneau suit une trajectoire dans l'air et s'élève à une certaine hauteur en conservant sa figure intacte; arrivé à un point donné il perd son individualité saillante et alors se présentent des ondes spéciales, qui s'étendent jusqu'au point où elles exercent leur action en détruisant les causes (toujours de la même espèce, quelles qu'elles soient) qui tendent à produire la formation de la grêle.

Dans cet état de choses, sans risquer de préciser en chiffres la hauteur où l'anneau arrive dans sa forme intacte, on peut, toutefois, durant son trajet assez long en sens vertical, mesurer l'efficacité dynamique dont cet anneau est capable, en réussissant, de cette manière, moyennant beaucoup d'expériences, à déterminer la question de la forme la plus propre à donner au pavillon.

Ce n'est, cependant, pas seulement la forme du pavillon qu'il faut étudier, mais encore la hauteur à laquelle il est nécessaire d'introduire violemment dans son intérieur le gaz provenant de l'explosion de la charge, et, ensuite, s'il convient, ou non, d'appliquer des trous à la base du pavillon, enfin quel doit être le rapport entre le poids de la charge et la capacité intérieure du pavillon.

J'ai essayé de faire quelques expériences à ce sujet et voici à quelles conclusions je suis arrivé :

1º L'inclinaison de la génératrice du pavillon sur l'axe doit être de 1/5 à 1/6.

2º Il est utile d'appliquer de petites ouvertures au fond du pavillon.

3º Le gaz doit déboucher dans le pavillon de 1/15 à 1/20 de la hauteur du pavillon même.

4º La quantité et la qualité de la charge doivent être telles que cette dernière puisse développer du gaz jusqu'à 1/5 — 1/6 de la capacité du pavillon.

Il s'ensuit, par conséquent, que les pavillons actuellement en usage répondent généralement assez bien à leur emploi, quant à la forme; il serait seulement nécessaire de déterminer, pour chacun d'eux, la charge qui lui convient, sans quoi on court le risque d'un gaspillage de poudre ou d'une diminution de cette efficacité des coups que le canon même permettrait. Une telle charge, c'est-à-dire une charge adaptée à chaque pavillon, s'appelle la charge du plus grand rendement.

Il est possible qu'un canon proprement dit ne soit pas capable de contenir une telle charge ou qu'il n'y puisse résister. Dans ce cas la machine, dans son ensemble, aurait quelque défaut.

Il est également possible, qu'une charge ne soit pas capable de conférer assez d'efficacité au coup, en d'autres termes, si un tel cas se produisait, il serait inutile de tirer.

C'est seulement à l'usage que des éventualités de cette espèce peuvent être constatées.

Je crois que celà dépend beaucoup de la localité ; je crois aussi que de tels faits se sont souvent présentés, durant ces dernières années et qu'un grand nombre d'insuccès, dont on s'est plaint, doivent être attribués moins à un défaut d'éfficacité du système de tir, qu'au fait d'avoir employé des canons impuissants.

*_**

Le canon. — Au point de vue de l'efficacité du tir contre la grêle le pavillon est, à mon avis, la partie essentielle de cette machine qu'on s'est trouvé d'accord d'appeler du nom improvisé de canon grêlifuge.

Dans la pratique, au contraire, on a donné la plus grande importance à cette partie de la machine où se produit l'explosion de la charge de poudre.

Cela s'explique facilement parce que, de ce côté, on peut laisser le champ libre au génie de l'inventeur et parce qu'il s'agit, au fond, d'une arme à feu qui présente plus ou moins des rapprochements avec les innombrables armes à feu, qui existent déjà.

L'engin en question nous vient de la Styrie, sous la forme d'un mortier, la plus rudimentaire des armes à feu.

Sa simplicité séduisit les agriculteurs au point qu'un grand nombre d'entre eux retiennent cette forme, encore aujourd'hui, comme préférable aux autres. Je ne saurais, cependant, jamais la recommander, considérant combien de temps et de peine il faut employer pour le chargement de cette espèce de canon et à quel point la sécurité contre les explosions dépend de l'exactitude plus ou moins grande avec laquelle on le charge. Je n'hésite donc pas à déclarer que les systèmes à *retrocarica* sont les meilleurs.

Ce n'est pas à moi, il me semble, de m'occuper de l'examen des types différents, qui existent dans ce genre.

Il y en a des bons, également bons parce qu'ils possèdent, dans la même mesure, les trois qualités requises :

Résistance, simplicité, bon marché.

Mais, ce dont je dois vous prévenir, c'est que l'expression *retrocarica* n'a pas du tout le même sens, ici, qu'en parlant des armes de guerre. Le canon grêlifuge est simplement une arme qu'on charge par derrière,.. et rien de plus.

L'arme de guerre à *retrocarica*, au contraire, a marqué réellement un progrès énorme, non seulement par la manière plus sûre, plus rapide et plus commode du chargement, mais encore à cause des caractères balistiques très prononcés qu'on a pu conférer au projectile, moyennant le chargement par la culasse.

Le canon grêlifuge, au contraire, n'a pas de projectile, et le système *retrocarica* n'a d'autre but qu'obtenir une plus grande commodité et sécurité du chargement. En outre, les constructeurs des canons à *retrocarica* ne se sont presque pas occupés de l'efficacité balistique et ils ont construit des canons grêlifuges qui n'ont pas pu toujours soutenir une comparaison avec les mortiers et qui ont, par conséquent, démontré leur impuissance.

Dans les mortiers se produit toujours une combustion complète, par le fait d'une obstruction complète, tandis qu'elle manque souvent dans le canon à *retrocarica*.

Ce sont les constructeurs même qui l'ont évité, par crainte d'une fuite de gaz dans le mécanisme de fermeture.

En effet, pour qu'un canon ait l'efficacité nécessaire, il faut que la poudre puisse brûler tout entière et complètement. L'âme (la partie intérieure) du canon étant très courte, il est nécessaire de remédier à cet inconvénient, en augmentant l'engorgement.

Il est vrai qu'on aura, de cette manière, des fuites de gaz, mais de cela on n'a pas à s'en préoccuper. Evidemment, toute espèce de fuite est excessivement dangereuse dans les armes de guerre, mais, pour les canons grêlifuges, c'est différent. Comme il n'y a presque pas de pression, les fuites n'en peuvent pas compromettre le système, pourvu qu'elles soient restreintes dans les limites qui suffisent pour garantir celui qui tire contre tout péril.

Le système à *retrocarica* a amené la nécessité de l'emploi des gargousses, qui exige une dépense assez considérable et un service très compliqué (puisque ces gargousses doivent être rechargées sur place), sans compter le danger qui dérive du fait qu'il faut employer l'amorce après avoir chargé la gargousse.

Une invention qui permettrait d'abolir les gargousses et de pourvoir les stations de tir d'autant de cartouches complètement préparées d'avance qu'il y aura probablement de coups à tirer, voilà un progrès qui serait aussi utile que réel ; pourvu que tous les canons à *retrocarica* fussent tous dignes de porter ce nom, pourvu qu'ils puissent tous donner l'obstruction que seulement un petit nombre d'entre eux donne aujourd'hui.

A propos du matériel du tir contre la grêle, je ne devrais pas omettre de m'occuper aussi des bombes explosives et des fusées, mais je m'en abstiens, sachant que c'est un autre rapporteur, plus compétent que moi, qui parlera sur cette question.

Quant à moi, je me borne à observer que ce système-là appartient encore à mon avis, au domaine de la science.

Ceux qui en ont essayé l'expérience, en Italie, l'ont abandonnée surtout à cause de la dépense, pas indifférente, qu'il entraîne.

On n'a pas construit d'appareils spéciaux.

Les fusées ont été soigneusement étudiées, mais on ne réussit pas à les lancer à une distance plus grande que 200-250 mètres en ligne verticale.

Les investigations se continuent, cependant, pour trouver le moyen d'atteindre des hauteurs plus élevées. Je dirai, en général, que ce système présente des difficultés très grandes.

D'abord, il faudrait faire éclater la fusée au milieu des nuages menaçant la grêle et, à cette fin, il serait nécessaire de règler le point d'éclat, comme nous autres, artilleurs, nous règlons l'évent des projectiles. Mais, même en obtenant cela, il reste à savoir si un éclat violent au milieu des nuages est plus ou moins efficace qu'une commotion moins intense mais plus étendue, du genre de celle que nous réussissons à produire moyennant les coups du canon grêlifuge actuellement en usage.

*
* *

C'est dans ce même ordre d'idées que rentre la considération sur l'opportunité d'employer un matériel explosif autre que la poudre, pour le tir du canon grêlifuge. Des expériences en grand nombre sont encore indispensables pour venir à bout de ce problème.

Pour le moment, à mon avis, la poudre est encore le matériel le plus propre à cet usage, de manière qu'il n'est pas nécessaire de chercher un autre explosif qui présente une combustion plus vive et, moins encore, de la remplacer, serait-ce même par un gaz.

*
* *

Arrivé au terme de mon rapport, je m'aperçois que je viens de faire quelque chose de bien différent d'une étude technique.

Il me semble, malgré celà, que mon travail ne sera pas tout-à-fait inutile, ne serait-ce que pour avoir appelé l'attention des inventeurs et des constructeurs sur la nécessité de constituer pour l'arme nouvelle une technologie qui nous fait défaut jusqu'à présent.

Actuellement, il n'existe qu'un certain nombre de faits qui font espérer, cependant, que, dans un bref délai, on aura établi les termes

précis du problème à la solution duquel le savant technicien
puisse se livrer avec profit.

Le Rapporteur,

G. Pistoï.

M. Roberto. — Outre le témoignage d'honneur que je
veux donner à M. Pistoï, pour le remarquable travail que
je viens de lire, je tiens à dire qu'il a dépensé beaucoup
d'argent pour ses expériences et que, malgré le peu de
résultats qu'il en a obtenus, il les a publiées honnêtement.

Voilà donc toutes les expériences réduites au *tore*. J'ai
tâché de démontrer, ce matin, que les théories fondées
sur cet anneau peuvent affronter la critique de ceux qui
s'occupent des progrès de la science, mais il y a encore
d'autres questions à étudier. Nous avons des canons d'un
modèle moyen et d'autres d'un grand modèle ; M. le colonel Tua, que je regrette de ne pas voir ici en ce moment,
a fait, à ce sujet, une observation importante. Il estime
qu'en doublant et en triplant la charge, on n'obtient pas
un effet double ou triple ; il a cité le cas de la charge de
160 grammes de poudre qui ne produit pas un effet double
de celui de la charge de 80 grammes ; cela est vrai, mais
toute chose a des limites, il ne faut jamais l'oublier. Si
nous désirons seulement combattre des orages très bas
et très épais, ceux qui éclatent tous les ans et presque
dans toutes les régions, les canons de petit modèle sont
suffisants. Nous pouvons donc accepter tous les modèles
de canons. Mais, si nous désirons pousser la défense aux
orages plus élevés et plus violents, il faut que le projectile
monte jusqu'à la hauteur où ils se trouvent. Si la distance
est double ou triple, nous pourrons les atteindre, mais à
condition, bien entendu, de pouvoir faire la dépense
nécessaire pour obtenir le résultat. Tout se réduit donc à
une question de dépense pour un effet utile, mais c'est
déjà quelque chose. En somme, il faut qu'il y ait équilibre
entre le moyen et le but à atteindre et, s'il est entendu que

nous pouvons dépenser beaucoup, il ne reste plus qu'à résoudre des problèmes de pratique qu'il n'est pas nécessaire de traiter dans un congrès.

Reste encore une autre question. Certains prétendent que les petits canons se comportent mieux que les grands; nous ne pouvons pas affirmer cela, parce que les jurys n'ont pas accepté, jusqu'ici, de faire des expériences ayant pour but de démontrer la vélocité relative du *tore*. Pour arriver à prouver la supériorité de tel ou tel modèle de canon, il faut essayer les tirs horizontaux, car il y a deux vélocités : celle de translation et celle de rotation. Dans les anneaux, ces deux vélocités sont liées ; la raison en est dans ce fait qu'il est nécessaire qu'il y ait à chaque instant équilibre entre la force centrifuge et la force centripète, vu la pression due à la résistance du projectile contre l'air. Le calcul nous montre qu'une vélocité ne peut pas varier sans l'autre; on n'a donc qu'une mesure relative et non absolue de l'énergie. C'est la première fois que je parle de cette théorie, mais, si l'on admet plus tard que ces deux vélocités sont liées entre elles, on ne pourra plus dire que l'énergie totale de l'anneau augmente avec sa vélocité, et c'est alors que l'on pourra indiquer le modèle de canon donnant les meilleurs résultats.

C'est tout ce que j'avais à dire, Messieurs, sur cette question, je pense que le congrès voudra bien accepter cette étude.

M. le Président. — Je remercie M. Roberto de l'intéressante communication qu'il vient de nous faire et je vous propose d'adopter le rapport de M. Pistoï.

Le rapport de M. Pistoï est adopté.

M. le Président. — La parole est à M. *le capitaine Canard* pour son *Étude technique du Matériel de tir.*

ÉTUDE TECHNIQUE DU MATÉRIEL DE TIR

RAPPORT SUR L'EXPOSITION INTERNATIONALE DES CANONS GRÊLIFUGES AU PARC DE LA TÊTE-D'OR, A LYON

Par E. CANARD

Capitaine d'artillerie

A l'occasion du IIIe Congrès international de défense contre la grêle, la Société régionale de viticulture de Lyon a ouvert une Exposition internationale à laquelle elle a convié tous ceux qui, en France et à l'étranger, pouvaient apporter leur concours à l'organisation de la lutte.

Cette Exposition s'est tenue à Lyon, au Parc de la Tête-d'Or, pendant les journées des 15, 16 et 17 novembre 1901.

Elle était divisée en quatre catégories distinctes : la première catégorie, la seule que nous ayons à examiner ici, comprenait les canons et autres appareils pouvant être utilisés dans le tir contre la grêle.

Le présent rapport a pour objet d'esquisser un aperçu d'ensemble sur le matériel exposé dans cette catégorie, d'enregistrer les résultats acquis et de grouper les conditions qui paraissent les plus recommandables dans l'établissement d'une artillerie paragrêle.

L'exposition renfermait une cinquantaine de canons ou mortiers présentant quinze types différents, un système de bombes et un système de fusées.

Nous étudierons d'abord les canons et nous les examinerons successivement au point de vue de la constitution de leurs divers organes essentiels, savoir :

I. — Canons proprement dits (fermetures de culasse, percuteurs, extracteurs).

II. — Munitions (douilles en papier, cuivre, acier ; amorces ; caissons à munitions).

III. — Vitesse du tir.

IV. — Entretien des canons et des munitions

V   Cônes diffuseurs.

I. — CANONS

Les canons ayant figuré à l'exposition peuvent se diviser en deux catégories principales :

1. Les canons se chargeant par la bouche.
2. Les canons se chargeant par la culasse.

I. — Canons se chargeant par la bouche

Les canons ou mortiers se chargeant par la bouche présentent sur les canons se chargeant par la culasse les avantages suivants :

Leur construction est plus simple, leur résistance pendant le tir est plus grande par suite de l'absence de culasse, leur entretien est presque nul et leur manœuvre n'exige aucune éducation préalable ; mais, l'absence de douilles confectionnées d'avance nécessite une manipulation de poudre toujours dangereuse, l'usage d'un grain de lumière complique l'amorçage et ralentit le tir, les ratés de charge sont à craindre en raison de la distance qui sépare l'amorce de la poudre, enfin la pluie augmente les chances de ratés.

En raison de la lenteur du chargement des mortiers, chaque station paragrêle est dotée de plusieurs de ces petites pièces, généralement cinq. Toutefois, un système ingénieux a été exposé, qui permet de réduire à deux le nombre des bouches à feu.

Il consiste à réunir deux mortiers, dans le prolongement l'un de l'autre, culasse contre culasse, et à les installer verticalement sur un arbre circulaire horizontal autour duquel ils peuvent tourner de façon à présenter successivement leurs bouches devant l'orifice de la base du cône diffuseur.

Dès qu'un des mortiers a fait feu, on fait pivoter tout le système autour de l'axe horizontal, on charge et on tire l'autre mortier, et ainsi de suite.

La manœuvre est très simple et la rapidité du tir, défectueuse avec une série de mortiers, se trouve sensiblement augmentée. Mais, d'une façon générale, l'emploi des mortiers exige des précautions particulières sur l'importance desquelles il est nécessaire d'insister.

Après chaque coup de canon, il est indispensable pour éviter un accident au moment de l'introduction d'une autre charge, d'écouvillonner la pièce pour nettoyer l'âme et assurer l'extinction des résidus incandescents qui peuvent y rester.

Les artilleurs de guerre insistent d'une manière spéciale sur la nécessité de cette opération ; il suffit, pour se rendre compte de l'importance qu'ils y attachent, de citer les minutieuses prescriptions que les règlements contiennent encore aujourd'hui pour la manœuvre des bouches à feu se chargeant par la bouche.

Dans le dernier réglement sur le service des bouches à feu de siège et de place, on peut lire :

« Écouvillonner la pièce : La lumière étant bouchée, enfoncer la
« brosse de l'écouvillon jusqu'au fond de l'âme, tourner l'écouvillon
« trois fois dans un sens et trois fois dans l'autre sens, et retirer
« l'écouvillon sans que la lumière cesse de rester bouchée.

« L'instructeur insiste particulièrement sur la nécessité de bou-
« cher hermétiquement la lumière en y tenant appliqué le doigtier
« depuis le moment où on va introduire l'écouvillon jusqu'à celui où
« où la pièce est chargée ; il explique que si cette précaution était
« négligée, les débris incandescents restés au fond de l'âme se ravi-
« veraient sous l'action du courant produit par le refoulement de
« l'air dans l'âme au moment de l'introduction de l'écouvillon ou de
« la charge ; le feu, en se communiquant à la poudre, déterminerait
« une explosion prématurée, à la suite de laquelle les servants auraient
« les bras emportés. »

La lecture de ce paragraphe explique assez l'importance des précautions à prendre pour qu'il soit superflu d'y rien ajouter.

Elle montre un danger de l'emploi des mortiers ; mais ces précautions sont faciles à observer, et si l'on consent à s'y soumettre, on trouvera dans le mortier la pièce la plus simple à manier et à entretenir, et d'une durée indéfinie.

II. — CANONS SE CHARGEANT PAR LA CULASSE

Les canons exposés se chargeant par la culasse peuvent se subdiviser en trois catégories :

Les canons fixes (par rapport au cône) à culasse mobile.

Les canons mobiles à culasse fixe

Les canons mobiles à culasse mobile.

Tous les canons se chargeant par la culasse permettent l'usage des douilles métalliques qui suppriment les manipulations de poudre pendant le tir et assurent une plus grande vitesse du feu ; mais les orgânes de ces bouches à feu sont délicats et leur entretien exige des soins intelligents.

De plus, la jonction du canon et de la culasse n'est jamais parfaite et cette imperfection s'accroît fatalement avec le temps ; ce défaut d'obturation donne naissance à des crachements, c'est-à-dire à des causes d'usure du matériel puis de danger pour les artilleurs.

Aussi, nous porterons plus spécialement notre attention sur tous les points des pièces où ces crachements risquent de se développer.

Canons fixes à culasse mobile. — Dans ce système la pièce est d'un seul bloc, la bouche pénètre à l'intérieur du cône diffuseur dans lequel elle est hermétiquement engagée. On empêche ainsi tout crachement à l'extérieur ; il n'y a de crachements possibles que par la culasse elle-même.

Pour éviter ceux-ci, les constructeurs ont imaginé, en outre d'un contact parfait entre la tranche de la culasse et la pièce elle-même, d'établir une certaine compression sur ces surfaces, à l'aide d'organes spéciaux à vis ou à coins ; mais il est facile de se rendre compte qu'une obturation ainsi obtenue ne saurait qu'être imparfaite.

Quand les surfaces métalliques sont bien polies, propres et parfaitement ajustées, l'obturation semble complète ; mais, dès les premiers coups tirés, les crasses de poudre se collent sur les surfaces en contact, peu à peu les gaz pénètrent dans les interstices, s'y creusent des sillons qui vont grandissant et les crachements commencent. Les constructeurs le savent et ont pensé écarter ce danger en employant des douilles métalliques dont le culot arrête la marche des gaz de la poudre du côté de la culasse. Nous examinerons plus loin à l'article « munitions » si ces douilles remplissent convenablement le but qu'on en attend.

Au point de vue du chargement, certains canons présentent des inconvénients : la culasse s'ouvrant horizontalement, c'est par dessous qu'il faut présenter la cartouche pour l'introduire dans la chambre et la soutenir avec l'extrémité des doigts jusqu'à ce que la culasse soit en partie fermée. Cette manœuvre est incommode ; elle est supprimée dans les canons dont la culasse s'ouvre verticalement et dont l'âme est prolongée en arrière du logement de la cartouche, car, pendant la fermeture, la culasse elle-même sert à guider la douille jusqu'à sa position de chargement.

Canons mobiles à culasse fixe. — C'est en grande partie pour éviter cette difficulté de chargement par dessous, que certains constructeurs ont rendu le canon mobile, et transformé la culasse en une table fixe ; ils ont ainsi facilité la mise en place des douilles dans l'âme et leur extraction, mais ils n'ont pu écarter deux autres écueils.

Le premier est le manque ou l'insuffisance de serrage entre la pièce et la culasse, d'où chance de crachement ; le deuxième est le sectionnement de l'âme du canon à hauteur de la base du cône diffuseur, d'où autre chance de crachement.

Canons mobiles à culasse mobile. — Pour éviter cette discontinuité dans l'âme, certains constructeurs ont imaginé de soulever le canon dans le cône avant l'introduction de la cartouche, d'autres ont disposé en dessous de la culasse un système à vis permettant de réunir fortement les deux parties de l'âme et la culasse ; ces moyens sont des palliatifs ingénieux, mais ils ralentissent parfois la charge et compliquent toujours le mécanisme.

En résumé, si l'on ne peut pas s'astreindre à prendre les précautions exigées par l'emploi des mortiers, on choisira un canon fixe dont l'âme d'une seule pièce soit en partie noyée dans le cône diffuseur, dont la culasse s'ouvrant verticalement soit simple et permette l'introduction facile de la cartouche, et dont la fermeture soit complétée par un serrage, à vis ou à coin, fixant la culasse sur le canon.

Percuteurs et Extracteurs. — Quelques accessoires de la bouche à feu méritent aussi de retenir l'attention ; en particulier, le percuteur et l'extracteur.

L'emplacement et la manœuvre du percuteur doivent être réglés de telle sorte que tout départ prématuré de la douille, avant la fermeture complète de la culasse, soit matériellement impossible.

Les moyens de satisfaire à cette condition varient avec le type de culasse employée.

On évitera de réunir en une seule pièce le percuteur et le levier ou heurtoir qui doit servir à l'actionner, car, lorsque le percuteur placé à l'extrémité d'un levier de grande dimension est actionné directement par l'artilleur, le mouvement brusque imprimé par le bras à l'autre extrémité du levier n'est pas transmis normalement, et l'amorce frappée obliquement rate souvent.

Le percuteur sera placé avantageusement dans une glissière verticale qui guidera son mouvement ascensionnel.

L'emploi d'un percuteur d'une masse suffisante retombant par son propre poids permettra d'éviter l'usage de ressorts, organes délicats et d'un fonctionnement irrégulier qu'il faut systématiquement bannir d'un matériel dont la rusticité est une qualité essentielle.

L'étude des douilles va nous démontrer qu'un extracteur puissant et automatique est indispensable au fonctionnement régulier du tir.

II. — MUNITIONS

Nous avons vu que, dans le but de suppléer à l'imperfection de la fermeture de culasse, les constructeurs ont adopté l'emploi de douilles métalliques ou tout au moins de douilles à culot métallique.

A l'exception d'un seul type en laiton, toutes les douilles entièrement métalliques sont en acier.

Pour être parfaite, une douille doit remplir les conditions suivantes :

1º Etre suffisamment résistante pour ne pas se fendre ou éclater au départ du coup.

2º Etre suffisamment flexible pour s'appliquer hermétiquement contre les parois de l'âme du canon sous l'action des gaz de la poudre. Si cette condition n'est pas remplie, l'obstruction est incomplète, il y a du crachement.

3º Etre suffisamment élastique pour reprendre exactement ses dimensions initiales après chaque coup de canon. Si cette élasticité fait défaut, l'extraction de la douille est difficile ; elle se déforme et la même douille ne peut servir qu'au tir d'un nombre très limité de coups.

Ces trois conditions sont entièrement remplies dans les armes de guerre avec des douilles en laiton. Mais ce résultat, si simple en apparence, n'a été obtenu qu'à la suite de longues recherches qui ont permis de fixer pour chaque bouche à feu la nature et l'épaisseur de l'alliage employé. Il n'est pas jusqu'à la structure intérieure du métal qui n'ait nécessité des études approfondies.

Malheureusement, les conditions du problème varient avec la quantité de poudre de la charge et l'intensité des pressions intérieures. Il est évident que le métal des douilles à canons paragrêles doit être plus flexible que pour les canons de guerre, puisque les pressions provoquées par la déflagration de la poudre à l'air libre sont notablement inférieures à celles de la poudre brûlée en vase clos.

Les constructeurs de canons paragrêles ne pouvaient donc utiliser les résultats acquis ; aussi, pour éviter des recherches délicates et coûteuses, se sont-ils contentés de solutions approximatives ne remplissant qu'imparfaitement les conditions nécessaires de solidité, de flexibilité et d'élasticité.

La solidité, il est vrai, est suffisante avec les douilles en acier, mais ce métal est peu flexible et ne s'applique pas contre les parois de l'âme au départ du coup ; l'espace laissé libre entre la douille et le canon est envahi par les gaz de la poudre, de là, deux inconvénients possibles:

Ou bien le diamètre de la douille est très voisin de celui de l'âme et les résidus qui se logent entre elles rendent difficiles l'extraction de la douille;

Ou bien, le diamètre de la douille diffère un peu de celui de l'âme et les gaz profitant de cet intervalle crachent au dehors.

Ces inconvénients se rencontrent plus ou moins dans tous les systèmes exposés ; le premier est d'autant plus accentué que les douilles sont plus longues et les extracteurs moins puissants. Les douilles en papier à culot métallique sont plus sujettes encore que les autres aux crachements, puisque les gaz, sans même contourner la douille, peuvent s'échapper directement au dehors.

Chargement des cartouches. — Nous ne parlerons pas ici des précautions élémentaires à prendre dans la manipulation des poudres, ni du danger bien connu du bourrage avec une cartouche amorcée, mais nous insisterons sur ce fait que les douilles en acier sont plus dangereuses à charger que les douilles en laiton, car l'acier au contact du moindre gravier est susceptible d'engendrer une étincelle qui risque d'enflammer la poudre voisine. Sans doute, il est expressément recommandé de ne bourrer que faiblement et à l'aide de bourroirs en bois, mais ces bourroirs tombent souvent à terre, ils sont gras, les poussières adhèrent à leurs surfaces et cela suffit pour transformer l'inoffensif morceau de bois en une dangereuse pierre à feu.

Il n'est, du reste, pas démontré que le bourrage à la main ait une utilité quelconque ; donc, pas de bourrage avec les douilles en acier. On se contentera de verser la poudre dans la cartouche et de la recouvrir d'un carton.

Dans ces conditions, il n'y aura pas d'inconvénient à avoir des cartouches amorcées avant le tir. On évitera ainsi la manipulation des amorces pendant le feu, et les ratés qui se produisent souvent, surtout par la pluie, avec des amorces mises en place au dernier moment.

Il y a encore une autre précaution importante à prendre pour empêcher la combustion prématurée des cartouches.

Très souvent, pendant un tir rapide, on place des cartouches chargées sur une table ou un support quelconque voisins du canon.

Or, après le départ de chaque coup, un certain nombre de flammèches retombent incandescentes autour de l'entonnoir. On en a vu d'assez volumineuses pour brûler le collet d'un habit en drap et le traverser entièrement; c'est la preuve que ces flammèches sont susceptibles de filtrer à travers une bourre de papier et de déterminer la déflagration prématurée d'une douille.

Nous croyons donc utile de recommander non seulement l'usage de bourres en carton, mais aussi celui de caisses à munitions s'ouvrant sur une de leurs parois verticales seulement, et dans l'intérieur desquelles les cartouches ne laisseront voir que leurs culots.

Bien entendu, aucune manipulation de poudre ne sera tolérée dans le voisinage immédiat des canons en service.

III. — VITESSE DU TIR

La vitesse du tir des canons varie actuellement de 3 à 10 coups par minute, selon l'ingéniosité et le fonctionnement des mécanismes. Les connaissances actuelles sur l'efficacité des canons paragrêles ne permettent pas d'affirmer que ces vitesses soient exagérées ou insuffisantes.

Il semble cependant inutile de les augmenter, si on veut éviter une consommation de poudre exagérée et une usure rapide du matériel.

A la vitesse d'un coup par minute en moyenne, certains canons ont tiré environ 800 coups chacun pendant la campagne de 1901. Avec des charges de 200 grammes, cette consommation équivaut à 160 kilos de poudre.

A la vitesse de dix coups par minute, le même canon aurait dépensé 1.600 kilos de poudre et tiré 8.000 coups.

Si l'on songe qu'un canon de guerre (soumis à de plus fortes pressions mais aussi plus résistant) est mis hors de service après un nombre de coups sensiblement moindre, on est en droit de se demander si la modération dans la vitesse du tir n'est pas indispensable pour permettre d'escompter une durée raisonnable du matériel.

Sans doute, dans le cas d'un orage soudain et très menaçant, on pourra recourir au maximum de vitesse, mais on évitera l'abus de ce genre de tir qui fatigue tous les organes.

IV. — ENTRETIEN DES CANONS ET DES MUNITIONS

Le matériel en usage représente un capital important ; c'est un devoir de prolonger sa durée, il faut pour cela en assurer constamment l'entretien.

Les métaux vulgaires laissés en plein air et sans soins s'altèrent vite ; tous les organes qui peuvent souffrir des intempéries doivent être tenus abrités en dehors du service.

Il y a donc un sérieux avantage à posséder un modèle de canons pouvant se séparer aisément du cône et se remiser dans un endroit clos et sec.

Après chaque tir, les canons seront nettoyés et graissés. On fera d'abord circuler de l'eau dans l'âme avec un écouvillon, jusqu'à ce que l'eau introduite par la bouche sorte pure par l'autre extrémité ; on lavera de même à grande eau tous les organes souillés ; et l'on terminera l'opération en graissant toutes les parties non bronzées.

Pendant les mois d'hiver, on fera rentrer dans un local commun tous les canons. Là, tous leurs organes seront visités avec le plus grand soin par un homme de l'art et réparés avant la saison suivante.

Les douilles seront l'objet de soins analogues. On évitera de conserver inutilement des munitions confectionnées.

V. — CONES

Les entonnoirs actuellement sont ou coniques ou composés de paraboles.

Nous ne croyons pas qu'il y ait lieu d'attacher une grande valeur à cette dernière forme. Selon toutes probabilités, les gaz de la poudre qui ne suivent pas l'axe du cône ne sont pas projetés directement contre ses parois ; avant de les atteindre, ils rencontrent des couches d'air plus ou moins comprimées avec lesquelles ils se mêlent en tourbillons, leurs directions n'émergent plus du foyer de la parabole, et, dans ces conditions, il paraît bien difficile d'accorder une influence quelconque à cette forme particulière de l'entonnoir.

Il est un autre point sur lequel il semble utile d'attirer l'attention des constructeurs.

A chaque coup de canon, les cônes sont soumis à deux causes d'ébranlement :

La première est due à l'action des gaz de la poudre qui exercent une pression considérable contre les parois intérieures ; cette pression est nécessaire, elle justifie l'emploi du cône ; mais, il serait intéressant de déterminer, par l'étude approfondie des pressions à diverses hauteurs, les dimensions ou les épaisseurs relatives à donner au sommet et à la base d'un entonnoir, de façon à ne pas fatiguer inégalement ses parois.

La deuxième cause de fatigue des cônes est due au recul des canons dont le choc est supporté, presque toujours, directement par la base du cône. L'effet du recul est très funeste à la solidité du système ; dans bien des cas la collerette se brise, les boulons et les rivets sautent. Aussi, convient-il de signaler comme avantageux un artifice de construction qui consiste à rendre le canon presque entièrement indépendant du cône, en le faisant supporter par un accessoire du trépied d'où le recul ne se transmet que faiblement à l'entonnoir.

D'ailleurs, quelles que soient les causes de fatigue imposées aux cônes et leur influence plus ou moins néfaste sur l'usure des tôles, elles s'ajoutent à l'action lente et continue du temps pour précipiter la désagrégation du matériel.

On a cité au congrès l'exemple de certain consortium italien où l'artillerie a déjà subi de telles dégradations qu'on a dû renoncer à l'utiliser.

Qu'il s'agisse des cônes ou des canons, il est presque impossible de déterminer *a priori* les chances de durée plus ou moins grande des différents types d'artillerie paragrêle, mais les syndicats qui leur ont attribué une durée indéfinie ont certainement négligé un facteur essentiel dans l'économie de leurs installations.

Il faut souhaiter qu'ils n'aient pas lieu de le regretter dans un avenir prochain.

BOMBES ET FUSÉES

Les expériences faites avec des bombes et des fusées offrent un réel intérêt. Les services qu'on en peut attendre ne sont pas négligeables, et peut être, un jour, devra-t-on recourir à leur emploi pour exercer une action mécanique directe sur les nuages élevés.

Beaucoup de savants, et non des moins autorisés, sont convaincus que l'action mécanique des gaz est le seul élément utile à la dislocation des nuages dans la détonation de la poudre. Le mouvement engendré doit donc, pour être efficace, se propager de lui-même jusque dans la zone de formation des orages.

Malheureusement, sur cette question comme sur tant d'autres en l'espèce, les savants ne sont pas d'accord, et la hauteur des orages au-dessus du sol reste indéterminée entre 300 et 3.000 mètres.

Si l'on admet (ce qui est peut-être bien la vérité) que cette zone si étendue appartient tout entière au domaine des tempêtes, on doit chercher des armes capables d'ébranler l'atmosphère dans toute cette profondeur.

Or, l'action mécanique des gaz des canons est contestée au delà de 500 mètres, même avec les plus fortes charges actuellement employées, et peut-être serait-il précieux de recourir à une autre source d'énergie mécanique d'un rayon d'action plus étendu.

Cette source d'énergie sera toute trouvée dans l'emploi combiné des canons et des fusées. Les canons serviraient à lancer au loin les fusées dont les éclats porteraient le trouble jusque dans les couches supérieures de l'atmosphère que le canon seul ne pourrait atteindre.

Les fusées présentées à l'exposition se sont élevées dans les airs jusqu'à près de 450 mètres. Ce résultat mérite d'être signalé.

CANONS A ACÉTYLÈNE

Un exposant a présenté un canon à détonations fournies par un mélange d'air et d'acétylène. Ce canon a paru bien fonctionner et donner naissance à des explosions d'intensité suffisante.

Cet appareil est intéressant et mériterait une étude approfondie qui ne saurait trouver place dans ce rapport. Il a semblé, toutefois, que le générateur d'acétylène qui fonctionne en versant de gros blocs de carbure dans l'eau devait produire un gaz impur et par conséquent donner lieu à des mélanges détonants de compositions variables.

En tout état de cause, le jury a laissé ce canon dans une catégorie spéciale.

RÉSUMÉ ET CONCLUSIONS

Nous avons passé en revue les divers organes des canons paragrêles, et nous nous sommes efforcé d'appeler l'attention des syndicats sur les considérations qui nous paraissent susceptibles de les guider utilement dans le choix d'une artillerie.

Mais, ce choix une fois fait et les armes distribuées, ils se souviendront que leur mission n'est pas terminée. Le matériel en service doit être l'objet d'une surveillance et d'un entretien constants, et les consignes les plus précises doivent être expliquées aux vignerons.

La poudre est une matière toujours dangereuse à manipuler ; souvent, les accidents restent inexpliqués. Il faut entretenir chez les vignerons une salutaire prudence.

Si l'on compare aux types primitifs les canons exposés cette année au Parc de la Tête d'Or, on constate sans peine un réel progrès et le jury n'a pas hésité à récompenser les efforts accomplis dans la construction de ce matériel tout spécial ; mais il aurait failli à sa tâche si, se laissant entraîner par l'attrait de quelque théorie séduisante, il s'était préoccupé de l'action extérieure des canons et n'avait pas limité la base de ses appréciations à la valeur technique du matériel d'artillerie. Car, si les espérances fondées sur l'efficacité des tirs contre la grêle sont toujours vives, la science, par contre, n'a pu encore se prononcer définitivement, et l'on peut dire, à l'issue des rencontres pacifiques du Congrès, que le contact des opinions n'a pas décidé de la victoire.

G. CANARD.

Capitaine d'artillerie.

M. le Président. — Je suis sûr d'interpréter fidèlement les sentiments de tous en adressant l'expression de notre vive gratitude à M. le capitaine Canard pour le dévouement qu'il met, depuis plus de six mois, au service de l'étude des canons.

Le rapport de M. Canard est adopté.

La séance est levée à 5 heures 45.

SÉANCE DU 17 NOVEMBRE (MATIN)

Présidence de M. Burelle, président

La séance est ouverte à 9 heures 45.

M. le Président. — Messieurs, je donne la parole à M. *Picard*, membre de la commission supérieure de la grêle à l'Union du Sud-Est, pour la lecture de son rapport sur les qualités à demander aux poudres employées dans le tir contre la grêle.

QUALITÉS A DEMANDER AUX POUDRES EMPLOYÉES
DANS LE TIR CONTRE LA GRÊLE

Rapporteur : M. Lucien PICARD

Fabricant de Produits chimiques à Saint-Fons (Rhône), membre de la
Commission supérieure de la Grêle, à l'Union du Sud-Est.

MESSIEURS.

Le Comité d'organisation du 3e Congrès international de Lyon, pour la défense contre la grêle, en me demandant de vous présenter un rapport sur la poudre et ses qualités, en vue du tir de nos stations vinicoles, m'a chargé d'une besogne assez délicate, et je vous demande toute votre indulgence, si le travail que je vous soumets ne répond pas absolument à ce que vous seriez en droit d'exiger d'un homme du métier, parfaitement au courant de la question.

Ma qualité de fabricant d'explosifs de guerre m'a désigné au choix de mes collègues du Beaujolais et de l'Union du Sud-Est, pour faire partie de la Commission supérieure, dite de la « grêle », président, M. Ant. Guinand, et c'est à ce titre que j'ai eu à suivre la question de la poudre nécessaire à nos canons pour la campagne de 1901.

Jusqu'à présent on a usé de toutes sortes de poudres, et les Sociétés de tir ont bien été obligées de prendre ce qu'on leur donnait, sans y regarder de trop près.

On s'est tout d'abord attaché à l'emploi de la poudre de mine, que l'on trouvait dans le commerce, et que l'on pouvait se procurer, sans trop de difficultés, en se soumettant aux formalités exigées par les règlements d'ordre public.

Les inconvénients que présente la poudre de mine sont de deux sortes :

Le premier est dans son prix trop élevé, avec les limites pratiquées, pour la vente courante, non déchargée des droits fiscaux.

Ce prix, qui est de 1 fr. 50 le kilog, et que nos Sociétés françaises ont dû payer, sauf quelques rares exceptions, pendant la saison dernière, est beaucoup trop élevé.

Le deuxième est dans la qualité même de cette poudre, suffisante pour l'emploi habituel auquel elle est destinée par sa désignation propre, mais, à coup sûr, insuffisante pour les tirs des canons viticoles ou grêlifuges.

En effet, si nous prenons la sorte de poudre de mine la plus employée, celle en grains ronds, elle est au dosage de :

	62 parties de salpêtre ;			
	20	»	»	soufre ;
et	18	»	»	charbon ;

Soit   100 de poudre de mine à grains ronds.

On comprend facilement que sa force d'explosion reste bien inférieure aux types de poudre de guerre, qui nous paraissent beaucoup mieux appropriés à cet emploi.

La poudre de mine a encore l'inconvénient de présenter des grains ronds, qui se prêtent mal à l'amorçage et peuvent occasionner de nombreux ratés, si l'on n'a pas la précaution de mettre au voisinage de l'amorce de la poudre fine, facilitant l'allumage de la cartouche ; et comme il ne serait pas prudent de laisser nos artilleurs pulvériser même la poudre de mine, il y a tout intérêt, pour les tirs, à faire usage d'une poudre fine, granulée, qui se présente dans les meilleures conditions.

Je n'ai pas à entrer dans l'appréciation des diverses poudres mises à la disposition des Sociétés de Tir de l'étranger, nos collègues Italiens, Autrichiens et Suisses, qui nous ont devancés dans la carrière, vous diront d'une façon précise ce qui s'est passé dans leurs pays respectifs et, comme ces amis ont de l'avance sur nous, ils pourront, sans doute, nous fournir des renseignements utiles, dont nous aurons à faire notre profit, pour la direction à suivre et pour les démarches à faire auprès des Pouvoirs Publics qui, certainement, auront à cœur de ne pas nous traiter moins favorablement que les gouvernements étrangers n'ont traité leurs nationaux.

Je me bornerai donc à faire savoir ce que la Commission supérieure de la grêle a pu faire dans les circonstances qui se présentaient à elle.

Préocupée de la double question du prix et de la qualité de la poudre, elle a recherché, dans les types de poudres du commerce et de la guerre, ceux qui pourraient le mieux se prêter au but poursuivi, d'avoir de la bonne poudre et à bon marché, conditions essentielles à réaliser dans l'intérêt de nos Sociétés de tir contre la grêle.

Je dois dire que nous avons trouvé auprès de notre gouvernement toute la sollicitude et la bienveillance désirables.

Une commission avait été nommée par lui, pour étudier cette grave question de la poudre et des engins de tir et nous avons trouvé auprès d'elle l'accueil le plus courtois et toutes les facilités pour remplir la tâche qui nous avait été confiée.

Mes collègues de la grêle, MM. Antonin Guinand, président, et Joseph Châtillon, président du Syndicat agricole de Villefranche-sur-Saône, sont témoins des procédés parfaits que nous avons rencontrés auprès des divers Ministères auxquels nous avons dû nous adresser.

La Commission des Poudres et Salpêtres, ayant à sa tête MM. Sarrau, Paul Vieille et R. Liouville, à laquelle nous nous sommes adressés, pour réaliser nos desiderata d'une bonne poudre à bon marché, meilleure que la poudre de mine, nous a mis en mains de la poudre granulée, fine, qui nous a donné toute satisfaction pour nos tirs de la saison.

Cette poudre, dite de démolition, ordinairement désignée par les lettres M. C. 30, a pour dosage :

75   de salpêtre,

12⁵   de soufre,

et   12⁵   de charbon.

composition très remarquable pour une excellente explosion et qui fut une de nos meilleures poudres de guerre avant l'invention de la poudre sans fumée.

Celle-ci l'ayant remplacée dans les tirs d'artillerie, elle est désignée sous le nom de poudre de démolition, ce qui veut dire qu'elle est destinée à être dénaturée, opération qui consiste à en retirer, par un lessivage convenable, l'élément principal qui en fait sa valeur, le salpêtre.

D'après les explications qu'à bien voulu nous fournir le service des Poudres et Salpêtres, et les assurances qu'il nous a données, nous n'hésitons donc pas à présenter la poudre de guerre, dite de démolition, comme le meilleur type à recommander à nos Sociétés de tir, et il serait à souhaiter que le service de l'artillerie pût nous en livrer régulièrement longtemps encore.

Si nous ajoutons que les circonstances spéciales dans lesquelles est conservée cette poudre ont permis au gouvernement de nous la céder au prix de 0 fr. 30 le kilog, nous aurons dit que nos desiderata ont été pleinement réalisés.

Et, ici, il me sera permis d'adresser nos remercîments les plus chaleureux aux Directeurs des quatre Ministères auxquels nous avons eu affaire : l'Agriculture, les Finances, la Guerre et l'Intérieur, qui ont rivalisé de courtoisie pour nous faciliter notre tâche, d'avoir la poudre que nous voulions.

J'insiste sur les mérites de la poudre granulée, dite de démolition et je fais des vœux pour que le service de l'artillerie trouve le moyen d'alimenter longtemps encore, comme je le dis plus haut, nos tirs avec cette poudre.

Nous savons qu'un autre type de poudre de démolition conviendrait parfaitement à notre emploi, je veux parler de la même poudre M. C. 30, agglomérée en rondelles, laquelle a la même composition que celle granulée qui nous a été servie cette année.

Nous croyons savoir qu'il en existe de gros approvisionnements, dans les arsenaux ; il suffirait que la direction des Poudres et Salpêtres voulût bien traiter de nouveau cette poudre, pour la granuler, et je me suis laissé dire que, pour le prix de 0 fr. 15, par kilog, ce travail serait praticable.

— 449 —

Si nous comptons l'achat de la poudre en rondelles :

Poudre en rondelles, à.................................... 0.30

Et les frais de transformation............................ 0.15

L'emballage et le port, à................................. 0.15

Nous arriverions à avoir à................................ 0.CO

une excellente poudre pour nos tirs et pour des années peut-être.

Quand je parle des mérites à demander à nos poudres, j'admets que les qualités de celles-ci sont un gros facteur du succès des tirs.

En effet, il faut envisager qu'en l'état actuel notre artillerie viticole ne comporte guère que des engins de petits calibres et, si l'on considère les éléments auxquels ils ont à faire face, il est essentiel que la poudre dont on use ait une force vive d'explosion que l'on ne saurait avoir avec la poudre de mine, à moins d'en forcer la dose, ce que ne comportent guère nos engins restreints.

Dans les expériences auxquelles j'ai pu assister, en diverses occasions et, notamment, dans les tirs exécutés à la poudrerie de Sevran-Livry, j'ai pu observer que deux facteurs étaient à considérer : la charge et la qualité de la poudre, et si nous en sommes réduits, pour le moment encore, aux faibles charges, il est essentiel de faire la compensation par la qualité de la poudre.

Le jour où la poudre de démolition viendrait à nous manquer, gardons-nous bien de retourner à la poudre de mine, et rejetons-nous plutôt sur la qualité qui peut nous être fournie en quantité illimitée par la Guerre. Je veux parler de la poudre de commerce extérieur, vulgairement appelée la poudre des Noirs, de la qualité forte.

La composition de celle-ci est ordinairement au dosage suivant.

> 72 de Salpêtre ;
> 13 de soufre ;
> Et 15 de charbon.

Si je compare ces teneurs à celles de la poudre M. C. 30, je trouve que la différence est peu sensible, et que nous pourrions avoir, dans la poudre de commerce extérieur, de qualité forte, un type très convenable sous tous les rapports, parfaitement granulée, se prêtant, par conséquent, très bien à l'inflammation du fulminate et devant donner vraisemblablement les mêmes résultats que celle de démolition.

Malheureusement nous ne devons pas nous dissimuler que cette qualité de poudre, qui ne sera plus une marchandise d'occasion et sera fabriquée de toutes pièces spécialement pour sa destination, nous coûtera sensiblement plus cher que celle que nous avons eue, à titre gracieux et exceptionnel, au prix de 0 fr. 30 le kilog.

Il faudra nous attendre à la payer 0.fr. 65, peut-être même 0.70 ou 0.75, en raison du coût de la fabrication et des frais, mais nous pourrons avoir là une poudre excellente qui nous donnera toute sécurité et toute satisfaction pour nos tirs.

Je n'entre pas ici dans la question de la technique du tir, qui sera traitée par des spécialistes dont le rôle est d'apprécier les armes de toutes sortes et, par conséquent, nos canons. Je me borne à l'historique de la qualité des poudres à employer et je conclus à l'adoption des types de qualité forte, bien granulée, pour assurer le tir et, s'il m'est permis de formuler un vœu, en terminant, je forme celui de voir, tout en employant de la poudre de très bonne qualité, recourir à des engins plus sérieux que ceux dont nous avons usé jusqu'à présent et, en attendant que la science et la théorie soient venues donner raison à la pratique, je crois sincèrement que là est l'avenir de nos tirs et de la défense contre la grêle.

M. Picard. — En terminant ce rapport, je ne puis moins faire que de vous engager à aller, ce soir, écouter le bruit de nos canons.

Permettez-moi maintenant, Messieurs, de vous dire que j'ai été frappé de ce fait que, dans la plupart des rapports qui ont été présentés, surtout dans ceux des délégués d'Italie, j'ai trouvé peu d'indications sur la qualité, la composition et la quantité de poudre employée dans les tirs dont on a discuté les résultats. Je m'adresse donc à M. Roberto pour lui demander ce qui s'est passé dans les sociétés italiennes, au point de vue de la poudre. Avec quelles qualités de poudre et avec quelles charges ces sociétés tirent-elles ? Quelle a été la force des canons ?

M. Alpe me disait que la charge de poudre employée communément était de 80 grammes, mais je crois que les opinions à ce sujet sont assez variées. Il s'ensuit qu'actuellement nous ne pouvons pas nous aventurer beaucoup. Il y aurait donc intérêt à ce que M. Roberto, M. Alpe ou M. Balbi nous fassent connaître ce que les

Italiens ont fait au point de vue pratique, afin que les sociétés qui veulent s'organiser puissent se baser sur des données précises. Aujourd'hui les sociétés sont encore peu nombreuses, mais, l'année prochaine, leur nombre peut avoir augmenté dans de grandes proportions.

M. Roberto nous a signalé la Vénétie et la vallée du Pô, qui reçoivent des orages venant de très loin, et qui sont difficiles à combattre, parce qu'ils sont très violents ; je crois que si l'on n'oppose que des charges de 80 grammes à des éléments aussi forts, ce doit être une arme bien faible. J'ai eu l'occasion de faire moi-même des tirs, et nous sommes arrivés à faire sauter des peupliers qui se trouvaient tout près des canons, mais je ne sais si cela prouve quelque chose pour la destruction des orages violents. C'est pourquoi je demande que ceux qui ont fait beaucoup de tirs veuillent bien nous donner des indications.

M. le Président. — Vous venez d'entendre, Messieurs, le désir exprimé par M. Picard, que je remercie de son intéressant rapport. Il voudrait obtenir quelques renseignements sur les charges de poudre employées en Italie par les associations qui se sont créées cette année. M. Roberto devant prendre la parole tout à l'heure pour son rapport, je prie M. le comte Balbi de vouloir bien répondre à M. Picard.

M. le comte Balbi. — Dans les provinces d'Asti et d'Alexandrie nous possédons 3.500 canons, et nous avons toujours obtenu les plus grands succès. Je dois cependant le dire, il y a eu un moment de trouble, de panique ; cela tient à ce que notre gouvernement nous a paru apporter un peu de négligence pour hâter le vote de la loi que nous attendions. Dans ma région, nous avons vu de terribles orages, mais jamais de la grêle. Je dois dire que la discipline est très sévère et que nous avons pu faire entrer dans la tête de nos artilleurs ce principe d'abnégation qui est nécessaire pour la réussite. Je puis vous assurer que les canons ont eu, chez nous, une efficacité incontestable.

La poudre dont nous faisons usage sort de l'industrie privée ; elle contient 75 % de salpêtre, 12 1/2 % de soufre et 12 1/2 % de charbon, et elle est très puissante. Les canons ont deux mètres de hauteur et la charge employée est de 80 grammes. Les derniers canons qui ont été placés ont 3 et 4 mètres de hauteur et la charge est de 80 à 100 grammes. La poudre vaut 1 fr. le kilo, droits compris, car nous payons les droits ; la loi que nous attendons passera peut-être l'année prochaine, et nous permettra d'obtenir la poudre à 60 centimes le kilog.

M. L. Picard. — M. le comte Balbi vient de nous donner des renseignements très intéressants, et j'ai le plaisir d'être en conformité d'idées avec lui. Il nous a parlé du prix et de la composition de la poudre employée en Italie, dans les provinces d'Asti et d'Alexandrie, et nous sommes heureux de savoir que le vin d'Asti a pu être protégé ; il nous a dit aussi que la poudre provenait de l'industrie privée ; mais nous voudrions savoir si la Vénétie emploie la même poudre et les mêmes charges. M. Balbi nous a dit que la discipline est très sévère, et je constate que, sous ce rapport, les organisations créées par M. Chatillon ne laissent rien à désirer, mais je crois qu'en Italie, les artilleurs sont payés, et je ne sais si ce système donnera toujours d'aussi bons résultats que lorsque les vignerons sont intéressés directement à la défense par le partage de la récolte, comme cela se pratique dans le Beaujolais.

M. le comte Balbi. — Je n'ajouterais qu'un mot à ce que j'ai dit, c'est que les quelques insuccès qui se sont produits en Italie, soit dans la Vénétie, soit dans le Piémont, sont dus à la mauvaise organisation de certaincs sociétés, et peut-être aussi un peu à la mauvaise volonté. Le 17 mai, un terrible orage a surpris les travailleurs de Montferrat, mais les canons sont restés dans les cabanes qui, d'ailleurs, n'étaient pas pourvues de poudre. Certains journaux en ont profité pour gonfler un ballon et déclarer que les canons ne servaient à rién.

M. le Président. — M. le comte Balbi a trouvé le mot juste qui peut s'appliquer à ceux qui ont exagéré les insuccès pour faire une campagne contre le tir.

Le rapport de M. Picard est adopté.

Je donne la parole à M. *Roberto,* pour la lecture de son rapport :

RÉSUMÉ DE LA DISCUSSION DES RAPPORTS PRÉCÉDENTS

DANS LE BUT D'EN DÉGAGER LES FAITS CONSTANTS DANS LE DOMAINE DE LA SCIENCE ET DE LA PRATIQUE ET D'EN DÉDUIRE LES CONSÉQUENCES.

Rapporteur : M. ROBERTO
Proviseur des études de la province d'Alexandrie

L'expérience a prouvé très clairement que, avec les décharges des canons spéciaux, nous pouvons nous défendre de la grêle. Mais elle a prouvé aussi que, pour démontrer cela, il faut absolument discuter les faits un à un et non pas faire une simple statistique, autrement toutes les sociétés défectueuses, toutes les fautes commises soit dans le placement, soit dans le nombre des canons, tous les retards et toutes les irrégularités dans les tirs seraient autant de faits qui serviraient aux ennemis des décharges pour démontrer que nos efforts sont inutiles, que nous nous sommes trompés, que nous fûmes cause d'inutiles et même de dangereuses dépenses arrachées aux agriculteurs déjà bien éprouvés par les oscillations du commerce, par les ravages des récoltes et par les nombreuse maladies des végétaux et des animaux.

Nous voyons se répéter le fait, et personne ne l'aura oublié, que toutes les fautes servent à un des deux en lutte pour démontrer vrai ce qui ne l'est pas. Je veux parler de la grande et très honorable lutte qui dura presque trente ans entre les illustres savants Pasteur et Dumas.

Toutes les expériences défectueuses étaient autant de faits favorables à la théorie erronée de Dumas, exactement comme aujourd'hui toutes les fautes dans la formation des sociétés, toutes les fautes dans les décharges et même toutes les fautes dans la discussion des faits sont autant d'arguments contre nos efforts pour nous défendre de la grêle.

On a dit qu'à Fontanafredda les canons avaient été certainement placés avec toutes les meilleures prescriptions et déchargés régulièrement et que, cependant, la grêle est tombée et a endommagé la précieuse récolte du meilleur raisin du Piémont. Et c'est vrai ; le danger moyen a été de 25 0/0. Néanmoins, en discutant les faits, je démontre que ce qui est arrivé dans cet endroit prouve absolument l'utilité des décharges.

D'abord j'observe que, dans la zone défendue, le danger moyen est de 25 0/0 au plus, tandis que tout autour, le danger est de 80 à 100 0/0. La dépense fut de 1000 francs, l'utilité, de 50,000 francs, et on voit que le capital fut très bien employé.

Ensuite j'observe que les canons sont au nombre de dix, placés deux à deux suivant un long rectangle étendu du Nord au Sud, direction moyenne des orages. J'ai observé de mes yeux que le danger était de 80 p. 0/0 autour des deux premiers canons, de 50 p. 0/0 autour des deux canons suivants, et que le danger allait en diminuant jusque à être presque zéro au-delà de la moitié de la zone défendue. Tout autour la récolte fut complètement emportée.

Maintenant dites-moi si les décharges n'ont pas eu d'action sur les orages.

Mais il y a plus.

A trois kilomètres au sud de Fontanafredda se trouve la Société de Serralunga avec 25 canons. Les orages, déjà très affaiblis par les canons de Fontanafredda, sont tout-à-fait vaincus par les décharges de Serralunga, et là bas le danger se réduit à zéro.

Voilà que la statistique, sans la discussion des faits, nous dirait qu'en deux endroits voisins il y eu un cas favorable et un contraire aux décharges, et qu'il n'est pas possible d'en tirer aucune conclusion.

De même dans la société ou, mieux, dans le groupe des sociétés qui s'étendent de Nice, Monferrato à San-Marzanotto et à Masio, c'est-à-dire dix kilomètres du Nord au Sud, et six kilomètres de l'Ouest à l'Est en moyenne, toute la région a été complètement défendue de la grêle, excepté deux endroits, Vaglio et Noche ; au nord de Vaglio il n'y a pas de canons ; au nord de Noche manquent deux ou trois canons pour compléter la série.

Vous voyez que la faute n'est pas aux canons, mais au manque de canons.

Enfin dans la grande société de Novara les orages ont été tous vaincus, et il n'y eut pas de grêle dans la zone défendue, excepté quelque lieu où les décharges ont été faites en retard.

Mais il y eut une zone où il a grêlé, où la société d'assurances a payé un danger de 30 p. 0/0 ; cette zone est celle de Fisrengo. Il y a là quatre canons au dehors et à l'ouest de tous les autres, placés à des distances plus grandes de 500 m. Les orages provenant de l'Ouest, du Nord-Ouest, et même du Nord frappent cette zone comme si elle était la seule défendue, ne sont pas vaincus et donnent la grêle. Ces quatre canons aident la défense de la région restante, mais ils ne défendent pas la région où ils se trouvent.

Voilà, encore une fois, que la discussion des faits est absolument nécessaire.

Sur la distance moyenne à laquelle doivent être placés les canons il y a bien peu à dire ; cette distance est de 500 m. pour les grandes sociétés, quelque peu moindre pour les petites.

Les décharges doivent être faites au moins avec 80 grammes de poudre, et nous devons rejeter tous les canons qui ne comportent pas cette charge minima.

Dans certains endroits il faut qu'il y ait partout des canons de grand modèle, c'est-à-dire comportant la charge de 180 grammes de poudre, ou au moins deux séries de grands canons du côté d'où viennent les orages. Par exemple à Masio, placé sur la rive droite du Tanaro, et au nord du groupe des sociétés qui s'étendent jusqu'à Nice, Monferrato, on a installé 27 canons grand modèle, et 8 canons ordinaires, parce qu'au moment où l'on faisait la société arriva un orage d'une telle violence que tous ont jugé n'être pas suffisants les canons ordinaires. Maintenant ils se défendent facilement, même des plus grands orages, et portent un fort appoint à l'action des canons ordinaires placés au Sud.

Le professeur Alessi, ayant étudié les effets des décharges sur les orages provenant du Nord, à Grignasco, a démontré que le premier effet des canons est de faire tomber la grêle déjà formée et emportée par action mécanique. Il en conclut que, pour assurer la défense, il faut placer des canons au nord de la zone à défendre. D'ailleurs, il est évident qu'on peut empêcher à la grêle de se former, mais non pas empêcher à la grêle déjà formée de tomber. Celà nous explique, jusqu'à l'évidence, pourquoi les orages donnent presque toujours de la grêle entre les deux premières séries de canons.

Un fait très important, qu'on observe généralement, est que les orages à grêle se forment, s'évanouissent et se reforment continuellement, véritables images de ce qui arrive dans les fleuves, où nous pouvons observer des tourbillons verticaux et horizontaux se former et s'évanouir continuellement, et où nous pouvons observer encore que les tourbillons horizontaux durent beaucoup moins que les verticaux, et qu'ils se renouvellent incessamment.

Cette observation est très importante pour bien comprendre comment se fait-il que la grêle frappe une région emportant toute la récolte, ne frappe pas la région suivante et en frappe une autre au-delà des précédentes, et cela sans des causes apparentes.

Certain savant a profité de ce fait pour affirmer qu'on ne peut tirer aucune conclusion de ce que certaines régions ont été défendues par les décharges. Mais, si nous remarquons que les sociétés se sont formées là où la grêle tombait tous les ans, et même plusieurs fois dans un an, si nous observons que, presque dans toutes les régions non défendues, la récolte a été entièrement endommagée, nous sommes obligés d'admettre l'utilité des décharges, si nous ne sommes pas disposés à admettre l'absurde, que les décharges font dévier les orages de manière que, maintenant, il grêle plus où il grêlait moins, et *vice versa*.

Contre ceux qui nient *à priori* l'utilité des canons, parce qu'ils croient que la grêle se forme à de grandes hauteurs, pendant que les tirs n'atteignent que de petites hauteurs, je peux énumérer plusieurs endroits où les nuages ont été très sensiblement troublés et éclaircis ; par exemple, à Serralunga, Nice, Monferrato, à Ghemme ; je peux encore citer plusieurs endroits où on observa directement que les orages à grêle éclatent à des hauteurs de 400 à 500 mètres, par exemple La Morra, Serralunga, la vallée de l'Orco au sud du Grand-Paradis ; et, enfin, je peux citer d'autres endroits, par exemple Castino, et les monts près d'Intra où, à une hauteur de 600 à 700 m. on a observé l'orage à grêle tout-à-fait au-dessous, pendant que les observateurs qui étaient hors du brouillard voyaient tout autour et au-dessus le ciel serein, tandis qu'ils étaient environnés d'un air calme avec une température point inférieure à l'ordinaire.

De plus, près d'Intra, on a remarqué que la température au-dessus de l'orage diminuait seulement, et très sensiblement, après la chute de la grêle.

Il est vrai que le fait n'est pas nouveau et que plusieurs alpinistes l'ont observé, mais il faut le rappeler parce que certain savant même l'a oublié pour expliquer la grêle avec le froid pris aux hautes régions atmosphériques.

Je suis obligé, d'après les faits qui ont été exposés au Congrès de Novare, d'ajouter quelques considérations à mon premier rapport.

D'abord, je dois rappeler l'affirmation solennelle que j'avais faite aux Congrès de Casale et de Padoue ; je disais alors : « Souvenez-vous « bien que, même après que vous aurez placé vos canons avec toutes « les prescriptions de la science et de la pratique, le jour viendra où « vos canons seront remplis de grêle, parce qu'il y aura toujours des « orages plus puissants que vos canons ». Personne ne désirait cela moins que moi et cependant je devais le dire.

Maintenant je peux compléter mon affirmation en expliquant quels sont les orages qu'on ne peut vaincre avec les canons ordinaires, et parfois même avec les grands.

Ces orages sont de deux espèces : 1° Les orages très violents, qui se forment au milieu des grands cyclones, par exemple l'orage qui a ravagé toutes les récoltes de Turin à Milan, le 11 août 1869, et l'orage qui, parcourant la ligne Thun-Ferrara et traversant les Alpes au nord du lac de Garde, emporta toutes les récoltes de Peschiera à Ferrara, le 10 juillet 1883. — 2° Les ouragans qui se manifestent sous forme d'un violent orage à grêle et d'une trombe qui abat même les arbres de haute taille.

D'abord il faut expliquer théoriquement ces faits. Etant professeur de météorologie à l'institut nautique de Savone dès l'année 1868, et ayant adopté les théories, alors presque inconnues, des cyclones, je me suis trouvé engagé dans une lutte très grave avec les navigateurs. Cette lutte m'a été surtout utile parce que j'ai recueilli des faits très importants sur les tempêtes, et j'ai fini par me persuader que, même dans la haute mer, les tempêtes n'étaient pas toutes de la même espèce, c'est-à-dire que, bien que le mouvement rotatoire des vents eut un caractère commun à toutes, ce mouvement différait d'une tempête à l'autre. Cela fut plus tard démontré par Loomis.

Mais les études que je faisais m'ont persuadé que les équations et les sublimes calculs de Thomson, de Helmoltz, de Tait sur les tourbillons, étaient absolument inapplicables aux tempêtes, et qu'il fallait recommencer leur étude mathématique.

En ce temps Lalluyeaux d'Ormay venait de publier sa théorie, dans laquelle on supposait que la vitesse de chaque point en mouvement rotatoire est constante, et on concluait que, près de l'axe et jusqu'à une certaine distance, la force centrifuge devenait infiniment grande et que ce fait était la cause de l'action redoutable des tempêtes et des grands ravages produits par elles.

Peu après, partant peut-être des calculs de Helmoltz, et supposant intégrale la formule $\sigma\omega = C$ (le produit de la section d'un filament tourbillonnant par la vitesse du point en rotation est constante), M. Faye a cru que tous les tourbillons, y compris les cyclones, sont des mouvements rotatoires dans lesquels la vitesse de chaque point du fluide en rotation est inversement proportionnelle au carré de la distance du centre.

Je ne crois pas que la formule $\sigma\omega = C$ soit intégrale, parce qu'il lui manque le différentiel, et parce qu'elle fut déduite en considérant un seul point en rotation, et non pas une série de points, comme il faudrait pour avoir un tourbillon. M. Faye a certainement compris qu'il y avait tourbillon si, dans un fluide en rotation, les molécules se mouvaient de manière que chacune d'elles ait une vitesse inversement proportionnelle au carré de la distance du centre ; et il a ainsi expliqué les trombes et les cyclones.

Loomis, qui avait étudié la vitesse de chaque molécule d'air dans les grands cyclones de l'Océan, était arrivé à une formule très différente encore de celles de Lalluyeaux d'Ormay et de Faye.

Les récits des navigateurs m'avaient démontré qu'il y a d'autres espèces de mouvement rotatoire à type tourbillon. Enfin j'ai trouvé que le caractère spécifique des tourbillons est celui-ci: c'est-à-dire qu'il y a tourbillon toutes les fois qu'un fluide est en rotation de manière que la force centrifuge devient infiniment grande près de l'axe.

J'ai bientôt vu qu'il y a un nombre infini de mouvements rotatoires qui satisfont à cette condition, et qu'on pouvait les représenter avec des formules plus ou moins compliquées. Je me suis limité à discuter l'équation :

$$v = C\,R^{\frac{1}{2}} - \delta$$

$$\text{d'où } f = \frac{V^2}{R} = \frac{C^2 R^{1-2\delta}}{R}$$

$$f = C\,R^{-2\delta}$$

étant v la vitesse d'un point à la distance R de l'axe de rotation, δ un nombre positif quelconque, et f l'accélération centrifuge.

Cette équation comprend le cas étudié par Lalluyeaux d'Ormay, si on fait

$$\delta = \tfrac{1}{2} \text{ d'où vient } v = C\,R^{\frac{1}{2} - \frac{1}{2}} = C\,;$$

et comprend aussi le cas étudié par Faye si on fait

$$\delta = \tfrac{5}{2} \text{ d'où :}$$

$$v = C\,R^{\frac{1}{2} - \frac{5}{2}}$$

$$v = C\,R^{-2}$$

$$\text{De } f = \frac{V^2}{R}$$

$$\text{On a } f = \frac{C^2 R^{-4}}{R}$$

$$\text{Et encore } f = C^2\,R^{-5}$$

Par conséquent, elle comprend aussi comme cas particulier $c\omega = C$, en supposant qu'on puisse intégrer cette équation propre des filaments d'atomes tourbillons.

Puisque nous avons vu que la force centrifuge devient infiniment grande près de l'axe de rotation, il s'en suit que, près de l'axe et jusqu'à une certaine distance, se forme le vide limité par une surface de rotation autour de l'axe.

Avec la formule $f = C^2\,R^{-2\delta}$, je puis facilement calculer les surfaces qui limitent un fluide grave en mouvement rotatoire tourbillonnant autour d'un axe vertical ; toutes ces surfaces ont leurs sections diamétrales asyntotiques à l'axe et à un plan horizontal placé au-dessus.

Cette analyse, très simple, m'a fait supposer qu'il existait d'autres tourbillons à axe non plus vertical, mais horizontal ou incliné.

De cette façon, j'ai trouvé les tourbillons à axe horizontal qui sont caractérisés par ce que le vide central est limité par une surface cylindrique dont l'axe est l'axe même de rotation.

L'étude des observations sur les orages, publiée par le bureau central de météorologie, les observations faites par Volta, par Secchi et, plus récemment, par Bezold, Koeppen, Mollen, Monti, sur les orages, m'ont bientôt convaincu que les orages à grêle sont essentiellement constitués par un tourbillon horizontal qui se forme pendant l'été et les heures les plus chaudes du jour dans les basses couches de l'atmosphère ; le vide qui tend à se former jusqu'à une certaine distance de l'axe explique facilement le froid et, par conséquent, aussi comment la vapeur se liquéfie et se solidifie ; enfin le mouvement rotatoire nous explique l'accroissement successif des grêlons et leur suspension dans l'air jusqu'à ce que le poids en produise la chute.

Toutes ces actions simultanées produisent d'énormes quantités d'électricité dont nous voyons les effets sous forme d'éclairs et de tonnerres.

Cette théorie, si simple, explique les orages à grêle avec la même loi qui nous explique les cyclones, tourbillons à axe vertical ; les plus grandes tempêtes des océans jusqu'aux plus petites trombes qui se forment quand le vent heurte contre une maison ou un autre obstacle quelconque.

Cette théorie même, appliquée aux tourbillons à axe incliné, nous dit que ces tourbillons, heurtant le sol d'un côté plus que de l'autre, doivent se décomposer en deux, l'un à axe vertical (trombe), l'autre à axe horizontal (orage à grêle).

J'ai bientôt trouvé dans les faits une pleine confirmation de mes prévisions. Je me borne à en citer quelques-unes :

a) Tornados des 29 et 30 mai 1879 dans les états de Kansas, Nebraska, Missouri et Yowa, décrits par Finley ;

b) Trombe du 7 juin 1882 dans la vallée de Socby, arrondissement de Joenkoeping (Suède méridionale) étudiée par Fineman ;

c) Trombe du 7 octobre 1884, dans la plaine de Catane ;

d) Trombe du 25 novembre 1884, près de Lecce ;

e) Trombe du 10 décembre 1884, à Vienne.

Je savais bien que des trombes analogues éclatent parfois, quoique à de longues périodes, aussi dans la vallée du Pô et, par conséquent, j'avertissais toujours dans les Congrès que le jour viendrait où les canons seraient remplis de grêle. Ce jour malheureux, que je ne souhaitais d'aucune façon et que je craignais, est venu ; il est fort bien arrivé qu'à Saluzzo, arrondissement de Cuneo, à Castenedolo, à Monticelli-Brusati, à Capriano del Colle, arrondissement de Brescia, on a eu grêle et trombe, comme il résulte des études faites par M. Rizzo sur le premier ouragan, et par M. Sandri sur les autres. Tous les deux parlent d'interférence entre deux orages, ou entre deux vents ayant des directions bien différentes. M. Rizzo a clairement constaté qu'il y avait eu une trombe, laquelle avait arrachée 140 arbres de haute taille, et un orage à grêle de force exceptionnelle.

Ma théorie ne pouvait être mieux confirmée. Il est vrai que les habitants de ces lieux ne croient plus aux canons, et qu'ils ont même affirmé que, dans trois ans, on ne parlera plus de canons ; mais connaître la cause d'un danger signifie aussi pouvoir en trouver la défense ; en effet, le professeur Sandri disait : « Dans ces lieux « où peuvent éclater des orages de cette espèce, il faut avancer la « défense de quelques kilomètres des deux côtés d'où viennent les « vents ou les orages qui, en se heurtant, produisent cet ouragan, « contre lequel ne suffisent pas les canons ordinaires ».

Le professeur Rizzo était aussi arrivé à la même conclusion.

D'après ma théorie et, plus encore, par la pratique, j'accepte de grand cœur les affirmations et le moyen de défense suggéré par les deux professeurs Rizzo et Sandri.

Poursuivons l'examen des faits.

MM. les professeurs Pochettino et Rizzo, chargés de l'étude des orages dans la Haute-Italie, ont remarqué que les orages à grêle ne sont annoncés par aucune dépression barométrique, excepté le cas des orages à grêle qui se forment dans la partie centrale des grands cyclones. Ils ont trouvé qu'avant l'orage l'air est tranquille, le baromètre élevé, la température et l'humidité au-dessus de la moyenne.

De ces faits il faut conclure que les orages à grêle sont des phénomènes tout-à-fait locaux ; que, soudainement, la brise qui s'établit entre les monts et la plaine se change en un vent violent et forme l'orage qui roule sur les plaines et ravage les récoltes. Le fait est analogue à celui qui arrive sur les océans. D'abord la mer est tranquille, une jolie brise et une douce température réjouissent les navigateurs ; survient la tempête : le vent devient furieux, la mer est puissamment agitée, les navires fatiguent et parfois se trouvent même dans le danger de se submerger. Pourquoi ces changements ? Pourquoi les vents qui étaient faibles sont-ils devenus redoutables ? Pourquoi la brise très faible de nos monts se change-t-elle parfois en vent furieux ? Pourquoi tant de ravages tandis que nous ne pouvons même plus croire que Polyphème enragé vient agiter notre atmosphère? Je réponds tout de suite : l'espèce du mouvement de l'air est simplement changée. Tant qu'il y a brise, c'est-à-dire que l'air moins chaud descend des monts à la plaine et que l'air plus chaud s'élève et va vers les monts, le mouvement rotatoire est de telle nature que la force centrifuge près de l'axe est nulle ; ce mouvement est analogue à celui des soldats qui font une conversion et à celui d'une roue autour de son axe.

Mais quand, sous l'action de conditions spéciales, réchauffement du sol et humidité, le mouvement de l'air prend le caractère de tourbillon, c'est-à-dire que la rotation se fait plus rapide près de l'axe, la force centrifuge est plus grande près de l'axe et on a l'orage avec tous les phénomènes qui en sont la conséquence.

J'insiste sur cela parce que si même on admettait que les grêlons fussent le produit d'une cristallisation, le problème de la grêle n'aurait pas avancé d'un seul pas ; c'est l'orage qu'il faut expliquer, c'est la cause de ce froid intense qui, presque soudainement, produit d'énormes quantités de glace et qui les produit au fur et à mesure que l'orage s'avance et parcourt sa route avec une vitesse de 10 à 80 km. à l'heure.

Toutes les autres théories vont se briser contre ce mystérieux froid, malgré de grands et inutiles efforts pour le faire descendre des hautes régions atmosphériques.

Je crois qu'on ne peut pas même admettre la théorie de la surfusion. A une hauteur aussi faible que celle des orages, hauteur que les observations directes ont prouvé être moindre de 800 mètres, précisément aux heures et dans les mois les plus chauds, on devrait rencontrer une couche d'air très humide et, cependant, à une température de — 10°, descendue des hautes régions atmosphériques. Cet air devrait conserver liquide l'eau de la vapeur condensée et, soudainement, à un instant propice, la laisser geler.

D'abord pour qu'une couche d'air des hautes régions atmosphériques descende à une hauteur moindre de 1.000 mètres, pendant l'été, et reste à une température moindre de — 10°, il faut que la pression atmosphérique descende au-dessous d'une demi-atmosphère, autrement l'air, en descendant, se comprime et se réchauffe. Ensuite il faut que cet air froid continue à descendre pendant que l'orage se propage, ou qu'il soit en telle quantité qu'il puisse toujours donner de la grêle en s'avançant avec une grande vélocité à travers des régions chaudes et humides. De plus, si, dans l'atmosphère, peut se produire le phénomène de la surfusion, pourquoi ne se produit-il pas dans les mois et dans les heures plus froides, c'est-à-dire pendant l'hiver, et pourquoi doit-il attendre, pour se produire, les mois et les heures plus chauds ?

Il y a des observations très connues, qui démontrent absolument inadmissibles les théories qui cherchent le froid dans les hautes régions atmosphériques ; ce sont les observations faites par les alpinistes qui tous déclarent que plusieurs fois ils ont vu l'orage à grêle au-dessous pendant qu'au dessus d'eux et tout autour le ciel était serein et l'air calme.

Le professeur Rizzo m'a raconté que, dans le dernier été, des monts d'Intra et à une hauteur d'à peu près 700 mètres, on a vu l'orage au-dessous, pendant qu'au-dessus et tout autour, le ciel était serein, *l'air calme et à la température ordinaire*, et que seulement *après* que l'orage se fût évanoui, on a senti venir de l'air froid d'en bas. Aussi les observations faites à Serralunga, à La Morra, à Diano, à Castino prouvent que les orages éclatent à des hauteurs moindres de 500 à 700 mètres, et qu'au-dessus le ciel est serein.

Seulement, là où il y a une série de collines qui forment, par l'ensemble de leurs sommets, une plaine imaginaire sur laquelle glissent les orages, la hauteur de ceux-ci peut atteindre 800 mètres. Dans ces régions, les canons placés dans les vallées ne servent presque à rien, parce qu'ils ne parviennent pas à frapper les nuages.

Maintenant, je dois poser deux questions très importantes : 1º En quoi consiste l'action des canons ? Est-il utile d'accroître indéfiniment la puissance des canons pour vaincre des orages de plus en plus violents?

Si l'on admet que l'orage à grêle est essentiellement formé par un tourbillon à axe horizontal, on peut facilement expliquer l'action des canons. Par les décharges, un projectile, anneau gazeux, est envoyé vers les nuages ; celui-ci rompt en un point la circulation tourbillonnante, empêche la formation du vide central propre du tourbillon, et, par conséquent, empêche la production du froid et de la grêle.

MM. Suschnig, Perntner, Trabert ayant fait de nombreuses et très exactes expériences, et ayant démontré que l'anneau ou projectile gazeux produit par les charges de 80 grammes de poudre ne s'élève pas à plus de 350 mètres et que celui produit par les charges de 180 grammes de poudre ne s'élève pas à plus de 450 mètres, en avaient conclu que, désormais, il fallait rechercher l'action des décharges dans les vibrations sonores ou dans la masse d'air lancée par les canons, ou en quelque autre action, mais non pas dans le projectile.

Connaissant bien la valeur des expérimentateurs et, par conséquent, l'exactitude de leurs mesures, j'ai tout-à-fait recommencé l'étude sur l'action des canons.

D'abord j'ai remarqué que les ondes sonores ont une intensité inversement proportionelle aux carrés des distances et que, par conséquent, leur action à une distance de 500 mètres ne pouvait être appréciable ; s'il en était autrement le tonnerre serait le plus terrible ennemi de la grêle, ce qui est démenti bien évidemment par les plus simples observations.

En outre, la masse d'air lancée par les canons n'a plus aucune action appréciable à la distance de 20 mètres, et voici comment je le prouve. Je place le canon sur un plancher de manière que ce plancher s'avance de dix centimètres de plus que le canon ; alors les anneaux ne se forment plus, étant empêchés de se développer par le plancher, mais l'air peut sortir librement du canon dont l'ouverture est libre. Je place ensuite un parapluie ouvert à vingt mètres du canon et je vois que celui-ci n'est pas déchiré, ni même déplacé par les décharges de 80 grammes de poudre. On doit évidemment en déduire que la masse d'air lancée par les canons ne peut avoir aucune action sur l'atmosphère.

Ayant donc bien démontré qu'il ne pouvait pas y avoir d'autre action utile que celle de l'anneau, j'ai recherché si la vitesse indiquée par Suschnig, Perntner et Trabert était suffisante, et bientôt j'y réussis complètement.

J'ai remarqué tout de suite que si le tourbillon orageux est troublé jusqu'à la moitié de son rayon, la section est réduite de 4 à 1. De même, si le tourbillon est troublé jusqu'au tiers de son rayon, la section est réduite de 9 à 4, et ainsi de suite, car les sections sont proportionnelles aux carrés des rayons. Donc, les anneaux projetés par des canons ayant une charge de 80 grammes de poudre s'élèvent jusqu'à 200 mètres en troublant le tourbillon et en réduisant de 4 à 1 la section de l'orage, pourvu que son rayon soit seulement de 400 mètres. De même que les anneaux projetés par les canons ayant une charge de 180 grammes de poudre s'élèvent à 350 mètres, en troublant le tourbillon et en réduisant de 4 à 1 la section de l'orage, pourvu que son rayon soit seulement de 700 mètres.

De plus les anneaux auront encore une action très appréciable sur les orages qui ont leur axe à une hauteur trois fois plus grande que celle utilement atteinte par eux.

Donc ils ont une action mécanique très suffisante, lors même que les mesures indiquées par Suschnig et Perntner seraient exactes, comme je le crois.

Désirant confirmer encore mes déductions théoriques par l'expérience, j'ai produit un tourbillon à axe vertical avec de l'eau dans un vase cylindrique ayant un trou au milieu du fond, pour que la formation du vide central ne fût pas empêchée par l'eau qui, à cause du frottement sur les parois, ne pourrait conserver le mouvement propre des tourbillons. Ensuite j'y introduisis une tige rigide à laquelle était fixée une lame large d'un centimètre et longue de la moitié du rayon du vase. Aussitôt je vis le vide central se restreindre et, peu à peu, disparaître, comme je l'avais prévu.

Cette théorie a l'avantage d'être simple et d'expliquer avec une seule loi toutes les tempêtes et tous les phénomènes ; plusieurs fois elle m'a même permis de prévoir les phénomènes, et j'ai la confiance qu'elle sera acceptée par les savants.

Excusez ma hardiesse de laisser désormais l'étude des théories, pour venir enfin à une conclusion qui s'impose, non pour la science, laquelle peut bien attendre, mais pour la pratique.

En effet, à Padoue d'abord, après à Novare, et ensuite ici on a demandé en quoi consiste l'action des canons, sur quelle base les canons doivent être jugés ? Faute d'une théorie définitivement acceptée personne ne peut répondre. Dites-moi, le meilleur canon est-il celui qui fait plus de bruit, est-ce celui qui lance une plus grande masse d'air, est-ce celui qui lance les plus grands anneaux, ou plutôt celui qui donne aux anneaux une plus grande vitesse initiale ? On ne peut rien affirmer.

Nous avons ici M. Suschnig, représentant de la maison Greinitz-Neffen, qui a fait de merveilleuses et longues études avec Perntner, Trabert et d'autres savants sur les anneaux-tourbillons lancés par les canons ; nous avons le professeur Vicentini qui a fort contribué à l'étude des anneaux ; nous avons le marquis Charles Montezemolo qui, comme artilleur, comme agriculteur et, plus encore, comme profond mathématicien, s'est bien distingué dans la même étude ; nous avons ici M. Vermorel, M. Gastine et beaucoup d'autres encore, qui, eux aussi, se sont beaucoup occupés de cette étude et, cependant, nous n'avons pas définitivement résolu le problème, et nous ne pouvons dire avec certitude pourquoi les tirs contre la grêle sont utiles.

Permettez-moi de remarquer incidemment une relation mathématique qui existe entre l'anneau et sa vitesse de translation : à chaque instant, et à chaque point, il doit y avoir équilibre entre la force élastique des gaz composant l'anneau, accrus de la force centrifuge et la pression extérieure due au heurt de l'anneau en mouvement contre l'air de l'atmosphère. Cette relation permet de démontrer qu'il y a un rapport constant entre la vitesse de rotation de chaque molécule composant l'anneau et la vitesse de translation. D'où il suit que l'anneau se distingue des autres projectiles en ce qu'on ne peut en aucune façon modifier la relation entre les deux mouvements, rotation et translation ; donc, mesurer l'un de ces mouvements, c'est pouvoir calculer l'autre. Par conséquent, encore, pour savoir quel est le canon qui donne les meilleurs anneaux, il suffira de mesurer les temps employés par les différents anneaux à parcourir un espace déterminé.

Maintenant, les agriculteurs demandent toujours des canons de plus grande puissance pour vaincre des orages de plus en plus violents. Pouvons-nous les suivre ? Pouvons-nous satisfaire à leurs exigences ?

Les faits nous prouvent qu'en certaines régions les canons avec la charge de 80 grammes de poudre suffisent, et qu'en d'autres régions, où les orages ont en moyenne plus de force, il faut adopter des canons avec la charge de 180 grammes de poudre.

Je crois qu'on peut encore, exceptionnellement, construire des canons avec une charge utile de 250 grammes de poudre ; mais, enfin, on doit s'arrêter et avouer que, s'il y a des orages d'une telle violence que ces derniers canons ne suffisent pas à les vaincre, nous ne pouvons plus les combattre.

Mais, souvenez-vous bien que, maintenant, tous les progrès dans l'art de la défense contre la grêle dépendent de la science et qu'il faut absolument déterminer ce que sont les orages à grêle, et pourquoi les tirs de nos canons servent à les combattre.

G. Roberto.

M. Roberto. — Messieurs, l'illustre savant, M. Plumandon, a eu la bonté de discuter avec moi les conclusions auxquelles nous sommes arrivés en étudiant les faits exposés au congrès. Je n'ajouterai que quelques mots à mon rapport.

Si l'on veut se rendre compte de l'utilité des canons, il

faut avant tout recueillir et discuter les faits ; or, ce n'est pas chose facile, comme beaucoup de personnes le croient, parce que, en écartant la méchanceté, en supposant toute personne honnête et étudiant avec sincérité, nous devons encore nous méfier de la suggestion ; parfois, en effet, au moment où tout le monde croit à l'efficacité du tir, il ne grêle pas ; et, précisément, au moment où l'on n'y croit pas, la grêle tombe dans les canons.

En étudiant les faits qui se sont déroulés dans le Piémont, j'ai dû écarter certains renseignements, car on doit étudier avec sincérité, si l'on veut arriver à des conclusions ayant de la valeur.

Prenons le cas de Fontanafredda, par exemple ; les journaux ont dit que les canons n'avaient pas servi. Mais je me suis rendu sur place, et j'ai vu qu'il y a là trois séries de collines et de vallons ; la série du milieu est celle de Fontanafredda, elle est beaucoup plus basse que les autres ; l'orage avait parcouru la direction nord-sud ; il y avait 10 canons, placés deux par deux ; le danger est d'abord de 80 0/0 ; à la moitié, il est de 0 0/0. Trois kilomètres plus loin, il y a une autre société avec 25 canons ; la région de cette société n'a pas eu de grêle. Les premiers canons avaient fait tomber la grêle déjà formée et avaient empêché la formation de nouveaux grêlons. Les canons suivants ont empêché totalement la formation de la grêle. Si c'est un défaut, c'est une victoire des canons, une des plus frappantes démonstrations de leur utilité. Voici maintenant des cas opposés.

A Occimanio, arrondissement d'Alexandrie, avec 4 canons on a pu se défendre même de l'orage du 17 mai. Cependant je ne cite pas ce fait pour démontrer que nos canons sont utiles, parce qu' Occimiano se trouve dans une région très heureuse, dans laquelle tous les orages se manifestent avec une force minima, et dans laquelle se sont parfois écoulés jusqu'à 30 ans sans qu'il y eût eu de la grêle. Je pourrais aussi en indiquer la cause, mais le temps me manque.

A Castagnito, arrondissement de Cuneo, avec 5 canons un vignoble a pu être défendu des orages provenant du N. du 8 juin et du 23 juillet; non plus de l'orage du 12 septembre, qui venait du S.-O., parce que la défense était tout à fait disposée pour les orages du N. Mais je dois observer que les orages vaincus étaient tous très faibles.

Les relations doivent donc être étudiées sérieusement, si l'on veut arriver à dire quelques chose de positif.

Je réponds maintenant à M. Picard, qui a bien voulu placer en moi sa confiance. M. Suschnig, qui est un vrai savant et est très renseigné sur les effets des canons, parlera sans doute beaucoup mieux que moi ; je ne ferai donc qu'une seule observation. J'ai dit que l'on devait tenir compte des faits, mais les faits sans la science sont des hommes aveugles ; il faut les discuter, et alors on ne peut plus dire que la science soit inutile.

Hier, on a parlé des vibrations sonores ; mais à 400 mètres, ces vibrations n'ont plus aucune action, si l'on tient compte que leur énergie est inversement proportionnelle au carré des distances. Il reste l'anneau, et je dis à ce sujet une chose importante : dans les boulets de guerre, il y a un mouvement de rotation et un mouvement de translation, et l'on peut modifier l'un ou l'autre de ces mouvements indépendamment de l'un ou de l'autre. M. Pistoï disait que les anneaux, comme les boulets, peuvent avoir une grande énergie de rotation, et une minime énergie de translation, ou *vice versa*. Mais cela n'est pas vrai : dans les anneaux, les deux énergies de translation et de rotation sont liées entre elles par une relation mathématique. Je n'ai pas publié le calcul, parce que je voulais atteindre un certain résultat auquel je ne suis pas encore arrivé. Mais de mes études je peux conclure que mesurer l'une de ces énergies, c'est mesurer l'autre. Plaçons donc nos canons horizontalement, cherchons le temps que met un projectile pour parcourir une certaine distance, et nous aurons des renseignements précis sur l'énergie relative des différents projectiles. Cela admis, le jury aura un moyen simple et facile pour juger les canons. Aujourd'hui les jurys n'ont aucun point d'appui dans leurs jugements. Les savants ne sont pas même d'accord sur ce que nous demandons aux canons : du bruit, ou un projectile ?

Et encore, admettant que les canons doivent donner un projectile, anneau gazeux, il n'est pas encore admis que les deux énergies de translation et de rotation du projectile dépendent l'une de l'autre, et qu'il suffit d'en mesurer une.

La conséquence est que les jurys sont dans la plus grande incertitude sur la méthode à suivre dans leurs jugements. A Novara comme à Lyon, on a fortement désiré que les savants se prononcent enfin, non seulement sur l'utilité des canons, mais encore sur la méthode de les juger.

J'examine maintenant la question de la poudre. Celle qui est employée en Italie est la poudre de guerre, de grains fins. Le Ministre de la guerre qui a beaucoup de poudre qui ne sert pas, ne veut pas la donner, et l'on est obligé de recourir à des fabriques qui n'ont pas toujours donné de la poudre irréprochable.

Quant aux installations, je l'ai dit cent fois : ne placez pas des canons sans avoir des renseignements précis sur les orages qui s'abattent sur la région à défendre ; d'ailleurs, M. Plumandon vous donnera tout à l'heure le résultat de ses études scientifiques sur les orages.

Maintenant, j'éprouve le besoin d'ouvrir mon cœur, et de vous remercier pour votre bonté et votre hospitalité. Je remercie surtout M. le Président, qui a bien voulu m'encourager à prendre souvent la parole. J'exprime ma plus grande reconnaissance à tous les savants que j'ai rencontrés ici, et qui m'ont fourni d'utiles renseignements, et en particulier à M. Plumandon, qui a bien voulu accepter avec la plus grande courtoisie de discuter plusieurs questions avec moi ; il fait le plus grand honneur à la France, qui est la nation éminemment savante. Je conserverai toujours, Messieurs, un bien doux souvenir des instants que j'ai passés à Lyon, et ce souvenir sera toujours pour moi une grande réjouissance.

M. le Président. — Vous venez d'entendre, Messieurs, les paroles émues du savant professeur M. Roberto. C'est lui qui nous a fait un très grand honneur en nous apportant la grande expérience de sa science, et le résultat des nombreuses observations qu'il a faites depuis que le tir au canon se pratique en Italie. Il nous a ouvert son cœur et nous a dit combien il était heureux de passer quelques moments avec nous, nous ne sommes pas moins heureux que lui d'avoir eu la bonne fortune de le posséder dans ce congrès ; nous partageons donc pleinement sa joie et nous avons de plus le plaisir d'avoir appris beaucoup en l'écoutant.

Je suis heureux de lui dire que ses enseignements ont plus fait pour répandre la connaissance de l'effet que les canons peuvent produire que tous les discours et les enseignements donnés jusqu'à ce jour. Ce sera donc pour vous, Monsieur Roberto, une satisfaction que vous rapporterez en Italie de pouvoir dire : Je leur ai appris quelque chose ! Et vous aurez goûté, mon cher Monsieur Roberto, cette joie d'avoir pu répandre vos connaissances !

Vous avez établi une théorie de la formation de la grêle ; elle n'était pas faite en vue des canons ; or, il se trouve qu'elle explique aujourd'hui l'action des canons sur la grêle. Cette théorie n'est pas due au hasard des circonstances, elle date de 1882, et vous avez établi que les nuages grêlifères peuvent être touchés

par le *tore*, bien qu'on estime que sa puissance utile
ne s'élève pas au-dessus de 400 mètres.

Voilà ce qu'il y a de beau dans vos travaux, Monsieur
Roberto, et voilà pourquoi, nous qui cherchons des données
précises sur l'emploi des canons, nous devons vous
être reconnaissants d'avoir bien voulu vous déranger
pour apporter dans ce congrès votre théorie déjà
ancienne sur la formation de la grêle, ainsi que votre
grande expérience de la science météorologique. Au nom
de tous les membres du congrès, je vous remercie !

Maintenant, Messieurs, je donne la parole à *M. Plumandon*, directeur de l'observatoire du Puy-de-Dôme.

RÉSUMÉ DE LA DISCUSSION DES RAPPORTS
PRÉCÉDENTS

DANS LE BUT D'EN DÉGAGER LES FAITS CONSTANTS DANS LE
DOMAINE DE LA SCIENCE ET DE LA PRATIQUE ET D'EN DÉDUIRE
LES CONSÉQUENCES.

Rapporteur : M. J.-R. PLUMANDON
Directeur de l'Observatoire du Puy-de-Dôme

MESSIEURS,

Permettez-moi, d'abord, de regretter qu'une fâcheuse maladie ait
privé notre Congrès de la précieuse collaboration de M. Houdaille,
que je n'ai pas la prétention de remplacer. En 1900, M. Houdaille a
été chargé par M. le ministre de l'Agriculture, d'une mission d'études dans les pays viticoles de la Haute-Italie, où la lutte contre la
grêle avait déjà pris un développement extraordinaire. Au cours de
sa mission, il a recueilli de nombreux et importants documents sur
tous les points qui se rattachent à cette grave question et, en particulier, sur l'organisation et l'efficacité des tirs au canon contre la
grêle ; ensuite, en résumant les travaux qui lui ont été communiqués,
ainsi que ses observations personnelles, il a publié, chez l'éditeur

Alcan, un livre plein d'idées sages, de remarques justes et profondes. Mieux que personne, M. Houdaille était désigné, et il l'a été effectivement, pour continuer et mener à bonne fin l'œuvre qu'il avait si bien commencée.

Aussi, ce n'est pas sans hésitation que je me suis décidé à accepter le périlleux honneur de le suppléer. J'y ai été engagé, d'abord par l'extrême amabilité de notre président, M. Burelle, et de notre secrétaire général, M. Silvestre ; enfin, j'ai compté sur votre indulgence, et j'ai espéré que mes vingt-cinq années d'études sur les orages et la grêle, vous feraient peut-être excuser ma témérité.

D'ailleurs, dans l'accomplissement de ma tâche, facilitée par les éminents rapporteurs qui m'ont précédé, je n'aurai en vue que la recherche impartiale de la vérité. Et j'ai déjà éprouvé la satisfaction de constater que, sur tous les points importants, mon opinion concorde avec celle de M. Roberto, le savant recteur des études de la province d'Alexandrie, chargé du même rapport que moi.

J'ai suivi avec la plus grande attention la lecture des rapports et en outre, je les ai étudiés longuement. Je me suis volontairement abstenu de prendre une part active à la discussion de ces rapports, afin de tout juger d'une façon plus impersonnelle et de pouvoir conserver ainsi l'impartialité la plus absolue.

Messieurs,

Quand on veut apprécier les résultats obtenus contre la grêle par le tir du canon, des fusées, des pétards, ou par tout autre moyen qui a pour but de lutter contre les orages, il est naturellement nécessaire de bien connaître les expériences qui ont été faites. Mais il est non moins nécessaire de posséder, en outre, même et surtout en dehors de toute théorie déterminée, des idées rationnelles sur les conditions atmosphériques qui peuvent produire les grêlons. Il est encore à peu près indispensable, non seulement d'avoir, *de visu*, observé un grand nombre d'orages, mais aussi, et peut-être encore plus, de les avoir étudiés dans leurs rapports avec la situation générale de l'atmosphère. Cela implique l'usage habituel des cartes quotidiennes qui font connaître les valeurs absolues et relatives des principaux éléments météorologiques en relations avec toutes les manifestations orageuses. Mais, soyez sans inquiétude, je ne veux pas faire de théorie. Dans la question qui nous occupe, avec raison vous mettez les faits avant tout ; je n'invoquerai que des faits, et nous en trouverons qui justifient la grande lutte que vous avez entreprise contre la grêle.

Dans les remarquables rapports qui nous ont été communiqués, tous les faits sont intéressants, mais ils ne le sont pas tous au même degré, surtout quand on veut les invoquer comme des preuves immédiates de l'efficacité du tir des canons contre les chutes de grêle. Prenons pour exemple un cas que l'on a observé fort souvent. Dans une localité bien organisée pour la défense survient un orage qui, par la noirceur de ses nuages et par l'obscurité qu'il fait naître, par l'intensité des éclairs et par la continuité des grondements de plus en plus rapprochés du tonnerre, paraît devoir acquérir une violence peu ordinaire et menacer la région d'un désastre. Les artilleurs sont à leurs postes, et tirent méthodiquement les coups de canon. Bientôt l'orage s'affaiblit et finit par s'évanouir, en versant sur la région une pluie plus bienfaisante que nuisible.

Est-ce le tir du canon qui a fait avorter l'orage ? Cela n'est pas absolument impossible, mais qui peut l'affirmer, puisque le même fait se produit très fréquemment, sans que l'on ait tiré le moindre coup de canon ? Il faudrait un nombre extrêmement grand de constatations favorables pour qu'on puisse accorder quelque créance à une affirmation aussi hasardée. Il en est à peu près de même pour quelques assertions attribuant à l'influence des coups de canon plusieurs faits qui peuvent lui être étrangers : l'affaiblissement du vent, des éclairs, du tonnerre ou de la grêle en fréquence ou en intensité, la dispersion ou la déviation des nuages orageux, etc

Comme preuve décisive de l'influence des tirs sur les orages à grêle, on a souvent cité les chutes de neige observées dans un certain nombre de localités pendant des orages contre lesquels on avait lutté à coups de canon. On a dit que les décharges réitérées des canons avaient transformé la grêle en neige ou, au moins, qu'elles avaient empêché la formation de la grêle et permis seulement celle de la neige. Dans ce cas-là encore, la preuve n'est pas suffisante, et ces chutes de neige ne sont pas forcément le résultat des tirs puisqu'on en constate assez fréquemment au cours d'orages contre lesquels on n'a pas tiré le canon Elles sont d'ailleurs moins rares qu'on le pense en général, surtout dans les régions montagneuses, où elles accompagnent une partie des orages du printemps, de l'automne et quelquefois ceux de l'été.

Les orages à neige sont d'autant plus fréquents qu'on s'élève plus haut en altitude, ou qu'on va plus au nord en latitude, ou bien encore que l'on considère une époque plus éloignée du cœur de l'été C'est une chose très rationnelle. Mais il s'en produit aussi en toute saison dans nos pays tempérés, et aux altitudes ordinaires. En France, au niveau des côteaux cultivés en vigne, on n'en observe pas tous les ans. Cependant, d'après les observations que j'ai consultées dans les Annales du Bureau central météorologique, il ne s'en faut pas de beaucoup, puisque de 1891 à 1898, il n'y a que l'année 1893, extrêmement chaude, qui n'en a pas fourni. Durant cette période de sept années, les orages à neige se sont étendus à 32 journées différentes, et c'est précisément dans la région des vignobles du Rhône, du Beaujolais et du Mâconnais qu'ils ont été le plus fréquents. C'est là aussi qu'il s'en est produit aux époques les plus voisines du plein été.

Les nombres ci-dessus ne font, d'ailleurs, connaître que des valeurs minima, car toutes les localités ne collaborent pas au service météorologique, et certainement il y a eu bien des orages à neige qui n'ont pas été signalés. Tels, par exemple, ceux que j'ai découverts dans quelques publications scientifiques : l'orage du 27 août 1896, à Albertville (422 m.) et à la Ferté-Macé (206 m.) dans l'Orne ; celui du 19 septembre 1897 au Havre et, à Gand, celui du 31 juillet 1893, qui a donné des flocons de neige de la largeur d'une pièce d'un franc.

En faisant de plus minutieuses recherches, on en trouverait beaucoup d'autres, et si nous n'en voyons pas plus souvent, c'est que les flocons de neige fondent ordinairement, en été, dans les couches inférieures de l'air.

En somme, on est obligé de reconnaître, d'après tous les faits observés, que, lorsque la neige réapparaît au cours de l'été, c'est toujours au moment des orages. De sorte que ceux-ci, malgré les coups de chaleur qui les précèdent, semblent favoriser les chutes de neige. La chose est réellement vraie et s'explique, d'ailleurs, aisément. Les chauds courants ascendants, qui créent les orages, donnent d'abord de la pluie ou de la grêle ; mais, à mesure que ces courants s'affaiblissent et s'épuisent, le froid des hautes régions finit par l'emporter et congèle la vapeur d'eau en neige d'autant plus facilement qu'elle s'est élevée plus haut. D'autre part, les orages eux-mêmes, en mélangeant les couches d'air superposées depuis le sol jusqu'à une très grande altitude, produisent un refroidissement général qui est bien connu ; si ce refroidissement est assez considérable, la neige descendra jusqu'à la surface de la terre sans être fondue, en excitant alors un étonnement bien naturel, tel que celui qu'elle a occasionné au moment des tirs au canon dans les contrées viticoles de l'Est de la France et du Nord de l'Italie.

Comme conclusion, on voit que, même en admettant une certaine action du canon sur les orages, on ne saurait lui attribuer d'une façon absolue la production de la neige et, bien entendu, encore moins la transformation en neige d'un grêlon déjà formé. Une fois le grêlon bien constitué, en glace plus ou moins dure, il ne peut être détruit ou ramolli que par la chaleur et alors il se résout en pluie si sa fusion est totale, et quelquefois peut-être en grêlon mou, si la glace qui le compose n'est pas suffisamment homogène, et s'il ne subit qu'une fusion partielle.

Il est, d'ailleurs, probable que la plupart des grêlons mous se forment directement. Il suffit, pour cela, qu'au sein des tourbillons orageux il se trouve de petites masses d'eau dans un léger état de surfusion, et que la congélation se produise alors sous l'action d'un choc contre une autre masse d'eau, contre un cristal de glace, contre un flocon de neige, ou même simplement sous l'influence d'un mouvement trop brusque ; si la température générale de la masse d'eau en surfusion n'est pas assez basse pour tout solidifier, il reste de l'eau emprisonnée entre les cristaux qui ont pu se former, et il en résulte de la glace molle qui peut s'écraser sous la moindre pression.

La surfusion de l'eau et la fabrication des grêlons mous s'obtiennent assez facilement avec quelques précautions. Moi j'en ai souvent constaté la production spontanée en faisant usage du psychromètre pour déterminer, pendant l'hiver, l'état hygrométrique de l'air extérieur, à l'Observatoire du Puy-de-Dôme. L'eau qui sert à imbiber la mousseline du thermomètre mouillé est contenue dans un petit vase cylindrique en porcelaine, dont la capacité est d'environ 30 centimètres cubes. Ce vase reste habituellement sur une planchette en fer fixée par côté de l'abri des thermomètres, afin que son eau prenne à peu près la température de l'air ambiant, et il est exposé au refroidissement naturel qui peut se produire par convection ou par rayonnement. Le refroidissement s'effectuant surtout par le fond, qui est en contact avec une masse métallique bonne conductrice de la chaleur, l'eau n'est pas agitée par des remous, et peut rester liquide quand même sa température se serait abaissée un peu au-dessous de zéro ; c'est précisément ce phénomène qui constitue la surfusion de l'eau. Mais, lorsqu'on a fait pénétrer dans cette eau surfondue le réservoir du thermomètre qui doit être mouillé pour effectuer l'observation psychrométrique, les trente centimètres cubes d'eau se transforment brusquement en une glace qui ressemble à de la neige à moitié fondue parce qu'elle emprisonne un excès d'eau qui ne s'est pas solidifié. Cette glace pâteuse est cependant assez solide pour rester suspendue au thermomètre. On obtient ainsi, instantanément, une sorte de grêlon mou, comme il en tombe pendant certains orages.

Voilà donc une série de faits sur lesquels il semble qu'on a eu tort de trop compter pour mettre hors de doute l'efficacité du canon contre la grêle. Fort heureusement, il en est d'autres qui, certes, laissent encore à désirer, mais qui, cependant, ont plus de poids que les précédents.

La diminution générale et persistante des dégâts causés par la grêle, considérée comme conséquence des tirs, est de ceux-là. Et, toutefois, elle pourrait encore, tout en restant fort réelle, n'être qu'une coïncidence. En effet, même pour des régions d'une grande étendue, et bien avant que le tir des canons se soit développé, de longues séries d'observations ont permis de remarquer que le nombre des chutes de grêle, ainsi que l'importance des ravages qu'elles occasionnent, subissent des variations considérables, tantôt dans un sens, tantôt dans l'autre, non seulement d'une année à la suivante, mais encore pendant plusieurs années consécutives. En voici un exemple : pour une période de six années, allant de 1886 à 1892, le nombre des stations météorologiques du département du Puy-de-Dôme qui ont supporté des dégâts causés par la grêle a été 72, 32, 4, 18, 8 et 37. Si l'on y avait organisé la défense des récoltes par le canon en 1887, on lui aurait certainement attribué cette énorme diminution des dommages qui a duré cinq années.

Si l'on ne considère qu'une région restreinte, et surtout qu'une seule localité, on trouve des résultats encore plus bizarres. C'est ainsi qu'une petite commune peut rester huit ou dix années, quelquefois même davantage, sans éprouver de pertes notables par le fait de la grêle, et qu'après elle est ravagée trois ou quatre années de suite.

Que penser maintenant des chutes de foudre qui se sont produites pendant les tirs à l'intérieur des zones protégées ? Que faut-il conclure des désastres plus ou moins complets subis malgré le tir de cinq ou six milliers de coups de canon, sinon qu'il infirment l'efficacité du canon autant que les cas favorables la confirment ?

Bien entendu, cela ne veut pas dire expressément que le tir du canon n'exerce aucune action sur les orages à grêle, mais simplement que les faits précédents ne suffisent pas pour prouver que cette action existe.

Il est beaucoup plus encourageant de citer, parmi les constatations qui permettent d'attribuer au tir au canon quelque influence sur les orages :

1º La suppression brusque de la grêle à partir des abords immédiats d'un territoire défendu par les canons ;

2º L'immunité dont une région a pu jouir pendant que la grêle ravageait tous les territoires environnants, ou au moins une partie des territoires immédiatement contigus :

3º Le ravage d'une petite zone non protégée quand elle est enclavée dans un vaste territoire sur lequel les canons ont bien fonctionné et qui est restée indemne.

Ces faits ont été cités par différents rapporteurs, et ils m'ont été signalés particulièrement par M. Roberto qui en garantit l'authenticité.

Toutefois, même dans ces trois cas qui paraissent si éloquents en faveur de l'action utile des tirs, il est encore nécessaire de faire quelques réserves. En effet, quand on dispose d'un grand réseau de stations météorologiques très rapprochées les unes des autres, on constate des faits fort instructifs sur la répartition des chutes de grêle.

Lorsqu'un orage est très étendu, ou plutôt, ce qui arrive le plus souvent dans les pays viticoles qui sont toujours un peu accidentés, lorsqu'un certain nombre d'orages (qui semblent, à la vérité, n'en faire qu'un) éclatent à peu près simultanément, on reconnaît, par l'étude des observations recueillies :

1º Qu'une, deux ou plusieurs communes sont grêlées sur la totalité ou, plus fréquemment, sur des parties plus ou moins grandes de leur territoire ; 2º que des groupes analogues ne reçoivent pas de grêle, soit sur la totalité, soit sur des parties plus ou moins grandes de leur territoire ; 3º que les deux catégories de groupes sont enchevêtrées d'une façon quelconque.

Dans ce cas là, il est fort difficile de juger de l'efficacité du tir des canons d'après les limites de chutes de grêle. En effet, si ce sont les communes non grêlées qui ont organisé des tirs, on sera porté à dire qu'elles ont été protégées par les canons ; si ce sont les communes grêlées, on devra, pour rester logique, dire que c'est le tir du canon qui a occasionné la chute de la grêle. Dans le cas d'une commune partiellement atteinte, on pourra presque conclure comme on voudra.

Et, cependant, dans les trois cas, les canons peuvent être étrangers aux effets constatés. Toutefois, l'efficacité est naturellement beaucoup plus probable si les surfaces indemnes coïncident clairement avec les surfaces protégées ; si les endroits ravagés coïncident aussi avec les endroits non défendus, à condition encore que ces faits soient constatés un grand nombre de fois, sans exceptions graves et fréquentes.

Certains orages, plus rares, ont cependant fourni un contrôle plus sûr. Ce sont ceux qui, bien isolés et possédant, pour ainsi dire, une individualité, versent la grêle suivant une étroite et plus ou moins longue bande de pays. L'interruption complète des ravages dans une partie de la bande défendue par des canons ou, à la rigueur, une notable diminution de ces ravages à partir des limites de la zone protégée justifie l'hypothèse d'une action protectrice. Mais il reste encore à vérifier cette justification un très grand nombre de fois.

En somme, parmi les faits invoqués en faveur de l'efficacité du tir des canons, il y en a qui ne prouvent rien ; d'autres qui sont défavorables, et il ne s'en trouve que quelques-uns qui peuvent servir de fondement à l'hypothèse d'une action protectrice. C'est déjà beaucoup dans une pareille tentative. Les personnes trop enthousiastes qui ont cru à la suppression prompte et radicale de la grêle, seront certainement déçues, comme on l'est toujours quand on escompte trop haut le succès d'une entreprise. Mais les esprits modérés seront satisfaits par la seule idée que la lutte contre la grêle n'est pas absolument impossible.

D'ailleurs, un grand élan a été donné. L'enthousiasme qui a pris naissance en Italie gagne la France. Il reste à savoir le diriger, le régler sans l'amoindrir, afin de le rendre utile et profitable. Pour cela, il faut d'abord bien se convaincre que, dans toutes les expériences qui ont pour but d'agir sur la Nature, le temps est un facteur de la plus sérieuse importance. Vouloir aller trop vite, imprudemment et sans méthode, c'est courir à un échec. Beaucoup d'argent, une somme immense de bonne volonté et d'efforts seraient perdus si l'on se laissait aller inconsidérément au désir bien naturel, mais trop humain et souvent illusoire, de triompher sans le moindre retard.

Quand on a étudié sérieusement les orages dans leurs causes et dans leurs effets, avec tous les documents nécessaires ; quand on a pu se rendre compte de la grandeur et de la généralité des forces qui les produisent et qui règlent leur marche ; lorsqu'on sait l'immense énergie qu'ils développent, il semble difficile, presque impossible, surtout après les expériences qui ont été faites par MM. Perntner et Trabert, Gastine et Vermorel, d'admettre que les vibra-

tions sonores produites par les canons, les bombes, les fusées, les
pétards, etc., pas plus que par les tourbillons annulaires lancés par
les canons, aient une puissance *mécanique* suffisante pour anéantir
de si terribles phénomènes ou pour restreindre leur force dè destruction. Et, cependant, M. Roberto, dont la haute valeur scientifique est
bien connue, croit pouvoir en démontrer la possibilité.

Mais, dans cette question, l'explication de l'efficacité n'est pas le
point capital. Que cette efficacité soit le résultat d'une influence encore mystérieuse, électrique peut-être, à moins qu'elle ne soit autre
chose ; que la science actuelle puisse, ou non, expliquer cette influence, ne nous en occupons pas pour l'instant. Au point de vue
pratique, ce qu'il importe, avant tout, d'établir, d'une manière évidente, le plus promptement possible, c'est que le tir du canon
protège bien réellement les récoltes contre la grêle. Une fois le fait
prouvé, on l'expliquera si l'on peut, mais on en profitera d'abord, et
c'est l'avantage essentiel qu'il faut viser pour le moment. Il est donc
nécessaire, à cause du manque de faits scientifiquement probants,
ou, si l'on veut, pour ménager de justes susceptibilités, en raison du
nombre encore insuffisant de faits probants, il est nécessaire de pratiquer de nouvelles expériences, et je suis heureux de constater que,
sur ce point, je me trouve en conformité d'opinion avec tous ou presque tous les rapporteurs qui m'ont précédé. Ces expériences pourront être décisives à bref délai et, dans tous les cas, elles le devien-
dront au bout d'un temps plus ou moins court, si l'on suit autant
que possible les principes des méthodes scientifiques, et si l'on n'admet
aucun fait, aucun résultat, et surtout aucune conclusion, sans les
avoir soumis à une critique rigoureuse.

Je me garderai bien de donner le moindre conseil pour ce qui
concerne la partie technique des tirs. Sous ce rapport, j'aurais tout à
apprendre des personnes qui les ont organisés et dirigés avec tant de
compétence. Mais je prendrai la liberté de vous soumettre quelques
idées qui m'ont été suggérées par mes longues études sur les orages.

Une des premières conditions à remplir sera de créer, dans les
régions choisies pour les expériences définitives, un service parfait
d'observations météorologiques, avec la collaboration bien effective
du Bureau central et des Commissions météorologiques. En mettant
hors de doute l'exactitude de ces observations, elles seront d'autant
plus utiles que les stations seront plus nombreuses. Il en faudrait
une dans chaque commune, sur une superficie totale qui devrait être
égale au moins à celle d'un département, afin de pouvoir suivre

quelques orages depuis leur éclosion jusqu'à leur extinction. Comme un simple particulier ne peut guère connaître, d'une manière exacte, que ce qui se passe dans un très petit rayon autour de lui, il serait bon que ces stations puissent fonctionner sous la direction et le contrôle de la mairie. Elles arriveraient alors sans peine à fournir des renseignements précis, complets et bien authentiques, sur les faits constatés dans toute l'étendue de la commune, en ce qui concerne les orages. L'extrême intérêt pratique que comporte la question de la grêle assurera certainement le concours zélé et gratuit de chaque municipalité.

Il y aura ensuite à régler la disposition des canons sur le territoire à protéger. Evidemment, si les canons avaient une influence protectrice sûre et indiscutée, il n'y aurait qu'à en mettre d'abord le plus grand nombre possible, en se réglant surtout d'après les résultats pécuniaires. Mais il ne faut pas perdre de vue que l'efficacité des tirs est loin d'être démontrée pour tout le monde, et qu'il s'agit précisément de la prouver à tous.

En France dès l'année dernière, deux organisations communales particulièrement intéressantes ont été faites : 1º A Denicé (par MM. Guinand et Blanc), où 52 canons ont été disposés à 500 mètres environ les uns des autres, de façon à former une défense régulière sur toute la surface de la commune dont la forme géométrique est à peu près celle d'un rectangle deux fois plus long que large ; 2º à Saint-Gengoux-le-National et Burnand, où l'on a cherché à placer les canons suivant les trajectoires ordinaires des orages. — Dans le Nord de l'Italie, un certain nombre d'installations ont été faites d'après les mêmes principes qui sont excellents. Mais on peut améliorer ces deux types d'organisations par des dispositions supplémentaires.

Le type de Denicé, par exemple, aurait besoin d'être développé, et il serait avantageux d'organiser une défense régulière et sans discontinuité sur un territoire suffisamment vaste par rapport aux surfaces couvertes par les orages, en y comprenant un groupe aussi nombreux que possible de communes contiguës. C'est ce qu'a déjà fait M. Châtillon, dans la région du Beaujolais, en créant 18 champs de tir qui comptent un total de 340 canons et qui couvrent une surface de 10,000 hectares. On choisirait, en outre, d'autres groupes communaux sans canons, mais présentant à peu près les mêmes conditions culturales et topographiques que les précédents et l'on verrait, par une simple comparaison si les orages se sont comportés différemment, en général, dans les deux espèces de groupes. Cela n'empêcherait pas, bien entendu, de faire les constatations ordinaires.

Le type de Saint-Gengoux se prête à une modification encore plus intéressante. Supposons qu'on veuille en faire l'application dans le département du Rhône qui conviendrait parfaitement en raison de son étendue, de sa situation géographique, de sa topographie, des graves dommages qu'il subit chaque année, et aussi à cause de l'importance des champs de tir qui existent déjà.

Dans ce département, comme dans bien d'autres du reste, les orages marchent en général de l'Ouest-Sud-Ouest à l'Est-Nord-Est, ou peut-être plutôt du Sud-Ouest au Nord-Est. Si l'on organise la défense en multipliant les canons dans cette direction et, par suite, en restreignant leur nombre dans les autres sens, le peu de largeur habituel des orages fera que ces orages passeront presque toujours soit à droite, soit à gauche de la défense; ils l'effleureront quelquefois; rarement ils l'atteindront d'une manière complète. L'action des canons sera donc fort difficile à interpréter, et l'on sera souvent exposé à des illusions fâcheuses, sources d'erreurs qui nuiront profondément à la valeur des expériences.

On évitera ces graves inconvénients en développant, au contraire, la défense suivant une longue bande de territoire qui devra être perpendiculaire au sens ordinaire de la progression des orages. Cette bande pourra être aussi large que l'on voudra, mais elle devra surtout être longue, afin qu'une bonne partie des orages soient obligés de la couper. On obtiendra ainsi de bonnes comparaisons entre les effets que les orages y produiront, et ceux qu'ils auront déterminés avant d'avoir rencontré les canons et après les avoir franchis.

Bien des perfectionnements seront encore apportés, dans la défense des récoltes contre la grêle, par les personnes expérimentées qui ont dirigé les tentatives antérieures. Mais il est une faute qu'on devra éviter avec soin : celle qui résulterait de la dissémination des moyens d'action. Il serait puéril et mauvais de multiplier les organisations incomplètes qui ne serviraient à rien, et qui conduiraient vite au découragement. Pour le moment, tous les efforts doivent concourir à un seul but : établir d'une manière irréfragable l'efficacité des canons contre la grêle. Pour cela, il faut accumuler les faits authentiques qui peuvent en fournir la preuve. L'enthousiasme que vous avez montré m'a fait voir qu'il n'est pas nécessaire de vous souhaiter du courage. A l'œuvre donc, et espérons la victoire !

J.-R. PLUMANDON,

Météorologiste à l'Observatoire du Puy-de-Dôme.

M. Plumandon. — En terminant ce rapport, je tiens à remercier M. Roberto qui, tout à l'heure, m'a comblé d'éloges ; je n'en n'ai pas moins à lui adresser moi-même, car j'ai sûrement beaucoup plus appris de lui en le fréquentant qu'il n'a appris lui-même auprès de moi.

M. Guinand. — Je ne veux pas prétendre, après les rapports de MM. Roberto et Plumandon, que la science soit en défaut ; au contraire, nous désirons de tout cœur que les praticiens se mettent d'accord avec elle, et nous avons la conviction qu'ils y arriveront grâce aux nombreuses observations qu'ils lui fourniront. J'ajoute cependant qu'il est très heureux que nous, praticiens, nous ayons commencé à faire quelque chose, car, en définitive, c'est nous qui avons éveillé l'attention des savants qui, aujourd'hui, étudient la question du tir contre la grêle.

J'ai entendu dire dans ce congrès que la puissance des ouragans était si considérable et les moyens dont dispose notre artillerie agricole si faibles, qu'il paraissait bien difficile d'arriver à une protection efficace.

J'avoue qu'au premier abord la chose paraît indiscutable, mais en matière d'équilibre il est facile de démontrer qu'un rien peut rompre cet équilibre et surtout lorsqu'il s'agit d'équilibre instable, comme il paraît en être lorsqu'il s'agit de nuages orageux.

Et puis, en matière électrique, les phénomènes que nous constatons sont bien loin encore d'être tous expliqués.

Et, à ce sujet, voici un fait dont je serais bien aise d'avoir l'explication.

Je me suis occupé de la création d'un tramway électrique qui, du reste, a été le second de France, le tramway de Lyon à Sainte-Foy-lès Lyon, commune située à 100 mètres d'altitude au-dessus de Lyon.

Or, grâce à l'électricité, nous faisons gravir des pentes très rapides aux voitures de notre tramway, voitures fort lourdes, pesant environ 15,000 kilos et transportant 60 à 80 voyageurs.

Une force puissante actionne ces voitures qui gravissent la pente avec la vitesse d'un cheval au galop.

Et, cependant, d'une seule main, saisissant la corde du trolley, j'empêche ce trolley de frotter le fil conducteur du courant et j'enlève toute cette force qui entraînait la voiture.

Croyez-vous, Messieurs, que la force de ma main soit en rapport avec l'énorme puissance qui permet à la voiture de gravir la montagne ? Non, il n'y a aucune harmonie entre ces deux forces et, cependant, le fait est indéniable.

Ne nous hâtons donc pas trop de tirer des conclusions basées seulement sur ce qui a été fait jusqu'à ce jour.

Les faits nombreux que nous avons déjà recueillis sont là pour étayer notre espoir; ils sont, pour quelques-uns, des plus curieux et des plus intéressants.

Il y a deux ans, lorsque je suis allé assister au premier congrès de tir contre la grêle, à Casale-Montferrat, M. Hector Gino, président du consortium de Nizze-Montferrato m'a raconté que ses canons, dans leur disposition, affectaient la forme d'un V, à raison de la configuration du sol; or l'orage est venu frapper toute la contrée, épargnant le territoire défendu et affectant, lui aussi, la forme d'un V, c'est à dire suivant exactement la périphérie des canons.

A Padoue, au deuxième congrès de tir contre la grêle, où j'assistais également, le président du consortium de Turin me raconta le fait suivant.

Son territoire a été défendu par 80 canons, couvrant une étendue assez considérable. Au milieu de ce territoire se trouvait un grand propriétaire qui lui dit : Vos canons, je n'y crois pas, je n'en veux pas chez moi et je ne participerai pas pour un sou à votre installation. Or, les orages sont venus, et ce propriétaire seul, au milieu du champ de tir, a été grêlé. Il faut dire que sa conversion n'a pas tardé et que, depuis, il a demandé à payer sa quote-part de dépense pour l'année 1901.

J'ai été très vivement frappé aussi de ce que m'a communiqué un Espagnol, M. Camého Loppez. La grêle commençant à tomber, il s'est mis immédiatement à tirer: le tir, m'a-t-il déclaré, a sur le champ arrêté la grêle; voulant me rendre compte j'ai donné l'ordre d'arrêter le feu, aussitôt la grêle a recommencé ; j'ai immédiatement fait recommencer le tir et la grêle a été arrêtée. Ce qui est certain, c'est que, dans tous nos champs de tir organisés en France, il y a eu partout arrêt du tonnerre, des éclairs.

Par conséquent, Messieurs, je le répète, il y a déjà des faits acquis ; nous obtenons déjà des résultats, mais le dernier mot n'est pas dit. Comme M. Châtillon et M. Plumandon, j'estime qu'il faut, sans nous décourager, procéder à des organisations sérieuses. J'ai confiance dans l'avenir, et je crois que nous sommes sur le chemin qui nous mènera à la défense complète de nos vignobles.

M. le Président. — Je remercie M. Guinand de la nouvelle strophe qu'il vient d'ajouter à l'Ode au Canon.

M. le comte Balbi. — Je confirme entièrement ce que vient de dire M. Guinand au sujet de la station de tir de Turin, et j'en profite pour demander à M. Plumandon et aux météorologistes comment il se fait qu'avant d'avoir des canons, à Asti, nous n'avions jamais vu de la neige et que, maintenant, pendant les orages, nous voyons tomber des flocons de neige mélangés à l'eau ?

M. Porro. — Je ne m'occupe plus aujourd'hui de météorologie qu'en amateur, mais je puis dire que j'ai constaté certains phénomènes intéressants sur les glaciers, dans les Alpes. J'ai vu des flocons de neige mélangés à de la grêle molle, mais je n'ai jamais retrouvé cette forme de précipitation ni à Turin, ni à Crémone, où je suis né. La forme que M. Plumandon a examinée est inconnue dans la vallée de Pô.

L'année dernière j'ai discuté, à Padoue, avec M. le directeur du bureau météorologique d'Autriche, qui avait fait la même remarque que M. Plumandon ; il disait qu'il n'y avait pas encore assez de faits pour tirer des conclusions, et qu'on se laissait aller à un enthousiasme irréfléchi. Je pense que cette critique de nos savants n'est pas justifiée. M. Perntner n'acceptait pas la démonstration scientifique, je lui ai répondu que la preuve statistique était suffisante. J'ai demandé et proposé que le congrès dise qu'il croyait à la démonstration statistique. Nos paysans ne sont pas aussi instruits que le directeur du bureau météorologique, mais leurs observations me semblent suffisantes. J'ai même posé à M. Perntner cette question : Si vous n'acceptez pas la preuve statistique, acceptez-vous la preuve physique ? Il a déclaré qu'il acceptait cette preuve, mais qu'elle n'était pas suffisante, parce que nous n'avions pas encore vu assez de cas. Cependant, tous les rapports de la Suisse, de l'Italie et de l'Autriche disent que la grêle est souvent tombée molle. Je crois que la preuve physique est suffisante. Je puis assurer à M. Plumandon, qui a fait une observation à ce sujet, que je connaissais déjà la grêle pour l'avoir vue en Suisse, en Italie, dans les Apennins. J'affirme que mon opinion est justifiée, avant tout, par la statistique, par les preuves frappantes citées par M. Guinand et M. Balbi et, en deuxième lieu, par ces preuves physiques que le congrès de cette année a confirmées d'une manière éclatante.

M. le Dr Vidal. — Messieurs, vous venez d'entendre M. Guinand et M. le comte Balbi, qui sont venus exprimer les résultats de leurs expériences. On vous a cité aussi le cas de personnes qui n'avaient pas voulu se servir de canons et qui, étant restées isolées au milieu d'un champ de tir, avaient vu leurs récoltes seules détruites par la grêle. Cela prouverait donc l'efficacité de la lutte contre la grêle, à condition qu'elle soit générale. Eh ! bien, je viens vous dire qu'avec la lutte individuelle, nous avons obtenu des résultats analogues, mais dans le sens inverse. M. Séverin et moi, nous nous sommes trouvés seuls indemnes, grâce à l'emploi des fusées, au milieu de nos voisins qui n'avaient pas tiré.

Je répète que je suis loin de me séparer de ceux qui préconisent le canon, mais je tenais à vous signaler ce fait qu'avec nos fusées, nous avons été seuls protégés au milieu de nos voisins.

M. le Colonel Tua. — Comme l'a dit M. le Président, M. Guinand a ajouté une strophe à l'Ode au Canon ; permettez-moi d'y ajouter un simple vers.

Le fait qu'il a signalé de la grêle cessant devant le tir, recommençant lorsque le tir cessait, et ainsi de suite, a été observé trois fois, près de Naples. Un orage est arrivé à la vitesse de 20 centimètres à la seconde, mais les artilleurs s'étaient servi la veille de leurs canons, pour la fête du pays, et avaient épuisé leurs cartouches ; il a donc fallu, pendant l'orage, charger les cartouches au fur et à mesure du tir. On a tiré 10 à 12 fois dans ces conditions; au moment du tir, la grêle cessait, et pendant les 7 ou 8 minutes qui étaient nécessaires pour charger de nouvelles cartouches, la grêle tombait à nouveau. Ce fait a été relaté par les journaux de Naples, et m'a été rapporté tout spécialement à moi, parce que j'avais fourni les canons.

Je citerai encore le fait suivant : M. X..., le 25 mai de l'année dernière, avait commandé 6 canons, mais n'en avait reçu qu'un seul. La grêle a tout dévasté. Sur 25 kilomètres, les blés verts ont été coupés ; on a été obligé de jeter les vers à soie, parce qu'il n'y avait plus de feuilles à leur donner, mais la zone d'environ 425 mètres, sur laquelle l'unique canon a tiré 150 coups, a été protégée.

M. le Président. — Je m'aperçois, Messieurs, que nous remontons aux questions de faits, et je me vois forcé, à regret, par le temps, de restreindre leur énumération, pour arriver à une solution.

M. Plumandon. — Les faits cités par M. le comte Balbi et M. le colonel Tua ne sont que des faits qui viennent s'ajouter à ceux que j'ai cités moi-même ; d'ailleurs, leurs observations n'infirment en rien les miennes. M. Balbi dit avoir vu tomber la neige après le tir ; je n'ai jamais dit que les canons pouvaient modifier la neige, mais je n'ai pas dit non plus le contraire.

M. le Président. — Après cette réponse de M. Plumandon, je crois que la discussion peut être close sur son rapport.

M. le Président. — Messieurs, nous avons épuisé la série des rapports que nous avions à soumettre à votre appréciation. Le moment est venu de formuler les conclusions qui peuvent se dégager de ces rapports et des observations qui les ont suivis, dans le but de faire avancer la question si importante qui a fait l'objet de ce Congrès.

Nous avons rédigé un projet de conclusions qui peut être considéré comme le résumé de nos travaux, et que nous allons soumettre à vos suffrages.

Tout d'abord, nous estimons que la question de l'emploi des canons contre la grêle intéresse au plus haut point la science et l'agriculture et que, dans les conditions où nous nous trouvons actuellement, il n'est plus permis ni à la science ni à l'agriculture de s'en désintéresser. C'est cette pensée qui nous a inspirés pour la rédaction de la première partie de nos conclusions, qui serait ainsi conçue :

CONCLUSIONS

« ART. Ier. — **Le 3e Congrès international de défense « contre la grêle, réuni à Lyon, les 15, 16 et 17 no- « vembre 1901,**

« **Après avoir entendu les rapports sur les résultats des**
« **tirs des canons coniques et des fusées pendant l'année 1901,**
« **en Autriche-Hongrie, Italie, Espagne, Suisse et Russie,**
« **décide que la defense contre la grêle mérite l'attention**
« **et l'étude des savants, la confiance et les espérances des**
« **agriculteurs. »**

Que ceux d'entre vous, Messieurs, qui sont d'avis d'adopter cette première partie des conclusions veuillent bien lever la main.

(*Adopté à l'unanimité.*)

M. le Président. — La suite de notre projet de conclusions est ainsi conçue :

Art. II. — Il émet l'avis :

1º Que l'organisation des Sociétés de tir ne peut donner des résultats satisfaisants que dans les cas suivants :

a. — Quand elles se proposent de protéger une surface continue de plusieurs milliers d'hectares, considérée, par les observations antérieures et les tarifs des Sociétés d'assurances, comme fréquemment ravagée par la grêle ;

b. — Quand le choix des canons, leur emplacement, les distances qui doivent les séparer des habitations et des autres canons ont été soigneusement étudiés et fixés ;

c. — Quand les signaux d'alarme et tout le matériel fonctionnent régulièrement et sont confiés à un personnel sûr et dévoué.

Voici, Messieurs, les conditions dans lesquelles nous croyons qu'il est permis d'obtenir des résultats sérieux qui pourront être soumis aux observations de la science.

Une voix. — Je demande que ces différents paragraphes soient mis aux voix séparément.

M. le Président. — Quelqu'un demandant la division, je vais mettre d'abord aux voix le premier paragraphe, qui est ainsi conçu :

Art. II. — Il émet l'avis :

1° Que l'organisation des Sociétés de tir ne peut donner des résultats satisfaisants que dans les cas suivants.

M. Porro. — Je demande la modification de ce paragraphe, qui ne comprend, d'ailleurs, qu'une condition générale.

Je crois, comme le Bureau du Congrès, qu'une organisation, pour être utile, doit remplir certaines conditions de garanties; c'est ce que j'ai déjà dit dans une conférence sur le même sujet que celui qui nous occupe, et qui a été tenue trois mois avant le premier congrès; j'estime, néanmoins, qu'il ne faut pas être absolu, et qu'il faut laisser à chacun le soin de présenter d'autres conditions sérieuses d'organisation. Le Congrès pourrait donc dire qu'il retient, entre autres, les conditions qui seront énumérées.

M. le Président. — Messieurs, si vous entendez tenir compte de l'observation de M. Porro, nous vous proposons la nouvelle rédaction suivante :

Art. II. — Il émet l'avis :

« 1° Que l'organisation des sociétés de tir peut donner « des résultats satisfaisants et doit être encouragée dans « les cas suivants ».

Je mets aux voix cette nouvelle rédaction.

(*Adopté à l'unanimité.*)

M. le Président. — Le paragraphe suivant est ainsi conçu :

a. — Quand elles se proposent de protéger une surface continue de plusieurs milliers d'hectares considérée, par les observations antérieures et les tarifs des sociétés d'assurances, comme fréquemment ravagée par la grêle.

M. le Dr Vidal. — Je déclare que je représente ici les intérêts d'une région couvrant 35.000 hectares et que, par conséquent, ce n'est pas ma cause que je plaide en ce moment; j'estime, cependant, que l'on doit favoriser les petites organisations aussi bien que les grandes, et je demande au Congrès d'exprimer cette opinion que, toutes les fois qu'une tentative d'organisation présentera des conditions d'honorabilité constatées par les pouvoirs publics, elle devra être encouragée, de quelque importance qu'elle soit

M. Suschnig. — Nous avons organisé, en Autriche, des champs d'observation, et notre gouvernement nous donne toutes les facilités désirables, si l'on arme une superficie de 3.000 hectares, formés d'une bande de 10 kilomètres de longueur sur 3 kilomètres de largeur. Je crois que l'on pourrait préciser l'étendue de la surface à protéger, en la fixant à 3.000 hectares, au minimum.

Plusieurs voix. — Non ! Non !

M. le Président. — Vous venez d'entendre, Messieurs, les différentes observations présentées au sujet de l'importance des organisations. Si vous le voulez, nous pourrons adopter le texte suivant :

a. — Quand elles se proposent de protéger autant que possible une surface continue et d'une notable étendue, considérée, par les observations antérieures et les tarifs des sociétés d'assurances, comme fréquemment ravagée par la grêle.

Plusieurs voix. — La suppression de la dernière partie de ce paragraphe.

M. le Président. — Il ressort de la discussion que les organisations de tir s'imposent principalement dans les régions fréquemment grêlées, attendu que certains

endroits ne sont presque jamais visités par la grêle; cela
est si vrai que les tarifs des sociétés d'assurances sont
très différents selon les régions. C'est pour cette raison
que le Bureau a cru devoir indiquer qu'il fallait favoriser
l'installation du tir dans les endroits fréquemment
grêlés.

M. Guinand. — Je propose au Congrès de se prononcer
séparément sur la première et sur la deuxième partie de
ce paragraphe.

M. le Président. — J'ajoute qu'il y a lieu de remarquer
que les encouragements se porteraient plus facilement
sur les communes fréquemment ravagées.

M. Malric. — Nous devons, Messieurs, examiner cette
question à deux points de vue différents : d'abord sous
le rapport de l'expérimentation, tel que cela a été dit par
les savants que nous avons entendus ici, et ensuite
sous le rapport des encouragements en général. En ce
qui concerne l'expérimentation, il est évident qu'il faut
s'y livrer dans les endroits qui sont le plus fréquemment grêlés, mais je crois que des encouragements doivent
être accordés aussi à tous ceux qui, dans un endroit quelconque, veulent se protéger contre la grêle.

La portée des conclusions du Congrès doit donc être
double et indiquer, d'une part, que l'expérimentation doit
être faite sur les indications des savants et professeurs dans les endroits habituellement grêlés et, d'autre
part, que des encouragements doivent être accordés à
toute localité, à tout groupement, quel qu'il soit, fréquemment ravagé ou non. Si l'on ne reçoit la grêle qu'une fois
pendant dix années, on n'en est pas ruiné pour cela, et
ceux qui veulent faire les frais d'une organisation, alors
même que leur région n'est pas régulièrement grêlée,
doivent, à mon sens, être encouragés aussi.

M. Alpe. — Dans les derniers congrès, et surtout dans celui de Novare, j'ai remarqué qu'il résultait de la discussion que l'insuccès du tir contre la grêle était dû surtout à l'impuissance des associations et que, par conséquent, il y avait lieu d'encourager la formation d'associations très étendues. Mais j'ai observé aussi qu'au moment de formuler, dans les conclusions, l'importance des associations qui devaient être encouragées, les congrès ne voulaient pas indiquer cette importance avec précision. Il y a, là, selon moi, une contradiction, et je déclare que je ne donnerai pas mon vote au dernier texte qui nous a été proposé.

Quant aux paragraphes suivants, visant le choix des canons et leur emplacement, ainsi que les signaux d'appel et le matériel, ils me semblent complètement inutiles, pour cette raison que, dans les endroits où il ne grêle pas habituellement, les viticulteurs ne chercheront pas à organiser des associations.

Je serais donc désireux de voir fixer l'étendue des surfaces qui doivent être protégées.

Plusieurs voix : Non ! non !

M. Ghibellini. — Je ferai simplement remarquer que, lorsqu'il s'agit d'organiser des associations pour combattre la grêle, on a affaire, non pas à des savants. mais à des paysans, qu'il est souvent difficile de persuader. Je crois donc qu'il faut encourager aussi les petites associations, ce qui est d'ailleurs assez naturel, car les grandes associations ne peuvent se former que par la réunion d'un certain nombre de petites.

M. le Dr Vidal. — J'approuve entièrement les paroles de M. Ghibellini. Les syndicats si puissants qui se sont fait représenter à ce Congrès n'auraient jamais pu se constituer si les petites associations ne les avaient pas précédés.

M. le Président. — Si vous le voulez, Messieurs, nous rédigerons ainsi le paragraphe en discussion :

« **a.** — **Quand elles se proposent de protéger autant que** « **possible une surface continue d'une notable étendue** ».

Personne ne demandant la parole, je mets aux voix ce texte.

(Adopté à l'unanimité moins trois voix, parmi lesquelles celles de MM. Suschnig et Alpe.)

M. le Président. — Le paragraphe suivant est ainsi libellé :

« **b.** — **Quand le choix des canons, leur emplacement, les** « **distances qui doivent les séparer des habitations et des** « **autres canons ont été soigneusement étudiés et fixés** ».

M. le Dr Vidal. — Je demande que, dans ce texte, il soit fait mention des fusées.

M. le Président. — L'encouragement que vous demandez de faire consacrer de nouveau, par le Congrès, l'emploi des fusées, me paraît résulter, sans ambiguïté, de la mention de ces mêmes fusées dans le premier article des conclusions du Congrès, et c'est ainsi que nous l'avons entendu.

Dans l'alinéa en discussion, il s'agit simplement du choix et de l'emplacement des canons.

Messieurs, je mets aux voix la rédaction que je viens d'indiquer.

(Adopté à l'unanimité, moins une voix.)

M. le Président. — Le paragraphe suivant est ainsi conçu :

c. — **Quand les signaux d'appel et tout le matériel fonction-** **nent régulièrement et sont confiés à un personnel sûr et** **dévoué.**

Je mets aux voix cette rédaction.

(Adopté à l'unanimité.)

M. le Président. — La deuxième partie de l'article II est ainsi libellée :

« 2° Que le service des informations des bureaux centraux
« météorologiques, tel qu'il est fait actuellement, n'apporte
« aux sociétés de défense contre la grêle qu'un concours
« insuffisant. Elles auraient besoin de recevoir des avis de
« prévision plus précis et plus rapprochés de l'orage de
« grêle.
« Les recherches des observatoires météorologiques dans
« ce sens ont une grande importance pour la défense contre
« la grêle et doivent être encouragées ».

(Mise aux voix, cette rédaction est adoptée à l'unanimité.)

M. le Président. — Voici maintenant le texte de l'article III :

« ART. III. — L'observation des faits étant reconnue de la
« plus haute importance dans l'état actuel de nos connais-
« sances sur la formation et les effets des orages à grêle,
« le Congrès International exprime le vœu que l'obser-
« vation de chaque orage de grêle et des résultats de la
« défense soit faite avec le plus grand soin ; que les rensei-
« gnements sur l'état du ciel avant l'orage, l'intensité de
« celui-ci, sa durée et les dégâts qu'il a occasionnés dans les
« régions protégées et celles non protégées soient reçus par
« les préfectures ou par les offices centraux de renseigne-
« ments agricoles dans les Ministères d'Agriculture, pour être
« publiés et communiqués à toutes les sociétés de tir, le plus
« rapidement possible ».

(Cet article, mis aux voix, est adopté à l'unanimité.)

M. le Président. — Nous vous proposons maintenant, Messieurs, d'adopter la résolution suivante :

RÉSOLUTION

« ART. IV. — Il est formé un comité international perma-
« nent de la défense contre la grêle qui a pour mission :
« 1° De maintenir et d'étendre les relations entre les per-
« sonnes et les sociétés qui s'occupent de cette défense dans
« tous les pays.

« 2° **De veiller à la publication du compte rendu des séan-**
« **ces et des conclusions du 3° Congrès international.**

« 3° **De la fixation du lieu et de la date du 4° Congrès inter-**
« **national.**

« 4° **Le siège du Comité International permanent est fixé**
« **à Lyon provisoirement, et jusqu'à la réunion du 4° Congrès**
« **international.**

« 5° **Les votes de ce comité peuvent se faire par corres-**
« **pondance.**

M. le Président. — Approuvez-vous, Messieurs, l'idée de la formation d'un Comité permanent auquel seraient confiées les attributions que je viens d'énumérer?

M. Porro. — Je crois qu'il est bien inutile de nommer un comité permanent. J'ai eu l'honneur d'être désigné pour faire partie de la première Commission permanente qui a été nommée au Congrès de Casale. Au mois de mars de l'année suivante, on a accusé cette Commission de n'avoir rien fait; il faut que l'on sache qu'elle n'avait jamais été convoquée. A Padoue, l'année dernière, une nouvelle Commission a été nommée et, comme l'autre, celle-ci n'a pas encore donné signe de vie.

Si l'on tient absolument à former un Comité permanent, il est de toute nécessité que le bureau apporte beaucoup d'attention dans le choix des membres, et qu'il leur fournisse le moyen de travailler eux-mêmes.

J'exprime le vœu que le Comité s'occupe beaucoup de la question météorologique, et ce vœu, je le formule au nom de la Société météorologique italienne qui a bien voulu me charger de la représenter ici.

Je vous prie, Messieurs, de vouloir bien tenir compte de ces considérations dans la constitution de la nouvelle Commission, à laquelle je souhaite de faire un travail plus fécond que ses devancières.

M. le Président. — Je dois indiquer comment nous comprenons le fonctionnement de ce Comité.

Nous désirons qu'il soit international, c'est-à-dire qu'il soit composé de membres de toutes les nations qui s'occupent de la défense contre la grêle. Vous voyez, Messieurs, que, dans ces conditions, il n'est pas possible de convoquer tous les membres et d'exiger leur présence à toutes les réunions.

Le Comité fonctionnera plutôt par correspondance, c'est pourquoi nous avons proposé que le vote puisse se faire par correspondance, et c'est là une arme que nous mettons entre les mains de tous les membres, même pour le cas où, la Commission étant convoquée, ils ne pourraient pas assister à une réunion. D'autre part, cette Commission sera obligée, non pas de se réunir, mais de fonctionner, en raison même des attributions qui lui sont confiées, ne serait-ce que pour la fixation du lieu où se tiendra le prochain Congrès. Je crois donc que M. Porro aura toute satisfaction ; d'ailleurs, pour le rassurer, je lui dirai que, depuis l'Exposition de 1889, des comités permanents fonctionnent en France. Nous nous inspirerons des travaux de ces comités, et nous chercherons à faire mieux que les Commissions qui nous ont précédés.

Messieurs, si personne ne demande plus la parole, je mets au voix le projet de résolution relatif à la formation d'un comité permanent.

(Le principe de la formation de ce comité est adopté à l'unanimité.)

M. le président. — Maintenant, Messieurs, nous allons vous indiquer le nom des personnes que nous vous proposons pour faire partie du Comité.

Sont nommés membres du Comité international permanent :

M. **DABAT,** sous-directeur de l'Agriculture, au Ministère de l'Agriculture, délégué de M. le Ministre au 3ᵉ Congrès international de défense contre la grêle.

M. **Albert STIGER**, bourgmestre de Vindisch-Feistritz, inventeur des canons grêlifuges.

M. le professeur **PERNTNER**, directeur du Bureau central météorologique de Vienne.

M. le professeur **BOMBICCI, Luigi**, Instituto di Mineralogia della R. Università, Bologne.

M. le Dr **OTTAVI, Edoardo**, député au Parlement italien, président du Comité d'organisation des Congrès internationaux de Casale et de Padoue, délégué de M. le Ministre de l'Agriculture d'Italie au 3e Congrès de Lyon.

M. **Gustave SUSCHNIG**, procureur de la Société Carl Greinitz-Neffen, de Graz, et directeur des Usines de Sainte-Catherine sur la Lamming.

M. **Nicolas von KONKOLY**, directeur de l'Institut de Météorologie de Budapest.

M. **ANDRÉ**, directeur de l'Observatoire du Rhône, à Saint-Genis-Laval.

M. **ROBERTO**, proviseur des études de la province d'Alexandrie.

M. **ALPE**, professeur à l'Ecole royale supérieure d'Agriculture de Milan, président du 2e Congrès international de Padoue.

M. **PORRO**, professeur d'astronomie à l'Université royale de Gênes.

M. **HOUDAILLE**, professeur de météorologie à l'Ecole nationale d'agriculture de Montpellier, délégué de M. le Ministre de l'Agriculture de France au Congrès de Padoue.

M. **PLUMANDON**, directeur de l'Observatoire météorologique du Puy-de-Dôme.

M. **Van der VAEREN**, délégué du gouvernement belge au Congrès international de Lyon.

M. le Dr **J. DUFOUR**, directeur de la station vinicole de Lausanne.

M. **Georges GOGOL-YANOVSKY**, directeur de la cave centrale des apanages impériaux à Tiflis, délégué de la Russie au Congrès de Lyon.

M. Isidore **AGUILO Y CORTÈS**, ingénieur agronome, chef de la province de Barcelone, délégué du gouvernement espagnol au Congrès de Lyon.

M. **GUINAND**, vice-président de l'Union du Sud-Est des Syndicats agricoles, promoteur des tirs contre la grêle en France.

M. **CHATILLON**, président du Syndicat agricole de Villefranche et Anse.

M. **LEENHARD** (T.) vice-président de la Société centrale d'agriculture de l'Hérault.

M. **GERVAIS**, secrétaire général de la Société des Viticulteurs de France, et d'Ampélographie.

M. **SALOMON**, viticulteur à Thomery (Seine-et-Marne).

M. **CHANUT**, viticulteur (Côte-d'Or).

M. **HALPHEN**, viticulteur, conseiller général de la Gironde.

M. **Lucien PICARD**, ingénieur civil, membre de la Société d'Agriculture de Lyon.

M. **BURELLE, Emile,** ingénieur, président du IIIe Congrès international de défense contre la grêle, président de la Société régionale de Viticulture de Lyon.

M. **SILVESTRE**, secrétaire général du IIIe Congrès international de défense contre la grêle, secrétaire général de la Société régionale de viticulture de Lyon.

Si vous avez d'autres noms à nous proposer, vous voudrez bien nous les faire connaître.

M. Porro. — Nous avons eu des collaborateurs éminents dans l'armée ; ne devons-nous pas leur faire l'honneur de les admettre dans le Comité ?

M. le Président. — Il ne nous paraît pas permis de proposer la nomination d'officiers avant de nous être assurés de l'autorisation de leurs supérieurs.

M. Porro. — Je demande alors que le Congrès leur adresse ses remerciements et leur manifeste toute sa reconnaissance.

M. le Président. — Nous acceptons volontiers cette proposition, mais je ne la mettrai aux voix qu'après la fin du vote des conclusions.

M. Duport. — Je propose d'ajouter le nom de M. le colonel **LOCARD** qui, étant en retraite, peut faire partie du Comité.

Une voix. — M. le comte **CHANDON DE BRIAILLE.**

Une voix. — M. **MOLINA SALAS**, délégué de la République argentine.

M. le Président. — Si personne n'a d'autres propositions à faire, je mets aux voix les noms que j'ai indiqués et ceux de M. le colonel Locard, M. le comte Chandon de Briaille et M. Molina Salas.

(Adopté à l'unanimité.)

M. le Président. — Messieurs, les conclusions du Congrès se terminent par un article V ainsi conçu :

« ART. V. — Le Congrès adresse aux gouvernements ses « remerciements pour l'intérêt qu'ils ont bien voulu donner « à la défense contre la grêle par les études qu'ils ont fait « entreprendre dans leurs administrations, et les avantages « qu'ils ont consentis pour la délivrance et la vente des pou- « dres à bas prix ».

(Cet article est adopté à l'unanimité.)

M. le Président. — Il me reste à mettre aux voix la proposition de M. Porro aux termes de laquelle le Congrès adresse tous ses remerciements et l'expression de sa reconnaissance à tous les membres des armées, en général, qui ont bien voulu se livrer à des études profitables à la défense contre la grêle.

(Adopté à l'unanimité.)

M. le Président. — Enfin, Messieurs, c'est le moment de rappeler qu'un officier français, M. le capitaine Lheure, a été grièvement blessé dans un accident qui lui est survenu pendant qu'il faisait des études sur une poudre destinée aux canons grêlifuges. Cet officier a malheureusement été obligé, à la suite de l'accident dont il a été victime, de quitter l'armée et de perdre ainsi l'avenir brillant qui s'offrait à lui. Je lui envoie, au nom de tous les membres du Congrès, nos sentiments de profonde reconnaissance pour les travaux auxquels il s'est livré, ainsi que l'expression de nos plus sincères regrets pour l'accident dont il a été victime.

(Applaudissements prolongés.)

CONCLUSIONS

Votées par le Congrès

ARTICLE PREMIER. — Le troisième Congrès international de défense contre la grêle, réuni à Lyon, les 15, 16 et 17 novembre 1901,

Après avoir entendu les rapports sur les résultats des tirs des canons coniques et des fusées pendant l'année 1901, en Autriche-Hongrie, Italie, Espagne, Suisse et Russie, décide que la défense contre la grêle mérite l'attention et l'étude des savants, la confiance et les espérances des agriculteurs.

ART. II. — Il émet l'avis : 1° Que l'organisation des sociétés de tir peut donner des résultats satisfaisants et doit être encouragée dans les cas suivants :

a. — Quand elles se proposent de protéger autant que possible une surface continue d'une notable étendue.

b. — Quand le choix des canons, leur emplacement, les distances qui doivent les séparer des habitations et des autres canons ont été soigneusement étudiés et fixés.

c. — Quand les signaux d'appel et tout le matériel fonctionnent régulièrement et sont confiés à un personnel sûr et dévoué.

2° Que le service des informations des bureaux centraux météorologiques tel qu'il est fait actuellement, n'apporte aux sociétés de défense contre la grêle qu'un concours insuffisant. Elles auraient besoin de recevoir des avis de prévision plus précis et plus rapprochés de l'orage de grêle.

Les recherches des observatoires météorologiques dans ce sens ont une grande importance pour la défense contre la grêle, et doivent être encouragées.

Art. III. — L'observation des faits étant reconnue de la plus haute importance dans l'état actuel de nos connaissances sur la formation et les effets des orages à grêle, le Congrès International exprime le vœu que l'observation de chaque orage de grêle et des résultats de la défense soit faite avec le plus grand soin ; que les renseignements sur l'état du ciel avant l'orage, l'intensité de celui-ci, sa durée et les dégâts qu'il a occasionnés dans les régions protégées et celles non protégées soient reçus par les préfectures ou par les offices centraux de renseignements agricoles dans les Ministères d'Agriculture, pour être publiés et communiqués à toutes les sociétés de tir, le plus rapidement possible.

RÉSOLUTION

Art. IV. — Il est formé un comité international permanent de la défense contre la grêle qui a pour mission :

1º De maintenir et d'étendre les relations entre les personnes et les sociétés qui s'occupent de cette défense dans tous les pays.

2º De veiller à la publication du compte rendu des séances et des conclusions du troisième Congrès international.

3º Le siège du Comité international permanent est fixé à Lyon provisoirement et jusqu'à la réunion du quatrième Congrès international.

Les votes de ce comité peuvent se faire par correspondance.

Art. V. — Le Congrès adresse aux gouvernements ses remerciments pour l'intérêt qu'ils ont bien voulu donner à la défense contre la grêle par les études qu'ils ont fait entreprendre dans leurs administrations et les avantages qu'ils ont consentis pour la délivrance et la vente des poudres à bas prix.

M. le Président. — Maintenant, Messieurs, je donne la parole à M. Beauregard, secrétaire du jury, pour la proclamation des récompenses.

RAPPORT DU JURY DE L'EXPOSITION

Le 16 novembre 1901, à 5 heures du soir, MM. les membres du jury nommés par l'Assemblée générale du IIIe Congrès international de défense contre la grêle, siégeant à l'hôtel de ville, se sont réunis sous la présidence d'honneur de M. le colonel Locard.

M. le président Condeminal procède à l'appel nominal. Sont présents : MM. le colonel Locard, Beauregard, Picard, capitaine Canard, capitaine Magnin, Berthier, Savot, Coste, Laverrière, Gérard, Casati-Brochier, Faurax, Joannard, Blanc, de la Bretoigne du Mazel, comte Liger-Belair, Chanut, de Montezemelo, Suschnig, Ricard, Rebora, marquis de Barbentane, José Caméo, Foujallaz. Molina-Salas et de Chandon de Briaille.

Lecture est donnée du règlement du concours et des récompenses à accorder.

Le jury, sans préjuger en rien de l'efficacité du tir des canons contre la grêle, au point de vue scientifique et même au point de vue pratique, déclare devoir borner son rôle, à examiner le matériel qui lui est présenté, au point de vue exclusif de la *solidité*, de la *sécurité* et de la *facilité d'emploi*.

En conséquence, M. le colonel Locard propose au jury de baser son verdict, ensuite des expériences pratiques de tir qui ont eu lieu dans la journée au parc de la Tête-d'Or, sous les cinq chefs d'appréciation suivants :

1° Solidité du canon et de son support ;

2° Système de fermeture, fonctionnement et chargement ;

3º Mise en action, entretien ;
4º Munitions ;
5º Prix ;

Et d'affecter à chacun de ces facteurs, un nombre de points variant de 1 à 10 et, vu l'importance des deux premiers, de multiplier le nombre des points obtenus par le coefficient 2, laissant aux trois autres leur valeur intrinsèque.

Cette proposition, votée à mains levées, est adoptée.

M. Suschnig dépose sur le bureau, au nom de MM. de Montezemolo, Molina-Salas et en son nom personnel, la proposition suivante :

« Dans l'état actuel des connaissances acquises sur la
« question de la défense contre la grêle, il ne nous
« semble pas opportun d'établir une classification parmi
« les différents systèmes d'engins soumis à l'examen du
« jury, car il manque encore, tant au point de vue scien-
« tifique qu'au point de vue pratique, des éléments
« d'appréciation qui permettent de juger la question de
« l'efficacité du tir en toute connaissance de cause ;

« Sans préjuger la question de savoir si l'anneau
« tourbillonnant est bien l'agent qui produit l'effet utile
« recherché, mais considérant que cet anneau est le seul
« élément qui permette de faire des mesures ayant pour
« but d'en déterminer la vitesse et la force mécanique;

« Considérant qu'aucun des appareils exposés ne pré-
« sente les proportions qui ont été déterminées par des
« expériences faites après les exigences scientifiques les
« plus précises et les plus sévères à Sainte-Catherine-
« sur-la-Laming en Styrie;

« Considérant qu'en Italie, lors des trop nombreuses
« expositions, les jurys ayant dû se prononcer sans
« s'appuyer sur des bases précises et sérieuses, ont émis,
« pour des mêmes questions, des jugements très diffé-
« rents ;

« Considérant que, dans la suite, de nombreuses expé-
« riences sont venues infirmer les jugements de ces jurys ;
« Considérant que les jugements de ces jurys ont été
« l'objet de récriminations et même de plaintes de la
« part des Sociétés agricoles qui, sur la foi de leurs
« avis, s'étaient servi des engins préconisés par eux et
« que, dans ces conditions, la responsabilité des jurys
« s'est trouvée engagée dans une certaine mesure et leur
« autorité compromise ;

« Pour toutes ces raisons, il ne nous paraît pas possible
« de prononcer un verdict qui ne se trouverait pas basé
« sur des appréciations absolument exactes ;

« Mais, comme il importe de reconnaître, d'encourager
« et de récompenser les travaux des exposants, nous pro-
« posons d'attribuer, *sans classification*, un diplôme à tous
« ceux que le jury aura jugé dignes de cette récompense ;

« Nous proposons d'exclure :

« 1° Les canons à inclinaison variable ;

« 2°   —   à bombes ;

« 3°   —   construits pour une charge inférieure
« à 150 g. de poudre ;

« 4° Les canons à bordure dans l'intérieur de l'enton-
« noir, ou avec mortiers qui ont un rétrécissement à la
« bouche. »

M. le président met cette proposition aux voix.

M. Faurax, conseiller général, fait observer que le
jury n'a pas qualité pour modifier les conditions du
concours et que les exposants, quels qu'ils soient, ayant
eu connaissance du règlement, ont, par le fait de leur
participation au concours, accepté les clauses et conditions qui étaient imposées, et s'oppose à la prise en
considération de la proposition de M. Suschnig.

M. Gérard demande ensuite à M. de Montezemolo, l'un
des auteurs de la proposition, sur quelles considérations,
il s'appuie pour demander l'exclusion du concours :

1° Des canons à inclinaison variable;

2°   —   à bombes;

3°   —   construits pour des charges de poudre inférieures à 150 gr. ;

4° Des canons à bordure dans l'intérieur de l'entonnoir ou avec mortiers qui ont un rétrécissement à la bouche.

Les explications de M. de Montezemolo, basées sur des considérations scientifiques, ne satisfont pas le jury qui, maintenant sa ferme volonté de ne point discuter la valeur des canons au point de vue des résultats du domaine de la science, mais de se placer au point de vue des avantages pratiques que ces canons présentent, décide de rejeter purement et simplement la proposition qui lui est soumise et de procéder immédiatement au classement.

A ce moment M. Suschnig quitte la salle des délibérations et M. de Montezemolo déclare que la proposition déposée n'ayant pas été agréée, il ne croit pas pouvoir prendre part au vote.

Le classement donne les résultats suivants :

PREMIÈRE CATÉGORIE. — *Canons*. — 1er *Prix*. — DELAFOND, QUELIN et Cie, de Belleville-sur-Saône (Rhône).

2e *Prix*. — HANY et Cie, de Meilen (Suisse).

3e *ex-æquo*. — MICHALON et PAILLERET, de Saint-Étienne. — ATELIERS DE CONSTRUCTIONS DE FONDERIE de Schaffouse (Suisse).

4e *ex-æquo*. — BONNET, de Villefranche ; ROLLET, de Villefranche.

5e *ex-æquo*. — PRÉNAT et BETHENOD de Saint-Chamond. — FABRIQUE DE BRESCIA, système Redondi. — DEROBERT, à Lyon. — CROZET et Cie du Chambon-Feugerolles.

6e *ex-æquo*. — PILAIN, à Mâcon. — BAZZI, à Casale-Montferrat.

En suite de ce classement, le jury est d'avis de décerner les récompenses suivantes.

PREMIÈRE CATÉGORIE. — *Prix d'honneur*. — Médaille d'or, offerte par M. le ministre de l'Agriculture. — MM. DELAFOND, QUELIN et Cie, constructeurs à Belleville-sur-Saône.

Premier prix. — Médaille d'or offerte par les Agriculteurs de France. — M. HANY et Cie à Meilen (Suisse).

PRIX. — *Médaille de vermeil*, offerte par la Société des Agriculteurs de France. — M. MICHALLON et PAILLERET, à Saint-Etienne.

Médaille de vermeil, offerte par la Société d'Encouragement à l'agriculture. — ATELIERS DE CONSTRUCTION de Schaffouse.

Médailles d'argent, offertes par M. le Ministre de l'Agriculture. — M. ROLLET, de Villefranche. — M. BONNET, de Villefranche.

Médailles d'argent. — MM. PRÉNAT et BETHENOD, à St-Chamond ; FABRIQUE DE BRESCIA ; DEROBERT, à Lyon ; CROZET et Cie, au Chambon.

Médailles de bronze. — MM. PILAIN, à Mâcon ; BAZZI, à Casale.

Mention spéciale avec médaille d'argent. — MAGGIORA-GRAZIANI, à Padoue, pour son canon à acétylène et l'intérêt qu'il présente au point de vue des recherches scientifiques et des résultats déjà acquis en Italie.

Médaille d'argent. — Canon à bombes, M. BORI, Barcelone (Espagne).

DEUXIÈME CATÉGORIE. — *Médaille d'argent.* — M. le docteur VIDAL pour ses fusées.

Mention honorable, à M. VISSIÈRES, artificier à la Réole, pour ses bombes.

TROISIÈME CATÉGORIE. — *Mention honorable* à M. BRUNO, constructeur à Mâcon, pour son côue sans rivures.

QUATRIÈME CATÉGORIE. — *Grand diplôme d'honneur* de la Société des Viticulteurs de France. — UNION BEAUJOLAISE des Syndicats agricoles.

Diplôme d'honneur à M. LUIGI BOMBICCI.

Médaille d'or offerte par les Viticulteurs de France. — SYNDICAT DE DÉFENSE CONTRE LA GRÊLE de Saint-Gengoux.

Médaille de vermeil. — SYNDICAT DE TIR CONTRE LA GRÊLE des bords du lac de Zurich.

Médaille de Vermeil, grand module, offerte par la Société des

Viticulteurs de France, à M. Truchot, professeur, pour l'organisation des Syndicats dans la région chalonnaise.

Médaille de vermeil. — M. Vermorel, pour l'ensemble des travaux de la station de Villefranche.

Médaille d'argent. — M. Rachel Severin, à la Réole (Gironde), pour son travail : *Rapports mensuels sur l'humidité du sol et des orages, de 1885 à 1895, dans la Gironde*.

Médaille d'argent, à la Station Grélifuge de Plà del Panadès (Espagne).

Médaille d'argent. — Au Consortium de tir contre la grêle de Barbarano (Italie).

Médaille d'argent. — Rapport des canons contre la grêle, à M. le professeur Carlo Grechi, à Florence (Italie).

Médaille d'argent. — Syndicat de tir contre la grêle de la région Sud-Ouest du Forez, à Boissey-Saint-Priest (Loire), pour son installation et ses rapports.

Lyon, le 16 novembre 1901.

Le rapporteur du Jury,

H. Beauregard.

BANQUET

Le banquet de clôture du Congrès a eu lieu le dimanche
17 novembre 1901, dans les salons de l'hôtel de l'Europe,
luxueusement décorés pour la circonstance.

Le distingué délégué du Ministre, M. Dabat, présidait,
ayant à ses côtés MM. le Préfet du Rhône, le Gouverneur
militaire de Lyon, le Recteur de l'Académie, le Président
du Conseil général, l'Adjoint au Maire de Lyon, de nombreux représentants de tous les Corps constitués ou Corps
élus, tous les rapporteurs, tous les délégués des puissances étrangères, enfin le Bureau du Congrès.

DISCOURS DE M. LE PRÉFET DU RHONE

Messieurs,

« Je dois tout d'abord rendre hommage au délégué de
M. le Ministre de l'Agriculture, M. Dabat, qui a suivi avec
tant d'assiduité les travaux de ce Congrès. Je remercie
ensuite les dévoués organisateurs de cette réunion, et en
particulier le président, M. Burelle, et le secrétaire général, M. Silvestre (*Applaudissements*), de l'infatigable
activité qu'ils ont déployée et du résultat qu'ils ont obtenu
en réunissant cette assemblée de savants et de viticulteurs de tous les pays, qui sont venus ici étudier des

questions si intéressantes et si palpitantes pour le salut de la vigne, c'est-à-dire de ce produit de la terre qui nous est le plus cher, non seulement pour sa valeur alimentaire, mais aussi pour les joies que les plus délicats lui doivent (*Applaudissements*).

« Nous venons d'assister, M. le Président du Conseil général et moi, à une réunion toute différente. Nous étions au milieu des anciens défenseurs de Belfort, de gens qui représentent à nos yeux le courage militaire que toutes les nations ont admiré, de gens qui se sont vaillamment battus pour leur pays et pour leur drapeau. Ici nous nous trouvons dans une réunion internationale, qui n'en est pas moins cordiale, j'allais dire pas moins fraternelle (*Applaudissements*), car s'il est à prévoir qu'il y aura longtemps entre les nations des oppositions et des querelles, heureusement de plus en plus rares, qui ne se videront pas dans le champ clos des discussions pacifiques, si les nations doivent encore être rivales dans l'industrie et concurrentes dans le commerce, elles n'en sont pas moins unies dans la science, qui ne connaît aucune dissimulation, dans la science bienfaisante et féconde, qui élève les cœurs et les consciences, et qui rapproche les peuples dans la lumière ! (*Applaudissements*).

« Nous pouvons aujourd'hui, grâce à la science, nous aider de plus en plus à produire, pour le bien-être de l'humanité, des richesses de plus en plus grandes. La répartition de ces richesses n'ira pas sans chocs, sans froissements, sans souffrances et sans injustices non plus ; la paix économique ne sera pas l'œuvre d'un jour, mais ce n'est pas une raison pour que chacun de nous condamne à la stérilité le champ qui lui a été confié. Nous devons travailler, tirer le plus de ressources possibles de la nature, nous unir contre l'ennemi commun, contre la maladie, contre les fléaux de toute sorte qui ruinent ou désolent l'humanité ! (*Applaudissements*).

« C'est un sentiment de cet ordre qui a rassemblé aujourd'hui des maîtres de tous les pays qui cultivent la vigne, des hommes éminents que la ville de Lyon est heureuse et fière de recevoir.

« Il y a en France au moins une ville plus grande que Lyon, mais il n'y en a aucune où un congrès comme celui qui vient de se terminer aurait eu une plus grande certitude de succès, car il n'y en a aucune de plus sérieuse, aucune où l'on sache mieux le prix du temps, où l'on sache mieux faire les affaires, et ne pas confondre le travail avec le plaisir *(Applaudissements)*.

« Cette ville vous a été présentée en termes excellents par son maire, qui vous a dit que les viticulteurs lui devaient de la gratitude parce qu'elle avait supprimé ses octrois, et qu'elle était la ville où l'on consomme proportionnellement le plus de vin. Je puis même vous faire cette confidence, que lorsque, entre Lyonnais, on fait un banquet, il y a devant chaque convive deux bouteilles de Beaujolais ! Vous voyez que nous donnons un bon exemple *(Applaudissements)*.

Cette réunion, Messieurs, aura été bonne non seulement pour la ville de Lyon, à qui on sera reconnaissant de vous avoir reçus, mais aussi pour le Lyonnais et le Beaujolais, dont la notoriété va maintenant, je l'espère, entrer dans la gloire, grâce au souvenir qu'emporteront de cette table ceux qui en sont les convives.

« Je recommande notre Beaujolais en particulier à Messieurs les professeurs départementaux d'agriculture, à tous ces maîtres de la science agricole, qui a été une création de la République, à ces maîtres qui sont venus répandre la bonne parole comme délégués non pas du Gouvernement, mais des populations au milieu desquelles ils vivent, et auxquelles ils font apprécier leur science et leurs services *(Applaudissements)*.

« Tous les départements de France où l'on cultive la vigne, ainsi que tous les pays d'Europe où l'on connaît les pampres sont représentés ici. Je ne peux trouver de meilleure occasion pour vous convier, Messieurs, à lever vos verres avec moi en l'honneur du chef de l'Etat, qui avant d'être Président de la République, se faisait un grand honneur d'être le président de l'une des plus grandes sociétés agricoles de France. Je vous propose aussi d'associer à sa santé les souverains de toutes les nations qui comptent à cette table tant de représentants distingués ! » (*Applaudissements*).

DISCOURS DE M. DABAT

DÉLÉGUÉ DE M. LE MINISTRE DE L'AGRICULTURE.

« Messieurs,

« M. le Ministre de l'Agriculture m'a chargé de vous présenter ses regrets de ne pouvoir présider ce soir le banquet de clôture de vos travaux ; les séances du Parlement l'ont empêché d'assister à vos réunions, et aujourd'hui il est retenu à Paris par l'importante exposition des moteurs et appareils utilisant l'alcool dénaturé, exposition organisée par le Ministère de l'agriculture et à laquelle M. Jean Dupuy attache la plus grande importance, en raison de la répercussion heureuse qu'elle peut avoir sur l'avenir de l'agriculture et de la viticulture, en ouvrant de nouveaux débouchés à l'alcool d'industrie. M. le Ministre s'est donc vu dans la nécessité de décliner l'aimable invitation que lui ont faite les organisateurs de ce congrès, et il m'a prié de les remercier et de leur présenter ses excuses.

« Messieurs, le Congrès international de défense contre la grêle, ainsi que le congrès de l'hybridation de la vigne, qui viennent de prendre fin, ont obtenu tous deux, je m'empresse de le dire bien haut, un succès éclatant qui fera époque dans les annales de la viticulture. En

læffet, 1900 congressistes, français ou étrangers, se sont
pressés dans les salles de l'Hôtel de Ville ; quinze gouvernements se sont fait représenter et nous avons eu le
plaisir de constater la présence non seulement de viticulteurs de profession, mais aussi de savants, de maîtres
éminents dans les sciences, de professeurs départementaux et spéciaux d'agriculture qui, comme le disait tout-
à-l'heure M. le Préfet, ont été délégués par les Conseils
généraux des départements viticoles. Enfin, vous avez
eu l'honneur de posséder parmi vous des députés des
Parlements étrangers et aussi des membres du Parlement français. C'est-dire, Messieurs, que votre réunion
a été des plus importantes et des mieux choisies.

« Les rapports présentés, qui ont été très nombreux,
étaient parfaitement étudiés et instructifs au plus haut
point.

« J'emporterai, Messieurs, des séances auxquelles je
viens d'assister, une excellente impression, que je m'ef-
forcerai de faire partager à M. le Ministre de l'Agriculture et vous pouvez être certains que je lui ferai part des
vœux et des desiderata qui ont été formulés dans votre
dernière séance.

« Je dois adresser des félicitations sincères et empres-
sées aux organisateurs des deux congrès ; d'abord à la
Société régionale de viticulture, et en particulier à M. Bu-
rrelle et à M. Silvestre, auxquels revient tout l'honneur de
cette réunion *(Applaudissements)*.

« Ils ont été tous deux à la peine, il est juste qu'ils
soient en ce moment à l'honneur, et je les remercie
sincèrement au nom de M. le Ministre de l'Agriculture.
(Applaudissements).

« J'adresse aussi mes remerciements à nos hôtes
étrangers qui, par leur présence, ont rehaussé l'éclat de
nos réunions. Je les remercie de n'avoir pas hésité à
abandonner leurs affaires et leurs occupations, pour
venir pendant plusieurs journées, participer aux tra-

vaux de leurs frères en viticulture (*Applaudissements*).

« Messieurs, je lève mon verre en l'honneur des viticulteurs étrangers qui ont eu le mérite de nous indiquer la voie dans laquelle nous sommes entrés, et qui viennent encore de nous faire connaître les résultats de leurs études et de leur expérience dans le tir contre la grêle ; je bois également aux viticulteurs français, qui, au sortir de la lutte terrible et victorieuse qu'ils viennent de soutenir contre le phylloxéra, ont encore trouvé en eux-mêmes l'énergie nécessaire pour organiser la défense contre la grêle.

« Messieurs, aux viticulteurs étrangers et aux viticulteurs français ! » (*Applaudissements*).

DISCOURS DE M. BURELLE

PRÉSIDENT DU CONGRÈS DE DÉFENSE CONTRE LA GRÊLE

« Messieurs,

« La présidence dont vous m'avez honoré est arrivée à sa fin et il ne me reste plus qu'un devoir à remplir, bien agréable dans son objet, puisqu'il consiste à témoigner à tous ceux qui ont collaboré à ces importants congrès, et les ont honorés de leur présence, notre grande gratitude ; bien difficile, parce que je crains que mes paroles ne puissent pas exprimer fidèlement, et dans toute son étendue, ma très grande reconnaissance envers tous.

« Mes remerciments s'adressent, tout d'abord, à M. Dabat, sous-directeur au ministère de l'Agriculture, délégué de M. le Ministre, l'un de nos présidents d'honneur, qui a bien voulu suivre avec intérêt la préparation de ce Congrès, et malgré les nombreuses charges de ses fonctions, en a suivi assidûment toutes les séances ; à M. le Gouverneur Militaire de Lyon, qui s'est intéressé à l'étude de l'artillerie agricole, et a bien voulu désigner deux capitaines d'artillerie, MM. Canard et Magnin, pour suivre nos travaux.

« L'ordre du jour voté, ce matin, par le Congrès, à propos de cette collaboration si précieuse des officiers des armées à la défense contre la grêle, s'adresse d'une manière toute spéciale à M. le Gouverneur de Lyon et à ses officiers.

« Ils s'adressent aussi à M. le Préfet du Rhône, qui a donné à notre œuvre de si nombreuses et si précieuses marques de sa sympathie et de l'intérêt qu'il porte aux préoccupations agricoles de son département, le plus éprouvé par la grêle.

« Nous joignons les remerciments de tous les congressistes à ceux adressés par M. le représentant de M. le Ministre à M. le Maire et à la municipalité lyonnaise, représentée ici par le sympathique docteur Beauvisage, que nous prions de vouloir bien exprimer à M. le Maire et au Conseil Municipal de notre ville, combien nous avons été heureux et fiers de recevoir les congressistes dans les magnifiques salons de l'Hôtel de Ville. — Nous remercions de nouveau le Conseil général, représenté par mon ami Cazeneuve, son président, de la subvention qu'il a bien voulu accorder à ce Congrès. Nous remercions aussi toutes les Compagnies de chemins de fer qui nous ont gracieusement accordé la réduction de cinquante pour cent pour le voyage des congressistes.

« Nos amis de la presse ont droit à notre très grande gratitude. Ils ont fait à nos congrès ce qu'on est convenu d'appeler « une bonne presse » ; nous leur en sommes d'autant plus reconnaissants, que ces congrès, dont ils ont suivi les longues séances avec la plus grande assiduité, ont été pour eux un surcroît de travail.

Les excellents vins que vous avez bus dans ce banquet nous ont été, suivant l'usage de notre Société, offerts gracieusement par les propriétaires qui les ont récoltés, et dont vous voyez les noms sur le revers de nos menus.

Chacun de vous désirerait peut-être féliciter l'heureux propriétaire de la bonté de sa cave ; je m'autorise à le faire, en votre nom, et d'y joindre les remerciments des organisateurs du Congrès.

« Le jury des canons a eu une grosse charge à remplir. L'humidité du sol et de l'air, dans l'endroit où se trouvait l'exposition, a rendu son travail plus pénible ; qu'il veuille bien agréer les remerciments de la Société régionale de Viticulture.

« Voici venue l'heure de la séparation, mes chers collègues, et je pourrais dire chers amis, car vous avez tous gagné notre amitié dans la fréquentation si agréable de ces trois journées.

« Nous nous demandons si nous avons bien rempli notre devoir envers vous ; si nous avons réussi à porter la lumière sur les questions qui ont été discutées dans ces Congrès ; si nous leur avons donné des solutions sages, précises, condensant bien exactement tout ce qu'il est permis d'affirmer, en ce moment, sur chacune d'elles ?

« Avons-nous réussi à vous intéresser, chers Congressistes, qui, pour connaître ces questions, avez abandonné vos familles, vos travaux, entrepris parfois un long et pénible voyage ?

« Partez-vous satisfaits ? C'est notre souci, et, si vous dites oui, nous sommes récompensés de nos efforts et de nos peines ; nous sommes heureux.

« Et vous, illustres délégués des Gouvernements étrangers amis de la France, représentants des associations agricoles, viticulteurs et agriculteurs étrangers, frères latins, Italiens, Espagnols, Suisses, Belges et Argentins, vous encore nos frères Slaves, descendants de la civilisation grecque, comme les latins, Russes, Hongrois et Styriens, en retournant dans vos pays, vous emportez notre sympathie et notre amitié.

« Dites à vos Gouvernements, dites à vos associations, dites à vos familles, à vos amis, à tous vos compatriotes, que la France est toujours la nation amie, qu'elle est heureuse de voir la concurrence scientifique se développer dans vos nations, qu'elle la considère sans jalousie comme un des facteurs les plus importants du progrès de l'humanité; et rapportez-leur les vœux et l'amitié de la Société régionale de Viticulture, de tous les membres français de ces Congrès, de la ville de Lyon, et enfin du gouvernement de la République, dont les représentants autorisés ont bien voulu se mettre à notre tête pour vous accueillir avec toute la cordialité possible et vous donner, pour vous et pour tous vos compatriotes, les gages de l'amitié de tous les Français » (*Salves d'applaudissements. cris de Vive la France!*).

DISCOURS DE M. LE GOUVERNEUR MILITAIRE
DE LYON

« Messieurs,

« M. le président a bien voulu m'adresser des remerciements pour la part que j'ai prise à l'organisation de vos sociétés de tir contre la grêle ; ces compliments, je n'ai guère conscience de les mériter, et je ne sais si je dois les accepter, car je suis intéressé à la défense contre la grêle. Je vous l'avoue, Messieurs, je suis un peu viticulteur moi-même ! (*Applaudissements.*)

« Mais ce dont je suis heureux, Messieurs, c'est d'avoir entendu rendre justice aux deux officiers que j'ai mis à la disposition de votre Congrès. Je les tiens pour des ingénieurs de haute valeur, et ma plus grande satisfaction est de les avoir vu apprécier comme tels (*Applaudissements*).

« Vous voici maintenant, Messieurs, en possession d'un matériel d'artillerie agricole; je souhaite de tout mon cœur qu'il soit efficace, mais si quelque jour vous aviez besoin du renfort du nôtre, vous le trouveriez immédiatement à votre disposition ! (*Applaudissements*.)

« A vaincre sans péril, on triomphe sans gloire, et je me considèrerais comme très heureux si je pouvais vous aider à protéger le divin jus de la treille, qui guérit de tous les maux et même de la peur ! (*Applaudissements*.)

« Messieurs, je porte un toast à M. le président de ce Congrès, et à vous tous viticulteurs français et étrangers, et le meilleur souhait que je puisse vous adresser, c'est de faire une bonne récolte, et surtout de bien la vendre ! (*Applaudissements*.)

DISCOURS DE M. LE Dr CAZENEUVE

PRÉSIDENT DU CONSEIL GÉNÉRAL DU RHÔNE

« Messieurs,

« Je suis heureux de saluer, au nom du Conseil général du département du Rhône, les savants français et étrangers qui sont venus en si grand nombre prendre part aux travaux de nos Congrès.

« Notre Société régionale de viticulture a fait œuvre de progrès en soumettant à des discussions scientifiques, les premiers résultats des expériences de défense contre la grêle et de l'hybridation de la vigne.

« L'Assemblée départementale se félicite d'avoir encouragé cette brillante manifestation de l'activité de nos viticulteurs et de leur confiance dans les savants.

« Parmi ceux qui ont répondu à l'appel des organisateurs de ces Congrès, permettez-moi de distinguer mon vénéré maître, M. Armand Gautier, dont les leçons inspirées par le sentiment de la plus haute philosophie scientifique, sont encore profondément gravées dans ma mémoire et sont restées mon guide dans ma carrière scientifique.

« Si l'agriculture a fait dans ce dernier demi-siècle

des progrès incomparables, c'est à la science qu'elle
le doit.

« Nos collègues étrangers ne nous en voudront pas si
nous pensons que les savants français ont ouvert la voie
et contribué pour la plus large part à la reconstitution des
vignobles détruits par le phylloxéra.

« C'est chez nous que le fléau a commencé ses ravages ;
c'est de nos laboratoires, de nos écoles, de nos champs
d'expériences, des pépinières de nos hybrideurs, que sont
sortis les moyens de le combattre, moyens qui sont
maintenant appliqués dans le monde entier.

« Aussi je vous invite à lever votre verre à l'union de la
science et de la pratique agricole, à tous les progrès qui
ne connaissent pas de frontières, qui répandent leurs
bienfaits sur tous les peuples et les unissent dans un
commun effort vers le bien-être de l'humanité. — *(Applaudissements.)*

DISCOURS DE M. BEAUVISAGE

ADJOINT AU MAIRE DE LYON

« Messieurs,

« Je dois tout d'abord vous présenter les excuses de
M. le maire de Lyon, M. le Dr Augagneur, qui, malgré
son désir de le faire, n'a pu se rendre à ce banquet, et
m'a chargé de vous en exprimer ses regrets. Vous
regretterez vous-mêmes, j'en suis convaincu, de ne
pouvoir entendre une seconde fois son éloquente parole,
et de le voir représenté ici par un de ses adjoints.

« M. le maire vous a assuré du plaisir qu'il avait eu en
mettant à la disposition de vos deux Congrès, les salons
de notre Hôtel de Ville ; j'ajouterai, Messieurs, maintenant que vos séances sont terminées, que la Ville de
Lyon ne peut que vous être reconnaissante de l'honneur

que vous lui avez fait en la choisissant pour réunir ces deux Congrès, qui resteront mémorables dans les annales de la lutte contre la grêle et de l'hybridation de la vigne. De ce fait, la Ville de Lyon restera toujours associée au souvenir des importants travaux que vous avez accomplis dans notre palais municipal, et qui feront époque dans notre cité. C'est un honneur considérable, que la municipalité ressent vivement et dont elle apprécie toute la valeur. (*Applaudissements.*)

« Après les éminents orateurs qui m'ont précédé, je me trouve très embarrassé pour dire même seulement quelques mots qui ne fassent pas double emploi, et je me demande si je ne peux pas me permettre d'oublier un moment ma qualité d'adjoint au maire de Lyon, en laquelle j'ai pris la parole, pour me souvenir de ce que je suis personnellement, de ma profession de botaniste. A ce titre, Messieurs, je m'intéresse vivement aux deux Congrès qui viennent de se terminer et, à l'occasion de l'un d'eux, je vous demande la permission de saluer la mémoire du botaniste Le Maout, qui fut aussi météorologiste, et qui peut être considéré comme un des précurseurs de la lutte contre la grêle, par ses études sur les relations entre les détonations de l'artillerie et les phénomènes atmosphériques.

« Depuis ce savant, la science a évidemment fait du chemin sur le terrain qui vous occupe ; elle en a fait surtout depuis trois ans. Ce qui m'a paru le plus frappant au cours des discussions du Congrès de la lutte contre la grêle, c'est précisément l'esprit vraiment scientifique qui les animait. A l'empirisme simpliste du début, à l'enthousiasme trop absolument confiant des uns, au scepticisme trop aveugle des autres, nous voyons succéder maintenant l'étude analytique des phénomènes et la recherche expérimentale des causes qui peuvent contribuer à les déterminer. Cette tendance générale à l'observation rationnelle et à l'expérimentation méthodique ne peut manquer d'avoir dans l'avenir les plus heureux résultats.

« Permettez-moi, Messieurs, d'ajouter un petit détail à ce que vous disait hier M. le Maire de Lyon. Il a insisté tout particulièrement sur l'intérêt que présentent vos travaux pour notre cité, où la consommation du vin est si importante, et a fait allusion à la solidarité qui existe, à ce point de vue, entre la ville et la campagne. J'ajouterai qu'il y a plus, et que nous, citadins de Lyon, nous sommes directement intéressés à la lutte contre la grêle, non pas seulement en tant que tributaires des vignobles du Beaujolais, mais encore en raison des dégâts que peut causer la grêle sur notre territoire urbain. Les vitrages de nos belles serres du parc de la Tête-d'Or ont eu, récemment encore, à souffrir cruellement des effets de la grêle, qui a détruit en même temps un grand nombre des beaux spécimens de plantes exotiques qui y sont conservées sans compter les ravages causés parmi les végétaux de pleine terre.

« Il y a quelque temps, Messieurs, j'avais l'occasion de causer avec un jeune canonnier de 2e classe qui me touche de près, et qui venait de prendre part aux exercices de tir de Chambarand, et je lui reprochais, en plaisantant, de ne pas y avoir appris la manœuvre des canons paragrêles. Qui sait si l'avenir ne nous réserve pas cette surprise de voir un jour la ville de Lyon protégée contre les orages à grêle par l'artillerie des forts qui couronnent nos collines de l'Ouest ?

« C'est à vous, Messieurs, que nous devrons ce précieux avantage. En attendant, nous vous sommes reconnaissants des efforts persévérants que vous faites pour déterminer les conditions dans la lutte contre ce fléau.

« Je termine, Messieurs, en portant un toast à la solidarité en général ; à la solidarité entre la ville et la campagne, à la solidarité entre la science et l'agriculture, à la solidarité sur le terrain scientifique entre toutes les nations civilisées. » (*Applaudissements*).

DISCOURS DE M. ARMAND GAUTIER

MEMBRE DE L'INSTITUT

« Messieurs,

« Je vous prie de m'excuser de retenir encore quelques instants votre attention, je n'en abuserai pas.

« Les paroles bienveillantes que vient de prononcer à mon adresse M. le Dr Cazeneuve, me font un devoir de le remercier. Il est des élèves à qui leur modestie conseille de continuer à se considérer comme tels, mais qui, en réalité, sont des maîtres eux-mêmes ; c'est le cas de M. Cazeneuve qui, en chimie, nous rend maintenant d'importants services. Je ne doute pas que la science politique, dans laquelle il s'est lancé pour le bien de tous, ne lui fournisse l'occasion de nous rendre des services analogues. Des maîtres comme ceux-là font honneur à leurs anciens maîtres ! (*Applaudissements*).

« Messieurs, m'intéressant tout particulièrement au congrès de l'hybridation de la vigne, je n'ai pu assister aux réunions du congrès de la défense contre la grêle ; je sais cependant que vous avez entendu les rapports de plusieurs savants très connus, je pourrais dire célèbres, pour leurs études sur cette matière, et je me permettrai de citer entre autres les noms, qui sont sur toutes les lèvres, de MM. Roberto, Porro et Ottavi, à qui j'apporte l'expression de toute mon admiration. (*Applaudissements*).

« Au congrès de l'hybridation de la vigne, je croyais apporter quelques vérités nouvelles, et j'ai été très agréablement surpris d'en apprendre beaucoup plus que je n'en ai apporté ; je salue les noms de MM. Gaillard, Daniel, Castel et Couderc qui, dans ce congrès, ont développé avec tant de science les résultats de leurs études. (*Applaudissements*).

« J'oublie certainement d'autres noms, mais vous me le pardonnerez, Messieurs, parce que vous voyez que j'ai été pris au dépourvu. et que j'ai été obligé de prendre la parole pour répondre aux compliments trop flatteurs pour moi de M. le Dr Cazeneuve.

« Messieurs, il est peut-être prudent, après avoir bu les bonnes choses que nous ont offertes les membres de la Société de viticulture, de ne pas rester trop longtemps debout, aussi je termine en portant la santé des savants que je viens de citer, et en particulier celle de M. le Dr Cazeneuve, dont le nom mériterait d'être couvert de fleurs et d'honneurs ! » *(Applaudissements).*

DISCOURS DE M. LE Dr MICHON

PRÉSIDENT DU CONGRÈS DE L'HYBRIDATION DE LA VIGNE

« Messieurs,

« Après les discours et les considérations d'ordre si élevé que je viens d'entendre, je devrais renoncer à prendre la parole ; d'ailleurs, toutes les santés ont été portées, et il m'est difficile d'en trouver une à laquelle je puisse offrir mes vœux. Cependant, je considère comme un devoir attaché à l'honneur que j'ai eu de présider l'un des deux congrès organisés à Lyon, de remercier au nom de tous ceux qui ont assisté à nos réunions, la Société de viticulture de Lyon, qui en a été l'inspiratrice.

« Nous savons que cette société a été puissamment aidée par les pouvoirs publics ; la présence à cette table de M. le délégué de M. le ministre de l'agriculture, en est une preuve ; nous savons qu'elle a été également encouragée par l'Assemblée départementale, et aussi par l'Assemblée municipale, qui est infatigable au travail, qui est si amoureuse de la science, si curieuse de toute nouveauté et si généreuse toutes les fois qu'il s'agit d'encourager le progrès ; mais ce que nous savons bien aussi, Messieurs les membres de la Société de viticulture, c'est que c'est à votre initiative, qui anime et féconde tout ce qu'elle approche, que nous devons la pensée première, ainsi que la réussite finale de ce Congrès ! *(Applaudissements.)*

« Les congressistes se sont partagés entre le Congrès de la défense contre la grêle et celui de l'hybridation de la vigne. Les savants que nous connaissions déjà par leur renommée et leurs travaux, et les délégués des gouvernements amis de la France ont encore ajouté, par leur présence, à l'éclat et à l'importance de nos réunions. La Société de viticulture peut donc être fière de son œuvre !

« Messieurs, je bois aux membres de la Société régionale de viticulture de Lyon ! » *(Applaudissements.)*

DISCOURS DE M. OTTAVI

DÉPUTÉ AU PARLEMENT ITALIEN
DÉLÉGUÉ DE M. LE MINISTRE DE L'AGRICULTURE D'ITALIE

« Messieurs,

« Permettez-moi de porter un toast au nom de M. le ministre de l'agriculture d'Italie, qui m'a assuré qu'il suivrait nos travaux avec la plus grande sympathie, et qu'il s'intéresserait au plus haut point à nos études pour la solution du problème si difficile et si séduisant de la lutte contre la grêle.

« Je vous remercie, Messieurs, de l'attention que vous avez bien voulu apporter à la lecture de nos rapports, et je sais tout particulièrement gré à M. Armand Gautier d'avoir bien voulu tout à l'heure associer mon nom à ceux de mes collègues, MM. Roberto et Porro.

« Messieurs, je porte un toast à tous les membres du Congrès, aussi bien aux artilleurs croyants qu'à ceux dont la foi est ébranlée et a besoin d'être raffermie. Je bois à ceux qui, ayant la certitude que le salut de la vigne se trouve dans le tir contre la grêle, ont installé cette année des stations de tir, et j'espère que, dans le prochain Congrès, nous nous trouverons tous croyant à l'efficacité de ce tir.

« Nous reconnaissons avec plaisir, Messieurs, que nous sommes redevables de nos vignes à la viticulture française, car c'est elle qui a entrepris la lutte contre le phylloxéra, qui a livré cette bataille qui constitue une des gloires les plus vives de la nation française ! Quand les viticulteurs français ont vu leurs vignobles détruits, loin de se décourager, ils ont rassemblé toute leur énergie et ont lutté avec l'ardeur que donne la confiance qu'un peuple a dans son avenir ! (*Applaudissements*).

« Je note avec plaisir les paroles qu'a prononcées tout à l'heure M. le Dr Cazeneuve, il a dit que la viticulture française n'avait jamais caché ses découvertes pour en faire un patrimoine exclusif. Elle a, en effet, ouvert les portes de ses laboratoires, montré ses vignes et ses pépinières, et la victoire de l'agriculture française a été utile à tous.

« Messieurs, je bois au bon génie du vin français, et je lève mon verre à la grandeur de votre nation ! Vive la France ! » (*Applaudissements*).

DISCOURS DE M. G. GOGOL, IANOVSKY

DÉLÉGUÉ DU GOUVERNEMENT RUSSE

« Messieurs,

« Je constate avec plaisir une fois de plus, car ce n'est pas la première fois que je visite votre beau pays, l'accueil si aimable et si bienveillant que vous réservez aux étrangers qui franchissent vos frontières.

« Messieurs, je vous remercie profondément, et c'est avec la plus vive émotion que je porte un toast à votre

charmant pays, si chaleureusement aimé par nous !
(*Applaudissements*).

DISCOURS DE M. GY DE ISTVANNFI
DÉLÉGUÉ DE M. LE MINISTRE DE L'AGRICULTURE DE HONGRIE

« Messieurs,

« Qu'il me soit permis, maintenant que nos séances sont terminées, d'exprimer à MM. les organisateurs du Congrès, mes plus vifs et plus sincères remerciements.

« Que MM. les Présidents, en particulier, acceptent mes plus cordiales félicitations pour l'intelligente et active organisation de nos travaux, et pour l'heureuse et profitable direction qu'ils ont su imprimer à nos discussions.

« Je n'ai point qualité, comme représentant du Ministre de l'Agriculture de la Hongrie, pour parler au nom des délégués étrangers, mais, néanmoins, je suis sûr que comme moi, tous emporteront de ce Congrès l'impression la plus favorable et conserveront toujours en leurs cœurs le doux souvenir de l'accueil charmant, de l'hospitalité si prévoyante et des soins si empressés dont ils ont été partout entourés.

« Messieurs, je porte la santé de MM. les Présidents et secrétaires du Congrès !

« Eljen ! Eljen ! » (*Applaudissements*).

DISCOURS DE M. AGUILO Y CORTES
DÉLÉGUÉ DU GOUVERNEMENT ESPAGNOL

« Excusez-moi, Messieurs, si je ne puis exprimer mes sentiments à votre égard avec autant de facilité que je le désirerais, mais si je suis pauvre en expressions françaises, mon cœur n'en est pas moins riche en sentiments pour vous !

« C'est la troisième fois que je viens en France et je trouve toujours le même plaisir à séjourner parmi vous. Vous savez vous attacher les étrangers par deux choses : vos manières si distinguées et votre connaissance si approfondie des questions scientifiques. Vous avez traité la question agricole et vinicole comme une question nationale, et vous avez su y introduire ce principe si fécond de l'association. Aussi, pouvez-vous être donnés en exemple à toutes les autres nations, vous, peuple de la grande nation qui ne mourra pas !

« Messieurs, je lève mon verre, et je prie mes collègues étrangers de lever le leur, à la prospérité de la France ! » *(Applaudissements)*.

DISCOURS DE M. VAN DER VAEREN

« Messieurs,

« Je me reprocherais de ne pas associer mes remerciements à ceux que vient de recevoir la Société qui a assumé la lourde tâche d'organiser ce Congrès et, en particulier, son président, M. Burelle, et son secrétaire, M. Silvestre.

« Si la Belgique est un petit pays, elle n'en apporte pas moins d'enthousiasme et de chaleur dans ses remerciements. Je vous convie aussi, Messieurs, à lever vos verres à la prospérité de la France ! *(Applaudissements)*.

MM. de *Lagorsse*, au nom de la Société nationale d'encouragement à l'Agriculture, *de Barbentane*, au nom de la Société des Agriculteurs de France ; *Vassillière*, au nom des professeurs d'Agriculture, se lèvent tour à tour pour remercier la Société de son accueil si cordial et portent la santé de son bureau.

DISCOURS DE M. NICOLAS

REPRÉSENTANT LE JOURNAL *Lyon Républicain*,
AU NOM DE LA PRESSE LYONNAISE

« Messieurs,

« J'arrive, comme on dit, bon dernier, mais je tiens, néanmoins, à manifester notre reconnaissance à M. Burelle, qui a remercié la presse lyonnaise du concours qu'elle a apporté au Congrès de la défense contre la grêle et au Congrès de l'hybridation de la vigne.

« M. Burelle nous a présenté ses remerciements en termes charmants, mais il me permettra de lui faire remarquer qu'il a complètement renversé les rôles, car c'est nous qui devions le remercier.

« De même que les Congrès qui viennent de se terminer ont fait l'union de tous les peuples, ils ont réuni aussi toute la presse lyonnaise. Nous avons tous fait abstraction de nos opinions politiques, pour nous vouer à la propagation des vérités scientifiques que nous avons entendu développer.

« La Société de viticulture n'a pas voulu mentir à son passé. Depuis longtemps nous la voyons à l'œuvre, suivant toujours cette devise : « *En avant, Lyon le meilhor* ». Quels exemples ne donne-t-elle pas, non seulement aux sociétés lyonnaises, mais aux sociétés européennes ? Elle laisse toujours de côté l'intérêt particulier pour n'envisager que l'intérêt général. N'est-ce pas à elle que nous devons l'initiative de la lutte contre le phylloxéra et le black-rot ? Nous la retrouvons encore aujourd'hui à la tête des organisations françaises de tir contre la grêle. Il y a deux ans, lorsque M. Guinand nous montrait un canon jouet, on ne s'attendait guère à voir aujourd'hui la magnifique organisation de la défense de nos crus français renommés, de ces bons vins de France, qui raniment toujours le courage.

« Messieurs, je bois aux viticulteurs non seulement de l'Europe, mais de tout l'univers. » (*Applaudissements*.)

TABLE DES MATIÈRES

DU TOME PREMIER

ATELIERS FOURNEYRON

CROZET & Cie, Constructeurs au Chambon-Feugerolles

**Machines à vapeur, Turbines, Ventilateurs, Matériel de Forges
et de Mines, Matériel d'Artillerie, etc., etc.**

Canon Paragrêle, système Vaffier

BREVETÉ S. G. D. G.

Récompenses obtenues pour les Canons paragrêles

GRANDS DIPLOMES D'HONNEUR

Le Puy — Vichy — Montauban — Castelsarrasin — Castelnaudary — Moissac

MÉDAILLE D'ARGENT, FEURS-LYON

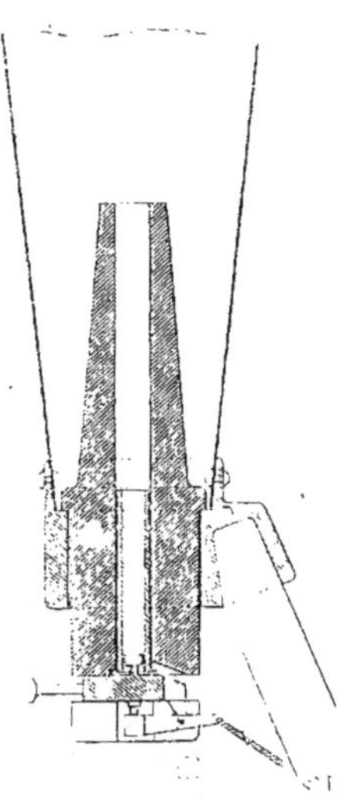

Le canon le plus simple, le plus solide, simplicité de tir, de chargement, d'entretien, le seul ayant le cône établi d'après le principe de la diffusion des gaz et donnant, par suite, le maximum d'effet pour le minimum de poudre. Ce canon peut recevoir une charge allant jusqu'à 200 grammes et, par conséquent, des cones de 2, 3, ou 4 mètres, suivant les charges que l'on veut adopter.

Pour obtenir un bon résultat il ne suffit pas d'avoir un canon, mais un canon produisant le maximum d'effet. Seul, jusqu'à ce jour, le CANON VAFFIER remplit ce but.

*Pour renseignements et prix, s'adresser à MM. CROZET
et Cie, au Chambon-Feugerolles (Loire)*

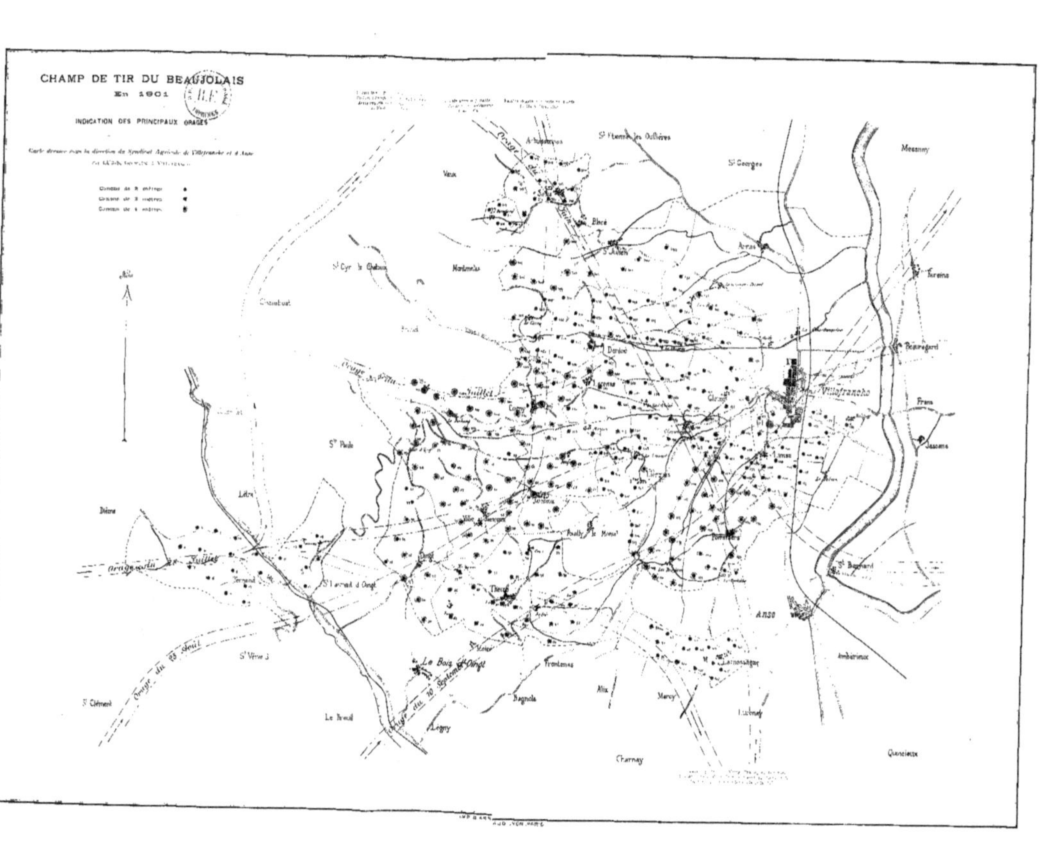

CHAMP DE TIR DU BEAUJOLAIS
En 1901
INDICATION DES PRINCIPAUX ORAGES
Nord
Vaux
Villié
St Cyr le Chatoux
Morancé
Chazelust
St Paule
Létra
Dième
Juillié
Ternand
St Laurent d'Oingt
St Vérand
St Clément
Le Breuil
Le Bois d'Oingt
St Marc
Frontenas
Bagnols
Alix
Marcy
Lucenay
Charnay
Quincieux
Archamport
St Pierre les Oullières
St Georges
Messimy
Blacé
St Julien
Arras
Pareins
Denicé
Beauregard
Gleizé
Villefranche
Frans
Jassans
Limas
Pommiers
Anse
St Bernard
Lachassagne
Ambérieux

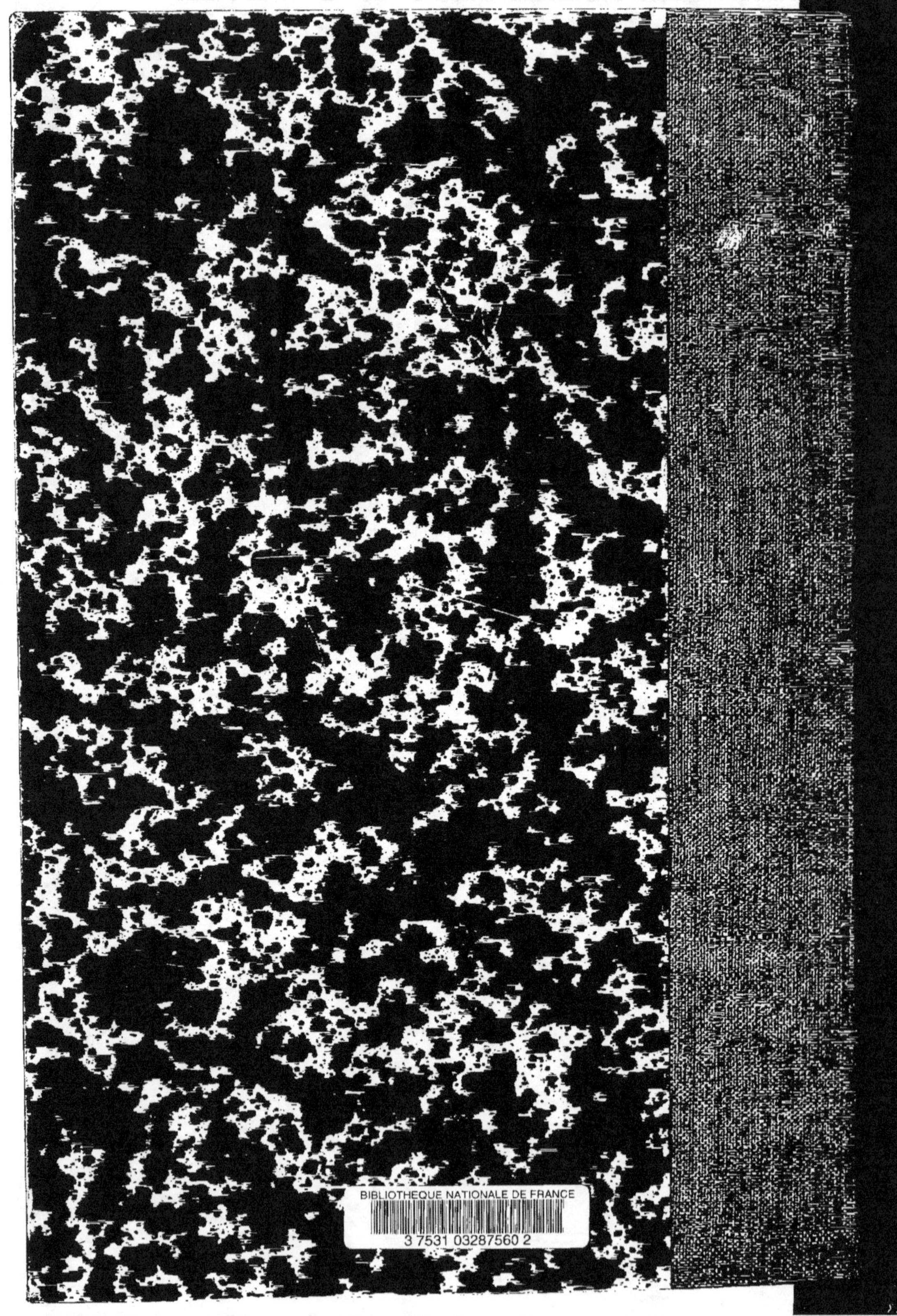